Die Pflanzenwelt im Fokus der Environmental Humanities /
Le végétal au défi des Humanités environnementales

STUDIES IN LITERATURE, CULTURE, AND THE ENVIRONMENT

STUDIEN ZU LITERATUR, KULTUR UND UMWELT

VOLUME / BAND 9

PETER LANG

Aurélie Choné / Philippe Hamman (Hrsg./éd.)

Die Pflanzenwelt im Fokus der Environmental Humanities / Le végétal au défi des Humanités environnementales

Deutsch-französische Perspektiven / Perspectives franco-allemandes

PETER LANG

Bibliografische Information der Deutschen Nationalbibliothek
Die Deutsche Nationalbibliothek verzeichnet diese Publikation in der Deutschen Nationalbibliografie; detaillierte bibliografische Daten sind im Internet über http://dnb.d-nb.de abrufbar.

Publiziert mit Unterstützung des CIERA / Ouvrage publié avec le soutien du CIERA (Centre interdisciplinaire d'études et de recherches sur l'Allemagne, Paris).

Réseau d'étudiants et de doctorants, de chercheurs et d'institutions travaillant en lien avec l'Allemagne ou en terrain franco-allemand, le CIERA est un lieu de formations et de recherches interdisciplinaires en sciences humaines et sociales.

Als Netzwerk aus Institutionen, Forschern, Studierenden und Doktoranden im Bereich der Deutschlandstudien und im deutsch-französischen Umfeld ist das CIERA ein Zentrum für interdisziplinäre Ausbildung und Forschung in den Geistes- und Sozialwissenschaften

Umschlagabbildung / illustration de couverture :
© Aurélie Choné

ISSN 2365-645X
ISBN (Print) 978-3-631-83534-0 · E-ISBN 978-3-631-85834-9 (E-PDF)
E-ISBN 978-3-631-85835-6 (EPUB) · DOI 10.3726/b18753

Peter Lang – Berlin · Bern · Bruxelles · New York ·
Oxford · Warszawa · Wien

Diese Publikation wurde begutachtet.

www.peterlang.com

Inhaltsverzeichnis / Table des matières

Gärten / Jardins

Wälder / Forêts

Anhang / Annexes

Aurélie Choné & Philippe Hamman

Introduction *Humanités environnementales* et monde végétal : Perspectives franco-allemandes, dialogue des disciplines, des savoirs et des échelles

Ce volume fait suite au colloque international « Circulations et renouvellement des savoirs sur la nature et l'environnement en France et en Allemagne : questionner les *Humanités environnementales* », tenu les 4 et 5 octobre 2018, au Collège doctoral européen de Strasbourg, et, plus largement, à la mise en réseau et aux travaux initiés à partir de 2016 grâce à un Programme de formation-recherche (PFR) éponyme du Centre interdisciplinaire d'études et de recherches sur l'Allemagne (CIERA). La série de séminaires conduits entre 2016 et 2018 en alternance à Strasbourg et à Freiburg im Breisgau a été retravaillée sous la forme d'un dossier de la *Revue d'allemagne et des Pays de langue allemande*[1]. Nous avons souhaité valoriser également le colloque final de 2018, qui a rassemblé de nombreux spécialistes reconnus et des jeunes collègues, et quelque quarante mastérant·e·s en sciences sociales et en études germaniques. Pour ce faire, nous n'avons pas retenu la voie d'actes de colloque et avons privilégié un ouvrage collectif pensé dans sa pleine cohérence. La sélection et la reprise affinée des contributions a nécessité un certain temps. Sur les dix-huit communications au colloque, nous en avons retenu huit, et adjoint trois textes supplémentaires afin de compléter le projet éditorial, grâce à des contacts tissés à partir du PFR.

Objectifs scientifiques

Cet ouvrage collectif propose une réflexion comparée sur la construction et la diffusion des savoirs sur la nature et l'environnement, en France et en

1 Choné, Aurélie/Freytag, Tim/Hamman, Philippe/Zemanek, Evi (éd.) : « Les Humanités environnementales : circulations et renouvellement des savoirs en France et en Allemagne ». *Revue d'Allemagne et des Pays de langue allemande* 51(2), 2019, retrieved 06.01.2021, from <https://journals.openedition.org/allemagne/1877>.

Allemagne, afin d'interroger l'émergence et le succès du champ d'études des *Humanités environnementales.*

À travers une mise en regard épistémologique et pluridisciplinaire – associant les études littéraires et culturelles, d'une part, les sciences humaines et sociales, d'autre part –, nous nous sommes demandés pourquoi l'on vient à parler d'*Humanités environnementales*, dans quels contextes, à propos de quels objets et quels modes d'analyse. Questionner la construction de ce champ dans les contextes nationaux français et allemand est riche de sens, d'autant que l'on sait les deux « traditions nationales » des rapports à la nature souvent présentées comme clivées (schématiquement, la filiation des Lumières en France, celle du Romantisme en Allemagne), alors que les processus historiques ont été plus complexes. Ces traditions sont à penser en lien à la fois avec des histoires étatiques spécifiques, mais qui présentent tout de même des similarités à travers des formes d'organisation passée (de type impérial), et avec des logiques territoriales singulières, qui redéploient des problématiques européennes. L'observation de ces deux pays peut ainsi donner à voir une diversité de situations, en Europe et au-delà, comme le montre en particulier l'histoire des forêts au défi de l'histoire globale, traitée par Jawad Daheur dans le volume. L'Allemagne est caractérisée par le polycentrisme, mais la romanité qui définit la France est aussi un critère pertinent pour l'Allemagne, qui est coupée en deux par le « limes romain » dessiné par le Danube – cette frontière étant encore de nos jours une ligne de démarcation entre catholiques et protestants, témoignant de valeurs et de références en partie différentes. Tout en intégrant cette épaisseur historique, une vision dynamique s'attachant aux évolutions actuelles, tant sur le plan de l'histoire des idées et des études culturelles que sur celui de fondements empiriques et critiques en sciences sociales, permet de relire des schémas qui apparaissent trop binaires lorsqu'on néglige les emprunts croisés ou qu'on ne rend pas raison des circulations avec la sphère anglo-saxonne, à la fois en France et en Allemagne – ce qui ouvre plusieurs niveaux de comparaison.

Ce questionnement des *Humanités environnementales* repositionne l'enjeu d'un renouvellement des savoirs sur la nature et l'environnement, à l'heure de débats académiques, politiques et sociaux récurrents sur la crise écologique mondiale. Pour ce faire, notre démarche consiste *in concreto* à faire dialoguer des contributeurs de France, d'Allemagne et de Suisse dans le souci permanent de la comparaison. La perspective franco-germanique s'est imposée à nous d'abord en tant qu'habitants d'une ville-frontière ou d'un espace frontalier, vivant entre France et Allemagne, sensibles à la problématique transfrontalière et interculturelle, et ensuite parce que très peu de travaux de recherche l'ont adoptée jusqu'ici, à quelques exceptions notables près.[2]

Une *triple spécificité* appuie l'originalité du volume : (1) Nous avons fait échanger des chercheurs de disciplines différentes : historiens, sociologues, spécialistes d'urbanisme et d'aménagement, d'études environnementales, spécialistes de littérature germanique, américaine, de littérature comparée, et civilisationnistes ; (2) Dans leurs contributions, les auteurs eux-mêmes ont recours à d'autres disciplines : la géographie, la biologie, l'écologie, etc. ; (3) Ce dialogue des disciplines va de pair avec une mise en écho des échelles : locale, régionale, nationale, internationale, y compris transnationale – à l'exemple, parmi d'autres, de l'histoire globale qui propose un changement d'échelle historiographique afin d'échapper à la critique de l'européocentrisme.

Organisation du volume

De façon distinctive, l'ouvrage associe deux entrées complémentaires. *Une première partie s'attache aux dynamiques et enjeux actuels des Humanités environnementales en France et en Allemagne.* Il s'agit d'en restituer et questionner le champ à partir d'un panorama, de coups de sonde et de publications significatives récentes, offrant un état des savoirs et des débats. Ces recherches donnent-elles à penser des recompositions académiques et/ou de pratiques ? Repère-t-on un décloisonnement des disciplines ? Cela permet-il de repenser l'interrelation entre nature et culture et de dépasser un anthropo- et européocentrisme profondément ancré dans le naturalisme occidental ? (Aurélie Choné et Philippe Hamman). Il s'agit notamment de voir si et en quoi certains domaines de recherche (écocritique, études animales, études végétales...) ou disciplines (sociologie, anthropologie, histoire...) peuvent être rattachés ou interagir avec le champ des *Humanités environnementales*. Peut-on relire des époques antérieures, à l'exemple de l'Antiquité (Christopher Schliephake) ou encore la moyenne durée depuis les XVIIIe et XIXe siècles (Jawad Daheur), à la lumière des *Humanités environnementales* ? Des « écoles » se dégagent-elles avec des centres-phares ? (Evi Zemanek et Hubert Zapf). En somme, quels apports y a-t-il à adopter plus spécifiquement une approche comparative France-Allemagne : les *Humanités*

---

2 Schmitt, Claudia/Sollte-Gresser, Christiane (éd.) : *Literatur und Ökologie. Neue literatur- und kulturwissenschaftliche Perspektiven.* Bielefeld : Aisthesis 2017 ; Thiltges, Sébastian/Solte-Gresser, Christiane (éd.) : *Kulturökologie und ökologische Kultur in der Großregion / Écologie culturelle et cultures écologiques dans la Grande Région.* Berlin : Peter Lang 2020.

environnementales sont-elles construites et perçues différemment dans les deux pays ? Que peut nous apprendre également un regard transatlantique sur les circulations qui s'opèrent, par exemple lorsqu'on pense aux *Plant Studies* ? (Urte Stobbe). Si certaines contributions évoquent prioritairement la situation en Allemagne ou en France, c'est que des travaux portant sur le pendant français et/ou allemand ont déjà été publiés ailleurs, également dans une perspective comparative, y compris par nous-mêmes. Il en est par exemple ainsi de l'institutionnalisation des *Humanités environnementales* abordée par Hubert Zapf et Evi Zemanek pour le versant allemand[3], et de la diffusion de l'écocritique[4] et des *Plant Studies* abordée par Urte Stobbe pour le côté allemand[5].

La deuxième partie prolonge ce questionnement, sous l'angle d'études de cas, en associant, autour du végétal comme fil conducteur, deux focales riches de sens : jardins et forêts. Il s'agit ici de confronter les modes d'entrée en termes d'*Humanités environnementales* à un objet nodal des interactions de nos sociétés avec la nature et l'environnement : les rapports aux jardins et aux forêts, le retour à la terre sont autant d'incarnations de la relation au végétal que viennent illustrer des perspectives allemandes et françaises mises en dialogue. Ainsi, comment analyser, dans la littérature, l'« euphorie » d'un retour au jardin (Hildegard Haberl) ou le paradigme d'une « globalisation viable » ? (Corinne Fournier Kiss). Ou encore, sur un autre plan, quelles leçons tirer d'une certaine confrontation à la pratique (maison « végétale », nourriture vegan, jardins partagés...) pour des communautés écologiques « radicales » ? (Anne-Marie Pailhès).

---

3 Voir en particulier pour le côté français : Choné, Aurélie/Hajek, Isabelle/Hamman, Philippe (éd.) : *Guide des Humanités environnementales* (Environnement et Société). Villeneuve d'Ascq : Presses Universitaires du Septentrion 2016 ; Blanc, Guillaume/Demeulenaere, Élise/Feuerhahn, Wolf (éd.) : *Humanités environnementales. Enquêtes et contre-enquêtes.* Paris : Publications de la Sorbonne 2017.

4 Venant compléter par exemple : Schmitt, Claudia/Solte-Gresser, Christiane (éd.) : « Zum Verhätlnis von Literatur und Ökokritik aus komparastischer Perspektive ». In : Schmitt/Solte-Gresser : *Literatur und Ökologie*, p. 13–52 ; Thiltges, Sébastian : « Introduction : Écocritique comparée et littérature pour la jeunesse ». In : Prince, Nathalie/Thiltges, Sébastian (éd.) : *Éco-graphies. Écologies et littérature pour la jeunesse.* Rennes : Presses Universitaires de Rennes 2018, p. 25–33.

5 Contributions que l'on peut placer en regard : Javelle, Aurélie/Kazic, Dusan/Tassin, Jacques (éd.) : Dossier « Repenser le statut des plantes ». *La pensée écologique* 6(2), 2020 ; Choné, Aurélie : « *Ecocriticism/écocritique* im deutschen und französischen Kontext : eine vergleichende Perspektive ». *Revue d'Allemagne et des pays de langue allemande* 51(2), 2019, p. 321–341, retrieved 03.04.2021, from <http://journals.openedition.org/allemagne/1975>.

Quant aux représentations des forêts en France et en Allemagne, elles portent la trace d'une histoire nationale liée à des mythologies et des imaginaires propres, mais aussi celle d'emprunts croisés, depuis le début du XIXe siècle (Philippe Alexandre) et jusqu'aux politiques forestières contemporaines, dans les imaginaires de la crise qu'elles peuvent mobiliser (Michel Dupuy) et dans les rapports complexes à la naturalité qui marquent les différents acteurs du secteur forestier en France et en Allemagne (Paul Averbeck, Florence Rudolf et Julie Gobert).

Ces analyses présentent un intérêt concret pour une mise en œuvre plus intégrée des pratiques et des projets écologiques franco-allemands, prenant en compte les enjeux économiques pour nos sociétés à travers une approche multiscalaire (du transfrontalier « régional » au transnational « global »). Elles permettent en outre de mettre au jour différentes interactions possibles entre nature et culture, ainsi que les déterminations culturelles de ces inter-relations. Le lien au végétal s'exprime très souvent à travers des « arts de faire » (au sens de Michel de Certeau[6]) et d'agir avec la nature productivistes. Face à la réalité de l'exploitation forestière, explique Philippe Alexandre dans sa contribution, la préoccupation de faire face à la déforestation, « c'est-à-dire conserver les forêts existantes et assurer le repeuplement de celles qui avaient été dévastées », fait sujet durant tout le XIXe siècle en France comme en Allemagne. Ce sont là des rapports économiques et sociaux courants qui relèvent du contrôle, de la maîtrise de la nature, à l'instar du style du jardin à la française, souvent opposé au jardin à l'anglaise, laissant la nature plus « sauvage ». Plus largement, Maurice Wintz a montré que le jardin peut se lire comme une incarnation, mais aussi une métaphore sociétale d'un espace pensé comme maîtrisable et maîtrisé, où chaque parcelle remplit une fonction (de production ou d'ornement, etc.), tout en écartant les dynamiques propres de la nature, ramenées à de « mauvaises herbes » ou encore *via* des interventions humaines, à l'exemple de l'arrosage.[7] Gert Gröning prolonge cette réflexion en relevant le fait que « ce qui était vrai depuis longtemps pour le jardin [. . .] devient aussi valable pour le paysage, sporadiquement, d'abord, au XIXe siècle, avec l'idée de l'embellissement [. . .], mais beaucoup plus nettement depuis le début du XXe siècle. Au cours de ce siècle, la création de paysages, qui, jusqu'alors, pouvaient être considérés comme des

---

6 Certeau, Michel de : *L'invention du quotidien : I. Arts de faire*. Paris : Gallimard 1990 (nouvelle édition Folio essais).

7 Wintz, Maurice : « Nature urbaine, nature distante, nature policée ». In : Hajek, Isabelle,/Hamman, Philippe/Lévy, Jean-Pierre (éd.) : *De la ville durable à la nature en ville. Entre homogénéité urbaine et contrôle social*. Villeneuve d'Ascq : Presses Universitaires du Septentrion 2015, p. 155–169.

garants de “naturalité”, entre de plus en plus dans le domaine des possibilités sociales ; de sorte que le paysage ressemble de plus en plus au jardin »[8].

Parallèlement à ces modes d’agir avec la nature invasifs, on repère des arts du faire-avec, sur le mode de l’« action indirecte négative », bien explicitée par André-Georges Haudricourt dès 1962.[9] Plus tard, la philosophe Catherine Larrère explorera la possibilité de vivre autrement à l’ère de l’Anthropocène, en se demandant « comment vivre avec la nature »,[10] tandis que pour une autre philosophe, Corine Pelluchon, « vivre avec », c’est aussi « vivre de » : la phénoménologie de la corporéité qu’elle met au jour souligne ce qui échappe à notre maîtrise (fatigue, mortalité, et nourritures diverses, de l’alimentation à la respiration en passant par le paysage, le travail et les relations sociales) ;[11] ce « vivre de » fait émerger un sujet toujours relationnel, en contact avec les autres, humains et non-humains.

À côté des arts du faire-contre ou du faire-avec, du vivre contre ou avec la nature, on repère encore des arts du laisser-faire ou du faire-faire comme prise en compte des agentivités relevant de la « voix moyenne », pour faire écho à un ouvrage récent d’Isabelle Stengers.[12] Quand cette agentivité de la nature n’est pas prise en considération, comme dans le célèbre roman de Goethe *Die Wahlverwandschaften*, la nature semble « se venger », ainsi que le relève Corinne Fournier-Kiss dans le présent volume : la nature répond aux travaux d’aménagement du parc en créant un glissement de terrain, et provoque finalement la mort du bébé de Charlotte et Édouard. L’interdépendance entre humains et non-humains, culture et nature, ressort ici de manière particulièrement frappante puisque « mutiler la nature revient finalement à mutiler l’homme lui-même », voire le tuer. En revanche, quand l’agentivité de la nature est prise en compte, comme dans le conte de Hermann Hesse *Iris*, le jardin devient véritablement vivant et rend possible la transformation intérieure de l’être humain, comme le montre Aurélie Choné.

Comment se distribuent ces différents modes d’agir avec les vivants végétaux des deux côtés du Rhin ? Qu’en déduire sur une redéfinition possible des

---

8 Cité in : Roger, Alain/Guéry, François (éd.) : *Maîtres et protecteurs de la nature.* Seyssel : Champ Vallon 1991, p. 279.

9 Haudricourt, André-Georges : « Domestication des animaux, culture des plantes et traitement d’autrui ». *L’Homme* 2(1), 1962, p. 40–50.

10 Larrère, Catherine/Larrère, Raphaël : *Penser et agir avec la nature. Une enquête philosophique.* Paris : La Découverte 2015.

11 Pelluchon, Corine : *Les nourritures. Philosophie du corps politique.* Paris : Seuil 2015.

12 Stengers, Isabelle : *Réactiver le sens commun. Lecture de Whitehead en temps de débâcle.* Paris : La Découverte 2020, p. 153–197.

rapports entre nature et culture dans les deux pays ? Il peut s'agir de (vouloir) faire autrement dans un monde abimé mais lu comme encore majoritairement relié au monde végétal, à l'instar des écologistes radicaux du Club 99 étudiés par Anne-Marie Pailhès ; ou de réfléchir sur la place de la naturalité dans les représentations de la nature forestière dans le cadre « engagé » d'une réserve transfrontalière de biodiversité, ainsi que le proposent Paul Averbeck, Florence Rudolf et Julie Gobert. Des différences culturelles sont-elles perceptibles et comment les interpréter ? On peut ici faire l'hypothèse d'une recomposition : plutôt que de raisonner en termes de « modèles nationaux », forcément poreux, le déplacement du regard que permettent les *Humanités environnementales* conduit à dégager autant de pistes transverses de circulations : les arts du faire-contre, du faire-avec et du faire-faire la nature, y compris dans leurs tensions respectives qui écartent toute « fin de l'histoire », s'avèrent répandus et incarnés d'un côté de la frontière comme de l'autre, et s'intriquent de plus en plus, à la fois dans le cadre de processus de globalisation et *via* une re-territorialisation dans des projets transfrontaliers. Forêts et jardins apparaissent finalement comme des *naturecultures* au sein desquelles humains et non-humains sont liés de façon inextricable dans des « pratiques tentaculaires ».[13]

L'ouvrage, à l'image des *Humanités environnementales* elles-mêmes, poursuit ainsi une double ambition, à la fois de réflexion interdisciplinaire et conceptuelle *et* pour l'action sur les pratiques, en associant l'histoire des idées (réflexions sur les discours et les évolutions conceptuelles) et l'analyse des pratiques socio-environnementales (en quoi des *case studies* à plusieurs échelles, y compris locales, renseignent sur des enjeux pratiques). Cette démarche correspond à notre approche de chercheurs-citoyens convaincus que la réflexivité peut infléchir les modes d'action, ainsi qu'à notre conception des *Humanités environnementales*, qui cherche à concilier réflexion et action, théorie et pratique, par-delà les clivages disciplinaires et culturels. C'est bien en cela, transversalement aux chapitres pris un à un, que la mise en relation entre sciences humaines et sociales d'une part, études littéraires et culturelles d'autre part, exprime tout son potentiel, en faisant dialoguer des références « classiques » et d'autres plus récentes. Les études de cas, loin de s'enfermer dans une approche monographique en soi, viennent illustrer les enjeux théoriques, méthodologiques et comparatistes franco-allemands qui servent de fil rouge, et dont la conception est présentée de façon plus détaillée dans notre chapitre « Repenser la

---

13 Haraway, Donna : *Vivre avec le trouble* (trad. Vivien Garcia). Vaulx-en-Velin : Les éditions du monde à faire 2020.

nature à la lumière des *Humanités environnementales* ». D'une part, différents dispositifs méthodologiques concrets viennent se répondre et s'enrichir mutuellement : historique, philosophique, littéraire, sociologique… D'autre part, la perspective franco-allemande s'appuie sur l'effort d'un triple passage de frontière, consistant à repenser les traditions disciplinaires, à considérer les problématiques socio-culturelles des pratiques sociales et leur appréhension pour le chercheur, sans opposer la réflexivité et l'action.

Ceci étaye notre objectif principal : offrir au lecteur une synthèse des travaux actuels en termes d'*Humanités environnementales* en rapportant les tendances qui se dégagent à des contextes culturels de production en même temps qu'à des modes et canaux de circulations transfrontières, où l'outillage comparatif permet d'ouvrir de nouvelles perspectives. C'est pour le montrer que nous avons retenu plus finement la focale du végétal et de ses incarnations (jardins, forêts…) – au-delà de la simple projection sur les mondes non-humains des rapports et des normes sociales[14] –, car elle donne à saisir ce qui se joue pour un objet pris dans des traditions nationales et culturelles de long terme et confronté au contexte présent de l'Anthropocène, appelant à des catégories renouvelées de penser et d'agir. Autrement dit, il ressort bien du parcours proposé – pédagogiquement distribué en deux parties, mais participant d'un même cheminement – que les *Humanités environnementales* peuvent apporter un regard renouvelé sur l'observation et la compréhension des rapports à la nature en général, et ici au végétal en particulier, et ainsi compléter ou amender les tentatives de description et d'analyse antérieures, souvent enserrées dans des frontières culturelles et/ou disciplinaires.

Nous souhaitons enfin remercier chaleureusement le CIERA pour son efficacité et le soutien financier accordé au présent volume, ainsi que Gabriele Dürbeck pour l'avoir accueilli au sein de la collection *Studien zu Literatur, Kultur und Umwelt / Studies in Literature, Culture, and the Environment*, et Michael Rücker, pour sa réactivité et son suivi au sein des éditions Peter Lang. Nous exprimons également notre reconnaissance à Janina Kiko pour son appui précieux à la finalisation du manuscrit.

14 Pour faire référence à l'« anthropologie au-delà de l'humain » développée par Eduardo Kohn, cf. Id. : *Comment pensent les forêts* (trad. Grégory Delaplace). Bruxelles : Zones sensibles 2017.

Erster Teil / Première Partie :

Environmental Humanities /
Humanités environnementales :

Aktuelle Dynamiken und Herausforderungen
in Frankreich und Deutschland /
Dynamiques et enjeux actuels en France
et en Allemagne

Aurélie Choné & Philippe Hamman

Repenser la nature à la lumière des *Humanités environnementales*

Abstract Using a Franco-German comparison, this chapter examines the status of the *Environmental Humanities*: is it only a new fashionable buzzword or does it refer to a profound paradigm shift in the social sciences? In a first section, we define the *Environmental Humanities*' uneasy position at the crossroads between conceptual and practical dimensions, then a second section raises the issue of how to think nature today in the age of the Anthropocene and global environmental challenges, focusing on the ways knowledge about nature is produced and disseminated across disciplines and national and cultural spaces. This leads, in a third section, to challenge anthropo- and Euro-centric ways of thinking. Indeed, the move from questioning the idea of nature to recognizing its necessity as a concept entails not only drawing new (cross)disciplinary configurations and boundaries, but also overcoming the reflection/action divide. In other terms, how can man live with nature, as far as representations but also uses and practices are concerned? This third section highlights the fact that reflective approaches and engagement in action and the social world are necessarily intertwined.

Keywords: Environmental Humanities, Nature, Interdisciplinarity, Interculturalism, Reflection / Action, Franco-German Comparison

1 Un défi important des *Humanités environnementales* : l'articulation des dimensions conceptuelle et pratique

À côté des *environmental studies* marquées par l'empreinte des sciences « dures », associant par exemple sciences de la terre et de l'environnement (géophysique, bio-géochimie, hydromorphologie, etc.) ou encore sciences et techniques (à travers des perspectives modélisatrices), l'apparition du terme *Humanités environnementales / Environnemental Humanities* dans les années 2000 traduit l'importance de conduire une réflexion de fond sur les relations de l'être humain à son environnement à l'heure des changements climatiques, y compris dans le domaine des sciences humaines et sociales et des études culturelles et littéraires.

Notre question de départ concerne le statut des *Humanités environnementales* (*HE*) : s'agit-il d'un nouveau terme à la mode ou d'un changement profond de paradigme ? Schématiquement, deux approches semblent pouvoir être différenciées au sein de ce vaste champ de recherche interdisciplinaire : l'une privilégie l'histoire des idées, l'autre les cas pratiques. Les tenants de la première approche peuvent avoir tendance à reprocher à la seconde de ne pas tenir suffisamment compte des conceptions et représentations de la nature véhiculées par les différentes traditions culturelles, là où les promoteurs de la seconde entrée voient dans la première un risque de déconnexion des pratiques réelles et privilégient explicitement les enquêtes de terrain.[1]

En ce sens, l'historien allemand Joachim Radkau remarque que l'histoire environnementale a adopté jusqu'ici deux démarches principales, fréquemment exclusives l'une de l'autre : d'une part, une histoire des idées embrassant plusieurs siècles ; d'autre part, une histoire événementielle, axée sur les polémiques et conflits, et située dans des temporalités courtes. Le premier groupe d'études s'attache principalement à l'évolution des concepts de nature et des représentations de la nature au cours de l'histoire, à l'exemple des ouvrages majeurs cités (et déjà anciens pour certains) de Clarence J. Glacken[2], Carolyn Merchant[3] et Donald Worster[4]. Dans un article intitulé « Technik und Umwelt », J. Radkau pointe les lacunes de l'histoire des idées de nature et la nécessité d'étudier les comportements concrets au quotidien :

> Die Problematik dieses Aufsatzes besteht darin, dass die Realgeschichte der Mensch-Umwelt-Beziehung nicht von den Ideen, sondern von den alltäglichen Verhaltensweisen bestimmt wird. Zwischen beiden besteht oft eine weite Kluft. Dabei sind die Natur-Ideen oftmals mehrdeutig: man sieht ihnen nicht ohne weiteres an, mit welchen Verhaltensweisen sie korrespondieren. Aus der Bibel kann man Ehrfurcht vor Schöpfung, aber auch den Auftrag der Herrschaft über die Erde herauslesen, aus Bacon bescheidenen Respekt vor der Natur, aber auch Drang nach Vergewaltigung der Natur ; Liebig kann als Verkünder ökologischer Kreisläufe, aber auch als Vorkämpfer der Chemisierung der Landwirtschaft in die Ideengeschichte eingehen. In der Geschichte des technischen Denkens findet sich sowohl das Ideal der Naturnachahmung als auch der Ehrgeiz des Sieges über die Natur [. . .]. In der Geschichte der Naturideen sind die Vorstellungen eines allesbeherrschenden unzerstörbaren und die

---

1 Sur ces débats, cf. Blanc, Guillaume/Demeulenaere, Élise/Feuerhahn, Wolf (éd.) : *Humanités environnementales. Enquêtes et contre-enquêtes.* Paris : Publications de la Sorbonne 2017.

2 Glacken, Clarence J. : *Traces on the Rhodian Shore : Nature and Culture in Western Thought from Ancient Times to the End of the Eighteenth Century.* Berkeley/Los Angeles : University of California Press 1967.

3 Merchant, Carolyn : *The Death of Nature. Woman, Ecology and the Scientific Revolution.* San Francisco : HarperCollins 1990 (1st ed., 1980).

4 Worster, Donald : *Rivers of Empire : Water, Aridity, and the Growth of the American West.* New York : Pantheon 1985.

> einer verletzlichen und sterblichen Natur einander manchmal merkwürdig benachbart. [. . .] Auf ideengeschichtlicher Ebene ist nicht zu klären, was die Ideen praktisch bedeuten.[5]

À côté de cela, l'histoire événementielle privilégie, toujours suivant J. Radkau, la proximité au monde social et les catégories de l'action, souvent liées de façon concrète à un élément comme l'eau, le sol ou l'air, avec l'avantage de l'accès aux sources et par ailleurs des affinités avec l'histoire du mouvement environnemental – ainsi des travaux mentionnés de Franz-Josef Brüggemeier et Thomas Rommelspacher[6], Gerd Spelsberg[7], ou encore Heidelore Kluge[8].

Deux approches similaires peuvent également être distinguées dans d'autres disciplines. Dans le domaine de l'anthropologie, par exemple, l'approche structuraliste propose de partir des structures, des idées, de modèles de pensée que d'aucuns pourront trouver abstraits ; une approche plus pragmatiste préfère partir des actes concrets et, loin de postuler des ontologies stables qui n'existent nulle part à l'état pur, parle d'ontologies mouvantes, émergentes, interconnectées, dans des réseaux rassemblant êtres humains et non humains (*Empirical ontologies, Practical ontologies*). Notons que Philippe Descola, à qui l'on a pu reprocher son système structuraliste des quatre ontologies, va aussi dans ce sens en parlant de mélange des ontologies ; il présente bien les ontologies comme des modèles de pensée qui aident à structurer sa réflexion, mais ne souhaite pas en faire des catégories figées.[9] On voit que l'objectif – et le défi majeur – est de trouver (et garder) l'équilibre entre ces deux approches, sur un fil tendu entre structuralisme et pragmatisme en l'occurrence.

Aussi plaidons-nous pour une articulation effective de ces deux modes d'entrée, qui gagnent à travailler de concert. Nous l'avons posé à travers l'initiative

---

5 Radkau, Joachim : « Technik und Umwelt ». In : Ambrosius, Gerold/Petzina, Dietmar/Plumpe, Werner (éd.) : *Moderne Wirtschaftsgeschichte : Eine Einführung für Historiker und Ökonomen*. Berlin : De Gruyter 2006, p. 135–154.

6 Brüggemeier, Franz-Josef/Rommelspacher, Thomas (éd.) : *Besiegte Natur. Geschichte der Umwelt im 19. und 20. Jahrhundert*. München : Beck 1987.

7 Spelsberg, Gerd : *Rauchplage. Zur Geschichte der Luftverschmutzung*. Köln : Kölner Volksblatt Verlag 1988.

8 Kluge, Heidelore : *Umweltlexikon von Januar bis Dezember*. Rastatt : Moewig 1987.

9 Descola, Philippe : « L'animisme dans tous ses états : une approche comparative ». Conférence à l'Institut d'ethnologie de l'Université de Strasbourg, 07.11.2019, retrieved 14.10.2020, from <https://ethnologie.unistra.fr/formations/seminaires-de-recherche/seminaire-ethnologie-et-archeologies/seminaire-ethnologie-et-archeologies-2019-2020/conference-de-philippe-descola>.

du premier *Guide des Humanités environnementales* publié en langue française et incluant de nombreux regards croisés franco-germaniques. À ce titre, nous avons associé, pour distribuer l'ensemble des notices, une première partie consacrée à « Comment penser la nature ? » (29 notices) avec une seconde dédiée à « Comment vivre avec la nature ? » (24 notices). L'idée directrice est bien de s'intéresser à la production des savoirs sur la nature, aux transferts et à la circulation des savoirs entre les disciplines, entre les espaces nationaux et culturels, en faisant le lien avec les usages, les catégories de l'action et du monde social, à travers des questions concrètes : la forêt, l'eau, le changement climatique, le risque, etc.[10]

Le défi se situe dans l'articulation de ces deux dimensions : conceptuelle/idéelle, et concrète/pratique, ainsi que l'ont également souligné Catherine et Raphaël Larrère dans leur « enquête philosophique » *Penser et agir avec la nature.* Lorsqu'il est question d'« agir avec la nature et pas contre elle »,[11] il s'avère difficile sinon artificiel de séparer les concepts et les images, les métaphores, ou encore les représentations et les actions. Le textbook *Rethinking Nature. Challenging Disciplinary Boundaries* a exploré en ce sens cinq balancements et enjeux nodaux qui nous sont apparus au centre des interrogations en termes d'*HE* : valeurs et actions ; écritures et représentations ; mobilisations, activisme et sociétés ; renouvellement des écologies ; et relations humain-animal.[12]

Questionner les processus, les scènes et les acteurs des circulations entre cadres nationaux et aires culturelles ressort de ces contributions comme étant directement corrélé avec une mise en dialogue rapprochée entre développements notionnels et expériences pratiques. Deux dossiers récents de la *Revue d'Allemagne* ont retenu cette même perspective pour saisir le renouvellement des savoirs sur les *HE* en France et en Allemagne, par un triple croisement (1) des auteurs, français et allemands, (2) des thématiques mises en parallèle des deux côtés du Rhin, ainsi que (3) des apports littéraires/culturels et de ceux

---

10 Choné, Aurélie/Hajek, Isabelle/Hamman, Philippe (éd.) : *Guide des Humanités environnementales* (Environnement et Société). Villeneuve d'Ascq : Presses Universitaires du Septentrion 2016.

11 Larrère, Catherine/Larrère, Raphaël : *Penser et agir avec la nature. Une enquête philosophique*. Paris : La Découverte 2015.

12 Choné, Aurélie/Hajek, Isabelle/Hamman, Philippe (éd.) : *Rethinking Nature. Challenging Disciplinary Boundaries* (Routledge Environmental Humanities Series). Abingdon/New York : Routledge 2017.

des sciences sociales[13] ; tout en interrogeant ce que nous apprend une entrée transversale par les méthodes.[14]

De la sorte, penser ensemble les deux approches conceptuelle et pratique des *HE* amène à se demander comment associer à la fois la dimension *interdisciplinaire* – soit différentes approches des *HE* selon les disciplines et à de possibles points d'évolution ou de jonction – et la dimension *interculturelle* – soit différentes approches des *HE* selon les cultures, à l'ère globale de la mondialisation et de l'Anthropocène. Notre propos sera structuré de la façon suivante : la deuxième section interrogera le pôle conceptuel en posant la question des disciplines, de leurs évolutions et recompositions ; elle s'intéressera en particulier à la production des savoirs sur la nature, aux transferts et circulations de ces savoirs entre les disciplines et les cultures. La troisième section approfondira le pôle pratique à travers des réflexions sur/pour l'action et l'analyse de pratiques sociales qui, comme on le verra, conduisent à reconnaître aussi une pluralité des cultures.

2 Production des savoirs sur la nature, transferts et circulations des savoirs entre les disciplines : les *HE*, témoins de recompositions académiques

En regard de la diversité des disciplines des Lettres et des Sciences humaines et sociales (SHS) (notamment littérature, philosophie, langues, études culturelles et civilisations, sociologie, anthropologie, ethnologie, science politique, histoire, géographie humaine, urbanisme...), les frontières disciplinaires ne sont pas « évidentes » au sein des espaces académiques, et encore moins entre différents cadres nationaux. Par exemple, les études culturelles (*cultural studies*) représentent un champ universitaire peu institutionnalisé en France,[15] tandis

---

13 Choné, Aurélie/Freytag, Tim/Hamman, Philippe/Zemanek, Evi (éd.) : « Les Humanités environnementales : circulations et renouvellement des savoirs en France et en Allemagne ». *Revue d'Allemagne et des Pays de langue allemande* 51(2), 2019, retrieved 14.12.2020, from <https://journals.openedition.org/allemagne/1877>.

14 Rudolf, Florence (éd.) : « Humanités environnementales. Quoi de neuf du côté des méthodes ? ». *Revue d'Allemagne et des Pays de langue allemande* 50(2), 2018, retrieved 14.12.2020, from <https://journals.openedition.org/allemagne/768>.

15 Ainsi, selon le site national d'orientation de l'Onisep, seules cinq mentions de Master sont proposées sous la dénomination d'Études culturelles, retrieved 14.12.2020, from <http://www.onisep.fr/Ressources/Univers-Formation/Formations/Post-bac/Master-etudes-culturelles>.

qu'il existe de nombreux programmes de formation et de recherche labellisés de la sorte en Allemagne.[16] Le périmètre des Humanités apparaît également pour partie labile dans les découpages universitaires, qui posent la question d'un partage parfois observé entre Humanités et SHS. Par exemple, à l'Université de Strasbourg, l'École doctorale des Humanités recouvre le domaine Arts, Lettres et Langues, et se différencie de l'École doctorale des Sciences humaines et sociales.

Plus encore, *quid* de disciplines « bicéphales », comme la géographie, divisée entre géographie humaine et sociale, d'une part, géographie physique et modélisation géomatique, de l'autre, soit deux domaines distincts – SHS et Sciences et techniques ? Ou encore l'économie, notamment partagée entre l'économétrie mathématisée et l'économie politique ? On peut rappeler ici, en France, les débats qui ont porté depuis 2013 sur l'éventuelle création d'une nouvelle Section du Conseil national des Universités, gérant les carrières des universitaires, qui serait intitulée « Économie, société et territoires », par distinction de la Section 5 « Sciences économiques », à laquelle d'aucuns reprochent un manque de pluralisme et de faire la part belle à une pensée « orthodoxe » dominante.[17] Une mise à l'écart de pensées « hétérodoxes »[18] a, du reste, été repérée plus nettement encore en Allemagne.[19]

Dans ce contexte d'organisations académiques variables, comment aborder le changement majeur qu'est l'avènement de l'Anthropocène, caractérisée par le fait

16 Cf. par exemple le site *Study in Germany*, retrieved 14.12.2020, from <https://www.study-in-germany.de/en/plan-your-studies/fields-of-study/linguistics-and-cultural-studies_61103.php> ; ou l'existence d'un département intitulé « Histoire et études culturelles » à la Freie Universität Berlin, retrieved 14.12.2020, from <https://www.fu-berlin.de/en/einrichtungen/fachbereiche/fb/gesch-kultur/index.html>.

17 Cf. Raim, Laura : « Police de la pensée économique à l'Université ». *Le Monde diplomatique*, juillet 2015, p. 15–16, retrieved 14.12.2020, from <https://www.monde-diplomatique.fr/2015/07/RAIM/53196> ; et le blog de Abhervé, Michel : *Alternatives économiques*, 03.07.2018, retrieved 14.12.2020, from <https://blogs.alternatives-economiques.fr/abherve/2018/07/03/une-seche-fin-de-recevoir-ministerielle-sur-la-creation-d-une-section-economie-societe-et-territoire-au-cnu>.

18 Dans le domaine du travail, lire Ughetto, Pascal : « Problématiques hétérodoxes du travail en économie : quel avenir ». *Économies et sociétés* (série AB, *Économie du travail*) XXXIV(4), 2000, p. 5–44.

19 Chavagneux, Christian : « La mort de l'économie hétérodoxe allemande ». *Alternatives économiques* 348, 2015, p. 98 ; Heise, Arne/Sander, Henrike/Thieme, Sebastian : *Das Ende der Heterodoxie ? : Die Entwicklung der Wirtschaftswissenschaften in Deutschland*. Wiesbaden : Springer VS 2017.

que les activités humaines et la technique ont désormais une incidence globale significative sur l'écosystème terrestre ? En même temps, si cette nouvelle ère géologique est essentielle, elle renvoie à une pluralité de modes de représentation, compte tenu de sa complexité et des interactions entre de nombreuses échelles : comment ramener ce phénomène à la mesure humaine et sociale, en quelque sorte ? Tout n'est pas directement question de pratiques avérées et conscientes, mais aussi de récits (*Narrative* en allemand), de métaphores et d'incarnations – y compris rhétoriques, littéraires et artistiques, afin de faire sens, et encourager d'autres pratiques[20] –, à l'instar de celle du « jardinier », mobilisée en France[21] comme en Allemagne[22].

Précisément, les *Humanités environnementales* constituent une tentative pour intégrer la complexité de notre rapport à la nature et rendre compte de la polysémie de l'idée de nature, par un décloisonnement des approches qui a partie liée avec le dépassement du clivage nature/culture. L'idée de nature, dans les défis qu'elle adresse aujourd'hui aux sociétés contemporaines, reconfigure les cadres de pensée, les disciplines et leurs objets de recherche pour produire de nouveaux champs de questionnements et de pratiques, associant interdisciplinarité et interculturalité.

2.1 Dépasser le clivage nature / culture

Un double constat s'impose. D'un côté, le partage entre « nature » et « culture » est au fondement des sociétés occidentales : la « maîtrise de la nature » apparaît comme un projet récurrent, enraciné notamment dans la religion chrétienne, pouvant remonter jusqu'au texte de la *Genèse* dans *La Bible*,[23] et

---

20 Dürbeck, Gabriele/Nesselhauf, Jonas (éd.) : *Repräsentationsweisen des Anthropozän in Literatur und Medien / Representations of the Anthropocene in Literature and Media*. Berlin : Peter Lang 2019.

21 Wintz, Maurice : « Nature urbaine, nature distante, nature policée ». In : Hajek, Isabelle/Hamman, Philippe/Lévy, Jean-Pierre (éd.) : *De la ville durable à la nature en ville. Entre homogénéité urbaine et contrôle social*. Villeneuve d'Ascq : Presses Universitaires du Septentrion 2015, p. 155–169.

22 Dürbeck, Gabriele : « Der Mensch als Gärtner oder Parasit der Erde : Narrative des Anthropozän in deutschsprachigen Qualitätszeitungen (2010–2016) ». *Revue d'Allemagne et des Pays de langue allemande* 51(2), 2019, p. 285–301, retrieved 14.12.2020, from <https://doi.org/10.4000/allemagne.1957>.

23 *Livre de la Genèse*, chapitre 1, 28 : « Dieu les bénit et leur dit : À vous d'être féconds et multiples, de remplir la terre, de conquérir la terre, de commander au poisson de la mer, à l'oiseau du ciel, à toutes les petites bêtes ras du sol » (*La Bible*. Paris : Bayard, 2001, p. 35).

dont la modernité – y compris dans son projet d'émancipation de l'homme au regard de la religion – porte l'empreinte. Ainsi, pour René Descartes, il appartient à l'homme d'explorer puis de maîtriser cet univers matériel qu'est la nature.[24]

De l'autre côté, se révèle aujourd'hui l'épuisement de ce projet, compte tenu de deux processus conjugués. D'une part, l'anthropisation/artificialisation croissante de la nature s'impose avec une acuité nouvelle et bien établie, le devenir même de la biosphère, façonnée par l'action humaine, devenant menacé. Ceci va de pair avec la multiplication des controverses scientifiques : il suffit de penser à l'heure actuelle aux impacts sanitaires et environnementaux du déploiement de la technologie 5G pour les communications mobiles,[25] ou à la géothermie profonde et les secousses sismiques associées en milieu urbain.[26] À cela s'ajoute l'émergence de risques mal identifiés et d'artefacts socio-naturels, mêlant « faits » et « valeurs » – à l'instar des zoonoses, maladies qui se transmettent des animaux vertébrés à l'homme. Tout suspecté qu'il est d'avoir servi de vecteur à la Covid-19 vers l'homme *via* les marchés d'animaux sauvages en Chine, le pangolin continue de faire l'objet d'un trafic important en Afrique et en Asie pour sa chair et ses écailles.[27] Ces quelques exemples incitent à remettre en cause la délégation des études de la nature aux seules sciences dites

---

24 Descartes, René : *Discours de la méthode, 6e partie*. Paris : Gallimard 1966 [1637].

25 Cf. en France : « Contre l'arrivée de la 5G en France, deux ONG déposent un recours en justice », *Huffpost*, 24.01.2020, retrieved 14.12.2020, from https://www.huffingtonpost.fr/entry/contre-larrivee-de-la-5g-en-france-deux-ong-deposent-un-recours-en-justice_fr_5e2a309fc5b6779e9c300063 ; et de nombreuses pétitions lancées en Allemagne, telles que : « Stoppen Sie 5G jetzt aus Gesundheitsgründen », retrieved 14.12.2020, from <https://www.openpetition.de/petition/online/stoppen-sie-5g-jetzt-aus-gesundheitsgruenden>.

26 Cf. par exemple : « Alsace : un projet de géothermie profonde à l'origine de séismes ». *Le Point*, 26.11.2019, et « Géothermie : la préfête du Bas-Rhin décide l'arrêt des travaux à Vendenheim ». *Dernières Nouvelles d'Alsace*, 07.12.2020, à la suite de plusieurs tremblements de terre qui ont secoué une commune, au nord de Strasbourg ; et en Allemagne : « Tiefengeothermie : Hohe Risiken blockieren Bohrungen », *bizz-energie*, 24.05.2018, retrieved 14.12.2020, from <https://bizz-energy.com/tiefengeothermie_hohe_risiken_blockieren_bohrungen>.

27 Cf. Chauveau, Loïc : « Pendant l'épidémie le trafic de pangolins continue ». *Sciences et Avenir*, 05.05.2020, retrieved 14.12.2020, from <https://www.sciencesetavenir.fr/animaux/pendant-l-epidemie-le-trafic-de-pangolins-continue_144050>.

« exactes », en ce qu'elle empêcherait de penser et de construire un « monde commun », au sens de Bruno Latour.[28]

D'autre part, l'essor de l'« écologie des relations » a porté la critique du dualisme nature/culture, en pointant son ethnocentrisme situé, qui n'a pas valeur d'universalité et ne permet pas de saisir véritablement la pluralité des relations entre êtres humains, animaux, végétaux et minéraux. C'est tout le sens de la thèse de Philippe Descola dans *Par-delà nature et culture*[29] autour des quatre ontologies de la nature : totémisme, animisme, analogisme et naturalisme, et leur réception à l'international.[30]

Face à cette situation, plutôt que d'acter une « fin » de la vieille idée occidentale de nature, il s'agit de la réexplorer dans sa polysémie, c'est-à-dire à la fois :

- Prendre acte des limites des approches strictement scientifiques et techniques de la nature qui reposent sur la primauté d'une rationalité instrumentale ;
- Prendre au sérieux les dimensions symboliques, sociales, culturelles et politiques soulevées par la question du rapport à la nature ;
- Éviter le double piège du relativisme – selon lequel il n'y a plus de différence bien nette entre naturel et artificiel – et de l'essentialisme, d'une nature « en soi » ;
- Interroger l'épaisseur de l'idée de nature telle qu'elle a été développée dans les histoires culturelles européennes de la modernité au cours des XIXe et XXe siècles, tout en élargissant la focale en direction de cultures non occidentales.

---

28 Entretien avec Bruno Latour : « Composer un monde commun ». *Études* 1, 2015, p. 69–78 ; Gigliardi, Pasquale/Latour, Bruno (éd.) : *Les atmosphères de la politique. Dialogue pour un monde commun*. Paris : Les Empêcheurs de penser en rond 2006.

29 Descola, Philippe : *Par-delà nature et culture*. Paris : Gallimard 2005 [rééd. poche, Paris : Folio 2016]. Traduit en allemand : *Jenseits von Natur und Kultur* (trad. Eva Moldenhauer). Berlin : Suhrkamp Verlag 2011.

30 Pour une synthèse, en France et à l'international, cf. Hamman, Philippe : « Heuristique de l'anthropologie de la nature pour la sociologie et les Humanités environnementales ». In : Cometti, Geremia/Le Roux, Pierre/Manicone, Tiziana/Martin, Nastassja (éd.) : *Au seuil de la forêt. Hommage à Philippe Descola, l'anthropologue de la nature*. Paris/Mirebeau-sur-Bèze : Éditions Tautem 2019, p. 409–432 ; et, en termes de diffusion en Allemagne, cf. Bogusz, Tanja/Descola, Philippe : « Auf der Suche nach der Gesellschaft ». *Soziopolis*, 30.09.2015, retrieved 14.12.2020, from <https://www.soziopolis.de/beobachten/wissenschaft/artikel/auf-der-suche-nach-der-gesellschaft>.

2.2 L'observation de reconfigurations disciplinaires : ce que les HE font aux disciplines

Les dynamiques de diffusions et reconfigurations disciplinaires en jeu dans le projet des *HE* comportent en permanence une double dimension temporelle et spatiale, s'agissant de :

- Restituer des *généalogies de pensée*, en montrant à la fois comment les disciplines ont façonné les enjeux en débats, et réciproquement comment ces enjeux ont donné prise à l'émergence de nouvelles perspectives ;
- Considérer les processus de *circulations* en jeu. Ceci consiste à la fois à étayer les savoirs produits sur la nature et leurs transferts au sein et entre les disciplines en lien avec les représentations et les usages de la nature, c'est-à-dire combiner les regards théoriques et empiriques, pour montrer en quoi les savoirs de la nature sont inextricablement liés aux problématiques environnementales actuelles ; et à reconnaître la diversité des regards scientifiques liés à des traditions nationales et des aires culturelles différentes, c'est-à-dire faire éclater toute vision « en bloc » d'un paradigme occidental unique et ne pas s'en tenir à ces seules scènes occidentales.

À partir de la littérature existante, dont plusieurs ouvrages collectifs de synthèse sont le reflet,[31] de même que des revues en ligne depuis une dizaine d'années,[32] deux mouvements concomitants de reconfigurations disciplinaires peuvent être observés.

D'un côté, des disciplines déjà constituées intègrent des préoccupations et des problématiques environnementales pour en faire une spécialité disciplinaire. Ce mouvement témoigne d'évolutions de disciplines existantes depuis la

31 Cf. en particulier Blanc et al. ; Choné et al. : *Guide des Humanités environnementales* ; Choné et al. : *Rethinking Nature* ; Heise, Ursula K./Christensen, Jon/Niemann, Michelle (éd.) : *The Routledge Companion to the Environmental Humanities.* Abingdon/New York : Routledge 2017 ; Oppermann, Serpil/Iovino, Serenella (éd.) : *Environmental Humanities. Voices from the Anthropocene.* Lanham/London : Rowman and Littlefield 2017 ; DeLoughrey, Elizabeth/Didur, Jill/Carrigan, Anthony (éd.) : *Global Ecologies and the Environmental Humanities. Postcolonial Approaches.* Abingdon/New York : Routledge 2015.

32 Développées centralement dans le monde anglo-saxon : *Resilience. A Journal of the Environmental Humanities*, fondée en 2012 aux États-Unis (cf. <https://www.jstor.org/journal/resilience>), et *Environmental Humanities*, créée, en 2012 également, par des universitaires du Canada, d'Australie des États-Unis et de Suède (cf. <https://read.dukeupress.edu/environmental-humanities>).

prise de conscience environnementale des années 1960 dans les sociétés occidentales. Ainsi, du champ de l'éthique a émergé l'éthique environnementale, d'abord aux États-Unis, avec les travaux d'Aldo Leopold et John Baird Callicott en particulier, puis dans une diffusion élargie, par exemple en France à travers les traductions et les études menées par Catherine Larrère et Hicham-Stéphane Afeissa, et en Allemagne notamment grâce aux travaux de Martin Gorke et Konrad Ott (il existe aujourd'hui un Master *Umweltethik* à l'Université d'Augsburg). De même, de la philosophie est apparue l'écosophie ; de la sociologie, l'écosociologie ; de la psychologie, l'écopsychologie ; de l'histoire, l'histoire environnementale ; ou encore des études littéraires, l'écocritique et l'épistémocritique (de la nature).[33] Ces spécialités mettent à chaque fois en jeu un véritable travail interdisciplinaire. On peut l'illustrer avec l'écocritique, vis-à-vis de la philosophie, des études féministes et des études culturelles,[34] ou encore avec l'histoire environnementale, qui s'approprie des méthodes *a priori* étrangères à l'histoire (entretiens oraux, appréhension *in situ* des lieux et du paysage, analyse spatiale, etc.) et s'ouvre à la théorie sociale et politique, à la géographie historique, à l'écologie historique et aux approches historiques des sciences de la nature.[35]

Ces échanges peuvent *in fine* renforcer l'approche disciplinaire « de départ » : par exemple, l'écosociologie demeure bien dans le champ de la sociologie mais elle a remis en question les hypothèses de la sociologie « classique » qui fondait un paradigme de l'exception humaine – le fameux *Human exceptionalist paradigm (HEP)* critiqué par William Catton et Riley Dunlap en 1978 pour son anthropocentrisme, face auquel ils ont proposé un *New Ecological Paradigm (NEP)* focalisant sur l'interaction entre environnement et société.[36] De fait, la sociologie n'a pas intégré « l'environnement » avec facilité, notamment compte tenu de sa prévention fondatrice contre toute forme de déterminisme biologique ou environnemental. Sur ce plan, les évolutions d'une sociologie de l'environnement vers différentes formes d'« écosociologies » montrent bien comment la prise en compte de la nature affecte l'évolution de la discipline, de ses pères

---

33 On renvoie à chaque fois aux chapitres dédiés dans les manuels susmentionnés.

34 Peraldo, Emmanuelle : « Écocritique ». In : Choné et al. : *Guide des Humanités environnementales*, p. 165–172 ; et Lauwers, Margot : « Ecofeminism ». In : Choné et al. : *Rethinking Nature*, p. 106–113.

35 Winiwarter, Verena : « Environmental History in Europe from 1994 to 2004 : Enthusiasm and Consolidation ». *Environment & History* 10(4), 2004, p. 502.

36 Catton, William R. Jr./Dunlap, Riley E. : « Environmental Sociology : A New Paradigm ». *The American Sociologist* 13(1), 1978, p. 41–49.

fondateurs – Émile Durkheim, Karl Marx et Max Weber – à la sociologie contemporaine, que ce soient les théories de la modernisation écologique comme programme réformiste, ou des approches critiques ou alternatives à l'empiètement croissant de la société industrielle sur la nature, comme la justice environnementale.[37]

De l'autre côté, un second mouvement renvoie à l'émergence de domaines ou de champs d'études en relation avec des catégories issues de la société civile, des mouvements sociaux ou encore de l'action publique. C'est le cas des *sustainability studies*. Une comparaison franco-allemande l'a montré. D'une part, ce répertoire s'affilie à la sphère de la décision publique, notamment dans les rapports permanents entre contenus (à la jonction de l'économie, de l'écologie et du social), mises en mots (par exemple dans les discours des élus), et procédures de mise en œuvre du changement socio-environnemental.[38] D'autre part, ce même registre d'énonciation exprime des enjeux d'implication citoyenne et d'alternatives au modèle sociétal dominant, en termes de sobriété ou de décroissance.[39] Le constat se retrouve également dans le cas de l'écoféminisme, de l'écologie politique et de l'écologie urbaine, etc.[40] Il s'agit ici de « nébuleuses trans-disciplinaires » qui renvoient à la fois à des champs de questionnement relativement récents et à des mouvements sociétaux.

Or, ces deux mouvements ne sont pas consécutifs ni exclusifs, et ne peuvent être étudiés séparément l'un de l'autre. Deux exemples, parmi bien d'autres, le traduisent avec netteté. Premièrement, l'éthique environnementale fait référence à l'écoféminisme, qui « a mis en avant le parallèle entre la domination de l'homme sur la femme et celle de l'homme sur la nature, et posé que l'on ne pouvait venir à bout de l'une sans s'attaquer à l'autre. À cette critique des deux dominations croisées (homme/femme, homme/nature), les écoféministes du Sud en ont rajouté une troisième, la domination des pays développés sur les

37 Woodgate, Graham : « From Environmental Sociology to Ecosociologies ». In : Choné et al. : *Rethinking Nature*, p. 114–127.

38 Hamman, Philippe : *Gouvernance et développement durable. Une mise en perspective sociologique*. Paris/Bruxelles : De Boeck Supérieur 2019.

39 Hamman, Philippe : « Quels savoirs de la "durabilité" en France et en Allemagne ? Jalons pour une mise en perspective comparée sous le regard des sciences sociales ». *Revue d'Allemagne et des Pays de langue allemande* 51(2), 2019, p. 425–450.

40 Lauwers ; Repussard, Catherine : « From *Lebensreform* to Political Ecology » ; Hajek, Isabelle/Lévy, Jean-Pierre : « Urban Ecology ». In : Choné et al. : *Rethinking Nature*, respectivement p. 106–113, p. 97–105, et p. 158–165.

pays en développement ».[41] La proximité avec les études postcoloniales ressort aussi de la sorte, tout comme la mouvance de ces domaines et leur plasticité. Deuxièmement, l'écocritique est née en tant que nouveau courant au sein de la théorie littéraire et culturelle, mais elle se rattache également, là encore, à l'écoféminisme et aux approches postcoloniales. Certains la considèrent même davantage comme un projet politique que comme une méthode d'analyse littéraire.[42]

2.3 Interdisciplinarité et interculturalité, enjeux nodaux des HE

La mise au jour des dynamiques précédentes permet de tirer deux enseignements majeurs quant au développement des *HE*.

Le premier touche à l'interdisciplinarité et/ou transdisciplinarité, devenue incontournable puisque les problèmes écologiques impliquent toujours des composantes humaines, physiques et biologiques. Dans le domaine des sciences de l'environnement, l'écologue québécois Pierre Dansereau (1911–2011) est l'un des premiers à avoir souligné « la nécessité de décloisonner les savoirs pour permettre un rapprochement symbiotique des domaines des sciences naturelles et des sciences humaines. Il était essentiel, selon lui, d'aborder la réalité dans une perspective globale et intégrée. Son œuvre montre qu'un véritable avancement des connaissances et de la compréhension des enjeux environnementaux, dont la complexité ne cesse de s'accentuer, nécessite la convergence des disciplines et des savoirs de divers types ».[43]

Dans le champ des *HE*, l'ensemble des reconfigurations évoquées met en jeu un travail de collaboration entre disciplines dont les finalités ou les points d'aboutissement provisoires peuvent être soit de renforcer l'approche disciplinaire de départ, soit de créer un nouveau champ de questionnement pouvant servir d'incubateur à des recherches transdisciplinaires, fruit d'un croisement des savoirs entre différentes disciplines.

Par exemple, l'écoféminisme n'est l'apanage d'aucune discipline, mais s'apparente à un certain regard sur le monde, une *Weltanschauung* liée à une éthique,

---

41 Larrère, Catherine : « Éthique environnementale ». In : Choné et al. : *Guide des Humanités environnementales*, p. 41–49, cité p. 46–47.

42 Voir Peraldo.

43 Cf. l'ISE (Université du Québec) dans la présentation du colloque « L'œuvre de Pierre Dansereau et l'avenir des sciences de l'environnement », 30.01.2015, retrieved 14.12.2020, from <https://humanitesenvironnementales.fr/fr/actualite/appel-a-communication-5>.

voire un « forum » aux développements rhizomiques, dans lequel s'organise une mise en confrontation de savoirs disciplinaires et militants.[44] Corrélativement, ces redécoupages ne sont pas sans effets liés aux enjeux de pouvoir universitaire : aussi convient-il d'être également attentif, dans ces discours académiques, aux éléments jouant un rôle dans un dispositif stratégique de relations de pouvoir, au sens de Michel Foucault.[45] La plus ou moins grande fragilité institutionnelle de certaines disciplines ou reconfigurations disciplinaires (en termes de nombres de chaires, de Masters, de financements...) peut s'expliquer par des traditions culturelles et des stratégies socio-politiques différentes selon les pays, les divisions académiques étant liées à une histoire étatique et des intérêts catégoriels. Pour seul exemple concernant la France et l'Allemagne, mentionnons l'existence d'un « Rachel Carson Center for Environment and Society » en Allemagne, à l'Université de Munich,[46] alors qu'il n'existe pas d'équivalent en France.

Surmonter le clivage entre Humanités et sciences « dures », entre sciences de l'homme et sciences de la nature, est également un défi marquant en ce sens. Quelques programmes de recherche s'y sont déjà attelés. Citons par exemple le programme hébergé à la Maison interuniversitaire des sciences de l'homme Alsace (Misha) « La rencontre homme-animal au croisement de la religion, de la culture et de la science. Généalogie et perspectives » en 2017–2018. Ce programme a cherché à compléter une approche centrée sur les Humanités en faisant dialoguer des germanistes, des historiens, des philosophes, des anthropologues et des artistes avec des éthologues et des primatologues. Le croisement des regards et des modèles, entre primatologie et anthropologie, entre éthologie et philosophie, entre éthologie et histoire, etc., s'est avéré non seulement fécond, mais indispensable pour mieux comprendre les rencontres interspécifiques (entre espèces). Il ressort du premier volume issu de ce programme de recherche[47] qu'à l'instar de ce qui a pu être observé autour de la diffusion internationale et nationale des *HE*, les nouvelles postures de reconnaissance de l'animal et les décentrements épistémologiques qui les accompagnent conduisent à un double processus : à la fois des dynamiques de recomposition de disciplines,

---

44 Voir Lauwers.

45 Foucault, Michel : *Surveiller et punir*. Paris : Gallimard 1975.

46 Cf. le site officiel du RCC, retrieved 14.12.2020, from <https://www.carsoncenter.uni-muenchen.de/index.html>.

47 Choné, Aurélie/Iribarren, Isabel/Pelé, Marie/Repussard, Catherine/Sueur, Cédric (éd.) : *Les études animales sont-elles bonnes à penser ? Repenser les sciences, reconfigurer les disciplines* (Sciences et société). Paris : L'Harmattan 2020.

lorsqu'émerge une branche spécifique (philosophie animale, histoire animale, études animales littéraires, éthique animale...), et des hybridations nouvelles de savoirs et d'approches aux intersections (anthropozoologie, éthologie philosophique, zoopoétique...). Un second volume[48] a poursuivi ces réflexions en repensant la relation homme-animal, suivant l'épaisseur historique des enjeux, les filiations des approches des *animal studies*, ainsi que des mises en perspective contemporaines, intégrant la production artistique. Comme le constate Alain Rabatel dans le domaine de l'analyse du discours, « pour penser le poids de l'interdiscours, des formations discursives, des idéologies, pour rendre compte des parcours, réseaux, modes de socialité ainsi que des choix des sujets, la multiplication des réflexions inter-, pluri- et transdisciplinaires paraît indispensable ».[49] Ces recherches ne doivent pas pour autant occulter les difficultés intrinsèques de l'interdisciplinarité (notamment le risque de superficialité) en termes de partage de pratiques, de méthodes et surtout d'un langage scientifique commun – sachant que le dialogue avec les éthologues a sans doute été facilité par rapport à une coopération avec les « sciences exactes », du fait que l'étude du comportement animal repose davantage sur l'observation que sur des expériences de laboratoire. Le débat se joue en effet aussi, comme l'a montré Frédéric Joulian, sur le terrain de la hiérarchie des sciences et des régimes de scientificité.[50]

Un second point saillant tient à la façon d'aborder la problématique de l'interculturalité à travers la circulation des savoirs entre les espaces nationaux et culturels. Sans être exclusive, notamment d'un dialogue transatlantique,[51] une approche comparative France-Allemagne est ici riche de sens. Il est intéressant par exemple d'observer le développement pratiquement concomitant de l'écocritique,[52] des études animales littéraires et

48 Id. : *Repenser la relation homme-animal. Généalogie et perspectives* (Sciences et société). Paris : L'Harmattan 2020.

49 Rabatel, Alain : « L'engagement du chercheur, entre "éthique d'objectivité" et "éthique de subjectivité" ». *Argumentation et analyse du discours* 11, 2013, retrieved 14.12.2020, from <http://journals.openedition.org/aad/1526>.

50 Joulian, Frédéric : « Comparer l'incomparable : des vertus et des limites de la comparaison hommes/primates ». In : Remaud, Olivier/Schaub, Jean-Frédéric/Thireau, Isabelle (éd.) : *Faire des sciences sociales. Comparer.* Paris : Éditions de l'EHESS 2012, p. 97–125.

51 Nous l'avons souligné in : Choné et al. : *Rethinking Nature.*

52 Par exemple Dürbeck, Gabriele/Stobbe, Urte (éd.) : *Ecocriticism. Eine Einführung.* Köln : Böhlau 2015, côté allemand ; Suberchicot, Alain : *Pour une écocritique comparée.* Paris : Honoré Champion 2012, côté français.

culturelles,[53] des études végétales littéraires et culturelles,[54] voire l'émergence de possibles études minérales[55] dans les deux pays européens. Si les réseaux sont souvent plus développés en Allemagne qu'en France,[56] les références à des penseurs français (comme Jacques Derrida, Philippe Descola ou Bruno Latour) restent fréquentes des deux côtés du Rhin, en particulier en ce qui concerne les modèles anthropologiques.[57] Compte tenu de la globalisation des enjeux environnementaux, il s'avère important de ne pas rester enfermé dans des frontières nationales. Dans le domaine littéraire, par exemple, c'est tout l'enjeu d'une écocritique européenne, intégrant les spécificités des traditions culturelles et des discours environnementaux de chaque pays. Les études littéraires axées sur les questions environnementales ont déployé leurs nouveaux paradigmes dans

---

53 Par exemple Borgards, Roland : *Tiere. Kulturwissenschaftliches Handbuch.* Stuttgart : Metzler 2016, côté allemand ; Mairesse, Anne/Simon, Anne (éd.) : « Face aux bêtes / Facing Animals ». *L'Esprit créateur* 51(4), 2011 ; et Choné, Aurélie/Repussard, Catherine (éd.) : « Des animaux et des hommes / Von Tieren und Menschen ». *Recherches germaniques* 10, 2015, côté français.

54 Par exemple Jacobs, Joela/Kranz, Isabel : « Einleitung. Das literarische Leben der Pflanzen. Poetiken des Botanischen ». *Literatur für Leser* 2, 2017, p. 85–89, côté allemand ; Trivisani-Moreau, Isabelle/Taibi, Aude-Nuscia/Oghina-Pavie, Cristiana (éd.) : *Traces du végétal.* Rennes : Presses Universitaires de Rennes 2015, côté français.

55 Cluet, Marc/Feler, Anne/Heide, Gerhard (éd.) : *Die Würde des Minerals / La dignité du minéral : Ein deutsches und zugleich universelles Anliegen / Cause germanique, et aussi universelle.* Würzburg : Königshausen & Neumann 2019.

56 Mentionnons pour les études animales littéraires : côté allemand, le réseau *Cultural and Literary Animal Studies* (CLAS) autour de Roland Borgards (Goethe-Universität Frankfurt am Main) ; et, côté français, le Carnet de recherche *Animots. Carnet de zoopoétique* (cf. <https://animots.hypotheses.org/projet>) lié au projet de recherche sur l'animal et l'animalité dans la littérature de langue française des XXe-XXIe siècles, dirigé par Anne Simon. Pour les études végétales littéraires, citons le réseau *Literary and Cultural Plant Studies* fondé par Joela Jacobs et Isabel Kranz, et côté français le Carnet de recherche Hypothèses lié à l'axe « Cultures du végétal » de la Structure fédérative de recherche en lettres, langues et sciences humaines à Angers (espace d'échange pluridisciplinaire animé par Cristiana Pavie et Isabelle Trivisani-Moreau).

57 Par exemple Kanz, Christine : « "Wildwuchs". Thomas Hettches Gartenkulturroman *Pfaueninsel* aus Sicht der Plant Studies ». In : Kramer, Anke/Stobbe, Urte/Wanning, Berbeli (éd.) : *Plant Studies. Kulturwissenschaftliche Pflanzenforschung.* Berlin : Peter Lang 2022, côté allemand ; et Choné, Aurélie : « Vers un anthropomorphisme critique. Jeux de miroir, inversions et hybridations dans la littérature germanophone ». *Recherches germaniques* 50, 2020, p. 131–148, côté français.

des directions différentes en contexte français et allemand. On peut souligner les chemins particuliers suivis par l'*ecocriticism* allemand et l'écocritique française, les champs de recherche spécifiques qu'ils ont privilégiés et les points de convergence/comparaison qui peuvent poindre entre eux. La mise au jour des grandes lignes de déploiement dans chaque contexte permet de faire émerger des pistes pour une perspective comparative franco-allemande dans le domaine des relations entre littérature et écologie[58].

Plus largement, une telle entrée permet de revenir sur des questions de définitions notionnelles au concret : par exemple, en quoi le concept de nature est différent de notions voisines, comme l'environnement, selon le contexte culturel. Certains chercheurs ont montré comment les idées romantiques de communion avec l'origine et de nature vierge – la mythologie germanique ou des poètes romantiques comme Joseph von Eichendorff – ont été récupérées par une idéologie réactionnaire, voire raciste.[59] D'autres chercheurs ont vu les prémisses d'un discours romantique antimoderne dans les mouvements de réforme de la vie (*Lebensreform*) qui se sont développés en Allemagne à partir de la fin du XIXe siècle.[60] À cela se superposent des problèmes de traduction et de connotation des termes, ainsi que l'a pointé Wolf Feuerhahn en histoire des sciences à l'exemple du terme « Umwelt » : est-il strictement équivalent au terme « environnement » ou encore « écologie » en français ?[61] Les hésitations à traduire « décroissance » en allemand sont une autre illustration emblématique : on repère, selon les cas et les auteurs, « décroissance », « degrowth », « Postwachstum » ou « Rückgang » dans les écrits germanophones.[62]

---

58 Choné, Aurélie : « Ecocriticism/écocritique im deutschen und französischen Kontext : eine vergleichende Perspektive ». *Revue d'Allemagne et des Pays de langue allemande* 51(2), 2019, p. 321–341.

59 Lekan, Thomas : *Imagining the Nation in Nature : Landscape Preservation and German Identity. 1885–1945.* Cambridge : Harvard University Press 2004.

60 Repussard, Catherine : « Écologie politique. Origines dans l'espace germanophone ». In : Choné et al. : *Guide des Humanités environnementales*, p. 103–111.

61 Feuerhahn, Wolf : « Du milieu à l'Umwelt : enjeux d'un changement terminologique ». *Revue philosophique de la France et de l'étranger* 134(4), 2009, p. 419–438 ; voir aussi Grisoni, Anahita/Sierra, Rosa : « Écologie ou *Umwelt* ? Une revue historiographique des engagements écologistes et environnementalistes en France et en Allemagne ». *Revue de l'IFHA* 5, 2013, retrieved 14.12.2020, from <http://journals.openedition.org/ifha/7403>.

62 Hamman, Philippe : « Quels savoirs de la "durabilité" en France et en Allemagne ? », p. 442–448.

3 Réflexions pour l'action. Les *HE* comme tentative de dépassement du clivage réflexion / action

Le chercheur qui conduit une interrogation en termes d'*HE* ne saurait se situer en extériorité. C'est bien ce sur quoi insiste Clémence Guimont dans sa recension de l'ouvrage *Humanités environnementales : Enquêtes et contre-enquêtes*[63] publiée dans la revue *Politix* :

> Aucun des contributeurs de l'ouvrage n'interroge le fait d'être soi-même partie prenante et acteur des débats intellectuels. Ceci n'est pourtant pas sans conséquences sur la restitution – ou même la reconstitution – des trajectoires décrites. Il eût été intéressant que les contributeurs interrogent cette dimension pour que le lecteur prenne davantage conscience des potentiels biais de l'histoire proposée. On regrette qu'après un tel parcours, les auteurs ne mettent pas davantage en exergue les questionnements épistémologiques et méthodologiques suscités par la matérialité écologique dans les SHS. Il semble justement que les enquêtes et contre-enquêtes lèvent le voile sur un environnement qui fut longtemps mobilisé comme un objet lambda avant de devenir *in fine* structurant dans la manière même de penser et de produire la recherche.[64]

Les *HE* peuvent ainsi se lire comme une triple interpellation du chercheur, à savoir une tentative de dépassement du clivage réflexion/action, laquelle implique également d'inclure le point de vue des cultures non occidentales, et *in fine* de réfléchir au positionnement du chercheur lui-même.

3.1 Le dépassement du clivage réflexion / action

Deux dynamiques inter-reliées, réflexive et à visée d'intervention, apparaissent constitutives du renouvellement impulsé par les *HE*, qu'il soit question de reconfigurations au sein d'une discipline ou d'études transdisciplinaires. En effet, en termes réflexifs, repenser le concept de nature requiert aujourd'hui une approche relationnelle forte, afin de saisir la diversité des interactions entre acteurs humains et non-humains dans leur existence commune. Il s'agit ainsi de sortir des approches binaires afin de penser en termes de « champ tensionnel », pour reprendre l'expression du philosophe et sinologue François Jullien à propos du paysage : « Le paysage n'est plus affaire de "vue", mais du vivre ».[65] Ceci conduit à « ouvrir » les modes d'investigation de la nature à la prise en

---

63 Voir Blanc et al.

64 Guimont, Clémence : « Blanc, Demeulenaere, Feuerhahn : *Humanités environnementales...* » (note de lecture). *Politix* 120(4), 2017, p. 217–221.

65 Jullien, François : *Vivre de paysage ou l'impensé de la Raison*. Paris : Gallimard 2014.

compte de la diversité des modes de vivre ensemble, qu'il s'agisse de biodiversité ou de diversité culturelle. En même temps, ces champs de savoirs sont reliés à l'action : ils sont liés à notre « engagement dans le monde », en rapport avec l'invention de nouvelles formes de vivre ensemble et d'intervenir/agir sur notre rapport à la nature. Cette relation renouvelée à la nature implique aussi une nouvelle relation de l'être humain à lui-même et à sa « nature intérieure », comprise de façon intime. Cela amène le chercheur à une nouvelle relation à l'objet de sa recherche, en l'occurrence la nature, le vivant dans son ensemble, qui n'est plus seulement un objet, mais un sujet doué d'agentivité, agissant jusque dans son propre corps. Citons ces mots de la chercheuse Anne Simon, spécialiste de Marcel Proust et initiatrice d'un champ de recherche appelé « zoopoétique » : « Je suis traversée par ce qu'on inflige au vivant ».[66]

Ainsi, l'écoféminisme, l'écocritique, l'écologie politique, l'écosophie ou l'écospiritualité sont-ils à la fois des mouvements ou des projets politiques, parfois très militants, et un regard sur le monde, une philosophie liée à une éthique. Relevons, par exemple, le fait qu'Arne Naess, philosophe spécialiste de Spinoza et fondateur du courant de l'écologie profonde (*deep ecology*)[67], n'hésite pas, en 1970, à s'enchaîner à des rochers situés en face de chutes d'eau dans un fjord norvégien, refusant de descendre tant que les projets d'y construire un barrage ne seront pas abandonnés. Dans la perspective de l'écospiritualité, on peut également noter que le syndicaliste agricole français José Bové, connu pour des actions médiatiques (fauchages d'OGM, etc.), considère Gandhi, Lanza del Vasto, Martin Luther King et Henry David Thoreau comme de grandes figures de la non-violence et de la simplicité volontaire, et comme ses références premières. Ce qui réunit les discours divers rassemblés sous la dénomination d'écospiritualité est bien l'idée pour l'être humain de prendre conscience qu'il fait partie de la nature, qu'il est intégré dans un ensemble beaucoup plus vaste, relié au Cosmos, au Grand Tout, à Dieu, selon les dénominations utilisées dans les différentes traditions. À travers ce regard plus large, le clivage sujet/objet perd de son importance, de sa consistance, de son efficacité.[68] Pour prendre un autre exemple, les *animal studies*[69] reviennent sur le partage positiviste qui a fait des animaux le domaine exclusif des sciences de la nature, et déplient de nombreux questionnements autour des relations entre humains/animaux

---

66 Interview d'Anne Simon par Catherine Vincent, *Le Monde*, 06.09.2019.

67 Afeissa, Hicham-Stéphane : « Ecosophy : "How deep is your ecology ?" ». In : Choné et al. : *Rethinking Nature*, p. 27–37.

68 Choné, Aurélie : « Ecospirituality ». In : Choné et al. : *Rethinking Nature*, p. 38–48.

69 Borgards, Roland : « Animal Studies ». In : Choné et al. : *Rethinking Nature*, p. 221–231.

(*human-animal studies*), l'anthropocentrisme et l'animalité (*cultural animal studies*), ou encore dénoncent une tradition occidentale de cruauté envers l'animal (*critical animal studies*)[70].

3.2 Le dépassement d'un regard euro/occidentalo-centré pour agir

Une autre prise de conscience propre aux *HE* est de reconnaître, sans aucun relativisme culturel, que l'action est toujours culturellement dépendante. On le voit notamment dans le domaine forestier en France et en Allemagne, dans la tension entre laisser faire et intervention. La politique forestière française est culturellement plus interventionniste qu'en Allemagne,[71] même si, là encore, il convient d'apporter des nuances au cas par cas (selon la région, la période, l'espèce, etc.).[72] Les différences culturelles sont peut-être encore plus grandes entre pays européens et non-européens, occidentaux et non-occidentaux.

La conscience de la dimension proprement occidentale de l'idée de nature s'est désormais largement diffusée, *via* des travaux comme, par exemple, ceux de Catherine Larrère, qui souligne le lien avec la culture chrétienne et l'apport de la philosophie et de la science grecques,[73] et de Philippe Descola, qui met en garde contre les conséquences d'une exportation des modèles occidentaux de protection de la nature.[74]

Dans une perspective d'*HE*, il importe alors d'élargir la focale en incluant une réflexion en direction des cultures non-occidentales. Aussi bien l'ethnoécologie que l'écocritique ou les études animales focalisent leur regard sur l'appréhension de « minorités invisibles », qui n'ont pas droit à la parole (des populations autochtones – qui ignorent d'ailleurs le dualisme nature/culture) ou ne parlent pas (animaux, plantes). Le potentiel de rupture vaut non seulement au titre d'une critique d'approches scientifiques et de découpages académiques mais aussi de la mise au jour de présupposés non questionnés, voire d'une idéologie sous-jacente à un discours occidental hégémonique. L'ethnoécologie souligne

70 Choné et al. : *Les études animales sont-elles bonnes à penser ?* ; et *Repenser la relation homme-animal.*

71 Schriewer, Klaus : *Natur und Bewusstsein. Ein Beitrag zur Kulturgeschichte des Waldes in Deutschland*. Münster/New York : Waxmann Verlag 2015.

72 Nous renvoyons à la contribution de Philippe Alexandre et à celle de Paul Averbeck, Florence Rudolf et Julie Gobert dans le présent volume.

73 Larrère, Catherine : « Approche philosophique de la nature ». In : Choné et al. : *Guide des Humanités environnementales*, p. 31–39.

74 Descola : *Par-delà nature et culture.*

bien l'apport de la relation à la nature des peuples premiers, même s'il faut conserver à l'esprit le risque potentiel de retomber dans une forme d'opposition binaire entre les peuples traditionnels, d'un côté, et l'Homme occidental, de l'autre. Introduire la notion d'écocide, soit la destruction d'un écosystème par un facteur anthropique, est d'autant plus intéressant, en restant conscient là aussi des difficultés à se prétendre « en surplomb ».[75] Quant à l'écospiritualité, elle revalorise aussi les conceptions de la nature des peuples racines (actuellement en vogue dans les sociétés occidentales, comme le néo-chamanisme et les mouvements néopaïens), notamment la représentation de la Terre comme Mère, mais également celles des traditions orientales (puissance féminine de la *shakti* dans la tradition indienne par exemple).[76]

Un enjeu fort tient ici à la diffusion d'une conscience accrue qu'il ne peut y avoir une action – qu'elle soit individuelle comme collective ou sociétale – pour l'environnement unique et partout identique,[77] quand bien même il s'agit d'une problématique écosystémique et « globale ». On peut retenir deux modes d'entrée pour le montrer.

Premièrement, une filiation provient de l'économie écologique, à partir de l'étude de pays du Sud. En particulier, Joan Martinez-Alier souligne la « dette écologique » des pays industrialisés à leur endroit, en introduisant la variable temporelle qui est précisément au centre de l'Anthropocène (notamment en termes d'empreinte de l'homme depuis l'industrialisation, et d'accélération).[78] Parmi les chercheurs, ceci s'est accompagné de réflexions sur les dispositions capacitaires dans les régimes de justice, pour penser les inégalités et reconnaître les injustices. Ainsi, selon Amartya Sen, il ne suffit pas de considérer ce que possèdent les individus, mais également leurs capacités (*capabilities*) à choisir à partir de là entre différents modes de vie, exprimant une liberté.[79] Ce concept se retrouve dans la démocratie des capabilités – au sens de Martha

75 Navet, Éric : « Ecocide, Ethnocide and Civilizations : Multiple Ways of Destroying Life ». In : Choné et al. : *Rethinking Nature*, p. 211–220.

76 Egger, Michel Maxime : *Écospiritualité. Réenchanter notre relation à la nature*. Genève : Concept Jouvence 2018.

77 Nous renvoyons ici aux propos de Philippe Descola : « À qui appartient la nature ? ». *La Vie des idées*, 21.01.2008, p. 1–11, retrieved 14.12.2020, from <http://www.laviedesidees.fr/A-qui-appartient-la-nature.html>.

78 Martinez-Alier, Joan : *L'écologisme des pauvres. Une étude des conflits environnementaux dans le monde* (trad. André Verkaeren). Paris : Les Petits matins 2014.

79 Sen, Amartya : *Inequality Reexamined*. Oxford : Clarendon Press 1992.

Nussbaum, y compris dans une dimension genrée[80] –, qui interroge les conditions d'émergence de l'inégalité. Ces énoncés interagissent bel et bien avec des prolongements dans l'action pour préciser concrètement quelles sont ces capabilités et, en regard, comment traduire politiquement une exigence de justice, au niveau des États et des organisations internationales, y compris les ONG. En effet, les savoirs experts sont souvent réticents à prendre en considération les savoirs habitants et les conflits d'usages, ce qui place au centre la médiation interculturelle (à la fois entre aires culturelles et groupes sociaux) afin que des circulations permanentes de pratiques fassent sens en termes de justice socio-environnementale, qui n'est pas sans paradoxes.

En particulier, le paradigme de la justice environnementale apparaît indissociable de la problématique des injustices d'échelles : les conflits socio-écologiques se traduisent fréquemment au niveau local et renvoient aux modes de traitement par les institutions des territoires en question.[81] C'est bien ce qu'a repéré Joan Martinez-Alier dans son ouvrage marquant sur *L'écologisme des pauvres*[82] lorsqu'il explique qu'en Espagne les actions d'embellissement menées dans le centre-ville de Barcelone au cours de la décennie 1990 sont passées par le transfert de tout un ensemble de sources de nuisances urbaines : équipements (incinérateur de déchets. . .), infrastructures (grands axes de circulation automobiles, parkings) et sites industriels, déplacés vers des espaces en périphérie, dont les habitants ont alors vu leur environnement quotidien impacté. L'injustice d'échelle et/ou son ressenti sont, en cela, liés avec le périmètre du traitement politique réservé à l'enjeu.

Dans un cadre différent, à Madagascar, c'est par exemple à l'échelle des aires protégées ou des périmètres miniers que sont mises en place les mesures de préservation écologiques.[83] Le processus de délimitation de ces espaces renvoie aux représentations de la biodiversité et de sa dégradation, qui se traduisent ensuite à travers un outillage destiné à établir les zonages, en particulier le recours aux systèmes d'information géographique (SIG). Cet appareillage scientifique a des effets de réalité dans les actions entreprises. Ainsi, Xavier Amelot, Sophie Moreau et Stéphanie M. Carrière ont bien montré à la fois en quoi ces dispositifs *a priori* construits scientifiquement et objectivés techniquement

80 Nussbaum, Martha : *Women and Human Development : The Capabilities Approach*. Cambridge : Cambridge University Press 2000.

81 Laigle, Lydie/Moreau, Sophie : *Justice et environnement. Les citoyens interpellent le politique*. Gollion : Infolio éditions 2018, p. 157 sq.

82 Voir Martinez-Alier.

83 Laigle/Moreau : *Justice et environnement*, p. 149–194.

influent en fait directement sur les zonages effectués. Les auteurs ont aussi repéré la concentration des acteurs décisionnaires, à savoir les BINGOs (*Big Non Gouvernemental Organisations*) qui entrent en relation avec les services d'État et non les communautés locales : CI (*Conservation International*), WWF (*World Wide Fund for Nature*) et WCS (*Wildlife Conservation Society*) en particulier. Et de conclure :

> La nouvelle démarche de conservation à Madagascar apparaît ainsi comme injuste car elle ne permet pas de promouvoir des processus de décision basés sur un minimum de concertation entre les parties prenantes. Elle perpétue un modèle autoritaire et descendant de conservation, fondé sur l'hégémonie des experts et la faible reconnaissance des acteurs locaux.[84]

Deuxièmement, cette attention se retrouve dans la littérature d'anthropologie de l'environnement. C'est vrai à la fois quant à l'importance des temporalités et celle des spatialités. Tim Ingold porte ainsi le regard sur la dynamique des systèmes pratiques de développement : sortir d'une vision statique des équilibres de la nature à la faveur d'une vision dynamique – historicisée et critique – afin de se dégager du dualisme homme/nature, dans l'action.[85] Pour Philippe Descola, il s'agit de créer un « monde commun » réunissant « humains et non-humains » et non d'imposer mécaniquement et uniformément les normes occidentales de protection de la nature sur l'ensemble de la planète :

> La politique internationale de protection de l'environnement repose sur une conception très particulière de la nature, qui est née en Europe au siècle des Lumières. Cette conception est loin d'être partagée par tous les peuples de la planète, attachés à d'autres principes cosmologiques. La préservation de la biodiversité ne pourra être pleinement efficace que si elle tient compte de cette pluralité des intelligences de la nature.[86]

En ce sens, suivant Catherine et Raphaël Larrère, « chez Descola, le naturalisme ne désigne pas une position possible, au sein de la vision occidentale de la nature, dans sa différence avec l'humanisme [selon lequel l'homme se distingue par sa capacité à se dégager de la nature], mais l'ensemble de la position occidentale,

---

84 Amelot, Xavier/Moreau, Sophie/Carrière, Stéphanie M. : « Des justiciers de la biodiversité aux injustices spatiales. L'exemple de l'extension du réseau d'aires protégées à Madagascar ». In : Blanchon, David/Gardin, Jean/Moreau, Sophie (éd.) : *Justice et injustices environnementales*. Nanterre : Presses Universitaires de Paris Ouest 2012, p. 193–216.

85 Ingold, Tim : *Marcher avec les dragons*. Paris : Zones sensibles 2013.

86 Descola : « À qui appartient la nature ? ».

qui s'affirme pleinement avec la modernité ».[87] La posture actante repose alors sur la porosité de l'ontologie naturaliste : « La plasticité se trouve aussi dans la capacité de l'ontologie naturaliste à accueillir des segments d'autres ontologies, notamment animistes : l'intérêt que nous portons de plus en plus à la sensibilité animale va de pair avec une empathie à l'égard des animaux », note Catherine Larrère.[88] Cette reconnaissance d'autres ontologies de la nature, animistes ou analogiques, ne reposant pas sur le partage nature-culture, ni sur la distinction sujet-objet, entraîne souvent une pratique qui s'accompagne d'un cheminement personnel pour une meilleure connaissance de soi, ce qui peut déjà constituer une action en soi.

3.3 De l'engagement du chercheur

Les réflexions précédentes sur la subjectivité et l'objectivité soulèvent la question de l'engagement éthique et politique du chercheur. Peut-on être complètement neutre, objectif, face à un objet scientifique, d'autant plus quand il est question de l'avenir de la planète et de l'humanité ? Il apparaît alors important de dire d'où l'on parle et de témoigner d'une certaine cohérence cognitive. C'est notamment ce que fait Bruno Latour à la fin – mais pas au début – de son ouvrage *Où atterrir ?*, concluant : « Sans aucun doute je suis un privilégié. Libre au lecteur d'en conclure que je n'ai pas qualité à parler de ces conflits géo-sociaux ».[89] En effet, concevoir le chercheur comme un *homo clausus*, coupé du monde et enfermé dans son laboratoire, est une fiction ; Alain Rabatel le pointe, « le chercheur, comme tout être humain, n'échappe pas aux contradictions, et plus encore celui qui est exposé à la prise de risque de l'engagement ».[90] On peut penser au philosophe Dominique Bourg, par exemple, autant penseur qu'acteur engagé, tant sur un plan institutionnel que militant : il a participé à la commission préparatoire de la rédaction de la Charte française de l'environnement, intégrée en 2005 dans la Constitution, a été membre du Conseil national du développement durable chargé de conseiller le Premier ministre français et a également présidé le conseil scientifique de la fondation Nicolas Hulot jusqu'en janvier 2019. Il a conduit la liste « Urgence écologie » lors des élections européennes de 2019, qui prône une « écologie intégrale », c'est-à-dire intégrant à la

87 Larrère/Larrère, p. 10–11.

88 Larrère: « Approche philosophique de la nature », p. 38.

89 Latour, Bruno : *Où atterrir ? Comment s'orienter en politique*. Paris : La Découverte 2017, p. 125–126.

90 Voir Rabatel.

fois les aspects aussi bien environnementaux qu'économiques, sociaux, culturels et de justice sociale, sans obtenir toutefois d'élu.[91]

L'engagement des chercheurs est aussi visible dans le domaine des études animales. Citons par exemple la philosophe française vegan et antispéciste Corine Pelluchon, auteur d'un *Manifeste animaliste*,[92] ou le philosophe vegan Markus Wild en Allemagne, engagé dans le comité de l'initiative « Grundrechte für Primaten » lancée en 2016 à Bâle pour exiger des droits fondamentaux pour les primates.[93] L'engagement du chercheur semble d'ailleurs moins poser question dans l'espace germanophone qu'en France, où beaucoup de chercheurs revendiquent une posture de neutralité axiologique et un idéal d'objectivité. C'est peut-être l'héritage d'une tradition cartésienne bien ancrée, comme si les chercheurs français en sciences humaines et sociales craignaient le possible reproche d'un manque de scientificité, tandis que la « recherche à la première personne » est également plus développée au Québec et dans les pays anglosaxons (et théorisée en particulier dans les sciences de l'éducation, la psychosociologie et la recherche-création[94]). Or, comme le relève Alain Rabatel, « si l'oubli de la subjectivité est coûteux, son déni aussi. Mieux vaut se connaître, non seulement pour éviter les dénis – l'illusion naïve de la liberté, de l'indépendance et de l'objectivité –, mais surtout pouvoir se méfier de soi ! »[95]

4 Conclusion

Favorisant un dialogue renforcé entre études littéraires et culturelles, humanités et sciences sociales, sans négliger les sciences de l'environnement, les *HE* donnent singulièrement à voir le fait que la production de nouvelles formes de savoir sur la nature n'est pas une fin en soi. La question de leurs relations au monde réel est centrale : pour conserver son humanité, l'être humain n'a pas d'autre choix que de reconsidérer son existence dans sa

---

91 Cf. site internet d'Urgence Écologie, retrieved 14.12.2020, from <https://urgence-ecologie.fr>.

92 Pelluchon, Corine : *Manifeste animaliste. Politiser la cause animale.* Paris : Alma éditeur 2017.

93 Cf. la présentation de l'initiative, retrieved 14.12.2020, from <https://sentience-politics.org/de/primaten-initiative-in-basel-gestartet>.

94 La phénoménologie apporte ici un soubassement théorique. Cf. Morais, Sylvie : *L'approche en première personne. Faire de la recherche biographique en éducation et écrire.* Paris : Téraèdre 2020.

95 Rabatel, § 6.

relation au monde et à lui-même. Comment penser *et* comment vivre avec la nature sont clairement deux dimensions qui vont de pair. Cette posture suppose d'inventer de nouveaux modes de vivre ensemble qui soient conscients de notre dépendance à une nature relationnelle, et assument une dimension proprement politique, loin des solutions toutes prêtes des modélisations prédictives (« bonnes pratiques » de durabilité, etc.). On ne peut alors écarter la problématique de l'engagement du chercheur, pris dans une dialectique entre implication et distanciation, y compris dans le travail de production de connaissance.[96]

On le devine, si les *HE* apparaissent mieux équipées car investies en interdisciplinarité et interculturalité,[97] la perspective ambitieuse qu'elles amènent inscrit à l'agenda une série de questions inédites, pour lesquelles s'impose encore une analyse critique approfondie. « Cela oblige à une certaine éthique de la critique : viser moins la critique des individus ou la stigmatisation de coupables qu'aider à comprendre ou à rectifier des visions, des pratiques erronées, ou contreproductives ».[98] C'est ainsi que l'on peut aborder des enjeux tels que le post-humanisme ou un autre « régime » de relations entre humains et non-humains à concevoir, ou encore un nouveau matérialisme qui interroge la façon dont toute production culturelle est interconnectée à la nature, à sa matérialité, et inversement.

Bibliographie

Amelot, Xavier/Moreau, Sophie/Carrière, Stéphanie M. : « Des justiciers de la biodiversité aux injustices spatiales. L'exemple de l'extension du réseau d'aires protégées à Madagascar ». In : Blanchon, David/Gardin, Jean/Moreau, Sophie (éd.) : *Justice et injustices environnementales*. Nanterre : Presses Universitaires de Paris Ouest 2012, p. 193–216.

Blanc, Guillaume/Demeulenaere, Élise/Feuerhahn, Wolf (éd) : *Humanités environnementales. Enquêtes et contre-enquêtes*, Paris : Publications de la Sorbonne 2017.

Borgards, Roland : *Tiere. Kulturwissenschaftliches Handbuch*. Stuttgart : Metzler 2016.

---

96 Cf. la réflexion conduite in : Hamman, Philippe/Méon, Jean-Matthieu/Verrier, Benoît (éd.) : *Discours savants, discours militants. Mélange des genres*. Paris : L'Harmattan 2002.

97 Ainsi que le relève Sabine Wilke : « Environmental Humanities ». In : Choné et al. : *Rethinking Nature*, p. 243–253.

98 Rabatel, § 27.

Brüggemeier, Franz-Josef/Rommelspacher, Thomas (éd.) : *Besiegte Natur. Geschichte der Umwelt im 19. und 20. Jahrhundert*. München : Beck 1987.

Bühler, Benjamin/Rieger, Stefan (éd.) : *Das Wuchern der Pflanzen. Ein Florilegium des Wissens*. Frankfurt a.M. : Suhrkamp 2013.

Catton, William R. Jr./Dunlap, Riley E. : « Environmental Sociology : A New Paradigm ». *The American Sociologist* 13(1), 1978, p. 41–49.

Choné, Aurélie : « *Ecocriticism/écocritique* im deutschen und französischen Kontext : eine vergleichende Perspektive ». *Revue d'Allemagne et des Pays de langue allemande* 51(2), 2019, p. 321–341.

Choné, Aurélie : « Vers un anthropomorphisme critique. Jeux de miroir, inversions et hybridations dans la littérature germanophone ». *Recherches germaniques* 50, 2020, p. 131–148.

Choné, Aurélie/Freytag, Tim/Hamman, Philippe/Zemanek, Evi (éd.) : « Les Humanités environnementales : circulations et renouvellement des savoirs en France et en Allemagne ». *Revue d'Allemagne et des Pays de langue allemande* 51(2), 2019, retrieved 14.12.2020, from <https://journals.openedition.org/allemagne/1877>.

Choné, Aurélie/Hajek, Isabelle/Hamman, Philippe (éd.) : *Guide des Humanités environnementales* (Environnement et Société). Villeneuve d'Ascq : Presses Universitaires du Septentrion 2016.

- Larrère, Catherine : « Approche philosophique de la nature ». In : Choné et al. : *Guide des Humanités environnementales*, p. 31–39.
- Larrère, Catherine : « Éthique environnementale ». In : Id., p. 41–49.
- Peraldo, Emmanuelle : « Écocritique ». In : Id., p. 165–172.
- Repussard, Catherine : « Écologie politique. Origines dans l'espace germanophone ». In : Id., p. 103–111.

Choné, Aurélie/Hajek, Isabelle/Hamman, Philippe (éd.) : *Rethinking Nature. Challenging Disciplinary Boundaries* (Routledge Environmental Humanities Series). Abingdon/New York : Routledge 2017.

- Afeissa, Hicham-Stéphane : « Ecosophy : "How deep is your ecology ?" ». In : Choné et al. : *Rethinking Nature*, p. 27–37.
- Borgards, Roland : « Animal Studies ». In : Id., p. 221–231.
- Choné, Aurélie : « Ecospirituality ». In : Id., p. 38–48.
- Hajek, Isabelle/Lévy, Jean-Pierre : « Urban Ecology ». In : Id., p. 158–165.
- Lauwers, Margot : « Ecofeminism ». In : Id., p. 106–113.
- Repussard, Catherine : « From *Lebensreform* to Political Ecology ». In : Id., p. 97–105.

- Navet, Éric : « Ecocide, Ethnocide and Civilizations : Multiple Ways of Destroying Life ». In : Id., p. 211–220.
- Wilke, Sabine : « Environmental Humanities ». In : Id., p. 243–253.
- Woodgate, Graham : « From Environmental Sociology to Ecosociologies ». In : Id., p. 114–127.

Choné, Aurélie/Iribarren, Isabel/Pelé, Marie/Repussard, Catherine/Sueur, Cédric (éd.) : *Les études animales sont-elles bonnes à penser ? Repenser les sciences, reconfigurer les disciplines* (Sciences et société). Paris : L'Harmattan 2020.

Choné, Aurélie/Iribarren, Isabel/Pelé, Marie/Repussard, Catherine/Sueur, Cédric (éd.) : *Repenser la relation homme-animal. Généalogie et perspectives* (Sciences et société). Paris : L'Harmattan 2020.

Choné, Aurélie/Repussard, Catherine (éd.) : « Des animaux et des hommes / Von Tieren und Menschen ». *Recherches germaniques* 10, 2015.

Cluet, Marc/Feler, Anne/Heide, Gerhard (éd.) : *Die Würde des Minerals / La dignité du minéral : Ein deutsches und zugleich universelles Anliegen / Cause germanique, et aussi universelle.* Würzburg : Königshausen & Neumann 2019.

DeLoughrey, Elizabeth/Didur, Jill/Carrigan, Anthony (éd.) : *Global Ecologies and the Environmental Humanities. Postcolonial Approaches.* Abingdon/New York : Routledge 2015.

Descartes, René : *Discours de la méthode, 6e partie.* Paris : Gallimard 1966 [1637].

Descola, Philippe : *Par-delà nature et culture.* Paris : Gallimard 2005 [rééd. poche, Paris : Folio 2016].

Dürbeck, Gabriele : « Der Mensch als Gärtner oder Parasit der Erde : Narrative des Anthropozän in deutschsprachigen Qualitätszeitungen (2010–2016) ». *Revue d'Allemagne et des Pays de langue allemande* 51(2), 2019, p. 285–301, retrieved 14.12.2020, from DOI 10.4000/allemagne.1957.

Dürbeck, Gabriele/Nesselhauf, Jonas (éd.) : *Repräsentationsweisen des Anthropozän in Literatur und Medien / Representations of the Anthropocene in Literature and Media.* Berlin : Peter Lang 2019.

Dürbeck, Gabriele/Stobbe, Urte (éd.) : *Ecocriticism. Eine Einführung.* Köln : Böhlau 2015.

Egger, Michel Maxime : *Écospiritualité. Réenchanter notre relation à la nature.* Genève : Concept Jouvence 2018.

Feuerhahn, Wolf : « Du milieu à l'Umwelt : enjeux d'un changement terminologique ». *Revue philosophique de la France et de l'étranger* 134(4), 2009, p. 419–438.

Foucault, Michel : *Surveiller et punir.* Paris : Gallimard 1975.

Gigliardi, Pasquale/Latour, Bruno (éd.) : *Les atmosphères de la politique. Dialogue pour un monde commun*. Paris : Les Empêcheurs de penser en rond 2006.

Glacken, Clarence J. : *Traces on the Rhodian Shore : Nature and Culture in Western Thought from Ancient Times to the End of the Eighteenth Century*. Berkeley/Los Angeles : University of California Press 1967.

Grisoni, Anahita/Sierra, Rosa : « Écologie ou *Umwelt* ? Une revue historiographique des engagements écologistes et environnementalistes en France et en Allemagne ». *Revue de l'IFHA* 5, 2013, retrieved 14.12.2020, from <http://journals.openedition.org/ifha/7403>.

Guimont, Clémence : « Blanc, Demeulenaere, Feuerhahn : *Humanités environnementales...* ». (note de lecture). *Politix* 120(4), 2017, p. 217–221.

Hamman, Philippe : *Gouvernance et développement durable. Une mise en perspective sociologique*. Paris/Bruxelles : De Boeck Supérieur 2019.

Hamman, Philippe : « Heuristique de l'anthropologie de la nature pour la sociologie et les humanités environnementales ». In : Cometti, Geremia/Le Roux, Pierre/Manicone, Tiziana/Martin, Nastassja (éd.) : *Au seuil de la forêt. Hommage à Philippe Descola, l'anthropologue de la nature*. Paris/Mirebeau-sur-Bèze : Éditions Tautem 2019, p. 409–432.

Hamman, Philippe : « Quels savoirs de la "durabilité" en France et en Allemagne ? Jalons pour une mise en perspective comparée sous le regard des sciences sociales ». *Revue d'Allemagne et des Pays de langue allemande* 51(2), 2019, p. 425–450.

Hamman, Philippe/Méon, Jean-Matthieu/Verrier, Benoît (éd.) : *Discours savants, discours militants. Mélange des genres*. Paris : L'Harmattan 2002.

Heise, Arne/Sander, Henrike/Thieme, Sebastian : *Das Ende der Heterodoxie ? : Die Entwicklung der Wirtschaftswissenschaften in Deutschland*. Wiesbaden : Springer VS 2017.

Heise, Ursula K./Christensen, Jon/Niemann, Michelle (éd.) : *The Routledge Companion to the Environmental Humanities*. Abingdon/New York: Routledge 2017.

Ingold, Tim : *Marcher avec les dragons*. Paris : Zones sensibles 2013.

Jacobs, Joela/Kranz, Isabel : « Einleitung. Das literarische Leben der Pflanzen. Poetiken des Botanischen ». *Literatur für Leser* 2, 2017, p. 85–89.

Joulian, Frédéric : « Comparer l'incomparable : des vertus et des limites de la comparaison hommes / primates ». In : Remaud, Olivier/Schaub, Jean-Frédéric/Thireau, Isabelle (éd.) : *Faire des sciences sociales. Comparer*. Paris : Éditions de l'EHESS 2012, p. 97–125.

Jullien, François : *Vivre de paysage ou l'impensé de la Raison*. Paris : Gallimard 2014.

Kanz, Christine : « "Wildwuchs". Thomas Hettches Gartenkulturroman "Pfaueninsel" aus Sicht der Plant Studies ». In : Kramer, Anke/Stobbe, Urte/Wanning, Berbeli (éd.) : *Plant Studies. Kulturwissenschaftliche Pflanzenforschung*. Berlin : Peter Lang 2022.

Kluge, Heidelore : *Umweltlexikon von Januar bis Dezember*. Rastatt : Moewig 1987.

Laigle, Lydie/Moreau, Sophie : *Justice et environnement. Les citoyens interpellent le politique*. Gollion : Infolio éditions 2018, p. 149–194.

Larrère, Catherine/Larrère, Raphaël : *Penser et agir avec la nature. Une enquête philosophique*. Paris : La Découverte 2015.

Latour, Bruno : « Composer un monde commun », *Études* 1, 2015, p. 69–78.

Latour, Bruno : *Où atterrir ? Comment s'orienter en politique*. Paris : La Découverte 2017.

Lekan, Thomas : *Imagining the Nation in Nature: Landscape Preservation and German Identity. 1885–1945*. Cambridge : Harvard University Press 2004.

Mairesse, Anne/Simon, Anne (éd.) : « Face aux bêtes / Facing Animals ». *L'Esprit créateur* 51(4), 2011.

Martinez-Alier, Joan : *L'écologisme des pauvres. Une étude des conflits environnementaux dans le monde* (trad. André Verkaeren). Paris : Les Petits matins 2014.

Merchant, Carolyn : *The Death of Nature. Woman, Ecology and the Scientific Revolution*. San Francisco : Harper Collins 1990 (1st ed., 1980).

Morais, Sylvie : *L'approche en première personne. Faire de la recherche biographique en éducation et écrire*. Paris : Téraèdre 2020.

Nussbaum, Martha : *Women and Human Development : The Capabilities Approach*. Cambridge : Cambridge University Press 2000.

Oppermann, Serpil/Iovino, Serenella (éd.) : *Environmental Humanities. Voices from the Anthropocene*. Lanham/London : Rowman and Littlefield 2017.

Pelluchon, Corine : *Manifeste animaliste. Politiser la cause animale*. Paris : Alma éditeur 2017.

Rabatel, Alain : « L'engagement du chercheur, entre "éthique d'objectivité" et "éthique de subjectivité" ». *Argumentation et analyse du discours* 11, 2013, retrieved 14.12.2020, from <http://journals.openedition.org/aad/1526>.

Radkau, Joachim : « Technik und Umwelt ». In : Ambrosius, Gerold/Petzina, Dietmar/Plumpe, Werner (éd.) : *Moderne Wirtschaftsgeschichte : Eine Einführung für Historiker und Ökonomen*. Berlin : De Gruyter 2006, p. 135–154.

Rudolf, Florence (éd.) : « Humanités environnementales. Quoi de neuf du côté des méthodes ? ». *Revue d'Allemagne et des Pays de langue allemande* 50(2), 2018, retrieved 14.12.2020, from <https://journals.openedition.org/allemagne/768>.

Schriewer, Klaus : *Natur und Bewusstsein. Ein Beitrag zur Kulturgeschichte des Waldes in Deutschland*. Münster/New York : Waxmann Verlag 2015.

Sen, Amartya : *Inequality Reexamined*. Oxford : Clarendon Press 1992.

Spelsberg, Gerd : *Rauchplage. Zur Geschichte der Luftverschmutzung*. Köln : Kölner Volksblatt Verlag 1988.

Suberchicot, Alain : *Pour une écocritique comparée*. Paris : Honoré Champion 2012.

Trivisani-Moreau, Isabelle/Taibi, Aude-Nuscia/Oghina-Pavie, Cristiana (éd.) : *Traces du végétal*. Rennes : Presses Universitaires de Rennes 2015.

Ughetto, Pascal : « Problématiques hétérodoxes du travail en économie : quel avenir ». *Économies et sociétés* (série AB, *Économie du travail*), XXXIV(4), 2000, p. 5–44.

Winiwarter, Verena : « Environmental History in Europe from 1994 to 2004 : Enthusiasm and Consolidation ». *Environment & History* 10(4), 2004, p. 501–530.

Wintz, Maurice : « Nature urbaine, nature distante, nature policée ». In : Hajek, Isabelle/Hamman, Philippe/Lévy, Jean-Pierre (éd.) : *De la ville durable à la nature en ville. Entre homogénéité urbaine et contrôle social*. Villeneuve d'Ascq : Presses Universitaires du Septentrion 2015, p. 155–169.

Worster, Donald : *Rivers of Empire : Water, Aridity, and the Growth of the American West*. New York : Pantheon 1985.

Christopher Schliephake

Die Antike und die *Environmental Humanities*: Vier Fragen

Abstract The essay establishes a dialogue between the *Environmental Humanities* and the study of antiquity. Even though the ancient world only plays a marginal role in the paradigm's central debates, my argumentation shows that a renewed discussion of the classical tradition could open up numerous promising perspectives for future research. These relations are discussed with the help of interconnected questions that deal with (1) the place of the ancient anthropos in the *Anthropocene*, (2) the relationship between nature and culture in antiquity, (3) the role of ancient mythology in contemporary environmental theory, and (4) the kind of ecological knowledge stored in ancient texts. As will be argued, long-term histories are central to the *Environmental Humanities*: One of the distinctive contributions of an environmental study of antiquity lies in its inherent commitment to an interdisciplinary methodology. Researchers of the ancient world must often as a matter of course examine varied bodies of material. Moreover, ancient communities perceived and altered the natural world around them in a great range of different ways; the environment in turn lastingly influenced and affected pre-modern societies. The ancient world cannot truly be understood without considering both elements in conjunction. These past human-environment interactions can also help us contextualize and understand our own relationship with the environment.

Keywords: Myth(ology), Environmental Humanities, History, Antiquity, Anthropocene, Culture / Nature, Environmental Knowledge

In seinem viel beachteten Essay *The Climate of History: Four Theses*[1] hat der indische und in Amerika lehrende Historiker Dipesh Chakrabarty argumentiert, dass das globale Ausmaß des anthropogenen Klimawandels eine gegenseitige Annäherung von Natur- und Menschheitsgeschichte bedingen. Dies hätte zum einen damit zu tun, dass die Erfahrung des Klimawandels und sein unvorhersehbarer Verlauf die raumzeitlichen Orientierungsachsen des Geschichtsbewusstseins verschieben, und zwar derart, dass Zukunftsvorstellungen nicht länger in einem Analogieverhältnis zu Vergangenheitsbildern entstehen. Zum

---

1 Chakrabarty, Dipesh: „The Climate of History: Four Theses". *Critical Inquiry* 35(2), 2009, S. 197–222. Hier zitiert aus Hiltner, Ken (Hrsg.): *Ecocritcisim: The Essential Reader.* London: Routledge 2015, S. 335–352.

anderen würden sie historische Kategorien und Theoriebildungen problematisieren, die auf Hierarchien und Gegensätzen beruhen wie beispielsweise Rasse, Klasse oder koloniale Machtverhältnisse.[2]

Diese Begriffe sind nach Chakrabarty insofern problematisch, als der Klimawandel die Existenz des Menschen an sich – ungeachtet solch fundamentaler Differenzen – gefährdet und die Menschheitsgeschichte in übergeordnete planetare Prozesse einordnet und mit der Frage nach der Reichweite von anthropogener Handlungsmacht konfrontiert. In dem Moment, wo Naturgeschichte und die Geschichte der menschlichen Spezies zusammenfallen, gerät vielmehr eine „universelle" Geschichte des Menschen in den Blick. Diesen „Universalismus" versteht Chakrabarty aber nicht im Sinne eines normativen Orientierungsmodells, der eine bestimmte menschliche Seinsweise gegenüber anderen hervorhebt, sondern im Sinne eines Kollektivsingulars, der es ermöglicht, die Umweltwirkungen der Spezies Mensch zu denken, ohne die die Menschheit charakterisierenden Differenzen zu missachten.[3]

Im Folgenden geht es mir weder darum, Chakrabartys Thesen eingehend zu diskutieren, noch die teilweise sehr berechtigte Kritik an ihnen weiterzuführen.[4] Vielmehr verstehe ich sie als Denkanstoß, um zu reflektieren, welche Rolle die Antike, oder genauer gesagt die Altertumswissenschaften, im neuen Paradigma der *Environmental Humanities* spielen können. Denn dies ist bislang keineswegs klar und hat mit einigen Fragen zu tun, die ich im Folgenden behandeln möchte. In Anlehnung an Chakrabarty werfe ich vier Fragen auf, allerdings argumentiere ich nicht thesengeleitet, sondern ergebnisoffen. Ich verstehe dabei die Antike weder als eine homogene, noch in kultureller Hinsicht universell gültige Epoche: Je nach Epocheneinteilung umfasst die Antike schließlich einen Jahrtausende-umspannenden Zeitraum, der von der Bronzezeit bis zur Ausbreitung des Islam im 7. Jh. n. Chr. reicht. Und auch wenn ich mich hauptsächlich auf die griechisch-römische Antike beziehe, dann tue ich dies mit der gewichtigen Einschränkung, dass es andere, zum Teil sehr viel ältere Kulturen gab, die wiederum auf die Kulturen Griechenlands und Roms

2 Cf. Chakrabarty, S. 343–348.

3 Chakrabarty selbst erkennt das diesem Denken innewohnende Paradox (S. 349). Cf. Heise, Ursula K.: „Introduction: Planet, Species, Justice – And the Stories We Tell About Them". In: Heise, Ursula K./Christensen, Jon/Niemann, Michelle (Hrsg.): *The Routledge Companion to the Environmental Humanities*. London: Routledge 2017, S. 1–10, hier S. 6.

4 Cf. etwa Moore, Jason: „The Capitalocene, Part 1: On the Nature and Origins of Our Ecological Crisis". *The Journal of Peasant Studies* 44(3), 2017, S. 594–630.

Einfluss ausgeübt haben; und dass es, ungeachtet der großen Wirkung, den die griechisch-römische Kultur v. a. auf die „westlichen Zivilisationen“ gehabt haben, nicht darum gehen soll, diese als Eckpfeiler eines „Universalismus“ zu instrumentalisieren.

Es geht um den eigenen historischen Platz und Kontext der griechisch-römischen Antike in Austausch und Dialog mit anderen Kulturen – und dies schließt explizit unsere Gegenwart mit ein. Ich möchte zunächst ganz allgemein diesem Dialog nachspüren und dabei u.a. die Rolle aufzeigen, die die Antike für das Paradigma der *Environmental Humanities* hatte und hat.[5] Die *Environmental Humanities* verstehe ich dabei als eine interdisziplinäre Forschungsrichtung, die gegenwärtige ökologische Probleme und Fragestellungen mit genuinen Mitteln der Geisteswissenschaften zu diskutieren versucht, wobei eine ethische Reflexion über die Möglichkeiten und Grenzen der Technologie ebenso dazu gehört, wie eine (tiefen)historische Betrachtungsweise, die die ökologische Krise in ihrer geschichtlichen Dimension verstehbar macht sowie die menschliche Kultur in ihrer Wechselwirkung mit der nichtmenschlichen Welt betrachtet. Den Dialog zwischen *Environmental Humanities* und Antike versuche ich anhand von vier gegenwärtigen Themenfeldern zu führen, die mit verschiedenen Schlagworten verbunden sind: nämlich dem *Anthropozän*, der „Natur“-„Kultur“ Dichotomie, der säkularisierten „Gaia“ und dem Begriff des „ökologischen Wissens“. In Auseinandersetzung mit diesen will ich versuchen aufzuzeigen, wie der Dialog zwischen der Erforschung der Antike und den *Environmental Humanities* zukünftig weitergeführt werden kann.

1 Hat der antike *anthropos* einen Platz im *Anthropozän*?

Wohl kaum ein anderes Schlagwort wird momentan über die verschiedenen wissenschaftlichen Disziplinen hinweg so intensiv diskutiert wie der von dem niederländischen Atmosphärenchemiker Paul J. Crutzen und dem amerikanischen Biologen Eugene F. Stoermer geprägte und popularisierte Begriff *Anthropozän*, der den in ihren jeweiligen Forschungsgebieten sichtbaren Einfluss und Effekt menschlicher Aktivitäten auf die Biosphäre ausdrücken sollte.[6]

---

5 Cf. Schliephake, Christopher: *The Environmental Humanities and the Ancient World: Questions and Perspectives* (Elements in Environmental Humanities). Cambridge: Cambridge UP 2020.

6 Cf. v. a. das von Stoermer und Crutzen im Anschluss an einen Kongress des Internationalen Geosphären-Biosphären-Programms der Vereinten Nationen im Februar 2000 in Mexiko verfasste Memo, in dem sie forderten, die aktuelle Erdepoche als

Er ist mittlerweile zu einem Sammelbegriff geworden, in dem vom Menschen ausgelöste ökologische Umweltverschmutzungen ebenso subsumiert werden wie globale Stoffkreismodifikationen mit ihren weitreichenden Folgen für Erdklima und Atmosphäre. Wie der deutsche Wissenschaftsjournalist Christian Schwägerl in seinem vielbeachteten Buch *Menschenzeit* gleich zu Beginn andeutet, ist das *Anthropozän* nicht nur von einer Künstlichkeit geprägt, in der die Erde durch menschliche Prozesse signifikant verändert wird, sondern auch von einem „Kurzfristdenken",[7] in dem exzessives Konsumverhalten und Ressourcenverbrauch die globalgeologischen Kapazitäten übersteigt und in dem sowohl zukünftige Generationen als auch vergangene Entwicklungen aus dem Blick geraten können.

Dies ist ein Punkt, der in vielen, an den *Environmental Humanities* beteiligten, Disziplinen herausgearbeitet wird, wo anthropogenes Machbarkeitsdenken im Sinne eines ökologischen Krisenmanagements ebenso kritisch hinterfragt wird wie auch die Tendenz, das *Anthropozän* quasi als Deckbegriff zu verwenden, um politische Disparitäten zu verschleiern. Damit ist gemeint, dass die Rede von einem „Zeitalter des Menschen" insofern in die Irre führt, als nicht alle Menschen (v. a. historisch gesehen) in gleicher Weise eine erdgeschichtliche Kraft geworden sind, sondern ein bestimmter Menschentypus, der entweder in Wohlstandsökonomien zuhause ist und/oder weitreichende politische Entscheidungen treffen kann.[8] Wie Rob Nixon einschränkend kritisch bemerkt: „Wir mögen uns vielleicht allesamt im *Anthropozän* befinden, aber nicht alle auf dieselbe Weise".[9] Nixon weist damit auf eine sozioökonomische und kulturhistorische Asymmetrie hin, die allerdings vom *Anthropozän*-Begriff nicht angesprochen wird.[10] Umgekehrt ist das *Anthropozän* insofern eine Chance, als es tatsächlich unterschiedliche Faktoren vereint, die häufig in

---

Epoche des Menschen („Anthropozän") zu bezeichnen: Crutzen, Paul J./Stoermer, Eugene F.: „The Anthropocene". *IGBP Newsletter* 41, 2000, S. 17–18.

7 Schwägerl, Christian: *Menschenzeit. Zerstören oder gestalten? Wie wir heute die Welt von morgen gestalten*. München: Goldmann 2012, S. 45.

8 Cf. Moore; ebenso Gebhardt, Hans: „Das ‚Anthropozän' – Zur Konjunktur eines Begriffs". In: Wink, Michael/Funke, Joachim (Hrsg.): *Stabilität im Wandel*. Heidelberg: Heidelberger Jahrbücher Online 2016, S. 28–42, hier S. 36–38.

9 Nixon, Rob: „The Anthropocene: The Promise and Pitfalls of an Epochal Idea", *edge-effects* Nov. 2014. retrieved 17.09.2018, from <edgeeffects.net/anthropocene-promise-and-pitfalls>: „We may all be in the Anthropocene but we're not all in it in the same way" (meine Übersetzung).

10 Heise, S. 2.

Isolation betrachtet worden waren: so gibt es neben der menschlichen Perspektive, die eher kurzfristige Entwicklungen abbildet, jene tiefenhistorischen geologischen Prozesse sowie unvorhersehbare Wirkungen von materiellen, vom Menschen geschaffenen Stoffen und Substanzen, die kaum mit den traditionellen Mitteln der kulturellen Imagination abgebildet werden können.

Dies ist eine der Herausforderungen, die sich aus Sicht der *Environmental Humanities* mit diesem Konzept verbinden. Eine andere besteht in der viel diskutierten Frage, wann eigentlich der Beginn des *Anthropozäns* anzusetzen ist. Während Paul Crutzen die Zeit der einsetzenden Industrialisierung um 1800 als Beginn favorisierte, weisen andere Forscher*innen darauf hin, dass eine geologische Epoche sich tatsächlich in Erdschichten abbilden müsse, um als Epoche zu gelten.[11] Diese wird erst um 1950, beispielsweise mit der Ausbreitung von Radionukliden aufgrund von Atomtests, sichtbar und fällt mit der sog. *Great Acceleration* (wörtlich: der „Großen Beschleunigung“) in eins, wo der natürliche Ressourcenverbrauch und der Einsatz von Pestiziden auf einem globalen Niveau signifikant anstiegen.[12] Aus geowissenschaftlicher Sicht ist es damit klar, dass die Antike – ganz gleich, wie man die Periodisierung ansetzt, – auf keinen Fall in das *Anthropozän* gehört. Die Antike war weit weg von den Bevölkerungszahlen (und dem dazugehörigen Verbrauch von Rohstoffen), die die Gegenwart charakterisieren, sie kannte keine „Industrialisierung“ im modernen Wortsinn, keine Technisierung oder gesundheitliche Belastungen durch radioaktive Strahlung, Chemikalien oder Plastikmüll.[13] Warum sollte man sich aus geisteswissenschaftlicher Sicht dennoch mit der Frage befassen, wie sich das *Anthropozän* als Epoche zu anderen, wohlgemerkt geschichtlichen – nicht geologischen – Zeitabschnitten verhält? Dafür gibt es zwei Gründe, einen ideengeschichtlichen und einen methodologischen – beide haben in unterschiedlicher Art mit Maßstäben zu tun.

---

11 Cf. Zalasiewicz, Jan/Williams, Mark/Waters, Colin N.: „The Anthropocene“. In: Adamson, Joni/Gleason, William A./Pellow, David N. (Hrsg.): *Keywords for Environmental Studies*. New York: New York University Press 2016, S. 14–16.

12 Cf. Zalasiewicz, Jan: „The Extraordinary Strata of the Anthropocene“. In: Oppermann, Serpil/Iovino, Serenella (Hrsg.): *Environmental Humanities: Voices from the Anthropocene*. London: Rowman and Littlefield 2017, S. 115–132, hier S. 119–120.

13 Jüngere Arbeiten weisen aber mit Recht darauf hin, dass Phänomene von Umweltverschmutzung durchaus in der Antike bekannt waren und unterschiedlichste Schutzmaßnahmen nach sich zogen, ohne dass sich damit automatisch ein „ökologisches“ Bewusstsein ausbildete. Vgl. dazu den facettenreichen, sehr anregenden Sammelband Cordovana, Orietta Dora/Chiai, Gian Franco (Hrsg.): *Pollution and the Environment in Ancient Life and Thought*. Stuttgart: Steiner 2017.

Wenn die Beschäftigung mit dem *Anthropozän* ein Problem der Konvergenz unterschiedlicher Maßstäbe (engl. *scales*) aller Art ist, seien sie nun chronologischer (Natur- vs. Menschheitsgeschichte), normativer (das Menschliche und das Nicht-Menschliche) oder räumlicher (Planet vs. Region) Art, dann gehört die Antike aus kultureller und kulturhistorischer Sicht an das andere Ende jener gegenwärtig ausgemalten Endzeitszenarien, die gerade von Geisteswissenschaftlern und Kulturschaffenden mit dem „Menschenzeitalter" in Verbindung gebracht werden. Für Chakrabarty stellt die Zukunft mittlerweile, wie bereits angemerkt, einen vom Geschichtsbewusstsein losgelösten Bereich der Vorstellungskraft dar, der in keiner Kontinuität zur Vergangenheit mehr steht.[14] Man könnte diese Perspektive aber auch umkehren und suggerieren, dass die Antike selbst in einen Bereich menschlicher historischer Erfahrung gehört, der beständig die Grenzen des historischen Verstehens auslotet. Nach chronologischem Maßstab stellt die Antike erstens eine Tiefendimension der Geschichte dar, die, ganz gleich wie man die Periodisierungen ansetzt, bereits von Erfahrungen des Bruchs, der Katastrophe und des Untergangs gekennzeichnet war.[15] Wenn man sich vor Augen führt, dass in antiken Schriften teilweise bereits ein reges Verständnis für die Abfolge von Erdzeitaltern und eine Sensibilität für die Kontingenz und Wandelbarkeit von Zeit- und Geschichtsverläufen erkennbar wird, dann wird zweitens deutlich, dass unsere gegenwärtigen Debatten – so sehr sie auch von modernen Erfahrungen im Umgang mit der Umwelt geprägt sind – an antiken Beispielen geschult sind.[16] Man könnte daher formulieren, dass es aus kultureller bzw. ideengeschichtlicher Sicht dementsprechend ein *Anthropozän* gab, noch bevor es in geophysikalischer Sicht wirksame Effekte zeitigte.

14 Cf. Chakrabarty, S. 335.

15 Die „Antike" ist voll von Wendepunkten und in sich in unterschiedliche Perioden gegliedert. Einen Kollaps einer frühantiken Zivilisation, nämlich der sog. mykenischen Palastkultur, die in der zweiten Hälfte des 2. Jahrtausend v. Chr. eine frühe Blüte während der ägäischen Bronzezeit erfuhr, beschreibt etwa Cline, Eric H.: *1177 B.C.: The Year Civilization Collapsed*. Princeton: Princeton UP 2014.

16 Bereits das mesopotamische Gilgamesch-Epos ist in seinen Motiven, den Umweltkatastrophen, den Transgressionen und den in ihnen zur Schau gestellten Hybridisierungen zwischen Mensch und Tier, Gott und Sterblichem, ein Text, der in das *Anthropozän* gehört – in diesem Text ist der Mensch, und sei es nur durch Mittel der Imagination, bereits zu einem erdveränderlichen Akteur geworden. Cf. Maul, Stefan M.: *Das Gilgamesch-Epos*. München: Beck 2012.

Es ist eine der wichtigsten Aufgaben der *Environmental Humanities* der Tiefendimension der erd- bzw. naturgeschichtlichen Betrachtung eine kulturelle Tiefendimension an die Seite zu stellen, die die Inhalte des kulturellen Gedächtnisses beständig wachhält und in aktuelle Debatten einspeist. Es geht, in anderen Worten, für die *Environmental Humanities* nicht darum *Anthropozän*-Studien zu betreiben, die die Vormoderne außen vorlassen und den Schwerpunkt auf die Zeit seit der Industrialisierung legen.[17] Sondern es geht darum, der Idee des *Anthropozäns* auf die Spur zu kommen – d. h. durch welche Texte, Medien, Narrative hat es sich bereits in der Vormoderne entwickelt, wie wurden Mensch-Umwelt Beziehungen thematisiert und wie wurden in der Geschichte anthropozentrische Blickwinkel problematisiert? Damit ist, methodologisch gesprochen, die Notwendigkeit verknüpft, den materiellen, sozialen und kulturellen Umweltverhältnissen in den Tiefenschichten der Vergangenheit nachzuspüren. Ich verwende absichtlich den geologischen Begriff der „Schicht", da beim *Anthropozän* oft die Rede davon ist, dass sich seine Effekte in verschiedenen „Schichten" (*strata*) abbilden, nämlich in der Lithosphäre, der Atmosphäre, der Biosphäre und der Soziosphäre.[18] Es gibt daneben aber noch eine kulturelle Sphäre, die, gleich einem Seismograph, für den Menschen spürbare Veränderungen in diesen Bereichen aufzeichnet und kontextgebunden interpretiert.

Diese kulturellen Rückkopplungseffekte sind integrale Bestandteile einer Umweltgeschichte, die sie, gleich Sedimentschichten in geologischen Untersuchungen, lesbar macht, und die in ihnen zum Vorschein-tretende Interaktion zwischen „Natur" und „Mensch" im Blick hat. Diese Perspektive wird mittlerweile vor dem Hintergrund einer *big history* eingenommen, die die Geschichte nicht länger nur unter strukturellen oder politischen Gesichtspunkten betrachtet, sondern in einen weiten ökologischen Zusammenhang stellt.[19] Waren ältere Arbeiten zur antiken Umweltgeschichte[20] noch darauf beschränkt, den

17 In den letzten Jahren sind einige, für das Forschungsfeld der *Environmental Humanities* einschlägige Handbücher erschienen, die allerdings jeweils keinen Aufsatz zur Antike bzw. zu antiken Themen enthalten. Cf. Garrard, Greg (Hrsg.): *The Oxford Handbook of Ecocriticism*. London: Oxford UP 2014; Heise/Christensen/Niemann 2017; Zapf, Hubert (Hrsg.): *Handbook of Ecocriticism and Cultural Ecology*. Berlin: De Gruyter 2016.

18 Cf. Zalasiewicz 2017.

19 Zum Begriff cf. Christian, David/Brown, Cynthia Stokes/Benjamin, Craig: *Big History: Between Nothing and Everything*. New York: McGraw Hill Education 2014.

20 Einschlägig im Bereich der antiken Umweltgeschichte sind die Arbeiten von Hughes, J. Donald: *Environmental Problems of the Greeks and Romans*.

Umgang der antiken Kulturen mit ihren jeweiligen Umwelten darzustellen, unternehmen jüngere Arbeiten den Versuch, nicht-menschliche Prozesse, Ressourcen und Akteure als zentralen Bereich der Geschichte selbst sichtbar werden zu lassen.[21] Aufbauend auf *big data* und Quellentypen neuer Art – wie sie durch klimatologische, mikrobiologische und geomorphologische Untersuchungen gewonnen werden[22] – wird darin eine neue antike Geschichte erkennbar, die zum Teil erstaunliche Parallelen, aber natürlich auch ebenso wichtige Differenzen zu unserer eigenen Gegenwart erkennen lässt.[23] Wichtig ist bei alldem, dass die Möglichkeiten und Grenzen einer komparativen Geschichte im Blick behalten werden – anachronistische Übertragungen von Vorstellungen und Erfahrungen der Moderne auf die Antike gilt es ebenso zu vermeiden, wie den Versuch, aus den antiken Quellen für die heutige Umweltkrise lernen zu wollen. Dagegen lohnt aber der Versuch, den Platz der heutigen wie auch der antiken Menschheit innerhalb einer „Naturgeschichte" zu bestimmen, deren Verläufe keineswegs immer klar und kontinuierlich waren. Sie stellt uns vor Probleme ganz eigener Art, die die Grenzen des historischen Verstehens auf der einen und der menschlichen Handlungsmacht auf der anderen Seite vorführen. Sie bietet zugleich die Möglichkeit, ethische Implikationen des Begriffs des *Anthropozäns* selbst zu problematisieren.

Baltimore: Baltimore UP 2014; und Thommen, Lukas: *Umweltgeschichte der Antike*. München: Beck 2009.

21 Beispiele für an einer am Beispiel der *big history*-geschulten Einbeziehung ökologischer Aspekte in Geschichtsbetrachtungen findet man etwa bei Morris, Ian: *Foragers, Farmers and Fossil Fuels: How human Values Evolve*. Princeton: Princeton UP 2015; oder Harper, Kyle: *The Fate of Rome: Climate, Disease and the End of an Empire*. Princeton: Princeton UP 2017.

22 Cf. etwa die v. a. klimatologisch ausgerichteten Studien in Harris, William V. (Hrsg.): *The Ancient Mediterranean Environment between Science and History*. Leiden: Brill 2013.

23 Viel diskutiert wurden in den letzten Jahren v. a. die Ergebnisse von Grönlandeisbohrungen, anhand derer unterschiedlichste Partikel in der Atmosphäre über einen Jahrtausende-währenden Zeitraum untersucht und verglichen werden können. Analysen zeigen, dass sich für das 1. und 2. Jh. n. Chr. so viele Bleispuren in der Atmosphäre nachweisen lassen wie erst wieder in der Frühen Neuzeit, was auf den groß angelegten Edelmetallabbau und Rohstoffverbrauch der Blütephase des römischen Imperiums hinweist. Cf. Langin, Katie: „Rise and Fall of Roman Empire Exposed in Greenland Ice Samples". *ScienceMag* May 14, 2018, retrieved 29.09.2018, from <www.sciencemag.org/news/2018/05/rise-and-fall-roman-empire-exposed-greenland-ice-samples>.

2 Kannten die antiken Kulturen eine Dichotomie zwischen „Kultur" und „Natur"?

Eine dieser ethischen Implikationen ist die durch das *Anthropozän* ausgelöste Problematisierung der Definition des „Menschen" selbst. Anhand welchen Maßstabs lässt sich bemessen, welche Erdprozesse einem menschlichen Einfluss zugrunde liegen und welche „natürlichen" Ursprungs sind? Und was bedeutet dies für die scheinbar traditionell vorausgesetzte Trennung von „Natur" und „Kultur"? Diese Dichotomie ist problematisch, schon alleine weil menschliche Gesellschaften seit jeher natürliche und kulturelle Aspekte vereinen und hybride Gebilde darstellen, wo nach Koschorke beständig „Prozesse der Naturalisierung und der Entnaturalisierung zu beobachten sind." Einerseits greifen kulturelle Prozesse auf die nicht-menschliche Lebenswelt aus und fügen sie in ihren Zeichen- sowie Ressourcenhaushalt ein; andererseits bleibt das Nicht-Menschliche jeder menschlichen Bezugnahme vorgeschaltet und in seiner Essenz unverfügbar. „Natur" lässt sich dementsprechend als „symbolischer Zugang zu einer Wesenheit" definieren, deren „Unverfügbarkeit" gerade bedingt, dass man sich ihr über kulturelle Operationen der symbolischen Erschließung nähern muss.[24]

Die an den *Environmental Humanities* beteiligten geisteswissenschaftlichen Forschungsfelder, wie der *Ecocriticism*, die Umweltgeschichte oder -philosophie, haben diesem Problem seit geraumer Zeit wichtige Studien gewidmet, die hier unmöglich in ihrer gesamten Bandbreite abgebildet werden können. Es ist jedoch bezeichnend, dass frühe und wichtige Vorläuferstudien der *Environmental Humanities* den antiken Vorstellungen der „Umwelt" bzw. der „Natur" (meist als *physis* oder *natura* übersetzt) sehr viel Aufmerksamkeit gewidmet haben. Zu nennen wäre als Vorläufer Alexander von Humboldt, der in seinem *opus magnum* zum Weltganzen, „Kosmos", die antike, literarische Betrachtung der „Natur" und das Wissen über sie zum Ausgangspunkt seiner Gesamtschau der Welterforschung machte.[25] Bei ihm bestand dabei noch kein Zweifel daran, dass die Trennung in eine „kulturelle" und eine „natürliche" Sphäre der Lebenswelt, wenn auch in teils abgestufter Form, für die Antike vorausgesetzt werden kann.

24 Cf. Koschorke, Albrecht: *Wahrheit und Erfindung. Grundzüge einer Allgemeinen Erzähltheorie*. Frankfurt a.M.: S. Fischer 2013, S. 367 und 363.

25 Humboldt, Alexander von/Ette, Ottmar/Lubrich, Oliver (Hrsg.): *Kosmos. Entwurf einer physischen Weltbeschreibung* [1845–1862]. Berlin: Die Andere Bibliothek 2014.

Allerdings zeichnet sich in diesem Punkt eine Trendwende ab. Angeregt durch Philosophen wie Timothy Morton oder den Ethnologen Eduardo Viveiros de Castro und Philippe Descola, beginnen einige Forscher*innen antike Konzepte der nicht-menschlichen Welt auf den Prüfstand zu stellen.[26] Während Morton Hybridisierungen zwischen „Kultur“ und „Natur“ betrachtet,[27] haben de Castro und Descola auf Basis ihrer Untersuchungen von Kosmologien von Amazonas-Urvölkern aufgezeigt, dass die traditionelle „westliche“ Ontologie einer „Natur“-„Kultur“ Dichotomie nur eine von vielen möglichen Ontologien ist.[28] Ontologie wird dabei als ein Zusammenwirken von menschlichem Innenleben (Interiorität) und äußerer Erscheinung (Physikalität) der Natur verstanden, sowie als die Art, in die der Mensch sich in die Welt eingliedert, wobei es nach Descola unterschiedliche Grundmuster zu unterscheiden gilt, in denen das Oppositionspaar zwischen Mensch/Kultur und Tier/Natur nur einen historisch gewachsenen Zugang zur Welt darstellt, den er bis zu Aristoteles zurückverfolgt. Im Kontext dieser innerhalb der *Environmental Humanities* sehr einflussreichen Debatten lässt sich mit einiger Berechtigung danach fragen, wie eigentlich Menschen der Antike ihr jeweiliges Verhältnis zur „Natur“ imaginiert und systematisiert haben.[29]

---

26 Morton, Timothy: *Ecology without Nature: Rethinking Environmental Aesthetics*. Cambridge: Harvard UP 2007; Castro, Eduardo Viveiros de: „Cosmological Deixis and Amerindian Perspectivism“. *The Journal of the Royal Anhropological Institute* 4(3), 1998, S. 469–488; Descola, Philippe: *Jenseits von Natur und Kultur* (Übers. v. Eva Moldenhauer). Frankfurt a.M.: Suhrkamp 2013; Für eine Diskussion dieser Ansätze, siehe Schliephake, Christopher: „Wenn die Kultur vom Anderen spricht: Die ‚Environmental Humanities‘, die ‚Natur‘ und antike Textressourcen“. In: Delp, Dominik/Herren, Xenja (Hrsg.), *TextRessourcen. Agrarische, soziale und poetische Ressourcen in archaischer und hellenistischer Literatur (Spudasmata 187)*. Hildesheim/Zürich: Olms, S. 293–324. Ebenso der instruktive, breit angelegte Sammelband Schimpf, Florian et al. (Hrsg.): *Naturvorstellungen im Altertum: Schilderungen und Darstellungen von Natur im Alten Orient und in der griechischen Antike*. Oxford: Archaeopress 2018.

27 Morton hat dafür den Begriff *hyperobject* geprägt, cf. Morton, Timothy: *Hyperobjects: Philosophy and Ecology after the End of the World*. Minneapolis: University of Minnesota Press 2013.

28 Cf. v. a. Descola, S. 99–143. Eine gute Diskussion bietet auch Adamson, Joni: „Source of Life: Avatar, Amazonia, and an Ecology of Selves“. In: Iovino, Serenella/Oppermann, Serpil (Hrsg.): *Material Ecocriticism*. Bloomington: Indiana UP 2014, S. 253–268.

29 Brooke Holmes hat, u. a. in Anknüpfung an Descola und Morton, die Frage gestellt, ob die Kulturen der Antike eine „Ökologie“ ohne „Natur“ kannten. Cf. Holmes,

Besonders Descola hat diese Frage in seinem einflussreichen Werk *Jenseits von Natur und Kultur* diskutiert und den antiken Vorstellungen vom interaktiven Wechselverhältnis zwischen Mensch und Umwelt ein eigenes Kapitel gewidmet.[30] „Natur", in unserem heutigen Wortverständnis, sucht er bei den von ihm genannten Schriftstellern wie Homer, Hesiod oder Aristoteles vergebens. Nach Descola findet sich weder „jenes Individuationsprinzip, das bestimmten Entitäten der Welt eigentümlich ist" noch die Idee, „dass Dinge, die eine besondere ‚Natur' haben, auch ein besonderes ontologisches Ganzes, *die* Natur, bilden könnten, unabhängig von den menschlichen Werken [. . .]".[31] Die menschliche und die nichtmenschliche Welt bilden demnach noch keine getrennten Sphären. Dies unterstreicht die bereits von Alexander von Humboldt getroffene Beobachtung, dass die griechische Literatur arm an Naturdarstellungen war,[32] dass die „Natur" also noch nicht als etwas anderes (im Sinne einer wahrnehmbaren, von der menschlichen Lebenswelt getrennten physischen Entität mit eigenen Gesetzen) erschien, von dem die „Kultur" sprechen konnte.

Häufig mit *physis* übersetzt ist unsere moderne Bedeutung des Begriffs Natur, die ein Spektrum aufweist, das Umwelt, Landschaft, Flora und Fauna, und darüber hinaus die kosmische Gesamtheit bezeichnet, so in keinem semantischen Feld eines altgriechischen Lexems zu finden.[33] Allerdings ist die Sachlage, wie Brooke Holmes deutlich macht, kompliziert: *physis* hat selbst eine Begriffsgeschichte, die von Homer und den Vorsokratikern bis hin zu Aristotles reicht, der seine philosophischen Vorgänger häufig als „Physiologen" (*physiologoi*) bezeichnet.[34] *Physis* (ebenso wie *natura*) ist polyvalent und man müsste diese Begriffsgeschichte noch vertiefen, um sie tatsächlich in ihren Einzelheiten zu erfassen. Wie Brooke Holmes es ausdrückt, bietet der Begriff das Potential, „in

---

Brooke: „Foreword: Before Nature?". In: Schliephake, Christopher (Hrsg.): *Ecocriticism, Ecology, and the Cultures of Antiquity*. Lanham: Lexington Books 2017, S. ix-xiii.

30 Cf. v. a. Descola, S. 107–112.

31 Descola, S. 108. Hervorhebung im Original.

32 Humboldt, 2. Bd., S. 6–7.

33 Cf. Holmes, S. ix. Zum Begriff *physis* und der nur unzureichenden Übersetzung mit „Natur" auch Iovino, Serenella: „Afterword: Revealing Roots – Ecocriticism and the Cultures of Antiquity". In: Schliephake, Christopher (Hrsg.): *Ecocriticism, Ecology, and the Cultures of Antiquity*. Lanham: Lexington Books 2017, S. 309.

34 Zur griechischen Naturphilosophie und ihrer Relevanz im Kontext der modernen Umweltdebatten auch Callicott, J. Baird: „Worldview Remediation in the First Century of the New Millenium". In: Oppermann, Serpil/ Iovino, Serenella

einer Zeit, in der ökologisches Denken einen fruchtbaren Nährboden hat, eine unzeitgemäße Ökologie anzustoßen".[35]

Holmes Konzept einer „unzeitgemäßen Ökologie" ist in diesem Zusammenhang ungemein treffend, zumal es auf die Verbindungslinien und Differenzen zwischen Antike und Moderne hinweist. Antike Texte können uns eine neue Vorstellung davon vermitteln, wie Menschen einer anderen Zeit auf ihre Umwelt geblickt haben und wichtige Impulse liefern, um über die ideengeschichtliche Dichotomie zwischen „Kultur" und „Natur" nachzudenken.[36] Gerade mit Blick auf Naturdarstellung und -vorstellung in antiken Texten ist jedenfalls noch viel Arbeit zu leisten, die auch im gegenwärtigen Ringen um neue Ontologien vielversprechende Anknüpfungspunkte liefern könnte.

Beispielhaft sei hier an Erzählungen von „Metamorphosen" erinnert, die seit der Antike, am prominentesten sicher bei Ovid,[37] einen wichtigen Kontext geboten haben, um über das komplexe Verhältnis zwischen Mensch und Umwelt nachzudenken. Wie Ovids Text exemplarisch zeigt, haben bereits antike Künstler das Motiv der physischen Transformation in Szene gesetzt, um vorzuführen wie sich menschliche und nicht-menschliche Akteure einander gegenüber verhalten, wie sie sich entwickeln und inwiefern sich ihr Verhältnis als eine Dialektik aus Spannung und Symbiose, Distanz und Nähe beschreiben lässt. Ideengeschichtlich legen kulturelle Imaginationen von „Metamorphosen" die Porosität kategorialer Bestimmungen des „Menschlichen" und des „Nicht-Menschlichen" offen und helfen, viele der Dualismen zu hinterfragen, die in aktuellen Umweltdebatten dekonstruiert werden. Und obgleich man vermutlich niemals das spannungsvolle Verhältnis von „Natur" und „Kultur" auflösen kann – zumal jeder ästhetischen Darstellung einer „Metamorphose" ein anthropozentrischer Blickwinkel eingeschrieben ist, der Dinge oder Tiere anthropomorphisiert –, führt die Betonung, die Erzählungen über „Metamorphosen"

(Hrsg.): *Environmental Humanities: Voices from the Anthropocene*. New York/London: Rowman and Littlefield 2017, S. 135–136.

35 Holmes 2017, S. xii: „to animate in its own way what we might call an untimely ecology at a moment when ecological thinking has become especially fertile ground" (meine Übersetzung).

36 Cf. dazu auch die wichtige französischsprachige Forschung etwa von Hadot, Pierre: *Le Voile d'Isis. Essai sur l'histoire de l'idée de nature*. Paris: Folio 2004; oder Larrère, Catherine/Larrère, Raphaël: *Du bon usage de la nature: Pour une philosophie de l'environnement*. Paris: Flammarion (Champs) 1997.

37 Ovid: *Metamorphosen* (Übers. v. Michael von Albrecht). Stuttgart: Reclam 1994.

auf die physischen Aspekte des Daseins gegenüber etwa kognitiven Fähigkeiten der menschlichen Identität legen, doch dazu, dass in ihnen eine Verbundenheit allen Seins angesprochen wird.

3 Gehören antike Mythologien in den Theoriebestand der *Environmental Humanities*?

Eine Figur der antiken Mythologie, die quasi an der Schnittstelle von „Natur" und „Kultur" situiert ist, hat in der modernen Umweltforschung eine interessante Wiederauferstehung erfahren, nämlich die Erdgottheit *Gaia*. Vor allem die wegweisende *Gaia-Hypothese* des Chemikers James Lovelock entwickelte in den 1960er und 1970er Jahren ein Modell, wonach Organismen und anorganische Umwelten auf der Erde interagieren und ein komplexes System aus selbstregulierenden Mechanismen der Lebenserhaltung darstellen.[38] Biosphäre und Erdoberfläche werden bei Lovelock selbst als Entitäten verstanden, die die Fähigkeit zur Selbstregulation und zu dynamischen evolutionären Prozessen haben, die Leben nicht nur erhalten, sondern neu hervorbringen können. Diese Sicht ist bei dem französischen Wissenschaftstheoretiker und Philosophen Bruno Latour um sozio-politische Aspekte erweitert und in seine *Akteur-Netzwerk Theorie* eingegliedert.[39]

Gaia umschreibt für Latour die Grenzen menschlicher Spielräume auf Erden und gleichzeitig einen Raum (möglicher) Handlungen, der weder mit der Natur oder der Kultur korreliert, sondern losgelöst von diesen Sphären operiert. Als „metamorphe Zone" beschrieben wird *Gaia* bei Latour mit einem Raum gleichgesetzt, an dem eine „Metamorphose" jeglicher Handlung oder jeglicher Bedeutung vorgelagert ist und wo aus möglichen Aktanten schließlich Akteure werden.[40] Handlungsmacht ist demnach ein Charakteristikum der Erde per se. Latour geht es mit diesem Konzept darum weder einem Anthropomorphismus noch einem Animismus das Wort zu reden, sondern jeglicher modernen Dialektik, die „Natur" und „Gesellschaft" irgendwie aufeinander bezieht oder vereint, von vornherein einen Riegel vorzuschieben: es geht um

38 Cf. Lovelock, James: *Gaia: A New Look at Life on Earth* [1979]. London: Oxford UP 2016.

39 Cf. auch Latour, Bruno: „Agency at the Time of the Anthropocene". *New Literary History* 45, 2014, S. 1–18. Ebenso Latour, Bruno: *Facing Gaia: Eight Lectures on the New Climatic Regime*. Cambridge: Polity 2017, mit einer eingehenden Diskussion auch von Lovelock (cf. S. 75–110).

40 Latour 2014, S. 15.

eine neue Konzeption von Politik, bei der nicht autonome Freiheit im Zentrum steht, sondern die Notwendigkeit kosmopolitischen Handelns im Angesicht der ökologischen Krise.[41]

Latours Terminologie weckt unwillkürlich Assoziationen an griechische Staatsphilosophie und eine politische Theorie, die bis in die Antike zurück reicht. Dennoch tut sie dies nicht im Sinne einer klaren Traditionslinie, sondern die Differenzen sind mindestens ebenso entscheidend wie die Rezeption an sich: Latours *Gaia* will eben gerade keine Gottheit sein oder eine mythologisierte Chiffre, die esoterische Natur-Konzeptionen reproduziert, sondern eine dezidiert neue Kategorie, die der Tatsache Rechnung trägt, dass es im *Anthropozän* keine Trennlinien mehr zwischen Mensch und Nicht-Menschlichem gibt – und dass daraus neue Formen der politischen Teilhabe und Repräsentation erwachsen (bzw. eine *political theology* entsteht).

Wenn man nun auf einen der frühesten Texte der archaischen griechischen Literatur schaut, nämlich Hesiods *Theogonie*, dann wird schnell ersichtlich, worin gewichtige Unterschiede zwischen Latours und Hesiods *Gaia* bestehen. In Hesiods *Theogonie*, die die Entstehung der Götter und der Dinge schildert und eine voll entwickelte Kosmogonie bietet, umfasst *Gaia* sowohl den festen Erdkörper, auf dem alles Leben wohnt, als auch die anthropomorphisierte uranfängliche Gottheit, die die erste Generation der Götter sowie Himmel, Berge und Meer hervorbringt.[42] *Gaia* ist hier sowohl Person (als Teil des Götterwohnsitzes Olymp) als auch Abstraktion (als Ausdruck von auf die Materie einwirkender Naturgewalten). Dennoch deutet sich hier noch keinerlei naturalistische Erklärung von Naturphänomenen an, wie sie später bei den ionischen Philosophen oder hippokratischen Ärzten zu finden ist, sondern die Phänomene werden als Eingriffe des göttlichen in die irdische Sphäre gedeutet. Theologie und Welterklärung fallen hier noch in eins, ausgedrückt v.a. in den Genealogien, die man zuhauf in Hesiods *Theogonie* findet und die, wie Martin West es einmal ausgedrückt hat, „das Rückgrat" (*the backbone*) des Lehrgedichts ausmachen.[43] Im Grunde kann die *Theogonie* als eine Reflexion über jene von Latour genannte „metamorphe Zone" gelesen werden, die schließlich die vielfältigen „Metamorphosen" der Götter, Heroen und materiellen Phänomene als handelnde Akteure hervorbringt. Doch auch diese prozesshaften Kreisläufe

41 Latour 2014, S. 16.

42 Hesiod: *Theogonie* (Übers. v. Otto Schönberger). Stuttgart: Reclam 1999, V. 116–182.

43 Cf. West, Martin L.: *Hesiod. Theogony* (ed. with introd. and commentary). Oxford: Clarendon 1966, S. 31.

der Kosmogonie sind nicht als losgelöst vom theologischen Kontext zu betrachten, zumal die mythologischen Figuren in ihrem Handeln mit anthropogenen Attributen versehen werden.

Die *Gaia*-Rezeption des modernen Umweltdiskurses führt beispielhaft vor Augen, mit welchen Traditionslinien, aber auch mit welchen Differenzen man zu tun hat, wenn man versucht, intellektuelle Analogien für die diskutierten Ontologien und Hybridisierungen zwischen „Menschlichem“ und „Nicht-Menschlichem“ zu finden. Hier wird man zwangsläufig mit einem Teil der antiken Lebenserfahrungen konfrontiert, der im Kontext von Umwelthandeln in der Vormoderne zentral ist, nämlich seine religiöse Rahmung.[44] Wenn hier von „Religion“ die Rede ist, so sind damit Narrative und (Umwelt-)Handlungen gemeint, in die „situativ [. . .] Akteure [einbezogen werden] [. . .], die in bestimmter Hinsicht überlegen sind“.[45] Diese Akteure, also beispielsweise Götter, wurden dabei als integraler Bestandteil der nicht-menschlichen Lebenswelt wahrgenommen, die mit Handlungsmacht ausgestattet, auf die Menschen einwirken konnten, sodass die (gelungene) Interaktion mit ihnen das Überleben sicherte. Die Vorstellung von in der „Natur“ wirksam werdenden Gottheiten ermöglichte auch, dass bestimmte Bereiche der natürlichen Lebenswelt, wie etwa Grotten, Haine oder Wasserquellen, als heilige Orte wahrgenommen werden konnten.

Die Frage, wie sich eine Auseinandersetzung mit antiken Kosmologien und Umweltvorstellungen auf das Forschungsprogramm der *Environmental Humanities* ausüben könnte, ist durchaus berechtigt. Wenn man sich der griechisch-römischen Mythologie zuwendet, dann hat man, um mit Rigby zu sprechen, eine „topography of the sacred“,[46] vor sich, die in unterschiedlichster, und durchaus dynamischer, Weise, die Verbindung zwischen Menschen und ihren jeweiligen Umwelten behandelte.[47] Für die griechisch-römische Welt bietet

44 Das Wechselverhältnis von Umwelthandeln, -wahrnehmung und Religion wird in verschiedenen Varianten seit der Frühen Neuzeit diskutiert. In der Forschung ist die Vorstellung von einer „Naturreligion“ der griechisch-römischen Antike mittlerweile diskreditiert. Dennoch zeigen neuere Arbeiten die wichtige Rolle auf, die naturräumliche Bezüge und Vorstellungen für Mythos, Ritus und Kult hatten. Siehe dazu die Beiträge in Scheer, Tanja (Hrsg.): *Natur – Mythos – Religion*. Stuttgart: Steiner 2019.

45 Rüpke, Jörg: *Pantheon. Geschichte der antiken Religionen*. München: Beck 2016, S. 19.

46 Rigby, Kate: *Topographies of the Sacred: The Poetics of Place in European Romanticism*. Charlottesville: University of Virginia Press 2004.

47 So kursierten unzählige lokale Erzählungen und Mythen, die sich an konkrete Orte wie Quellen, Haine oder andere Orte anhefteten. Einen kurzen Überblick am Beispiel

zweifelsohne der Mythos einen Kernbestand narrativer Muster und Symbole, die aufgerufen, adaptiert und verändert werden konnten, wenn antike Gruppen über sich selbst und ihre natürliche Umgebung Rechenschaft geben wollten. Dies spielte sowohl in der Politik eine Rolle, wenn es um die Stiftung von kultureller Identität oder um die Begründungen politischer Ansprüche im zwischenstaatlichen Miteinander ging, aber vor allem auch wenn es auf die Deutung der Lebenswelt ankam.[48]

Der griechische Mythos bot seit Hesiods *Theogonie* einen imaginativen Raum, der die Ordnung der Welt erklärte und das menschliche Handeln in und an der „Natur" veranschaulichte. So erzählte der Prometheus-Mythos etwa, warum sich die Menschen durch harte Arbeit und technologische Hilfsmittel die Rohstoffe der Erde verdienen mussten und warum es Erfahrungen des Überflusses, aber auch des Mangels gab. So wie die periodische Abfolge von Festen und Festmahlzeiten dem jahreszeitlich bedingten Rhythmus der Natur angepasst war, so war die Aussaat und die Bearbeitung des Bodens selbst eine Art der Teilhabe an ihr und der in ihr verwirklichten göttlichen Ordnung.[49] Selbst als in der klassischen Zeit mit der *pólis* neue Formen der soziopolitischen Organisation Einzug hielten, blieben kultische Praktiken zentrale Bezugspunkte der Kommunikation mit der nicht-menschlichen Welt.[50] Sie blieben gerade in den althergebrachten Bereichen der Landwirtschaft und -bearbeitung wichtig, wo Kult und Mythos als kulturelle Wissensspeicher fungierten, mit deren Hilfe Praktiken im Umgang mit der natürlichen Lebenswelt über Generationen weitergegeben wurden.

Dass der Mythos eine narrative Form der Wissensvermittlung ist, die nicht nur theoretisches Wissen tradiert, sondern in hohem Maße zu praktischen Handlungen veranlasst, hat Esther Eidinow herausgearbeitet. Für sie bietet der antike Mythos auch heute noch eine wichtige Grundlage für die Reflektion alternativer Lebensmodelle und Umweltwahrnehmungen, denn „Mythen verkörpern ökologische Weisheit" und „haben das Potential, die Ökologie einer

---

von Wasserquellen gibt Eidinow, Esther: „Telling Stories: Exploring the Relationship Between Myths and Ecological Wisdom". *Landscape and Urban Planning* 155, 2016, S. 47–52, hier S. 48–49.

48 Vernant, Jean-Pierre: *Mythos und Denken bei den Griechen* [1965]. Konstanz: University of Konstanz Press 2016, S. 13.

49 Cf. Vernant, S. 287–291 und 295, auch S. 396–397.

50 Cf. zur Entwicklung der Anschauung von „Natur" bzw. *physis* durch Philosophie und die Herausbildung der Polis v.a. Vernant, S. 220–226, S. 394–403.

Gemeinschaft zu prägen, indem sie sie nicht nur zur Auseinandersetzung mit bestehenden oder traditionellen Erzählungen anhalten, sondern auch indem sie zur Schaffung und/oder Anwendung neuer Erzählungen beitragen".[51] Eidinow hebt dabei nicht nur die pluralistische Qualität mythischer Motive und Geschichten hervor, sondern auch die Rolle, die „indigenes" Weltwissen im Kontext aktueller ökologischer Debatten spielen kann.[52]

Damit weist sie implizit auch auf die Bedeutung hin, die griechisch-römische Mythen im Kontext einer Debatte innerhalb der *Environmental Humanities* haben können, wo momentan Kosmologien amerindianischer Völker diskutiert werden.[53] In ihnen, wie auch in den gräko-römischen Mythologien, kommen viele Figuren vor, die durch Aspekte der Transgression und der Transformation charakterisiert sind. Wie v.a. Joni Adamson betont, verkörpern sie keinen „anthropozentrischen" Blickwinkel, sondern eine *cosmovision*, die nicht-menschliche Entitäten als Teil eines Kosmos betrachten, in dem Mensch, Tier und Landschaft gemeinsam an einer lebenswerten Zukunft teilhaben sollen.[54] Es wäre ein lohnenswertes Unterfangen, den „Kosmovisionen" der antiken Mythologie nachzuforschen und zu prüfen, inwiefern sie praktische Denkmodelle anbieten, um die problematische Rolle des *anthropos* im *Anthropozän* zu diskutieren.

4 Statt einer Schlussbetrachtung – Welches antike Wissen können die *Environmental Humanities* im Kontext der gegenwärtigen Umweltkrise nutzbar machen?

Wie alle hier aufgeworfenen Fragestellungen, ist auch diese letzte bewusst offengehalten. Sie greift die in Eidinows und Adamsons jeweiligen Standpunkten aufgeworfene These auf, dass überlieferte antike Mythen und Erzählungen Wissensbestände enthalten, die auch im gegenwärtigen Kontext der ökologischen

51 Eidinow, S. 51: „myths materialize ecological wisdom" und „have the potential to shape a community's ecology, not only through that community's interaction with existing or traditional stories, but also by means of new stories that it creates and/or brings to bear" (meine Übersetzung).

52 Eidinow, S. 51.

53 Cf. Adamson 2014. Siehe auch oben die Ausführungen zu de Castro und Descola.

54 Adamson, Joni: „We Have Never Been Anthropos: From Environmental Justice to Cosmopolitics". In: Oppermann, Serpil/Iovino, Serenella (Hrsg.): *Environmental Humanities: Voices from the Anthropocene*. New York/London: Rowman and Littlefield 2017, S. 155–174.

Krisenerfahrungen nutzbar gemacht werden können. Wie Eidinow festhält, können „Mythen – als Phänomen und Prozess – [...] nicht nur einen Rahmen dafür schaffen, um ökologische Weisheit in ihren spezialistischen Wissensgebieten zu erfassen, sondern auch um sie als umsetzbares Wissen über die jeweiligen Grenzen dieser Gebiete hinaus weiterzugeben".[55] Eidinow folgt dabei einem Wissensbegriff, der einerseits auf eine abstrahierte Ebene hindeutet, die mit dem potenziell missverständlichen Begriff der *Weisheit* erfasst ist, der aber andererseits auch einen praktischen Anwendungsbezug hat. Den Mythos sieht sie als wesentliches verbindendes Element zwischen diesen beiden Ebenen, denn einerseits beschreibt der Mythos mit imaginativen Mitteln grundlegende Aspekte des Daseins, andererseits erhält er in Bezug auf konkrete Landschaften, Orte und Dinge aber auch Realien der historischen Erfahrungswelt.

Wie Eidinow explizit herausstellt, geht es ihr aber nicht um mythologische Archetypen, sondern um Narrative, die für eine spezifische Gruppe von Menschen bedeutungsstiftend sind und tradiert werden. Der jeweilige historische Ort, von dem diese symbolisch verdichteten Wissensbestände kommen, ist dabei genauso mitzudenken und zu berücksichtigen, wie die jeweiligen Traditionen und spätere Rezeptionen, die sich an das ursprüngliche Narrativ anschließen, es aber transformieren und dementsprechend veränderten Bedingungen anpassen. „Das Vermögen, Weisheit zu bilden, liegt in der Anpassungsfähigkeit und Mannigfaltigkeit von Mythen begründet".[56] Dementsprechend geht es im interdisziplinären Kontext der *Environmental Humanities* auch um die Frage „wie eine Gemeinschaft aus Forschern und Fachleuten unterschiedlicher Disziplinen zusammenkommen kann, um eine anwendungsbasierte ökologische Weisheit zu entwickeln"[57]. Eidinow führt Mythen als integrale Bestandteile von „Szenarien" an, die im Zusammenhang interdisziplinären Arbeitens entworfen werden können, um neue Wissensmodelle und ökologische Welten zu imaginieren.

---

55 Eidinow, S. 48: „myths – as both phenomenon and process – [...] provide a framework for not only capturing ecological wisdom within its specialist domains, but also materializing and transmitting it as actionable knowledge beyond the boundaries of those domains" (meine Übersetzung).

56 Eidinow, S. 51: „The power of myths for developing wisdoms, lies precisely in their potential for both flexibility and multiplicity."

57 Eidinow, S. 51: „how a community of scholars and practitioners from a range of disciplines can come together to develop actionable ecological wisdom" (meine Übersetzung).

Wendet man dies auf die Antike als einen mit vielfältigen kulturellen Bedeutungen aufgeladenen Wissensbereich an, der im Kontext der Moderne rezipiert wird, dann erweist sich ihre Wandelbarkeit und transkulturelle Strahlkraft als ein wesentlicher Bezugspunkt verschiedener Disziplinen und als ein möglicher Treffpunkt unterschiedlichster Sichtweisen.[58] Als vergangene Epoche enthält eine Beschäftigung mit der Antike zugleich eine „Fremdheit", die nicht ohne weiteres in gegenwärtige Wissensbestände und Theorien integriert und übersetzt werden kann. Ein jedwedes „ökologisches Denken",[59] das Natur- und Menschheitsgeschichte aufeinander bezieht, steht vor der Herausforderung, „Natur" und „Kultur" zusammenzudenken, ohne den einen Bestandteil dieses Denkens im jeweils anderen aufzuheben.[60] Dies schließt die Herausforderungen interdisziplinären Arbeitens an sich mit ein, wo es ebenfalls darum geht, die Spezifika und die jeweilige Geschichte bestimmter Wissenskulturen zu berücksichtigen. „Konnektivität *und* Differenz" sieht Zapf dementsprechend als „zwei grundlegende Maximen einer ökologischen Epistemologie".[61] Diese „ökologische Epistemologie" ist sicher ein wesentliches Charakteristikum der *Environmental Humanities*, die ständig mit der Schwierigkeit konfrontiert sein werden, historisch gewachsene Traditionen und Wissensinhalte unterschiedlicher Fächer auf neue gesellschaftspolitische Herausforderungen sowie auf neue Wissensgebiete zu beziehen, die im Kontext von Klimawissenschaft, den Lebenswissenschaften und neuer Technologien entstehen, und diese miteinander in Dialog zu setzen.

Der hier gebrauchte „Wissensbegriff" meint sowohl ein Wissen, das sich theoretisch, je nach Kontextgebundenheit der ihm zugrunde liegenden Gesellschaftsordnungen, ausbildet und auch eine praktische Ebene miteinschließt. Diese Definition ist dem aristotelischen Wissensbegriff entlehnt, wo außerdem „wissenschaftliche Episteme", „Verstehen" und „Können" mit eingeschlossen sind – bei ihm ist der Begriff außerdem der *Weisheit* (*sophia*) nahe.[62] Verstanden

---

58 Schliephake, Christopher: „The Sustainability of Texts: Transcultural Ecology and Classical Reception". In: Schliephake, Christopher (Hrsg.): *Ecocriticism, Ecology, and the Cultures of Antiquity*. Lanham: Lexington Books 2017, S. 259–278.

59 Bateson, Gregory: *Steps to an Ecology of Mind*. Chicago: University of Chicago Press 2000.

60 Zapf, Hubert: „Introduction". In: Zapf, Hubert (Hrsg.), *Handbook of Ecocriticism and Cultural Ecology*. Berlin: De Gruyter 2016, S. 1–17.

61 Zapf, S. 4 (Hervorhebung im Original): „Connectivity *and* difference are the two basic axioms of an ecological epistemology" (meine Übersetzung).

62 Aristoteles: *Nikomachische Ethik* (Übers. v. Gernot Krapinger). Stuttgart: Reclam 2017, 1139 b. Cf. Eidinow, S. 49.

als *Weisheit* bietet der Begriff eine Form der überzeitlich gültigen Erkenntnis, die grundlegende Einsichten in die Verbundenheit allen Seins offenlegt und sich als Raum der Reflexion anbietet, in dem über ökologische Beziehungen nachgedacht werden kann.

Der Philosoph David Macauley etwa schreibt bezüglich seiner Reinterpretation der griechischen Naturphilosophie:

> Indem wir kritisch zu den Ursprüngen ökologischen Denkens bei den Vorsokratikern zurückkehren, können wir einige der historischen ‚Wurzeln' der westlichen Naturbetrachtung beobachten und, vorausgesetzt wir nehmen uns Zeit und haben Geduld, Zeugen des neuen Aufblühens dieser antiken Weisheit in gegenwärtigen Umwelthandlungen werden.[63]

Bei seinen Ausführungen bezieht er sich stark auf die *rhizomatic philosophy*,[64] die rhizomatische Wissensordnung, wie sie Gilles Deleuze und Félix Guattari in *Ein Tausend Plateaus* ausgebreitet haben.[65] Diese umschreibt nach den Autoren eine enthierarchisierte Wissensorganisation und Weltbeschreibung, die offen für Veränderungsmöglichkeiten ist und die Verbindungen bzw. Analogien zwischen Dingen herstellt, die scheinbar nichts miteinander zu tun haben. Weitergedacht bietet dieses Denken die Möglichkeit, Montagen über Grenzen hinweg vorzunehmen, sodass aus Wissensbeständen, die scheinbar nicht zusammengehören, ein nicht-standardisiertes Wissen erschaffen wird, mit neuen Beziehungen und Zusammenhängen.

Bezieht man dieses Wissensmodell auf die Rolle der Antike in den *Environmental Humanities*, dann heißt das, dass man über die chronologischen sowie die epistemologischen, ontologischen und ethischen Grenzen des *Anthropozäns* hinweg gehen muss, um neue Montagen innerhalb der *Environmental Humanities* entstehen zu lassen, wo vormoderne Denkmodelle und Weltwissen gleichfalls ihren Platz haben. Die Antike könnte sich als ein wesentliches Untersuchungsfeld etablieren, auf das Arbeitsmethoden und Theorien der

---

63 Macauley, David: *Elemental Philosophy: Earth, Air, Fire, and Water as Environmental Ideas.* Albany: State University of New York Press 2010, S. 136: „By returning critically to ecological origins in Presocratic thought, we may observe some of the historical ‚roots' of Western perceptions of the natural world and, given time and patience, perhaps eventually witness the flowering of this ancient wisdom in contemporary environmental actions" (meine Übersetzung).

64 Macauley, S. 136.

65 Deleuze, Gilles/Guattari, Félix: *Tausend Plateaus: Kapitalismus und Schizophrenie* (Übers. v. von Gabriele Ricke und Ronald Vouillé). Berlin: Merve 1993.

Environmental Humanities im Sinne eines Wissenstransfers angewendet werden können. Dies kann aber nur unter Vorzeichen eines wechselseitigen Austausches geschehen, in dem Sinne, dass durch die Beschäftigung mit der Antike eine Wissenserneuerung innerhalb der *Environmental Humanities* bewirkt werden kann, die Althergebrachtes in neue Zusammenhänge stellt.[66]

Literaturverzeichnis

Adamson, Joni: „Source of Life: Avatar, Amazonia, and an Ecology of Selves". In: Iovino, Serenella/Oppermann, Serpil (Hrsg.): Material Ecocriticism. Bloomington: Indiana UP 2014, S. 253–268.

Adamson, Joni: „We Have Never Been Anthropos: From Environmental Justice to Cosmopolitics". In: Oppermann, Serpil/Iovino, Serenella (Hrsg.): *Environmental Humanities: Voices from the Anthropocene.* New York/London: Rowman and Littlefield 2017, S. 155–174.

Aristoteles: *Nikomachische Ethik* (Übers. v. Gernot Krapinger). Stuttgart: Reclam 2017.

Bateson, Gregory: *Steps to an Ecology of Mind.* Chicago: University of Chicago Press 2000.

Callicott, J. Baird: „Worldview Remediation in the First Century of the New Millenium". In: Oppermann, Serpil/ Iovino, Serenella (Hrsg.): *Environmental Humanities: Voices from the Anthropocene.* New York/London: Rowman and Littlefield 2017, S. 133–154.

Castro, Eduardo Viveiros de: „Cosmological Deixis and Amerindian Perspectivism". *The Journal of the Royal Anhropological Institute* 4(3), 1998, S. 469–488.

Chakrabarty, Dipesh: „The Climate of History: Four Theses". *Critical Inquiry* 35(2), 2009, S. 197–222.

Christian, David/Brown, Cynthia Stokes/Benjamin, Craig: *Big History: Between Nothing and Everything.* New York: McGraw Hill Education 2014.

Cline, Eric H.: *1177 B.C.: The Year Civilization Collapsed.* Princeton: Princeton UP 2014.

66 Beispielhaft Schliephake, Christopher/Sojc, Natascha/Weber, Gregor (Hrsg): *Formen von „Nachhaltigkeit": Diskurse, Praktiken, Perspektiven* (Geographica Historica 42). Stuttgart: Steiner 2020. In diesem Band gehen die Autor*innen der Frage nach, ob es sinnvoll ist, das moderne Konzept der „Nachhaltigkeit" auf die Antike anzuwenden.

Cordovana, Orietta Dora/Chiai, Gian Franco (Hrsg.): *Pollution and the Environment in Ancient Life and Thought*. Stuttgart: Steiner 2017.

Crutzen, Paul J./ Stoermer, Eugene F.: „The Anthropocene". *IGBP Newsletter* 41, 2000, S. 17–18.

Deleuze, Gilles/Guattari, Félix: *Tausend Plateaus: Kapitalismus und Schizophrenie*. Berlin: Merve 1993.

Descola, Philippe: *Jenseits von Natur und Kultur*. Frankfurt am Main: Suhrkamp 2013.

Eidinow, Esther: „Telling Stories: Exploring the Relationship Between Myths and Ecological Wisdom". *Landscape and Urban Planning* 155, 2016, S. 47–52.

Garrard, Greg (Hrsg.): *The Oxford Handbook of Ecocriticism*. London: Oxford UP 2014.

Gebhardt, Hans: „Das ‚Anthropozän' – Zur Konjunktur eines Begriffs". In: Wink, Michael/Funke, Joachim (Hrsg.): *Stabilität im Wandel*. Heidelberg: Heidelberger Jahrbücher Online 2016, S. 28–42.

Hadot, Pierre: *Le Voile d'Isis. Essai sur l'histoire de l'idée de nature*. Paris: Folio 2004.

Harper, Kyle: *The Fate of Rome: Climate, Disease and the End of an Empire*. Princeton: Princeton UP 2017.

Harris, William V. (Hrsg.): *The Ancient Mediterranean Environment between Science and History*. Leiden: Brill 2013.

Heise, Ursula K.: „Introduction: Planet, Species, Justice – And the Stories We Tell About Them". In: Heise, Ursula K./Christensen, Jon/Niemann, Michelle (Hrsg.): *The Routledge Companion to the Environmental Humanities*. London: Routledge 2017, S. 1–10.

Heise, Ursula K./Christensen, Jon/Niemann, Michelle (Hrsg.): *The Routledge Companion to the Environmental Humanities*. London/New York: Routledge 2017.

Hesiod: *Theogonie* (Übers. v. Otto Schönberger). Stuttgart: Reclam 1999.

Holmes, Brooke: „Foreword: Before Nature?". In: Schliephake, Christopher (Hrsg.), *Ecocriticism, Ecology, and the Cultures of Antiquity*. Lanham: Lexington Books 2017, S. ix-xiii.

Hughes, J. Donald: *Environmental Problems of the Greeks and Romans*. Baltimore: Baltimore UP 2014.

Humboldt, Alexander von: *Kosmos. Entwurf einer physischen Weltbeschreibung [1845–1862]*. Hrsg. von Ette, Ottmar/Lubrich, Oliver. Berlin: Die Andere Bibliothek 2014.

Iovino, Serenella: „Afterword: Revealing Roots – Ecocriticism and the Cultures of Antiquity“. In: Schliephake, Christopher (Hrsg.), *Ecocriticism, Ecology, and the Cultures of Antiquity*. Lanham: Lexington Books 2017.

Koschorke, Albrecht: *Wahrheit und Erfindung. Grundzüge einer Allgemeinen Erzähltheorie*. Frankfurt am Main: S. Fischer 2013.

Langin, Katie: „Rise and Fall of Roman Empire Exposed in Greenland Ice Samples“. *ScienceMag* May 14, 2018, retrieved 29.09.2018, from <www.sciencemag.org/news/2018/05/rise-and-fall-roman-empire-exposed-greenland-ice-samples>.

Larrère, Catherine/Larrère, Raphaël: *Du bon usage de la nature: Pour une philosophie de l'environnement*. Paris: Flammarion (Champs) 1997.

Latour, Bruno: „Agency at the Time of the Anthropocene“. *New Literary History* 45, 2014, S. 1–18.

Latour, Bruno: *Facing Gaia: Eight Lectures on the New Climatic Regime*. Cambridge: Polity 2017.

Lovelock, James: *Gaia: A New Look at Life on Earth* [1979]. London: Oxford UP 2016.

Macauley, David: *Elemental Philosophy: Earth, Air, Fire, and Water as Environmental Ideas*. Albany: State University of New York Press 2010.

Maul, Stefan M.: *Das Gilgamesch-Epos*. München: Beck 2012.

Moore, Jason: „The Capitalocene, Part 1: On the Nature and Origins of Our Ecological Crisis“. *The Journal of Peasant Studies* 44(3), 2017, S. 594–630.

Morris, Ian: *Foragers, Farmers and Fossil Fuels: How human Values Evolve*. Princeton: Princeton UP 2015.

Morton, Timothy: *Ecology without Nature: Rethinking Environmental Aesthetics*. Cambridge, MA: Harvard UP 2007.

Morton, Timothy: *Hyperobjects: Philosophy and Ecology after the End of the World*. Minneapolis: University of Minnesota Press 2013.

Nixon, Rob: „The Anthropocene: The Promise and Pitfalls of an Epochal Idea“, *edgeeffects* Nov. 2014. retrieved 17.09.2018, from <edgeeffects.net/anthropocene-promise-and-pitfalls>.

Ovid: *Metamorphosen* (Übers. v. Michael von Albrecht). Stuttgart: Reclam 1994.

Rigby, Kate: *Topographies of the Sacred: The Poetics of Place in European Romanticism*. Charlottesville: University of Virginia Press 2004.

Rüpke, Jörg: *Pantheon. Geschichte der antiken Religionen*. München: Beck 2016.

Scheer, Tanja (Hrsg.): *Natur – Mythos – Religion*. Stuttgart: Steiner 2019.

Schimpf, Florian et al. (Hrsg.): *Naturvorstellungen im Altertum: Schilderungen und Darstellungen von Natur im Alten Orient und in der griechischen Antike.* Oxford: Archaeopress 2018.

Schliephake, Christopher: „The Sustainability of Texts: Transcultural Ecology and Classical Reception". In: Schliephake, Christopher (Hrsg.): *Ecocriticism, Ecology, and the Cultures of Antiquity.* Lanham: Lexington Books 2017, S. 259–278.

Schliephake, Christopher: „Wenn die Kultur vom Anderen spricht: Die ‚Environmental Humanities', die ‚Natur' und antike Textressourcen". In: Delp, Dominik/Herren, Xenja (Hrsg.): *TextRessourcen. Agrarische, soziale und poetische Ressourcen in archaischer und hellenistischer Literatur* (Spudasmata 187). Hildesheim/Zürich: Olms 2021, S. 293–324.

Schliephake, Christopher: *The Environmental Humanities and the Ancient World: Questions and Perspectives* (Elements in Environmental Humanities). Cambridge: Cambridge UP 2020.

Schliephake, Christopher/Sojc, Natascha/Weber, Gregor (Hrsg): *„Nachhaltigkeit" in der Antike: Diskurse, Praktiken, Perspektiven* (Geographica Historica 42). Stuttgart: Steiner 2020.

Schwägerl, Christian: *Menschenzeit. Zerstören oder gestalten? Wie wir heute die Welt von morgen gestalten.* München: Goldmann 2012.

Thommen, Lukas: *Umweltgeschichte der Antike.* München: Beck 2009

Vernant, Jean-Pierre: *Mythos und Denken bei den Griechen* [1965]. Konstanz: University of Konstanz Press 2016.

West, Martin L.: *Hesiod. Theogony* (ed. with introd. and commentary). Oxford: Clarendon 1966.

Zalasiewicz, Jan: „The Extraordinary Strata of the Anthropocene". In: Oppermann, Serpil/Iovino, Serenella (Hrsg.): *Environmental Humanities: Voices from the Anthropocene.* London: Rowman and Littlefield 2017, S. 115–132.

Zalasiewicz, Jan/Williams, Mark/Waters, Colin N.: „The Anthropcene". In: Adamson, Joni/Gleason, William A./Pellow, David N. (Hrsg.): *Keywords for Environmental Studies.* New York: New York University Press 2016, S. 14–16.

Zapf, Hubert (Hrsg.): *Handbook of Ecocriticism and Cultural Ecology.* Berlin: De Gruyter 2016.

Zapf, Hubert: „Introduction". In: Zapf, Hubert (Hrsg.): *Handbook of Ecocriticism and Cultural Ecology.* Berlin: De Gruyter 2016, S. 1–17.

Hubert Zapf & Evi Zemanek

Die *Environmental Humanities* im deutschsprachigen Raum: Erste Forschungszentren, Ansätze und Perspektiven

Abstract: This contribution originated in the context of a transnational dialogue between the *Environmental Humanities* in France and Germany. Complementing other contributions in this volume on corresponding developments in the French-speaking world, it gives a first overview of the newly established or emerging research centers and teaching programs specializing in the *Environmental Humanities* in the German-speaking world. The chapter first outlines some of the characteristic thematic fields, perspectives and challenges of the *Environmental Humanities* as a new interdisciplinary research field in the humanities and social sciences. It then presents examples of the first such centers in Augsburg, Munich and Freiburg, explains their respective research and teaching profiles, and lists some of their most important publications. In the concluding section, the chapter refers to other emerging centers and research initiatives at universities in Germany, Austria and Switzerland. Due to the rapid dynamics of the field, the essay can only provide a first preliminary overview, which by no means claims to be complete.

Keywords: Environmental Humanities, Sustainability, Resilience, Multidisciplinarity

1 Die *Environmental Humanities* als neues Forschungsfeld

Die *Environmental Humanities* (*EH*) haben sich im zweiten Jahrzehnt des 21. Jahrhunderts in kurzer Zeit zu einem der wichtigsten und innovativsten neuen Forschungsfelder der Geistes- und Kulturwissenschaften entwickelt. Forschungszentren und Lehrprogramme der *EH* sind in der nordamerikanischen und globalen Universitätslandschaft entstanden oder befinden sich im Aufbau. Zusammengefasst wird unter diesem Stichwort eine interdisziplinäre Forschung zu ökologischen und nachhaltigkeitsbezogenen Problemen und Fragestellungen, die heute zu den zentralen Herausforderungen einer „Weltrisikogesellschaft“ (Ulrich Beck)[1] gehören und deren wissenschaftliche Erforschung genuine Aufgabe nicht nur der Natur- und Technikwissenschaften, sondern auch der Sozial- und Geisteswissenschaften (Humanities) ist.

---

1 Cf. Beck, Ulrich: *Weltrisikogesellschaft. Auf der Suche nach der verlorenen Sicherheit.* Frankfurt a.M.: Suhrkamp 2007.

Die Entstehung der *EH* ist nicht zuletzt eine Reaktion darauf, dass in den vergangenen Jahrzehnten der Druck auf die Geisteswissenschaften ständig gestiegen ist, ihre gesellschaftliche Relevanz unter Beweis zu stellen, ihren Beitrag zum Wissen des Menschen über sich selbst, seine Geschichte und Zukunftsvisionen deutlicher herauszustellen und mehr öffentliche Sichtbarkeit zu erlangen. Nicht nur im Hinblick auf die Verteilung finanzieller Ressourcen für die Forschung sind die Geisteswissenschaften gefordert, Verantwortung zu übernehmen und zur notwendigen Transformation der Gesellschaft beizutragen. In der Tat scheint dieser Druck bereits eine katalysierende Wirkung gehabt zu haben: Eine zunehmende Anzahl humanwissenschaftlicher Fächer haben neuerdings ihr spezifisches Potential für die Analyse der fundamentalen Probleme erkannt, die zur ökologischen Krise geführt haben, aber ebenso auch für die Entwicklung geeigneter Formen und Maßnahmen von Resilienz und Nachhaltigkeit. Es ist daher wohl nicht übertrieben, von einem Paradigmenwandel in verschiedenen Disziplinen der Geisteswissenschaften zu sprechen, der sich aus einer Neubestimmung ihrer Rolle im Wissenschaftssystem und in der Gesellschaft ergibt.

Einige der zentralen Themenfelder der *EH*, die sich allein aus technisch-naturwissenschaftlicher Sicht nicht angemessen erforschen lassen, sind die folgenden:

- der Klimawandel, seine politischen, gesellschaftlichen, kulturellen und lebensweltlichen Konsequenzen und seine kontroversen Interpretationen;
- die Frage von Handlungsoptionen im Anthropozän als einem vom Menschen dominierten geologischen Zeitalter, in dem techno-ökonomische Eingriffe in die Umwelt mit vermeintlichen Lösungen ständig neue Risiken erzeugen;
- die Entwicklung und Vermittlung eines werteorientierten Umweltbewusstseins, das Fragen und Probleme der *Environmental Justice*, von Diversität und Gender-Gerechtigkeit einbezieht;
- das Verhältnis von Mensch und nichtmenschlicher Natur, von anthropozentrischen und nichtanthropozentrischen Wertorientierungen und Leitbildern („Nachhaltigkeit") in diachroner und synchroner Sicht und in seinen kulturellen, philosophischen, ethischen und ästhetisch-künstlerischen Dimensionen;
- die Rolle ökologischer Kommunikation in Texten und (neuen) Medien, einschließlich digitaler Kommunikationsformen;
- die Verbindung und Wechselwirkung von lokalen und globalen Implikationen ökologischen Denkens und Handelns.

Die Forschung in diesen Feldern der *EH* stützt sich auf eine disziplinübergreifende Zusammenarbeit innerhalb der Geistes- und Kulturwissenschaften. Sie nutzt die Kooperation mit den Sozial-, Technik- und Naturwissenschaften, profiliert aber den eigenständigen Beitrag der Geisteswissenschaften zu einem komplexen Verständnis von Vergangenheit, Gegenwart und Zukunft.

2 Chance und Herausforderung der Interdisziplinarität

Dieser Neuaufbruch stellt sich in den verschiedenen beteiligten Fächern unterschiedlich dar, weshalb man vorsichtig mit einer allzu generalisierenden Verwendung des Begriffs „Humanities" umgehen sollte. Je nach kulturellem Kontext bestehen die *Humanities* aus einem kleineren oder größeren Kreis von Disziplinen: Während sie im kontinentaleuropäischen Kontext traditionell aus Philosophie, Religionswissenschaft, Literaturwissenschaft, Kunstgeschichte und Geschichtswissenschaft bestanden, wurde diese Ordnung mit dem Aufstieg der *Cultural Studies* verändert, die all diese Fächer einbeziehen und sie näher an die sozialwissenschaftlichen Disziplinen wie Soziologie, Politologie, Psychologie, Anthropologie, etc. heranführen. Darüber hinaus wurde die Opposition zwischen Geistes- und Naturwissenschaften in Frage gestellt durch Konzepte wie das der Humanwissenschaften, der *Human Sciences*, die Fächer wie Humangeographie oder Humanbiologie hervorgebracht haben. Für viele Disziplinen ist es unmöglich geworden, sie in einer der oben genannten Fächergruppen zu verorten, zumal diese in der Praxis alle bereits ihrerseits immer stärker interdisziplinär ausgerichtet sind. In der anglo-amerikanischen Welt gilt ohnehin beinahe alles (außer den *hard sciences*) als Teil der *Humanities*. Aber auch für diese klassische Differenz gilt, dass die starren Ordnungen des herkömmlichen Wissenschaftssystems durch die Umweltkrise aufgebrochen werden, insofern viele geisteswissenschaftliche Disziplinen sich für das Umweltthema geöffnet haben und daher neue Koalitionen sowohl innerhalb ihrer größeren Fächergruppe als auch mit den Naturwissenschaften gebildet haben, woraus sich dann der Überbegriff der *EH* ergeben hat.

An diesem Prozess sind eine ganze Reihe von bereits in sich „interdisziplinären Disziplinen" beteiligt wie Umweltgeschichte, Umweltsoziologie, Umweltpsychologie, Kulturökologie, *Ecocriticism*, Medienökologie u. a., die alle potenziell als Teil der *EH* gesehen werden können. Diese hybriden Disziplinen beschäftigen sich aus verschiedenen Blickwinkeln mit denselben grundlegenden Themenfeldern wie – auf der abstraktesten Ebene – der Mensch-Natur-Beziehung und den Auswirkungen von anthropogenen Umweltveränderungen auf menschliche Kulturen und Lebenswelten. Sie alle arbeiten an der Entwicklung von Strategien, um menschliche Ökosysteme resilienter und nachhaltiger zu machen oder zumindest, um die komplexe Problematik besser zu verstehen und zu kommunizieren.

Dieses breit angelegte interdisziplinäre Projekt bringt indessen trotz der übergreifenden und unmittelbar einleuchtenden thematischen Anliegen auch neue Herausforderungen für die beteiligten Fächer mit sich, die die Reflexion ihrer ethisch-philosophischen Grundlagen, ihrer gemeinsamen wissenschaftlichen und politischen Ziele und der Rahmenbedingungen ihrer Kollaboration erforderlich machen. Zudem gibt es eine Reihe von institutionellen Hindernissen für eine solche fruchtbare Kooperation aufgrund der institutionellen Trennung der unterschiedlichen Disziplinen, die auch angesichts der von Universitätsleitungen beschworenen fächerübergreifender Zusammenarbeit nach wie vor fortbesteht. Dieses Dilemma – der Mangel an Wissen über die jeweiligen Forschungsmethoden anderer Disziplinen, sowie das Fehlen einer geeigneten Kommunikationsplattform – ist ein Problem, das im Aufbau des Forschungsschwerpunkts der *EH* berücksichtigt und gelöst werden muss.

Aus dem Gesagten ergeben sich einige grundlegende wissenschaftspolitische und epistemologische Fragestellungen: Welche Rolle können die Geistes-, Kultur- und Sozialwissenschaften im Hinblick auf die Analyse, Interpretation und Kommunikation der ökologischen Krise spielen und welche Art von disziplinärer und institutioneller Neuorganisation ist dafür notwendig? Was sind die spezifischen Beiträge, die europäische und deutsche Zentren der *EH* zu diesem transnational aufgestellten Forschungsfeld leisten können? Wo sind ihre Zukunftsperspektiven und in welchen Bereichen und Themen können sie besonders fruchtbar kooperieren? Was wären die optimalen akademischen und politischen Rahmenbedingungen? Wie kann das besondere Verständnis der *Humanities* für die prägende Rolle menschlicher Kulturen in der Debatte über Umweltprobleme effektiver in die Naturwissenschaften und die Öffentlichkeit hineingetragen werden? Was können die Geisteswissenschaften von den Naturwissenschaften lernen und umgekehrt? Welche neuen Formen von Lehr- und Lernkulturen erscheinen sinnvoll angesichts der Herausforderungen des Anthropozäns? Solche Fragen sind nicht allgemeingültig zu lösen, sondern sind unter Berücksichtigung der spezifischen Gegebenheiten, Forschungsschwerpunkte und Fächerspektren des jeweiligen Standorts und der jeweiligen Universität in je eigenständiger Weise zu beantworten. Hieraus ergibt sich dann auch eine Diversität der Standorte und Forschungszentren, die durchaus auch eine Stärke der neu entstehenden Forschungslandschaft der *EH* ist und die wiederum eine Kooperation untereinander auf einer sowohl nationalen wie transnationalen Ebene sinnvoll und produktiv erscheinen lässt.

In diesem Sinn ist auch die Präsentation der neu entstehenden *Environmental Humanities / Humanités Environnementales* in Frankreich und Deutschland, die der vorliegende Band unternimmt, ein Versuch, sowohl die Gemeinsamkeiten des grundsätzlichen Anliegens als auch die unterschiedlichen Formen ihrer Umsetzung in den Blick zu nehmen, die nicht zuletzt auch mit den unterschiedlichen Wissenskulturen zu tun haben, aus denen heraus die Aneignung und Ausgestaltung des übergreifenden Paradigmas der *EH* jeweils erfolgt.

Angesichts der rapiden Entwicklungen im Bereich der *EH* kann vorliegender Beitrag selbstverständlich keine vollständige Bestandsaufnahme bieten. Im Folgenden werden exemplarisch bereits bestehende bzw. im Entstehen begriffene Forschungszentren, Formen ihrer institutionellen Etablierung gemäß aktuellem Stand, prägende Forschungskonzepte, repräsentative Publikationen sowie interdisziplinäre Potenziale und Perspektiven der *EH* aufgezeigt.

3 Forschungszentren und Forschungskonzepte der *Environmental Humanities*

Die *EH* haben sich erst in jüngster Zeit aus bis dahin eher getrennt in einzelnen Disziplinen stattfindenden oder an umweltnaturwissenschaftliche Zentren angebundenen Forschungsaktivitäten entwickelt. Wichtige Forschungskonzepte und Publikationen sind aus den jeweiligen Forschungsschwerpunkten hervorgegangen.

3.1 Die Universität Augsburg und das Wissenschaftszentrum Umwelt

Die erste solche Gründung im deutschsprachigen Raum war die Etablierung der *EH* an der Universität Augsburg im Jahr 2015. Sie wurden auf Initiative der Amerikanistik, der sich andere Fächer aus den geistes- und sozialwissenschaftlichen Fakultäten anschlossen, als profilbildender Forschungsschwerpunkt im Rahmen des übergreifenden Konzepts einer Netzwerkuniversität eingerichtet. Die *EH* sind institutionell an das seit 2000 bestehende Wissenschaftszentrum Umwelt (WZU) angebunden, einem interdisziplinären Kompetenzzentrum in der Umweltforschung, dessen Schwerpunkte im Bereich von Materialforschung, Ressourcenstrategien und zukunftsfähigen Energiekonzepten liegen und das sich zugleich als vernetzte Schnittstelle zwischen der Universität und den im Umweltbereich tätigen Behörden, NGOs und Unternehmen etabliert hat.

Alle diese Aktivitäten wurden 2015 unter dem gemeinsamen Dach der *EH* zusammengeführt, um komplementär zu den Natur-, Computer- und Technikwissenschaften den eigenständigen Beitrag der Geisteswissenschaften zur

Analyse, Reflexion und kulturellen Vermittlung ökologischer Probleme zu erforschen und nach außen sichtbar zu machen. An diesem neuen multidisziplinären Forschungsnetzwerk beteiligt ist ein breites Spektrum von Fächern wie Philosophie, Literatur- und Kulturwissenschaft, Geschichte, Soziologie, Politologie, Theologie, Kommunikationswissenschaft, Rechtswissenschaft, Wirtschaftswissenschaft, Musikwissenschaft, Archäologie und Humangeographie. Themen interdisziplinärer Workshops, die in der mit Augsburg kooperierenden Umweltforschungsstation Schneefernerhaus auf der Zugspitze abgehalten werden, waren: Regenerative Energie, Natur und Narration, Natur- und Kulturlandschaften, sowie Konzepte von Nachhaltigkeit.

Nicht zuletzt die unmittelbare Nachbarschaft des Bayerischen Landesamts für Umwelt (LfU) stellt dabei einen einzigartigen Standortvorteil dar; Fachleute aus dem LfU werden in viele Projekte und auch in die Lehre der Universität systematisch eingebunden, an der in einer seit über zehn Jahren etablierten gemeinsamen Vortragsreihe regelmäßig führende deutsche Umweltexpert*innen aus Wissenschaft und Praxis beteiligt sind. Die bisherigen Aktivitäten der *EH* bestehen aus Tagungen, Workshops, nationalen und internationalen Gastvorträgen, Vorlesungsreihen, Publikationen, Lehrveranstaltungen und drittmittelgeförderten Forschungsnetzwerken und -projekten. Seit 2016 sind sie als zusätzliche Schwerpunktoption im Promotionsprogramm der Augsburger Graduiertenschule für Geistes- und Sozialwissenschaften vertreten, von deren Angeboten auch die Promovierenden des beantragten Kollegs profitieren können. In der Lehre ist zudem der seit WS 2010/2011 bestehende, deutschlandweit einzige Masterstudiengang *Umweltethik* zu erwähnen. Ferner wurden im Zusammenhang mit dem Aufbau der neuen Medizinischen Fakultät als deutschlandweit einzigartiger Forschungsschwerpunkt die *Environmental Health Sciences* etabliert, die eng mit den *EH* kooperieren.[2]

Prägende Richtungen der *EH* in Augsburg sind die materielle, kulturelle und politische Ökologie. In den Bereich der materiellen Ökologie gehört zuvorderst die Reihe *Stoffgeschichten*, die von Armin Reller und Jens Soentgen begründet wurde. In der Reihe sind mittlerweile elf Bände erschienen, die sich mit der naturwissenschaftlichen Beschaffenheit, aber auch den kulturellen und geschichtlich-politischen Bedeutungen von Stoffen beschäftigen, die für die Kulturgeschichte wie für das alltägliche Leben von oft unterschätzter

2 Für nähere Informationen dazu cf. Internetseite der Universität Augsburg, retrieved 22.04.2020, from <https://www.uni-augsburg.de/de/forschung/einrichtungen/institute/wzu/forschung/environmental-humanities>.

Bedeutung sind – Staub, Kaffee, Aluminium, CO2, Dreck, Kakao, Milch, Stickstoff, Seltene Erden, Konfliktstoffe und Holz waren die Themen der bisherigen Bände. An der Schnittstelle zwischen den materiellen Agenzien der Stoffe und ihren menschlichen Verwertungszusammenhängen angesiedelt, nahmen die seit 2005 erscheinenden Bände bereits den *material turn* in den Humanwissenschaften vorweg, während sie gleichzeitig die Eigendynamik der Kultur und die Verantwortung des Menschen für die Gestaltung einer zukunftsfähigen Beziehung von Gesellschaft und Natur betonen. Die Titel wurden breit rezipiert und vielfach auch übersetzt.[3]

Zu den prägenden Forschungsparadigmen der Augsburger *EH* gehört ferner das Konzept der Literatur als kulturelle Ökologie, das Ausgangspunkt verschiedener Forschungsprojekte im Bereich der Literatur-, Kultur- und Medienwissenschaft ist und sich in zahlreichen Publikationen der Augsburger *Cultural Ecology Research Group* niederschlägt. Im Mittelpunkt des Ansatzes steht die Annahme, dass Literatur und andere Formen kultureller Kreativität sich zentral mit der grundlegenden Beziehung von Kultur und Natur auseinandersetzen und dass sie in ihren Erzählungen, Imaginationen und ästhetischen Transformation der Wirklichkeit einen wichtigen Beitrag zur ökologischen Kommunikation und zu einer nachhaltigen Gesellschaft leisten können. International rezipierte Publikationen in diesem Bereich sind die Monographien *Literatur als kulturelle Ökologie* (2002) und *Literature as Cultural Ecology: Sustainable Texts* (2016) von Hubert Zapf sowie die von ihm herausgegebenen Bände *Kulturökologie und Literatur* (2008) und *Handbook of Ecocriticism and Cultural Ecology* (2016).[4] Die Kooperation mit anderen Zentren des *Ecocriticism* in Deutschland

---

3 Cf. Buchreihe *Stoffgeschichten*, retrieved 22.04.2020, from <https://www.uni-augsburg.de/de/forschung/einrichtungen/institute/wzu/ueber-uns/stoffgeschichten>.

4 Cf. Zapf, Hubert: *Literatur als kulturelle Ökologie: zur kulturellen Funktion imaginativer Texte an Beispielen des amerikanischen Romans*. Tübingen: Niemeyer 2002; Zapf, Hubert: *Literature as Cultural Ecology: Sustainable Texts*. London et al.: Bloomsbury Academic 2016; daneben auch Zapf, Hubert (Hrsg.): *Kulturökologie und Literatur. Ein transdisziplinäres Paradigma der Literaturwissenschaft*. Heidelberg: Winter 2008; Zapf, Hubert (Hrsg.): *Handbook of the Ecocriticism and Cultural Ecology*. Berlin: De Gruyter 2016; sowie Zapf, Hubert: „Ecological Thought in Europe and Germany". In: Parham, John/Westling, Louise (Hrsg.): *Global History of Literature and Environment*. Cambridge: Cambridge University Press 2017, S. 269–285. Im Umkreis der *Cultural Ecology* angesiedelt sind auch Müller, Timo/Sauter, Michael (Hrsg.): *Literature, Ecology, Ethics: Recent Trends in Ecocriticism*. Heidelberg: Winter 2012; Schliephake, Christopher: *Urban Ecologies*. Lanham et al.: Lexington Books 2015; Schliephake, Christopher (Hrsg.): *Ecocriticism,*

zeigt der von Gabriele Dürbeck, Urte Stobbe, Evi Zemanek und Hubert Zapf herausgebenene Band *Ecological Thought in German Literature and Culture* (2017).[5]

Ein weiterer überregional sichtbarer Forschungsansatz in den Augsburger *EH* ist die Politische Ökologie, die von der Prämisse ausgeht, dass gegenwärtiger Umweltwandel und Naturdegradation immer auch politisch sind. Im Hinblick auf die Nutzung von Umwelt und Ressourcen bestehen unterschiedliche Vorstellungen und oftmals konkurrierende Interessen verschiedener gesellschaftlicher Akteure, weshalb politische Aushandlungsprozesse unvermeidlich sind. Zu den Prinzipien der Politischen Ökologie gehören der theoretische Bezug zur Kritischen Gesellschaftstheorie, ein post-positivistisches Verständnis von Natur und Wissensproduktion, methodischer Pluralismus mit Schwerpunkt auf qualitative empirische Forschungsmethoden, die Berücksichtigung der historischen Dimension sowie das normative Ziel, sich für soziale Gerechtigkeit und strukturellen politischen Wandel mit Blick auf die Interessen marginalisierter Bevölkerungsgruppen zu engagieren. In Augsburg greift die Humangeographie diesen Forschungsansatz auf und befasst sich schwerpunktmäßig mit politischen und sozioökonomischen Transformationsprozessen in postkolonialen Kontexten vor allem im eurasischen Raum. Dabei ermöglicht ihre räumlich und zeitlich angelegte, mehrskalige Zugangsweise besonders aussagekräftige Erkenntnisse über sich wandelnde Mensch-Umwelt-Beziehungen. Dies wird exemplarisch in den Schriften von Matthias Schmidt wie *Mensch und Umwelt in Kirgistan. Politische Ökologie im postkolonialen und postsozialistischen Kontext* (2013) und *Politische Ökologie des Postsozialismus* (2016) sowie dem von ihm mitherausgegebenen Tagungsband *The Power of Political Ecology* (2019) deutlich.[6]

Ecology, and the Cultures of Antiquity. Lanham et al.: Lexington Books 2017; sowie neuerdings Schliephake, Christopher: *The Environmental Humanities and the Ancient World: Questions and Perspectives.* Cambridge: Cambridge University Press 2020. Die Relevanz von *Cultural Ecology* auch für neuere Medienentwicklungen erkunden die Arbeiten von Gerald Farca und Alexander Lehner zu Ökologie und Video Games. Zu diesen und weiteren Publikationen der Augsburger *Cultural Ecology Research Group* cf. Lehrstuhl Amerikanistik: „Culturalecology", retrieved 22.04.2020, from <https://www.philhist.uni-augsburg.de/en/lehrstuehle/anglistik/amerikanistik/forschung1/culturalecology>.

5 Dürbeck, Gabriele et al. (Hrsg.): *Ecologial Thought in German Literature and Culture.* Lanham et al.: Lexington Books 2017.

6 Schmidt, Matthias: *Mensch und Umwelt in Kirgistan. Politische Ökologie im postkolonialen und postsozialistischen Kontext.* Stuttgart: Steiner 2013; Schmidt, Matthias: „Politische

Im Bereich der Umweltgeschichte reichen die Projekte von der Geschichte des Lechs als Natur- und Kulturraum[7] bis zur Geschichte der Nachhaltigkeit(en), einem von Elke Seefried geleiteten, von der Leibniz-Gemeinschaft geförderten Projekt, an dem das WZU, die Regionalgeschichte Augsburg, das Institut für Zeitgeschichte München-Berlin, das Rachel Carson Center der LMU und das Potsdam-Institut für Klimafolgenforschung beteiligt sind.[8] Das Kriterium der Nachhaltigkeit war auch entscheidend für die jüngste Auszeichnung des historischen Wassermanagements der Stadt Augsburg als UNESCO-Weltkulturerbe, zu dessen erfolgreicher Bewerbung das WZU unter Leitung von Jens Soentgen beigetragen hat.

Ebenso mit den *EH* in Augsburg vernetzt sind soziologische Arbeiten zu gesellschaftlichen Naturverhältnissen, wie sie Reiner Keller im Rahmen seines international breit rezipierten Ansatzes der Wissenssoziologischen Diskursanalyse verfolgt. Keller gehört zu den Mitbegründern umweltsoziologischer Forschungen im deutschsprachigen Raum und arbeitet bereits seit Mitte der 1990er Jahre über Umwelt- und Risikodiskurse, u. a. zur Müllpolitik, zur Nachhaltigkeitsdebatte, zu Fracking und zur Energiewende in Deutschland und Frankreich, zur Umweltmediation, zu Risiko- und Katastrophennarrativen, zur reflexiven Modernisierung sowie zur gesellschaftlichen Grenzpolitik in Bezug auf Natur.[9]

Des Weiteren ist schließlich die Umweltkommunikation als ein Bereich der Kommunikationswissenschaft zu nennen, die öffentliche Diskurse zu Umweltthemen untersucht, beispielsweise zur sogenannten Klima(wandel)skepsis.[10] Dabei

---

Ökologie des Postsozialismus". *Geographica Helvetica* 71(4), 2016, S. 259–270; Schmidt, Matthias et al. (Hrsg.): *The Power of Political Ecology. Tagungsband zur ersten augsburger. forschungswerkstatt.* Augsburg: Institut für Geographie 2019.

7 Cf. Krauss, Marita/Lindl, Stefan/Soentgen, Jens (Hrsg.): *Der gezähmte Lech. Ein Fluss der Extreme*. München: Volk 2014.

8 Cf. Institut für Zeitgeschichte: „Geschichte der Nachhaltigkeit(en). Diskurse und Praktiken seit den 1970er Jahren", retrieved 22.04.2020, from <https://www.ifz-muenchen.de/forschung/transformationen-in-der-neuesten-zeitgeschichte/projektuebersicht/geschichte-der-nachhaltigkeiten-diskurse-und-praktiken-seit-den-1970er-jahren>.

9 Zu den Publikationen der umweltorientierten soziologischen Diskursanalyse vgl. das Literaturverzeichnis auf der Webseite <https://www.uni-augsburg.de/de/fakultaet/philsoz/fakultat/soziologie/team/reiner_keller>.

10 Soentgen, Jens/Bilandzic, Helena: „Die Struktur klimaskeptischer Argumente. Verschwörungstheorie als Wissenschaftskritik". *Gaia – Ökologische Perspektiven für Wissenschaft und Gesellschaft* 23(1), 2014, S. 40–47.

werden sowohl die mediale Berichterstattung als auch fiktionale Geschichten in den Blick genommen und nicht nur die rhetorischen Strategien analysiert, sondern auch deren Wirkung auf die Rezipient*innen betrachtet.[11] Charakteristisch für diesen Ansatz ist, dass Umweltdiskurse nicht nur als Information verstanden werden. Vielmehr enthalten sie stets emotionale, narrative und moralische Elemente; sie stellen Alltagsrelevanz her (oder verpassen es, dies zu tun) und vermitteln Handlungsmöglichkeiten. Dies spiegelt sich auch in den Wirkungen wider, bei denen Aspekte wie emotionale Reaktionen und narratives Erleben prägende Faktoren darstellen.

3.2 Das Rachel Carson Center for Environment and Society an der LMU München

Ein wichtiges Forschungszentrum für die *EH* im deutschsprachigen und internationalen Raum ist das seit 2009 bestehende *Rachel Carson Center for Environment and Society* (*RCC*) an der LMU München, das bis 2021 aus Mitteln des Bundesministeriums für Bildung und Forschung gefördert wird. Dank Fellowships für bislang über 300 Professor*innen und Postdocs aus aller Welt, eines Promotionsprogramms (ProEnviron) und eines Zertifikatsprogramms in *Environmental Studies* für Masterstudierende, durch die Organisation von Tagungen und Publikationen sowie durch vielfältige transdisziplinäre Programme konnte sich das Zentrum global vernetzen und ist weithin sichtbar geworden. Daraus entstand ein (anfangs aus der Umweltgeschichte entwickeltes) multidisziplinäres Forum im Bereich von Umwelt und Gesellschaft.

Im Jahr 2018 organisierte das *RCC* auf Einladung von Christof Mauch einen weltweit ersten *EH International Summit*.[12] Direktorinnen und Initiatoren von neu entstandenen *EH*-Zentren, u. a. auch aus Augsburg, trafen sich mit dem Ziel der Positionierung und internationalen Netzwerkbildung.

---

11 Bilandzic, Helena/Kalch, Anja/Soentgen, Jens: „Effects of Goal Framing and Emotions on Perceived Threat and Willingness to Sacrifice for Climate Change". *Science Communication* 39(4), 2017, S. 466–491; Bilandzic, Helena/Sukalla, Freya: „The Role of Fictional Film Exposure and Narrative Engagement for Personal Norms, Guilt and Intentions to Protect the Climate". *Environmental Communication* 13(8), 2019, S. 1069–1086.

12 Cf. „Environmental Humanities Summit 2018". *Rachel Carson Center for Environment and Society*, retrieved 22.04.2020, from <https://www.carsoncenter.uni-muenchen.de/events_conf_seminars/event_history/2018-events-history/conferences2018/eh-summit-2018/index.html>.

2019 konnte das *RCC* im Rahmen der Förderlinie „Hochschule der Zukunft" der Volkswagen-Stiftung Projektmittel für die Einrichtung eines deutschlandweit ersten Masterstudiengangs in diesem Bereich einwerben, in dessen Laufzeit Massive Open Online Courses, Workshops, Gastprofessuren und Ausstellungen finanziert werden. Das *RCC* ist durch seine institutionelle Verbindung mit dem *Deutschen Museum* und durch die enge Zusammenarbeit mit *Biotopia / Naturkundemuseum* in besonderer Weise in der Öffentlichkeit präsent. In den *Tuesday Discussions* hat das *RCC* überdies seit 2015 mehr als 100 Protagonist*innen aus der „Umweltpraxis" (Stiftungen, Politik, Kunst etc.) zum Dialog mit der Wissenschaft eingeladen.

Die Publikationen des *RCC* umfassen mehrere eigene Schriftenreihen, darunter die online verfügbare Zeitschrift *Perspectives: Transformations in Environment and Society*, die sich mit aktuellen Fragen politisch auseinandersetzt und zahlreiche Theoriediskussionen angestoßen hat. Bei Berghahn Books (New York / Oxford) unterhält das *RCC* die englischsprachige Reihe *Environmental History – International Perspectives*, bei Vandenhoeck & Ruprecht die einschlägige Reihe *Umwelt und Gesellschaft*. Weiterhin veröffentlicht das *RCC* jährlich ein *Special Issue* der internationalen Zeitschrift *Global Environment*. Die höchste Visibilität erreichen die Arbeiten des Zentrums allerdings durch das Portal *Environment and Society* (www.environmentandsociety.org). Weit über eine Million Zugriffe individueller Nutzer hat es hier in den letzten zehn Jahren gegeben, u. a. auf den *RCC*-Blog *Seeing the Woods*, die Serie *Arcadia* und auf zahlreiche virtuelle Ausstellungen.

Die Vermittlung der *Carson*-Forschung über den universitären Campus hinaus gehört zu den Besonderheiten der Münchner Umweltprogramme. Seit 2015 gibt es am *RCC* Outreach Fellowships. Filmproduzent*innen und Schriftsteller*innen bieten im Rahmen ihrer Fellowships spezielle Seminare an, u. a. Writing Workshops, Fotografie- und Filmkurse. Aufgrund der engen Zusammenarbeit zwischen dem *RCC* und der Forschungsabteilung des *Deutschen Museums* kam es bereits mehrfach zur gemeinsamen Erarbeitung von Ausstellungen. Die bislang wichtigste, von Helmuth Trischler verantwortete Ausstellung des *Carson Centers* am *Deutschen Museum* „Willkommen im Anthropozän" widmete sich dem Anthropozän und konnte 2014 und 2015 über 300 000 Besucher*innen verzeichnen.[13] Aus mehreren forschungsorientierten

13 Cf. Möllers, Nina (Hrsg.): *Willkommen im Anthropozän. Unsere Verantwortung für die Zukunft der Erde.* München: Dt. Museum 2015; sowie die Essaysammlung: Emmett, Robert/Lekan, Thomas (Hrsg.): *Whose Anthropocene? Revisiting Dipesh Chakrabarty's „Four Theses"*. München: Rachel Carson Center 2016.

Hauptseminaren ist darüber hinaus eine große Ausstellung zur urbanen Umwelt Münchens hervorgegangen.[14]

Die Forschung am *RCC* zeichnet sich durch drei Prinzipien aus. Erstens kommt sie aus der Umweltgeschichte und hat trotz ihrer disziplinären Ausweitung eine historische Fokussierung immer beibehalten. Zweitens ist sie in hohem Maße multidisziplinär und international angelegt. Drittens hebt sie auf Praxisbezug, Outreach und Visibilität ab. Von 2009 bis 2015 stand die Forschung, die neben den Münchner Wissenschaftler*innen insbesondere von internationalen Fellows durchgeführt wird, unter dem übergreifenden Leitthema „Internationale Umweltgeschichte: Natur als kulturelle Herausforderung". Innerhalb des großen Themenfeldes wurden sechs spezifische Forschungsfelder definiert: Ressourcennutzung und Naturschutz, Naturkatastrophen und Risikokulturen, Ökologischer Imperialismus, Transformation von Landschaften, Umweltethik sowie Umweltwissen und Wissensgesellschaften. Mehr als 200 Buchpublikationen und eine Fülle von wissenschaftlichen Aufsätzen gingen aus diesen Themenschwerpunkten hervor. Die überwiegende Zahl der Monographien erschien in angloamerikanischen Universitätsverlagen.[15] Eine Reihe von Arbeiten zur Umweltethik erschienen insbesondere in der Zeitschrift des *RCC Perspectives*. Als einschlägig ist hier, neben zahlreichen anderen Beiträgen, die Arbeit von Markus Vogt *Climate Justice* (2010) zu nennen (in zahlreiche Sprachen übersetzt)[16]. Ebenfalls in dieser Reihe hat der *RCC*-Direktor Christof Mauch eine Erweiterung des umweltethischen Konzepts der

14 Cf. Kuen, Laura/Lüdecke, Gesa/Mauch, Christof (Hrsg.): *Ecopolis München: Umwelt- und Entdeckungsgeschichten einer Stadt*. München: Rachel Carson Center 2019.

15 Unter den Publikationen, die in der vom *Carson Center* herausgegeben Reihe *The Environment in History – International Perspectives* erschienen sind, seien exemplarisch genannt: zum Thema Naturschutz: Kupper, Patrick: *Creating Wilderness: A Transnational History of the Swiss National Park*. New York et al.: Berghahn 2014; zum Thema Naturkatastrophen: Parrinello, Giacomo: *Fault Lines: Earthquakes and Urbanism in Modern Italy*. New York et al.: Berghahn 2015; sowie Rohland, Eleonora: *Changes in the Air: Hurricanes in New Orleans from 1718 to the Present*. New York et al.: Berghahn 2019; zur Transformation von Landschaften: Dorondel, Ştefan: *Disrupted Landscapes: State, Peasants and the Politics of Land in Postsocialist Romania*. New York et al.: Berghahn 2016; zum Umweltimperialismus: Gißibl, Bernhard: *The Nature of German Imperialism*. New York et al.: Berghahn 2016; zum Themenkomplex Umweltwissen: Lübken, Uwe/Uekötter, Frank (Hrsg.): *Managing the Unknown: Essays on Environmental Ignorance*. New York et al.: Berghahn 2014.

16 Vogt, Markus: *Climate Justice*. München: Rachel Carson Center 2010.

slow violence (Rob Nixon) durch das komplementäre Konzept der *slow hope* vorgeschlagen.[17]

Im Sommer 2015 begann die zweite, sechsjährige Förderphase des *RCC* durch das Bundesministerium für Bildung und Forschung. An die Stelle des Forschungsschwerpunkts „Internationale Umweltgeschichte" trat nun das noch breitere Konzept „Transformations in Environment and Society". Im Anschluss an den Historiker und Soziologen Karl Polanyi, auf den der Begriff *große Transformation* zurückgeht, ausgehend auch vom agro-ökologischen Transformationskonzept des US-Historikers Donald Worster sowie mit Blick auf die politischen Diskurse des Wissenschaftlichen Beirats *Global Change* der Bundesregierung (*Welt im Wandel - Gesellschaftsvertrag für eine Große Transformation*) geht es in der jetzigen Phase um die große Forschungsfrage nach den Gründen, die (klimatische, geologische, strukturelle, ideologische etc.) Veränderungen in Umwelt und Gesellschaft stimuliert haben und aller Voraussicht nach auch in Zukunft auslösen werden.

Zahlreiche Publikationen des *RCC* beschäftigen sich insbesondere seit 2015 nicht nur mit der Weltumweltgeschichte und der Geschichte der Menschheit, sondern auch mit *Animal Studies* und mit einer „more-than-human"-Ethnographie, so zum Beispiel ein Sammelband des *Carson Centers* zum Thema *Troubling Species: Care and Belonging in a Relational World* (2017).[18] Fellows und Mitarbeiter*innen des *Carson Centers* haben sich auch theoretisch mit Fragen der Inter-, Multi- und Transdisziplinarität auseinandergesetzt – etwa in dem von Robert Emmett und Frank Zelko herausgegebenen Band *Minding the Gap: Working Across Disciplines in Environmental Studies* (2014).[19]

Wichtig wurden in den letzten Jahren Forschungsarbeiten zum Thema Müll, die aus dem gemeinsamen Forschungsschwerpunkt „Waste in Environment and Society" des *Carson Centers* und des LMU *Centers for Advanced Studies* hervorgingen. Hier erschien u. a. ein Sammelband von *Carson*-Professor Jens Kersten, der Forscher*innen aus einem Dutzend verschiedener Disziplinen

17 Mauch, Christof: „Slow Hope: Rethinking Ecologies of Crisis and Fear". *RCC Perspectives* 1, 2019, S. 1–43, retrieved 22.04.2020, from DOI 10.5282/RCC/8556.

18 Black, Brenda (Hrsg.): „Troubling Species. Care and Belonging in a Relational World". *RCC Perspectives* 1, 2017, S. 1–105.

19 Emmett, Robert (Hrsg.): „Minding the Gap: Working Across Disciplines in Environmental Studies". *RCC Perspectives* 2, 2014, S. 1–71.

zusammenbrachte (*Inwastement: Abfall in Umwelt und Gesellschaft*, 2016), außerdem gab *RCC*-Direktor Christof Mauch Publikationen heraus, die Mülltheoretiker, Politiker und Praktiker aus der Abfallwirtschaft in einem Dialog zusammenführte.[20] Auch in der deutschsprachigen Serie des *Carson Centers* bei Vandenhoeck & Ruprecht sowie in der Berghahn-Serie entstanden mehrere wichtige Publikationen zum Müll.[21] Besonders erwähnenswert ist in diesem Zusammenhang das Emmy-Noether Projekt *Hazardous Travels* von Simone Müller und ihrer Forschergruppe, das sich im Rahmen einer Habilitationsschrift und drei Dissertationen der globalen Abfallwirtschaft widmet. Das Forschungsprojekt stellt u. a. die Frage, wie es trotz internationaler Umweltregulierungen und einer erstarkenden Umweltbewegung in den 1970er Jahren dazu kommen konnte, dass Entwicklungsländer toxischen Müll aus Industrienationen importieren und inwiefern man beim gegenwärtigen globalen Abfall-Regime von „freiwilligem Austausch" oder von „Abfall-Imperialismus" sprechen kann.[22]

Von 2019 bis 2027 erhält das *Carson Center* vonseiten der Volkswagen-Stiftung Unterstützung für ein neues Projekt in den *EH*. Ziel des Projektes ist es, die *EH* an der Ludwig-Maximilians-Universität München dauerhaft zu etablieren. Die Förderung dient dazu, Curricula für eine innovative Lehre zu entwickeln und ein Master-Programm einzurichten. Das geplante Projekt kann auf Infrastrukturen und Programmerfahrungen des *RCC* aufbauen, insbesondere auf das internationale Doktorierenden-Programm („Umwelt und

---

20 Cf. Kersten, Jens (Hrsg.): *Inwastement - Abfall in Umwelt und Gesellschaft.* Bielefeld: Transcript 2016; Mauch, Christof (Hrsg.): „A Future without Waste? Zero Waste in Theory and Practice". *RCC Perspectives* 3, 2016, S. 1–102, retrieved 22.04.2020, from DOI 10.5282/rcc/7540; sowie der darin enthaltene Beitrag: Mauch, Christof/Dürr, Evelin/Faulstich, Martin/Rieke, Heide/Vogt, Markus: „Working for Zero Waste in Germany. A Discussion across Disciplines." *RCC Perspectives* 4, 2016, S. 81–98.

21 Cf. z. B. Homburg, Ernst/Vaupel, Elisabeth (Hrsg.): *Hazardous Chemicals: Agents of Risk and Change, 1800–2000.* New York et al.: Berghahn 2019; Oldenziel, Ruth/Trischler, Helmuth (Hrsg.): *Cycling and Recycling: Histories of Sustainable Practices.* New York et al.: Berghahn 2019; Köster, Roman: *Hausmüll: Abfall und Gesellschaft in Westdeutschland 1945–1990.* Göttingen: Vandenhoeck & Ruprecht 2017.

22 Für weitere Informationen zu den Forschungsschwerpunkten und Publikationen des *RCC*, cf. Internetseite des *RCC*, retrieved 22.04.2020, from <https://www.carsoncenter.uni-muenchen.de/publications/index.html>.

Gesellschaft" ProEnviron), in dessen Rahmen ein Dr. phil. in *EH* angeboten wird, sowie auf ein multidisziplinäres Zertifikatsprogramm für Masterstudierende in Umweltstudien. In den kommenden Jahren verfolgt die LMU das Ziel, mit Unterstützung der VW-Stiftung zu einem der führenden Standorte für die *EH* in Europa zu werden.

3.3 Die Environmental Humanities an der Universität Freiburg

Ein weiterer Standort, an dem die *Environmental Humanities* florieren und sich neu formieren, ist die Universität Freiburg. Hier zählt die multidisziplinäre Nachhaltigkeitsforschung zu den zentralen Profilfeldern der Universität und darüber hinaus des *European Campus* (EUCOR), der die Universität Freiburg mit anderen Hochschulen am Oberrhein verbindet.

Schon lange bevor die aktuelle Neuformierung unter dem Label *Environmental Humanities* Fahrt aufnahm, gab es in Freiburg – einem Standort, dessen Aushängeschild die Nachhaltigkeit von Stadt und Region ist und dessen außeruniversitäre Institute wichtige Kooperationspartner sind (z. B. das Öko-Institut und die Fraunhofer-Institute) – regen Austausch über umweltbezogene Forschung. Zu den Freiburger Alleinstellungsmerkmalen gehören eine Professur für Umweltgeschichte (ehemals Franz-Josef Brüggemeier; seit 2020 Melanie Arndt) in der Philosophischen Fakultät und eine Heisenberg-Professur für Medienökologie in der Philologischen Fakultät (Evi Zemanek, seit 2019) sowie der interdisziplinäre Masterstudiengang *Environmental Governance* mit den Professuren für *Environmental Governance* (Heiner Schanz) und für *Sustainability Governance* (Michael Pregernig), die wichtige Kooperationspartner für die Freiburger *EH* sind. Im Profilfeld „Umwelt und Nachhaltigkeit" der Universität nimmt die 2013 geschaffene Fakultät für *Umwelt und Natürliche Ressourcen* (*UNR*) eine wichtige Rolle ein, denn dort verbinden sich Kompetenzen aus den Forstwissenschaften (z. B. Professur für Forst- und Umweltpolitik, Daniela Kleinschmit), der (Human-)Geographie (Hartmut Fünfgeld, Tim Freytag) und den Geowissenschaften sowie den Umweltnatur- und Umweltsozialwissenschaften.

Eine Internationalisierung der Kooperation der Geistes- und Sozialwissenschaften mit der *UNR* erfolgte im Rahmen des trinationalen *Upper Rhine Cluster for Sustainability Research* (INTERREG-Förderung ab 2016), in dem die Universität Freiburg mit den Universitäten Straßburg, Basel, Karlsruhe, Mulhouse und Koblenz/Landau kooperiert.[23] Vertreter*innen der *Humanities* im weiteren

23 Für weitere Informationen, cf. *Upper Rhine Cluster for Sustainability Research*, retrieved 22.04.2020, from <https://www.nachhaltigkeit-oberrhein.info/de/home>.

Sinne – d. h. einschließlich der Gesellschaftswissenschaften – legen ein besonderes Gewicht auf soziale und politische Nachhaltigkeit, die Geisteswissenschaften im engeren Sinne fokussieren Konzepte und Strategien kultureller Nachhaltigkeit[24] mit besonderer Berücksichtigung der Fragen nach der Kulturspezifik verschiedener Nachhaltigkeitskonzepte. Die Forschungsergebnisse wurden auf Workshops an allen Standorten diskutiert sowie in interdisziplinären Ringvorlesungen einem studentischen und städtischen Publikum präsentiert. Aus dem *Cluster* und seinen Folgeprojekten gehen zahlreiche Publikationen hervor. Eine Verständnisgrundlage für die interdisziplinäre Zusammenarbeit schafft das Kompendium *Nachhaltigkeit Interdisziplinär. Konzepte, Diskurse, Praktiken* (Kluwick/Zemanek, 2019), das die Kooperationspotenziale auslotet.[25]

Die deutsch-französische Zusammenarbeit in den *EH* stärkte ein von *CIERA* (Centre interdisciplinaire d'études et de recherches sur l'Allemagne) unterstütztes Forschungs- und Lehrprogramm (Programme de formation-recherche 2016–2018) zum Thema „Natur und Umwelt: Wissenstransfer und Wissenserneuerung in Frankreich und Deutschland". In diesem Rahmen konnten mehrere binationale Kolloquien und Konferenzen in Freiburg und Straßburg veranstaltet werden unter Leitung von Philippe Hamman (Soziologie, Straßburg), Aurélie Choné (Germanistik, Straßburg), Tim Freytag (Humangeographie, Freiburg) und Evi Zemanek (Germanistik / Medienkulturwissenschaft, Freiburg).[26] Die Tagungen galten Themen wie z. B. „Déchiffrer l'émergence des *Humanités environnementales* entre France et Allemagne: quels points de départ?" und „Quels savoirs de la durabilité entre France et Allemagne?"; die Ergebnisse erschienen in einem Sonderheft der Revue d'Allemagne: „Les Humanités environnementales: circulations et renouvellement des savoirs en France et en Allemagne" (2019).[27]

24 Cf. Rippl, Gabriele/Meireis, Thorsten (Hrsg.): *Cultural Sustainability: Perspectives from the Humanities and Social Sciences*. London: Routledge 2019, und darin: Zemanek, Evi: „An Entangled History of Environmental and Cultural Sustainability: Satirical Reflections on the German Forest and the German Oak as Resources of Cultural Energy". In: Ibid., S. 153–182.

25 Kluwick, Ursula/Zemanek, Evi (Hrsg.): *Nachhaltigkeit Interdisziplinär. Konzepte, Diskurse, Praktiken*. Wien et al.: Böhlau Verlag 2019.

26 Zu den Grundlagen für die *Environmental Humanities* im EUCOR-Verbund gehören die Publikationen der Kooperationspartner aus Straßburg: Choné, Aurélie/Hajek, Isabelle/Hamman, Philippe (Hrsg.): *Guide des Humanités environnementales*. Villeneuve d'Ascq: Presses Universitaires du Septentrion 2016; Id.: *Rethinking Nature. Challenging Disciplinary Boundaries*. Abingdon/New York: Routledge 2017.

27 Choné, Aurélie/Freytag, Tim/Hamman, Philippe/Zemanek, Evi (Hrsg.): „Les Humanités environnementales: circulations et renouvellement des savoirs en

Ein wichtiges Signal für die Absicht der Geisteswissenschaften als eigene Kerngruppe unter dem Label *EH* zu agieren und interdisziplinäre Projekte unter eigener Federführung anzustoßen, ist die Einrichtung eines neuen Forschungsschwerpunkts am *Freiburg Institute for Advanced Studies* (*FRIAS*). Konzipiert wurde er von Vertreter*innen der Literatur- und Medienkulturwissenschaft (E. Zemanek), der Umweltgeschichte (S. Dabringhaus, M. Arndt) und Humangeographie (H. Fünfgeld), die zum Rahmenthema „Researching and Building Resilience in the Environmental Humanities" ab 2020 mit Freiburger Kolleg*innen sowie internationalen Fellows aus Literaturwissenschaft, Anthropologie, Ethnologie, Soziologie, Politik- und Religionswissenschaft, (Umwelt-)Ethik und (Technik-)Philosophie (vor Ort vertreten durch Oliver Müller) zusammenarbeiten. Kernprojekte des Forschungsschwerpunkts untersuchen individuelle und kollektive, ideologische und praktische, historische und aktuelle Strategien der Resilienz angesichts von atmosphärischer Verschmutzung, Ressourcenknappheit, Unsicherheiten in Energiefragen und stadtplanerischer Herausforderungen.[28] Die *EH* können dazu beitragen, die zur ökologischen Krise führenden kulturellen und sozialen Entwicklungen zu analysieren, deren negative Effekte auf Kulturen und Gesellschaften zu beschreiben und „Kulturen der Resilienz" aus verschiedenen Epochen und Räumen zu vergleichen, um natur- und umweltwissenschaftliche Erkenntnisse mit philosophisch-ethischen und kreativ-künstlerischen Perspektiven zu verbinden.[29] Die Integration

France et en Allemagne". *Revue d'Allemagne et des Pays de langue allemande* 51(2), 2019, retrieved 01.12.2020, from <https://journals.openedition.org/allemagne/1877>. Siehe darin die Einleitung: Id.: „Einleitung. Environmental Humanities: Wissenstransfer und Wissenserneuerung in Frankreich und Deutschland." In: Ibid., S. 275–283.

28 Für nähere Informationen zu den Projekten und Publikationen der Freiburger *Environmental Humanities* cf. *Freiburg Institute for Advanced Studies* (*FRIAS*), retrieved 01.12.2020, from <https://www.frias.uni-freiburg.de/en/funding-programmes/foci/environmental-humanities-1>. Grundlegende Vorarbeiten sind: McEvoy, Darryn/Fünfgeld, Hartmut: „Resilience as a Useful Concept for Climate Change Adaptation?". *Planning Theory and Practice* 13(2), 2012, S. 324–328; Mulligan, Martin/Steele, Wendy/Rickards, Lauren/Fünfgeld, Hartmut: „Keywords in Planning: What Do We Mean by ‚Community Resilience'?". *International Planning Studies* 21(4), 2016, S. 348–361; McEvoy, Darryn/Fünfgeld, Hartmut/Bosomworth, Karyn: „Resilience and Climate Change Adaptation: The Importance of Framing". *Planning Practice and Research* 28(3), 2013, S. 1–14.

29 Wegweisend dazu cf. Blum, Sabine/Endreß, Martin/Kaufmann, Stefan/Rampp, Benjamin: „Soziologische Perspektiven". In: Wink, Rüdiger (Hrsg.): *Multidisziplinäre*

des wissenschaftlichen Nachwuchses erfolgt durch eine Summer School zur interdisziplinären Resilienz-Forschung und internationale Workshops, u. a. zu „Teaching the Environmental Humanities – Challenges, Experiences, and Visions“ (2021). Übergeordnetes Ziel ist es, die Geisteswissenschaften vor dem Hintergrund des erhöhten Legitimationsdrucks und Wertewandels im Wissenschaftssystem „resilient“ zu machen, indem sie als *EH* ihren spezifischen Beitrag angesichts der ökologischen Krise öffentlich kommunizieren sowie auch in der Lehre noch mehr kooperieren. Denkbar sind ein Graduiertenkolleg und die Einrichtung eines transfakultären Masterstudiengangs *Environmental Humanities.* Dass dies von Seiten der Studierenden gewünscht wird, belegt nicht nur die rasant wachsende Anzahl von BA- und MA-Arbeiten zu Kernthemen der *EH*, sondern auch ein Vorstoß der Studentischen Initiative *Nachhaltigkeitsbüro Freiburg. e.V.*, die ein transfakultäres *studium oecologicum* als Zertifikatsangebot konzipiert hat.

Zu den Initiativen zur Stärkung der *EH* gehört das 2012 aus einer kulturwissenschaftlich orientierten Literaturwissenschaft heraus von E. Zemanek gegründete DFG-Netzwerk *Ethik und Ästhetik in literarischen Repräsentationen ökologischer Transformationen*, das sechs komparatistische Tagungen zu ökologischen Dys- und Utopien, Figurendarstellungen in der Umwelt- und Klimawandelliteratur, posthumanen Interaktionen zwischen Mensch, Tier, Materie und Maschine u. a. ausgerichtet hat, um den *Ecocriticism* auch in Deutschland und über die Amerikanistik hinaus in weiteren Philologien zu etablieren.[30] Seitens der Netzwerk-Mitglieder entstanden einschlägige Publikationen, u. a. *Ecocriticism. Eine Einführung*, hrsg. v. Gabriele Dürbeck und Urte Stobbe, 2015 und *Ökologische Genres. Naturästhetik – Umweltethik – Wissenspoetik*,

Perspektiven der Resilienzforschung. Wiesbaden: Springer 2016, S. 151–177; Blum, Sabine/Kaufmann, Stefan/Wichum, Ricky (Hrsg.): „Resilienz“. *Behemoth. A Journal on Civilisation* 7(2), 2014, retrieved 22.04.2020, from <http://ojs.ub.uni-freiburg.de/behemoth/issue/view/64>; Kaufmann, Stefan/Blum, Sabine: „Vulnerabilität und Resilienz. Zum Wandern von Ideen der Umwelt- und Sicherheitsdiskussion“. In: Detten, Roderich v./Farber, Fenn/Bemmann, Martin (Hrsg.): *Unberechenbare Umwelt. Zum Umgang mit Unsicherheit und Nicht-Wissen.* Wiesbaden: Springer VS 2013, S. 91–120.

30 Für Informationen zu den Aktivitäten und Publikationen des Netzwerks, cf. DFG-Netzwerk: „Ethik und Ästhetik in literarischen Repräsentationen ökologischer Transformationen“, retrieved 22.04.2020, from <https://portal.uni-freiburg.de/ndl/forschung/dfg_netzwerk>.

hrsg. v. Evi Zemanek, 2018. Mittlerweile ist das Netzwerk mit Assoziierten auf rund 40 Personen angewachsen, beherbergt eine wachsende Zahl von Doktorand*innen und steht in engem Austausch mit der Augsburger *Cultural Ecology Research Group* um Hubert Zapf, mit dem der gemeinsame Band *Ecological Thought in German Literature and Culture* 2017 (hrsg. v. Dürbeck, Stobbe, Zapf, Zemanek), herausgeben wurde. Die Kooperation mit der Universität Augsburg erstreckt sich darüber hinaus auf eine Zusammenarbeit mit dem *WZU*.

Neben der literatur- und kulturökologischen Forschung hat sich in der Medienkulturwissenschaft mit der Einrichtung einer Heisenberg-Professur für Medienökologie (E. Zemanek) ein Schwerpunkt in umweltorientierter Medienforschung etabliert. Hierbei geht es um die mediengeologische Ergründung der Zusammenhänge von natürlichen Ressourcen und analogen/digitalen Medienkultur(en) in historischer und aktueller Perspektive unter Berücksichtigung medienethischer Fragen.[31] Um diesen Ansatz innerhalb der deutschsprachigen Forschung zu stärken, gründeten die *Rachel-Carson*-Alumnis Birgit Schneider und E. Zemanek die *AG EcoMedia* in der Gesellschaft für Medienwissenschaft (GfM).[32] Den medienethischen Schwerpunkt der Universität Freiburg speist auch die gemeinsam von Medienkulturwissenschaft und Philosophischem Seminar angebotene Lehre von Daniel Fetzner und Martin Dornberg, die mit Ausstellungen künstlerischer Forschung, organisierten Lesungen und Performances breite öffentliche Aufmerksamkeit in der Region erfahren. Zu diesem Bereich kommt die Beschäftigung mit verschiedensten Formaten von Umweltjournalismus hinzu. Hier besteht eine Kooperation mit dem *RCC* München, die u. a. auf der Tagung „Writing for Change. Environmental Journalism Now and Then“ (org. v. Simone Müller und E. Zemanek) internationale Forscher*innen aus Journalistik, Medien- und Geschichtswissenschaft zusammenbrachte und eine Reihe von gemeinsamen Veranstaltungen zum Umweltjournalismus eröffnete.

---

31 Zemanek, Evi: „Medienwissenschaft“. In: Kluwick, Ursula/Zemanek, Evi (Hrsg.): *Nachhaltigkeit interdisziplinär. Konzepte, Praktiken. Ein Kompendium.* Wien et al.: Böhlau 2019, S. 396–420.

32 Für Informationen zu Tagungen, Workshops und Publikationen cf. <https://gfmedienwissenschaft.de/gesellschaft/ags/eco-media> und <http://evizemanek.de/>; außerdem: Schneider, Birgit/Zemanek, Evi: „Spürtechniken. Von der Wahrnehmung der Natur zur Natur als Medium. Sonderheft der Medienobservationen“, retrieved 01.12.2020. from <https://www.medienobservationen.de/sonderausgaben/spuertechniken-2020>.

Wie bereits erwähnt, liefert außerdem seit Jahrzehnten die Umweltgeschichte wichtige Impulse für die *EH* in Freiburg. Vormals mit dem Namen F.-J. Brüggemeier als einem der Pioniere der umwelthistorischen Forschung in Deutschland verbunden, wird die Forschungsrichtung seit 2020 von M. Arndt fortgeführt. Brüggemeier veröffentlichte breit zur deutschen und europäischen Umweltgeschichte.[33] Zusammen mit dem Freiburger Institut für Forstökonomie (Gerhard Oesten/Roderich von Detten) initiierte er ein interdisziplinäres Forschungsprojekt zur Debatte über das Waldsterben in den 1980er Jahren in der BRD, der DDR und Frankreich.[34] Es stellt die erste systematische und multiperspektivische Untersuchung einer Umweltdebatte dar, die für das 20. Jahrhundert in Mitteleuropa entscheidende Impulse für die Umweltwissenschaften, das Umweltrecht, die nationale und transnationale Umweltpolitik sowie die Zivilgesellschaften lieferte.[35] Aus dem Waldsterbensprojekt heraus entwickelte sich eine andauernde Kooperation zwischen dem Historischen Seminar, dem Institut für Soziologie und dem Institut für Forstökonomie, die interdisziplinäre Tagungen hervorbrachte, welche sich dem naturbezogenen Umgang mit Unsicherheiten und Risiken sowie der Geschichte und Gegenwart des sozialwissenschaftlichen Konzepts der „ökologischen Modernisierung“ widmeten. Zum Zusammenhang von „Ökonomie und Ökologie“ veranstalteten Martin Bemmann, Simone Müller und Ella Müller 2015 eine Tagung am *FRIAS*; zu diesem Themenbereich bieten R. v. Detten (Forstökonomie) und Birgit Metzger seit mehreren Jahren

---

33 Cf. repräsentativ die jüngsten Publikationen: Brüggemeier, Franz-Josef: *Schranken der Natur. Umwelt, Gesellschaft, Experimente, 1750 bis heute*. Essen: Klartext-Verlag 2014; id.: *Grubengold. Das Zeitalter der Kohle von 1750 bis heute*. München: C. H. Beck 2018. Für weitere Publikationen aus der Freiburger Umweltgeschichte siehe die Bibliographe, retrieved 01.12.2020, from <https://www.wsu.geschichte.uni-freiburg.de/personen/prof.-dr.-dr.-franz-josef-brueggemeier>.

34 Cf. Metzger, Birgit/Bemmann, Martin/Schäfer, Roland: „Das deutsche Waldsterben als historisches Phänomen“. *Revue d'Allemagne et des Pays de langue allemande* 39, 2007, S. 423–436; Metzger, Birgit: *„Erst stirbt der Wald, dann Du!“ Das Waldsterben als westdeutsches Politikum 1978–1986*. Frankfurt a.M. et al.: Campus 2015; Schmit, Laurent: „Le Waldsterben. Convergences et divergences franco-allemandes face à un problème écologique“. In: Mathieu Osmont et al. (Hrsg.): *Européanisation au XXe siècle. Un regard historique*. Bruxelles: Peter Lang 2012, S. 169–184.

35 Cf. Bemmann, Martin: *Beschädigte Vegetation und sterbender Wald. Zur Entstehung eines Umweltproblems in Deutschland, 1893–1970*. Göttingen: Vandenhoeck & Ruprecht 2012.

interdisziplinäre Lehrveranstaltungen an.[36] Für einen kontinuierlichen Dialog zwischen Vertretern der philosophischen und philologischen Fakultäten sowie der UNR sorgt ein interfakultäres Kolloquium, das Brüggemeier und Bemmann 2013 initiierten und welches nun im Zeichen der *EH* fortgesetzt werden soll.

Die Übernahme der Freiburger Professur für Wirtschaft-, Sozial- und Umweltgeschichte durch M. Arndt ist mit einer Erweiterung der internationalen und transdisziplinären Perspektiven verbunden. Die Umwelthistorikerin bringt zahlreiche Erfahrungen in der internationalen, transdisziplinären Zusammenarbeit mit, etwa im Rahmen eines deutsch-ukrainisch-belarusischen Forschungsprojektes zu Politik und Gesellschaft nach Tschernobyl (2008–2011), oder zuletzt einem deutsch-französischen Projekt zur sowjetischen Umweltzeitgeschichte (mit Klaus Gestwa, Tübingen, und Marc Elie, Paris). Arndt, die sich in ihrer Habilitationsschrift mit den transnationalen Auswirkungen der Katastrophe von Tschernobyl beschäftigte,[37] fördert den Einbezug von Ost-, Ostmittel- und Südosteuropa als eines bisher aus umwelthistorischer Perspektive noch vernachlässigten Raumes, der aufgrund seiner Transformationserfahrungen ganz neue Einblicke verspricht.

Ein weiteres wichtiges Standbein der Umweltgeschichte bildet Sabine Dabringhaus' Lehrstuhl für *East Asian History*. Ihre Beiträge zur Umweltgeschichte Chinas können als Pionierarbeiten in Deutschland gelten.[38] Im Rahmen zweier DFG-finanzierter Forschungsprojekte zum Wandel von Umweltwahrnehmungen und zur Katastrophenhilfe in China befassen sich Doktorand*innen mit einschlägigen Aspekten. Des Weiteren entstehen derzeit Dissertationen zu umwelthistorischen Aspekten Japans, Chinas und Irans am Lehrstuhl.

---

36 Cf. Bemmann, Martin/Metzger, Birgit/Detten, Roderich v. (Hrsg.): *Ökologische Modernisierung. Zur Geschichte und Gegenwart eines Konzepts in Umweltpolitik und Sozialwissenschaften*. Frankfurt a.M. et al.: Campus 2014.

37 Cf. Arndt, Melanie: *Tschernobyl. Auswirkungen des Reaktorunfalls auf die Bundesrepublik und die DDR*. Erfurt: Landeszentrale für politische Bildung 2011; id.: *Tschernobylkinder. Die transnationale Geschichte einer nuklearen Katastrophe*. Göttingen: Vandenhoeck & Ruprecht 2020; id.: „Umweltgeschichte." In: *Docupedia-Zeitgeschichte*, retrieved 01.12.2020, from <http://docupedia.de/zg/Umweltgeschichte_Version_3.0_Melanie_Arndt?oldid=108507>.

38 Cf. Dabringhaus, Sabine: „Perspectives on Environmental History in China". *Journal of Chinese History* 2(2), 2018, S. 281–290; id.: „Chinesische Umweltgeschichte. Ursprünge und Neuansätze". *Zeithistorische Forschungen* 9(1), 2012, S. 123–130.

4 Ausblick

Forschungen von Belang für die *Environmental Humanities* finden auch an einer Reihe anderer Standorte in Deutschland mit jeweils eigenen Schwerpunkten im Bereich geistes- und kulturwissenschaftlich orientierter ökologischer Studien statt, von denen hier nur einige stichwortartig erwähnt (und gewiss einige mehr zu ergänzen) seien: Technikphilosophie (Astrid Schwarz) an der Brandenburgischen Technischen Universität Cottbus; ein DFG-Projekt zu Narrativen des Anthropozäns an der Universität Vechta (Gabriele Dürbeck); *Life Science and Life Writing* an der Universität Mainz (Alfred Hornung, Mita Banerjee); kanonische und postkoloniale Umweltliteraturvermittlung an der Universität zu Köln (Roman Bartosch, Sieglinde Grimm); Kulturökologie und Literaturdidaktik an der Universität Siegen (Berbeli Wanning); *Ecocritism und Cultural Plant Studies* an der Universität Stuttgart (Urte Stobbe); Politische Ökologie und *Cultural Animal Studies* an der Universität Würzburg (Catrin Gersdorf); Kulturökologie und *EH* an der Universität Konstanz (Timo Müller); Naturpoetik sowie Umwelt und Migration in amerikanischer Gegenwartsdichtung an der Universität Bamberg (Christine Gerhard); Katastrophen- und Risikonarrative an der Universität Bayreuth (Sylvia Mayer, Jeanne Cortiel); Ökofeminismus und *New Materialism* an der Universität Mannheim (Christa Grewe-Volpp); sowie medienökologische Forschung (Birgit Schneider) an der Universität Potsdam.

In der Schweiz sind die *EH* in einer interuniversitären Arbeitsgruppe der Schweizerischen Akademischen Gesellschaft mit Hauptsitz in Zürich vertreten (environmentalhumanities.ch) sowie mit Kultureller Nachhaltigkeitsforschung an der Universität Bern (Gabriel Rippl, Ursula Kluwick). In Österreich etablieren sich ebenfalls Forschungen in diesem Bereich an der Universität Wien mit dem *Vienna Anthropocene Network* (Eva Horn), an der Universität Klagenfurt mit affektiver Ökologie und kognitiver Narratologie (Alexa Weik von Mossner) und an der Universität Graz mit Klimaliteratur und ökokulturellen Funktionen von Literatur (Nassim Balestrini, Maria Löschnigg).

Die *EH* sind also einerseits in einzelnen Zentren konzentriert, andererseits auch dezentral auf unterschiedliche Standorte mit jeweils eigenen Forschungsprofilen verteilt. All die genannten Initiativen, Netzwerke und Forschungsprojekte sind vielfältig vernetzt mit internationalen Entwicklungen in diesem dynamisch sich entwickelnden interdisziplinären Forschungsfeld. Charakteristisch für diesen Prozess ist einerseits die Herausbildung eigenständiger Standortprofile, die mit den jeweiligen disziplinären und institutionellen Gegebenheiten zu tun haben, und andererseits eine verstärkte Kooperation dieser neu entstehenden Zentren sowohl international als auch in der deutschsprachigen Welt selbst. Auf diese Weise treten im Rahmen des übergreifenden Paradigmas der *EH* unterschiedliche Standorte, Disziplinen und Forschungsansätze in ganz neuer und produktiver Weise in Kontakt, wodurch sich ein kooperatives Netzwerk mit starken Synergieeffekten herauszubilden beginnt, das ein hohes Potential zur Generierung von relevantem, auf aktuelle gesellschaftliche Herausforderungen antwortenden Umweltwissens aufweist.

Literaturverzeichnis

Arndt, Melanie: „Umweltgeschichte." In: *Docupedia-Zeitgeschichte*, retrieved 01.12.2020, from <http://docupedia.de/zg/Umweltgeschichte_Version_3.0_Melanie_Arndt?oldid=108507>.

Arndt, Melanie: *Tschernobyl. Auswirkungen des Reaktorunfalls auf die Bundesrepublik und die DDR*. Erfurt: Landeszentrale für politische Bildung 2011.

Arndt, Melanie: *Tschernobylkinder. Die transnationale Geschichte einer nuklearen Katastrophe*. Göttingen: Vandenhoeck & Ruprecht 2020.

Beck, Ulrich: *Weltrisikogesellschaft. Auf der Suche nach der verlorenen Sicherheit*. Frankfurt a.M.: Suhrkamp 2007.

Bemmann, Martin: *Beschädigte Vegetation und sterbender Wald. Zur Entstehung eines Umweltproblems in Deutschland, 1893–1970*. Göttingen: Vandenhoeck & Ruprecht 2012.

Bemmann, Martin/Metzger, Birgit/Detten, Roderich v. (Hrsg.): *Ökologische Modernisierung. Zur Geschichte und Gegenwart eines Konzepts in Umweltpolitik und Sozialwissenschaften*. Frankfurt a.M. et al.: Campus 2014.

Bilandzic, Helena/Kalch, Anja/Soentgen, Jens: „Effects of Goal Framing and Emotions on Perceived Threat and Willingness to Sacrifice for Climate Change". *Science Communication* 39(4), 2017, S. 466–491.

Bilandzic, Helena/Sukalla, Freya: „The Role of Fictional Film Exposure and Narrative Engagement for Personal Norms, Guilt and Intentions to Protect the Climate". *Environmental Communication* 13(8), 2019, S. 1069–1086.

Black, Brenda (Hrsg.): „Troubling Species. Care and Belonging in a Relational World". *RCC Perspectives* 1, 2017, S. 1–105.

Blum, Sabine/Kaufmann, Stefan/Wichum, Ricky (Hrsg.): „Resilienz". *Behemoth. A Journal on Civilisation* 7(2), 2014, retrieved 22.04.2020, from <http://ojs.ub.uni-freiburg.de/behemoth/issue/view/64>.

Blum, Sabine/Endreß, Martin/Kaufmann, Stefan/Rampp, Benjamin: „Soziologische Perspektiven“. In: Wink, Rüdiger (Hrsg.): *Multidisziplinäre Perspektiven der Resilienzforschung*. Wiesbaden: Springer 2016, S. 151–177.

Brüggemeier, Franz-Josef: *Schranken der Natur. Umwelt, Gesellschaft, Experimente, 1750 bis heute*. Essen: Klartext-Verlag 2014.

Brüggemeier, Franz-Josef: *Grubengold. Das Zeitalter der Kohle von 1750 bis heute*. München: C. H. Beck 2018.

Choné, Aurélie/Freytag, Tim/Hamman, Philippe/Zemanek, Evi (Hrsg.): „Les Humanités environnementales: circulations et renouvellement des savoirs en France et en Allemagne“. *Revue d'Allemagne et des Pays de langue allemande* 51(2), 2019, retrieved 01.12.2020, from <https://journals.openedition.org/allemagne/1877>.

Choné, Aurélie/Freytag, Tim/Hamman, Philippe/Zemanek, Evi: „Einleitung. Environmental Humanities: Wissenstransfer und Wissenserneuerung in Frankreich und Deutschland“. *Revue d'Allemagne et des Pays de langue allemande* 51(2), 2019, S. 275–283.

Choné, Aurélie/Hajek, Isabelle/Hamman, Philippe (Hrsg.): *Guide des Humanités environnementales*. Villeneuve d'Ascq: Presses Universitaires du Septentrion 2016.

Choné, Aurélie/Hajek, Isabelle/Hamman, Philippe (Hrsg.): *Rethinking Nature. Challenging Disciplinary Boundaries*. Abingdon/New York: Routledge 2017.

Dabringhaus, Sabine: „Chinesische Umweltgeschichte. Ursprünge und Neuansätze“. *Zeithistorische Forschungen* 9(1), 2012, S. 123–130.

Dabringhaus, Sabine: „Perspectives on Environmental History in China“. *Journal of Chinese History* 2(2), 2018, S. 281–290.

Dorondel, Ştefan: *Disrupted Landscapes: State, Peasants and the Politics of Land in Postsocialist Romania*. New York et al.: Berghahn 2016.

Dürbeck, Gabriele et al. (Hrsg.): *Ecological Thought in German Literature and Culture*. Lanham et al.: Lexington Books 2017.

Emmett, Robert (Hrsg.): „Minding the Gap: Working Across Disciplines in Environmental Studies“. *RCC Perspectives* 2, 2014, S. 1–71.

Emmett, Robert/Lekan, Thomas (Hrsg.): *Whose Anthropocene? Revisiting Dipesh Chakrabarty's „Four Theses“*. München: Rachel Carson Center 2016.

Gißibl, Bernhard: *The Nature of German Imperialism*. New York et al.: Berghahn 2016.

Homburg, Ernst/Vaupel, Elisabeth (Hrsg.): *Hazardous Chemicals: Agents of Risk and Change, 1800–2000*. New York et al.: Berghahn 2019.

Kaufmann, Stefan/Blum, Sabine: „Vulnerabilität und Resilienz. Zum Wandern von Ideen der Umwelt- und Sicherheitsdiskussion". In: Detten, Roderich v./Farber, Fenn/Bemmann, Martin (Hrsg.): *Unberechenbare Umwelt. Zum Umgang mit Unsicherheit und Nicht-Wissen*. Wiesbaden: Springer VS 2013, S. 91–120.

Kersten, Jens (Hrsg.): *Inwastement - Abfall in Umwelt und Gesellschaft*. Bielefeld: Transcript 2016.

Kluwick, Ursula/Zemanek, Evi (Hrsg.): *Nachhaltigkeit Interdisziplinär. Konzepte, Diskurse, Praktiken*. Wien et al.: Böhlau Verlag 2019.

Köster, Roman: *Hausmüll: Abfall und Gesellschaft in Westdeutschland 1945–1990*. Göttingen: Vandenhoeck & Ruprecht 2017.

Krauss, Marita/Lindl, Stefan/Soentgen, Jens (Hrsg.): *Der gezähmte Lech. Ein Fluss der Extreme*. München: Volk 2014.

Kuen, Laura/Lüdecke, Gesa/Mauch, Christof (Hrsg.): *Ecopolis München: Umwelt- und Entdeckungsgeschichten einer Stadt*. München: Rachel Carson Center 2019.

Kupper, Patrick: *Creating Wilderness: A Transnational History of the Swiss National Park*. New York et al.: Berghahn 2014.

Lübken, Uwe/Uekötter, Frank (Hrsg.): *Managing the Unknown: Essays on Environmental Ignorance*. New York et al.: Berghahn 2014.

Mauch, Christof (Hrsg.): „A Future without Waste? Zero Waste in Theory and Practice". *RCC Perspectives* 3, 2016, S. 1–102, retrieved 22.04.2020, from DOI 10.5282/rcc/7540.

Mauch, Christof: „Slow Hope: Rethinking Ecologies of Crisis and Fear". *RCC Perspectives* 1, 2019, S. 1–43, retrieved 22.04.2020, from DOI 10.5282/RCC/8556.

Mauch, Christof/Dürr, Evelin/Faulstich, Martin/Rieke, Heide/Vogt, Markus: „Working for Zero Waste in Germany. A Discussion across Disciplines". *RCC Perspectives* 4, 2016, S. 81–98.

McEvoy, Darryn/Fünfgeld, Hartmut: „Resilience as a Useful Concept for Climate Change Adaptation?". *Planning Theory and Practice* 13(2), 2012, S. 324–328.

McEvoy, Darryn/Fünfgeld, Hartmut/Bosomworth, Karyn: „Resilience and Climate Change Adaptation: The Importance of Framing". *Planning Practice and Research* 28(3), 2013, S. 1–14.

Metzger, Birgit: *„Erst stirbt der Wald, dann Du!" Das Waldsterben als westdeutsches Politikum 1978–1986*. Frankfurt a.M. et al.: Campus 2015.

Metzger, Birgit/Bemmann, Martin/Schäfer, Roland: „Das deutsche Waldsterben als historisches Phänomen". *Revue d'Allemagne et des Pays de langue allemande* 39, 2007, S. 423–436.

Möllers, Nina (Hrsg.): *Willkommen im Anthropozän. Unsere Verantwortung für die Zukunft der Erde.* München: Dt. Museum 2015.

Müller, Timo/Sauter, Michael (Hrsg.): *Literature, Ecology, Ethics: Recent Trends in Ecocriticism.* Heidelberg: Winter 2012.

Mulligan, Martin/Steele, Wendy/Rickards, Lauren/Fünfgeld, Hartmut: „Keywords in Planning: What Do We Mean by ‚Community Resilience'?". *International Planning Studies* 21(4), 2016, S. 348–361.

Oldenziel, Ruth/Trischler, Helmuth (Hrsg.): *Cycling and Recycling: Histories of Sustainable Practices.* New York et al.: Berghahn 2019.

Parrinello, Giacomo: *Fault Lines: Earthquakes and Urbanism in Modern Italy.* New York et al.: Berghahn 2015.

Rippl, Gabriele/Meireis, Thorsten (Hrsg.): *Cultural Sustainability: Perspectives from the Humanities and Social Sciences.* London: Routledge 2019.

Rohland, Eleonora: *Changes in the Air: Hurricanes in New Orleans from 1718 to the Present.* New York et al.: Berghahn 2019.

Schliephake, Christopher: *Urban Ecologies.* Lanham et al.: Lexington Books 2015.

Schliephake, Christopher (Hrsg.): *Ecocriticism, Ecology, and the Cultures of Antiquity.* Lanham et al.: Lexington Books 2017.

Schliephake, Christopher: *The Environmental Humanities and the Ancient World: Questions and Perspectives.* Cambridge: Cambridge University Press 2020.

Schmidt, Matthias: *Mensch und Umwelt in Kirgistan. Politische Ökologie im postkolonialen und postsozialistischen Kontext.* Stuttgart: Steiner 2013.

Schmidt, Matthias: „Politische Ökologie des Postsozialismus". *Geographica Helvetica* 71(4), 2016, S. 259–270.

Schmidt, Matthias et al. (Hrsg.): *The Power of Political Ecology. Tagungsband zur ersten augsburger.forschungswerkstatt.* Augsburg: Institut für Geographie 2019.

Schmit, Laurent: „Le Waldsterben. Convergences et divergences franco-allemandes face à un problème écologique". In: Mathieu Osmont et al. (Hrsg.): *Européanisation au XXe siècle. Un regard historique.* Bruxelles: Peter Lang 2012, S. 169–184.

Schneider, Birgit/Zemanek, Evi: „Spürtechniken. Von der Wahrnehmung der Natur zur Natur als Medium. Sonderheft der Medienobservationen", retrieved 01.12.2020. from <https://www.medienobservationen.de/sonderausgaben/spuertechniken-2020>.

Soentgen, Jens/ Bilandzic, Helena: „Die Struktur klimaskeptischer Argumente. Verschwörungstheorie als Wissenschaftskritik". *Gaia – Ökologische Perspektiven für Wissenschaft und Gesellschaft* 23(1), 2014, S. 40–47.

Vogt, Markus: *Climate Justice.* München: Rachel Carson Center 2010.

Zapf, Hubert: *Literatur als kulturelle Ökologie: zur kulturellen Funktion imaginativer Texte an Beispielen des amerikanischen Romans.* Tübingen: Niemeyer 2002.

Zapf, Hubert (Hrsg.): *Kulturökologie und Literatur. Ein transdisziplinäres Paradigma der Literaturwissenschaft.* Heidelberg: Winter 2008.

Zapf, Hubert: *Literature as Cultural Ecology: Sustainable Texts.* London et al.: Bloomsbury Academic 2016.

Zapf, Hubert (Hrsg.): *Handbook of the Ecocriticism and Cultural Ecology.* Berlin: De Gruyter 2016.

Zapf, Hubert: „Ecological Thought in Europe and Germany". In: Parham, John/ Westling, Louise (Hrsg.): *Global History of Literature and Environment.* Cambridge: Cambridge University Press 2017, S. 269–285.

Zemanek, Evi: „An Entangled History of Environmental and Cultural Sustainability: Satirical Reflections on the German Forest and the German Oak as Resources of Cultural Energy". In: Rippl, Gabriele/Meireis, Thorsten (Hrsg.): op. cit., 2019, S. 153–182.

Zemanek, Evi: „Medienwissenschaft". In: Kluwick, Ursula/Zemanek, Evi (Hrsg.): *Nachhaltigkeit interdisziplinär. Konzepte, Praktiken. Ein Kompendium.* Wien et al.: Böhlau 2019, S. 396–420.

Weiterführende Internetquellen

Environmental Humanities an der Universität Augsburg, retrieved 22.04.2020, from <https://www.uni-augsburg.de/de/forschung/einrichtungen/institute/wzu/forschung/environmental-humanities>.

Buchreihe *Stoffgeschichten*, retrieved 22.04.2020, from <https://www.uni-augsburg.de/de/forschung/einrichtungen/institute/wzu/ueber-uns/stoffgeschichten>.

Publikationen der Augsburger Cultural Ecology Research Group: „Culturalecology", retrieved 22.04.2020, from <https://www.philhist.uni-augsburg.de/en/lehrstuehle/anglistik/amerikanistik/forschung1/culturalecology>.

Institut für Zeitgeschichte: „Geschichte der Nachhaltigkeit(en). Diskurse und Praktiken seit den 1970er Jahren", retrieved 22.04.2020, from

<https://www.ifz-muenchen.de/forschung/transformationen-in-der-neuesten-zeitgeschichte/projektuebersicht/geschichte-der-nachhaltigkeiten-diskurse-und-praktiken-seit-den-1970er-jahren>.

Publikationen der umweltorientierten soziologischen Diskursanalyse <https://www.uni-augsburg.de/de/fakultaet/philsoz/fakultat/soziologie/team/reiner_keller>.

Environmental Humanities am Rachel Carson Center for Environment and Society: „Environmental Humanities Summit 2018", retrieved 22.04.2020, from <https://www.carsoncenter.uni-muenchen.de/events_conf_seminars/event_history/2018-events-history/conferences2018/eh-summit-2018/index.html>.

Forschungsschwerpunkte und Publikationen des RCC, retrieved 22.04.2020, from <https://www.carsoncenter.uni-muenchen.de/publications/index.html>.

Upper Rhine Cluster for Sustainability Research, retrieved 22.04.2020, from <https://www.nachhaltigkeit-oberrhein.info/de/home>.

Projekte und Publikationen des Forschungsschwerpunkts *Environmental Humanities* am Institute for Advanced Studies (FRIAS), retrieved 01.12.2020, from <https://www.frias.uni-freiburg.de/en/funding-programmes/foci/environmental-humanities-1>.

Aktivitäten und Publikationen des DFG-Netzwerk: „Ethik und Ästhetik in literarischen Repräsentationen ökologischer Transformationen", retrieved 22.04.2020, from <https://portal.uni-freiburg.de/ndl/forschung/dfg_netzwerk>.

Tagungen, Workshops und Publikationen der *AG EcoMedia*: <https://gfmedienwissenschaft.de/gesellschaft/ags/eco-media> und <http://evizemanek.de/>.

Publikationen aus der Freiburger Umweltgeschichte (Bibliografie F.-J. Brüggemeier), retrieved 01.12.2020, from <https://www.wsu.geschichte.uni-freiburg.de/personen/prof.-dr.-dr.-franz-josef-brueggemeier>.

Urte Stobbe

Plant Studies in Deutschland. Pflanzen als Mit-Wesen in Thomas Hettches *Pfaueninsel*

Abstract Recently German philology has opened up to *Plant Studies* as a branch of cultural studies and literary studies. The new approach has been developed in close connection with Animal Studies, Ecocriticism and the *Environmental Humanities*. The first part of this essay gives a brief survey of the ongoing debates in the field, and introduces its present subdivisions (Cultural Botany, Human-Plant Studies, Critical Plant Studies, and Literary/Cultural Plant Studies). The second part proposes an illustration through the analysis of Thomas Hettche's *Pfaueninsel* from the perspective of Plant Studies, focusing primarily on the ways in which plants in relation to other living beings appear in the narrated world of the novel. Moreover the descriptive *plant-like* that is recurrently used by the novel's characters is of interest, as well as the protagonist Marie Strakon's strategies to escape these constant evaluations with their frequently derogatory slant. Tentatively, the novel conceives the counter-image of an empathy-driven *fellow-being* and *fellow-feeling* not only between humans and animals, but also towards plants.

Keywords: Thomas Hettche, Pfaueninsel, Plant Studies, Ecocriticism, Environmental Humanities, Animal Studies

Derzeit erscheinen eine Reihe von Veröffentlichungen, die für eine grundlegend neue bzw. andere Sicht auf Pflanzen plädieren. Zu nennen sind, um nur die bekanntesten anzuführen: *Plants as Persons* (2011) von Matthew Hall, *Plant Thinking* (2013) von Michael Marder, *Die Intelligenz der Pflanzen* (2015) von Stefano Mancuso und Alessandra Viola, *Pflanzenrevolution* (2018) von Stefano Mancuso sowie *Die Wurzeln der Welt* (2018) von Emanuele Coccia. Über alldem stehen, gerade im deutschsprachigen Bereich, die Veröffentlichungen von Peter Wohlleben, dessen bekanntestes Werk *Das geheime Leben der Bäume* (2015) auch in Frankreich enorme Verkaufszahlen erlangt hat und mittlerweile auch verfilmt wurde.

Pflanzen sind die neuen Tiere – so lässt sich in wenigen Worten zusammenfassen, was derzeit in der umweltbezogenen kulturwissenschaftlichen Forschung als Tendenz zu beobachten ist: Den *Animal Studies* hat sich in jüngster Zeit eine agile literatur- und kulturwissenschaftliche Pflanzenforschung (*Plant Studies*) hinzugesellt. Die verschiedenen Strömungen der *Plant Studies* werden im ersten Teil dieses Aufsatzes vorgestellt, um dann im zweiten Teil exemplarisch anhand von Thomas Hettches Roman *Pfaueninsel* (2014) aufzuzeigen, wie sehr tier- und umweltbezogene Forschungen von einer Erweiterung des Untersuchungsfokus um den Aspekt des Pflanzlichen gewinnen können. Pflanzen sind, so die These, ebenfalls als Mit-Wesen im Netzwerk des Lebendigen zu begreifen.

1 *Plant Studies* als literatur- und kulturwissenschaftliches Forschungsfeld

Die Genese einer literatur- und kulturwissenschaftlichen Pflanzenforschung (*Plant Studies*) in Deutschland ist nicht denkbar ohne die Herausbildung einer grundlegend anderen und neuen Sicht auf Pflanzen, die sich weitgehend auf neuere Studien aus den Bereichen Philosophie und Biologie speist.[1] Pflanzen verfügen demnach über ein breites und ausdifferenziertes Spektrum an Sinnes- und Wahrnehmungsorganen, mit denen sie Informationen nicht nur verarbeiten und über ein unterirdisches Netz oder Duftstoffe an andere Pflanzen kommunizieren können, sondern sie sind auch in der Lage, diese Erfahrungen zu speichern und dem Nachwuchs weiterzugeben. Zunehmend wird davon ausgegangen, dass auch Pflanzen eine Art Gedächtnis ausbilden und auf spezifische Weise lernen können. Diese Annahmen sind innerhalb der naturwissenschaftlichen Pflanzenforschung durchaus umstritten; in einem ausführlichen Zeitungsartikel erläutert Michael Pollan den Forschungsstand und schlägt als Kompromiss gegenüber den Kritikern dieses neuen Pflanzenverständnisses vor,

1 Anzuführen sind, einschließlich der eingangs genannten Titel, in chronologischer Reihenfolge: Koechlin, Florianne: *Pflanzen Palaver. Belauschte Geheimnisse der botanischen Welt.* Basel: Lenos 2008; Hall, Matthew: *Plants as Persons. A Philosophical Botany.* New York: State University of New York Press 2011; Chamovitz, Daniel: *What a Plant Knows. A Field Guide to the Senses.* New York: Scientific American/Farrar, Straus and Giroux 2012; Marder, Michael: *Plant-Thinking. A Philosophy of Vegetal Life.* New York: Columbia University Press 2013; Mancuso, Stefano/Viola, Alessandra: *Die Intelligenz der Pflanzen* (Übers. v. Christine Ammann). München: Kunstmann 2015; Wohlleben, Peter: *Das geheime Leben der Bäume. Was sie fühlen, wie sie kommunizieren – die Entdeckung einer verborgenen Welt.* München: Ludwig 2015; Nealon, Jeffrey T.: *Plant Theory. Biopower and Vegetable Life.* Stanford: Stanford University Press 2016; Coccia, Emanuele: *Die Wurzeln der Welt. Eine Philosophie der Pflanzen.* 2. Aufl. (Übers. v. Elsbeth Ranke). München: Hanser 2018; Mancuso, Stefano: *Pflanzenrevolution. Wie die Pflanzen unsere Zukunft erfinden* (Übers. v. Christine Ammann). München: Kunstmann 2018; Baluška, František/Gagliano, Monica/Witzany, Günther (Hrsg.): *Memory and Learning in Plants.* Hannover: Springer 2018. Die Liste ließe sich fortsetzen.

von einer pflanzenspezifischen Intelligenz und einer ebensolchen Ausdrucks- und Empfindungsfähigkeit zu sprechen.[2]

Diese neue Sicht auf Pflanzen hat weitreichende Konsequenzen: Sollten Pflanzen tatsächlich über kognitive, sensitive und kommunikative Fähigkeiten verfügen, wirft das die Frage auf, ob damit nicht auch die Grenzen zwischen den verschiedenen Lebensformen als durchlässig(er) zu denken sind. Dies wiederum würde bedeuten, dass auch die bisherigen Grenzmarkierungen zwischen Mensch, Tier und Pflanze ihre Trennschärfe verlieren – mit den entsprechenden Implikationen für den Umgang des Menschen mit Pflanzen, d. h. auch deren Akzeptanz als prinzipiell gleichwertige Lebensformen.

Hans Werner Ingensiep konstatiert aus philosophischer Perspektive, dass in den aktuellen Debatten über Pflanzen diesen Lebewesen „menschenähnliche Eigenschaften wie Psyche, Intelligenz, Gedächtnis oder Gefühl“[3] zugesprochen werden, rät jedoch zu einem reflektierten, terminologisch präzisen Sprachgebrauch.[4] Herausgefordert sind damit auch die Kulturwissenschaften und die sich kulturwissenschaftlich verstehenden Literaturwissenschaften, die sich im *Ecocriticism* seit spätestens den 1990er Jahren den historisch variablen Natur-Zuschreibungen und Neu- und Umwertungen nicht-menschlichen Lebens in Literatur und Kultur widmen.

Die *Plant Studies* stehen somit in großer thematischer, theoretischer und ethischer Nähe nicht nur zu den *Animal Studies*, sondern auch zum *Ecocriticism* bzw. den *Environmental Humanities*.[5] So hebt Jonathan D. Culler hervor, dass sowohl der *Ecocriticism* als auch die *Animal Studies* darin geeint sind, im Bereich der

---

2 Pollan, Michael: „The Intelligent Plant. Scientists Debate a New Way of Understanding Flora“. In: *New Yorker 23 & 30 issue*, 2013, retrieved 30.03.2020, from <https://www.newyorker.com/magazine/2013/12/23/the-intelligent-plant>.

3 Ingensiep, Hans Werner: „Pflanzenseele. Über Psyche, Maschinen, Gehirne und die Hierarchie der Lebewesen“. In: Meyer, Kathrin/Weiss, Judith Elisabeth (Hrsg.): *Von Pflanzen und Menschen. Leben auf dem grünen Planeten*. Göttingen: Wallstein 2019, S. 72–77, hier S. 72.

4 Ibid., S. 76.

5 Auf eine Auflistung aller zentralen Werke beider Forschungsbereiche muss an dieser Stelle aus Platzgründen verzichtet werden. Zu nennen sind lediglich die Einführungs- und Überblickswerke wie z. B.: Dürbeck, Gabriele/Stobbe, Urte (Hrsg.): *Ecocriticism. Eine Einführung*. Köln et al.: Böhlau 2015; Bühler, Benjamin: *Ecocriticism. Grundlagen – Theorien – Interpretationen. Eine Einführung*. Stuttgart: Metzler 2016; Borgards, Roland (Hrsg.): *Tiere. Kulturwissenschaftliches Handbuch*. Stuttgart: Metzler 2016; Kompatscher, Gabriela: *Human-Animal Studies. Eine Einführung für Studierende und Lehrende*. Münster et al.: Waxmann 2017. Zentrale theoretische Bezugstexte

Literaturtheorie zu den ethischen Ansätzen gezählt zu werden, die gleichermaßen auf „das Wohlergehen aller möglichen Formen des Lebens, ob menschlich oder nicht-menschlich, einschließlich desjenigen der Umwelt"[6] abzielen. Auch die *Plant Studies* sind hier einzureihen, denn in ihrem Kern sind alle drei Forschungsrichtungen in ihrer Genese nicht denkbar ohne die Umweltschutzbewegungen des ausgehenden 20. Jahrhunderts, die im übertragenen Sinn den Nährboden für ein literatur- und kulturwissenschaftliches Forschungsinteresse an Fragen des Mensch-Natur-Verhältnisses im Allgemeinen sowie an umwelt-, tier- und pflanzensensiblen Lektüren im Besonderen gebildet haben.

Während im anglophonen Bereich schon zahlreiche inter- und transdisziplinäre Studien und Sammelbände zu Pflanzen erschienen sind,[7] befindet sich das Forschungsfeld der *Plant Studies* in Deutschland bzw. im deutschsprachigen Bereich noch relativ am Anfang. Zentral ist der Band von Benjamin Bühler und Stefan Rieger *Das Wuchern der Pflanzen* (2013),[8] der noch nicht den Terminus „Plant Studies" verwendet, aber wie in einer Art Florilegium wissens- und kulturgeschichtlich relevante Aspekte zu verschiedenen Themen rund um Pflanzen versammelt und damit den Grundstein – oder besser Samen – für das sich erst später im deutschen Sprachraum herausbildende Forschungsfeld legt. Des Weiteren zu nennen ist der Ausstellungskatalog *Von Pflanzen und Menschen* (2019) von Kathrin Meyer und Judith Elisabeth Weiss,[9] der in kurzen Artikeln ein breites Spektrum verschiedener Fachdisziplinen abdeckt, das von Philosophie über Ethnobotanik bis hin zu Kunstgeschichte, Medien- und Literaturwissenschaft reicht. Genuin als Veröffentlichungen der *Plant Studies* begreifen

---

der *Animal Studies*, die auch für die *Environmental Humanities* relevant sind, finden sich in: Borgards, Roland/Köhring, Esther/Kling, Alexander (Hrsg.): *Texte zur Tiertheorie*. Stuttgart: Metzler 2015.

6 Culler, Jonathan D.: *Literaturtheorie. Eine kurze Einführung* (Übers. v. Andreas Mahler). Stuttgart: Reclam 2018, S. 184.

7 Anzuführen sind z. B.: Ryan, John C.: *Green Sense: The Aesthetics of Plants, Place, and Language*. Oxford: TrueHeart Academic Press 2012; Vieira, Patrícia/Gagliano, Monica/Ryan, John C. (Hrsg.): *The Green Thread. Dialogues with the Vegetable World*. Lanham et al.: Lexington Books 2015; Vieira, Patrícia/Gagliano, Monica/Ryan, John C. (Hrsg.): *The Language of Plants. Science, Philosophy, Literature*. Minneapolis: University of Minnesota Press 2017; Ryan, John C.: *Plants in Contemporary Poetry. Ecocriticism and the Botanical Imagination*. London: Routledge 2017.

8 Bühler, Benjamin/Rieger, Stefan: *Das Wuchern der Pflanzen. Ein Florilegium des Wissens*. 2. Aufl. Frankfurt a.M.: Suhrkamp 2013.

9 Meyer, Kathrin/Weiss, Judith Elisabeth (Hrsg.): *Von Pflanzen und Menschen. Leben auf dem grünen Planeten*. Göttingen: Wallstein 2019.

sich der Zeitschriftenband *Das literarische Leben der Pflanzen: Poetiken des Botanischen* (2017) von Joela Jacobs und Isabel Kranz[10], der Sammelband *Baum und Text: Neue Perspektiven auf verzweigte Beziehungen* (2020)[11], der Kompendiumsbeitrag zur Nachhaltigkeit aus der Perspektive der *Plant Studies*[12] sowie der Grundlagenartikel zur kulturwissenschaftlichen Pflanzenforschung. Darin enthalten ist folgende Minimaldefinition des Forschungsfelds:

> Die kulturwissenschaftliche Pflanzenforschung richtet ihr Interesse auf die Imaginations- und Darstellungsformen des Vegetabilen in Kunst und Literatur ebenso wie in der Alltagskultur. Plant Studies [. . .] beschäftigen sich mit ethischen und philosophischen Fragen über den Status von Pflanzen, widmen sich den historischen wie gegenwärtigen Mensch-Pflanze-Verhältnissen und fragen nach den Praktiken der Interaktion zwischen Menschen und Pflanzen in Literatur, Kunst und Kultur.[13]

Innerhalb dieses prinzipiell inter- und transdisziplinären Forschungsfelds steht bei der Analyse literarischer Texte die Art und Weise im Fokus des Interesses, in der botanisches und botanikales, d. h. ein nicht wissenschaftlich und institutionell anerkanntes Wissen über Pflanzen,[14] in literarischen und nichtliterarischen Texten repräsentiert, modifiziert und reflektiert wird. Möglich und denkbar ist, dass in Auseinandersetzung mit dem botanischen und botanikalen Wissen Schreibweisen hervortreten, die mit dem Vegetabilen verbunden sind. Insgesamt wird mit einem kulturwissenschaftlich weiten Textbegriff gearbeitet, der neben Literatur im engeren Sinn (Lyrik, Epik, Dramatik) auch

---

10 Jacobs, Joela/Kranz, Isabel (Hrsg.): *Das literarische Leben der Pflanzen: Poetiken des Botanischen*. Special Issue: *Literatur für Leser* 40(2), 2017.

11 Heimgartner, Stephanie/Nitzke, Solvejg/Sauer-Kretschmer, Simone (Hrsg.): *Baum und Text. Neue Perspektiven auf verzweigte Beziehungen*. Berlin: Christian A. Bachmann 2020. Der Terminus „Plant Studies“ wird in der Einleitung vermieden, wohl aber dienen Texte der *Plant Studies* als Referenz (cf. S. 17–19).

12 Stobbe, Urte: „Kulturwissenschaftliche Pflanzenstudien (Plant Studies)“. In: Kluwick, Ursula/Zemanek, Evi (Hrsg.): *Nachhaltigkeit interdisziplinär. Konzepte, Diskurse, Praktiken. Ein Kompendium*. Köln et al.: Böhlau 2019, S. 347–360.

13 Stobbe, Urte: „Plant Studies: Pflanzen kulturwissenschaftlich erforschen – Grundlagen, Tendenzen, Perspektiven“. *Kulturwissenschaftliche Zeitschrift* 4(1), 2020, S. 91–106, hier S. 95. Die folgenden Absätze sind ebenfalls in gekürzter Form diesem Aufsatz entnommen. Zudem enthält der Artikel einen Überblick über den Stand der Pflanzenforschung in der Germanistik, der an dieser Stelle nicht wiederholt wird.

14 Der Terminus „botanikales Wissen“ ist angelehnt an die Bezeichnung „medikales Wissen“. In: Pethes, Nicolas/Richter, Sandra: „Einleitung“. In: Id. (Hrsg.): *Medizinische Schreibweisen. Ausdifferenzierung und Transfer zwischen Medizin und Literatur (1600–1900)*. Tübingen: Niemeyer 2008, S. 1–11, hier S. 6 f.

Filme und multimodale Erzähltexte (Comics, Graphic Novels) ebenso wie nicht-fiktionale (z. B. wissenschaftliche) Texte umfasst.

Im anglophonen Bereich zeichnet sich seit den 2010er Jahren eine Ausdifferenzierung in *Cultural Botany, Human-Plant Studies, Critical Plant Studies* und *Literary (Cultural) Plant Studies* ab. Mit einer kurzen Darstellung dieser Strömungen soll nicht die Notwendigkeit einer Übernahme in der Germanistik nahegelegt, sondern lediglich eine Diskussionsgrundlage für eine weitere Konturierung des Forschungsfelds geschaffen werden. John C. Ryan hat 2011 den Vorstoß unternommen, das Forschungsfeld der *Cultural Botany* in Anlehnung an die Grundannahmen des *Ecocriticism* bzw. der Kulturökologie und der *Environmental Humanities* zu begründen.[15] Ryan spricht von „Floral Poetics" und nennt als deren Fokus den „dialogue between botany and the humanities, and particularly between plant research and poetry".[16] Ziel ist es, die verschiedenen Wissensbereiche in Bezug auf Pflanzen einschließlich der Literatur im engen Sinn transdisziplinär zusammenzuführen – ein Anliegen, das den Grundstein für die später so bezeichneten *Plant Studies* gelegt hat.

Kurze Zeit darauf hat Ryan 2012 in der anglophonen Forschungs-Community die *Human-Plant Studies* (*HPS*) ausgerufen – und zwar in expliziter Anlehnung an die *Human-Animal Studies*[17], deren Fokus auf den Interaktionen, Beziehungen und Verhältnissen zwischen Mensch und Tier liegt. Nach Auffassung von Ryan sind Pflanzen ebenfalls nicht mehr wie bisher als rein passiv (im klaren Gegensatz zu aktiv handelnd) zu sehen, sondern als „*acted upon* constituents – rather than *acting* partners" bzw. als „agentic und active participants in socio-ecological systems".[18] Mit der Wahrnehmung, dass Pflanzen Wirkungen auf andere Lebewesen ausüben, verlieren sie ihren bloßen Objektstatus; ihr Wert definiert sich nicht länger allein über die Nützlichkeit für Tiere und Menschen als Sauerstoff- und Nahrungsmittellieferant. Im deutschsprachigen Bereich gibt es das Forschungsfeld der *Human-Plant Studies* bisher nicht – zumindest nicht unter den in dieser Bezeichnung resümierten Voraussetzungen –, sodass sich nicht einschätzen lässt, mit welchen Prämissen Mensch-Pflanze-Verhältnisse bzw. ihre jeweiligen Interaktionen erforscht werden. Themen könnten z. B. eine

---

15 Ryan, John C.: „Cultural Botany. Toward a Model of Transdisciplinary, Embodied, and Poetic Research Into Plants". *Nature and Culture* 6(2), 2011, S. 123–148, hier S. 124.

16 Ryan 2011, S. 138.

17 Ryan, John C.: „Passive Flora? Reconsidering Nature's Agency Through Human-Plant Studies". *Societies* 2(3), 2012, S. 101–121, hier S. 111 f.

18 Ryan 2012, S. 105, Hervorhebung im Original, und S. 110.

(Kultur-) Geschichte der Botanik, der Baumschulen und der Suche nach exotischen Pflanzen, Kulturpflanzen und deren Verbindung zum Kolonialismus und zur Globalisierung sein. Darüber hinaus wären die kulturellen Praktiken des Züchtens, Pfropfens, Sammelns und Herbarisierens, des Gärtnerns und des kulinarischen Zubereitens von und floristischen Schmückens mit Pflanzen neu in den Blick zu nehmen, ebenso wie die ästhetische Zurschaustellung von Pflanzen in den unterschiedlichsten Kontexten (z. B. Parkanlagen).

Am stärksten vertreten in der anglophonen Forschung ist die Forschungsrichtung der *Critical Plant Studies* (*CPS*). 2013 begründet Michael Marder die US-amerikanische Buchreihe *Critical Plant Studies*, dessen erster von bislang sechs Bänden programmatisch *Plants and Literature* (2013)[19] lautet. *Critical Plant Studies* verstehen sich als ethisch begründetes und interdisziplinär ausgerichtetes Forschungsfeld, das angesichts des derzeitigen Umgangs (Abholzung, Patentierung von Saatgut, profitorientierte Agrikultur) auf einen respektvolleren Umgang mit Pflanzen zielt).[20] Die Untersuchungen sollen zu einem kritischen Denken in Bezug auf die drängenden Fragen der Zeit anregen, wobei die Fragestellungen denen der Tierethik in den *Critical Animal Studies* ähneln.[21] Im deutschsprachigen Bereich wird die Frage einer spezifischen „Würde der Pflanzen" mittlerweile intensiv diskutiert. Koechlin hat sowohl *Die Würde der Kreatur bei Pflanzen – Die moralische Berücksichtigung von Pflanzen um ihrer selbst willen* von 2008[22] als auch die *Rheinauer Thesen zu Rechten von Pflanzen* mitverfasst, die u. a. das Recht der Pflanzen auf das Überleben ihrer Art und die Nichtpatentierbarkeit festschreiben[23]. Ausgangspunkt von Koechlins Engagements ist die Feststellung:

> Wir wissen nicht, ob Pflanzen fähig sind, subjektiv zu empfinden, ob sie zum Beispiel Schmerzen empfinden können. Nach heutigem Wissensstand lässt sich dies nicht belegen, doch wir können es auch nicht einfach ausschließen. [. . .] Auch Tiere wurden lange Zeit als seelenlose Maschinen betrachtet, und erst in den letzten Jahrzehnten sind sie – zumindest teilweise – aus dieser mechanistischen Falle entronnen.[24]

---

19 Laist, Randy (Hrsg.): *Plants and Literature. Essays in Critical Plant Studies.* Amsterdam/New York: Brill 2013.

20 Cf. Marder, Michael: *Critical Plant Studies*, retrieved 22.10.2020, from <https://brill.com/view/serial/CPST>.

21 Cf. z. B.: Schröder, Klarissa/Hayer, Björn (Hrsg.): *Tierethik transdisziplinär: Literatur – Kultur – Didaktik.* Bielefeld: Transcript 2019.

22 Cf. <http://www.ekah.admin.ch/de>.

23 Cf. <http://www.blauen-institut.ch>.

24 Koechlin, Florianne: „Pflanzenrechte. Die Würde des Kopfsalats". In: Meyer, Kathrin/Weiss, Judith Elisabeth (Hrsg.): *Von Pflanzen und Menschen. Leben auf dem grünen Planeten.* Göttingen: Wallstein 2019, S. 216–220, hier S. 218.

Viertens sind die *Literary (Cultural) Plant Studies* (*LPS*) zu nennen – ein entsprechendes Netzwerk (*Literary and Cultural Plant Studies Network*) wurde von Joela Jacobs und Isabel Kranz gegründet.[25] Diese Strömung ist bislang noch am wenigsten konturiert; bislang findet sich diese Bezeichnung lediglich kurz eingeführt in der Einleitung zu dem bereits erwähnten Zeitschriftenband *Das literarische Leben der Pflanzen: Poetiken des Botanischen*:

> Im Zentrum der Literary Plant Studies steht die Frage, wie Pflanzen in der Literatur erscheinen, welche aktiven Handlungsspielräume ihnen eingeräumt werden und inwiefern sie daher als Akteure verstanden werden können. Damit unlösbar verbunden ist die gegenläufige Perspektive: Inwiefern ändert sich unser Verständnis von Literatur, sobald wir uns den Pflanzen zuwenden? Denn wir verstehen pflanzliche Konzepte und vegetabile Seinsweisen weniger als Darstellungsproblem für die Literatur denn als Möglichkeit, grundlegende Fragen dessen, was Literatur sein kann, neu zu stellen. Aus diesem Grund lohnt es sich, Kulturtechniken, die aus dem Bereich der Flora stammen, wieder auf ihre vegetabile Herkunft hin zu befragen, um ihre Potenzialität im Sinne der Cultural Plant Studies zu nutzen.[26]

Losgelöst von den sich derzeit abzeichnenden Strömungen innerhalb der *Plant Studies* bietet es sich an, in Anlehnung an Roland Borgards Überlegungen im Bereich der *Animal Studies* in einer kultur- und literaturgeschichtlich informierten Historisierung und Kontextualisierung von literarischen Pflanzendarstellungen einen entscheidenden Unterschied zu traditionell motivgeschichtlichen Untersuchungen zu sehen.[27] Zu analysieren ist, wie jeweils zeitgenössisch über Pflanzen gedacht und gesprochen und was mit ihnen verbunden wurde. Auch ist nach den Mensch-Pflanze-Interaktionen im Text selbst zu fragen – mit der Annahme, dass Literatur nicht nur ein spezifisches Wissen repräsentieren, sondern dieses auch beobachten, reflektieren, modifizieren oder diesem in unterschiedlichen Poetisierungen eigene Formen des Wissens entgegensetzen kann.[28] Der bisherigen, auch in den Literatur- und Kulturwissenschaften verbreiteten Sicht auf Pflanzen als etwas Randständigem und selbstverständlich Existierendem wird mit der Lektürepraxis begegnet, bei der formsemantische Aspekte eine zentrale

25 Cf. <https://plants.sites.arizona.edu/>.

26 Jacobs/Kranz, S. 87.

27 Cf. Borgards, Roland: „Tiere und Literatur“. In: Id. (Hrsg.): *Tiere. Kulturwissenschaftliches Handbuch*. Stuttgart: Metzler 2016, S. 225–244, hier S. 228.

28 Cf. Borgards 2016, S. 231 f.

Rolle spielen, etwa wenn Homologien zwischen botanischen Wachstumsprozessen und poetischen Verfahren hergestellt werden.[29]

Im Sinne einer Verankerung der *Plant Studies* in der germanistischen Literatur- und Kulturwissenschaft ist es sinnvoll und wünschenswert, sie in dem mittlerweile weiten und ausdifferenzierten Forschungsfeld „Wissen und Literatur" zu situieren. Gleichzeitig bietet sich eine stärkere theoretische Verklammerung mit dem *Ecocriticism* und den *Animal Studies* an. Die künftigen Entwicklungen werden zeigen, ob sich zwischen diesen Forschungsfeldern Synergien ergeben und multiperspektivische Forschungsverbünde entstehen.

2 Hettches *Pfaueninsel* aus der Perspektive der *Plant Studies*

Die folgende Analyse unternimmt den Versuch, die Fragestellungen der *Plant Studies* mit denen der *Animal Studies* zusammenzudenken, wie es Frederike Middelhoff als innovative Forschungsperspektive vorschlägt.[30] Middelhoff ist bisher als Forscherin im Bereich der *Animal Studies* hervorgetreten und arbeitet auf dieser Basis die konzeptionellen Gemeinsamkeiten und Unterschiede zwischen Tieren und Pflanzen als Lebewesen und als Untersuchungsgegenstand heraus. Die folgende Analyse greift diesen Vorschlag von Middelhoff aus der Richtung der Grundannahmen der *Plant Studies* kommend auf.

Angeknüpft werden kann an Gabriele Scherers Analyse zur Würde von Tieren in Hettches *Pfaueninsel*, indem der Fokus auf alle Lebewesen – einschließlich der Pflanzen – ausgeweitet wird.[31] Zudem versteht sich dieser Beitrag als Ergänzung zu dem Artikel von Christine Kanz,[32] der Hettches Roman

---

29 Cf. Detering, Heinrich: „Lyrische Dichtung im Horizont des Ecocriticism". In: Dürbeck, Gabriele/Stobbe, Urte (Hrsg.): *Ecocriticism. Eine Einführung*. Köln et al.: Böhlau 2015, S. 205–218, hier S. 211–215.

30 Middelhoff, Frederike: „Animal Studies und Plant Studies: Eine Verhältnisbestimmung". In: Kramer, Anke/Stobbe, Urte/Wanning, Berbeli (Hrsg.): *Plant Studies. Kulturwissenschaftliche Pflanzenforschung*. Berlin: Peter Lang 2022.

31 Scherer, Gabriela: „Zur ‚Würde der Kreatur' in Thomas Hettches ‚Pfaueninsel' ". In: Schröder, Klarissa/Hayer, Björn (Hrsg.): *Didaktik des Animalen. Vorschläge für einen tierethisch gestützten Literaturunterricht*. Trier: WVT Wissenschaftlicher Verlag Trier 2016, S. 105–120.

32 Kanz, Christine: „‚Wildwuchs'. Thomas Hettches Gartenkulturroman ‚Pfaueninsel' aus Sicht der Plant Studies". In: Kramer, Anke/Stobbe, Urte/Wanning, Berbeli (Hrsg.): *Plant Studies. Kulturwissenschaftliche Pflanzenforschung*. Berlin: Peter Lang 2022.

Pfaueninsel aus der Perspektive der *Plant Studies* untersucht und dabei besonderen Fokus auf die Technisierung, Neuerfindung, Exotisierung und Globalisierung der Pflanzenwelt legt. Analysiert werden von ihr sog. Pflanzenmonster und die Vermischungen der Sphären in Bezug auf Pflanzen sowie der Aspekt der Zerstörung von Vitalität und Diversität. In Rückbezug auf die Grundannahmen des Anthropozän-Diskurses und Philippe Descola liest Kanz den Roman als Plädoyer für eine Auflösung der Natur-/Kultur-Trennung und das Recht auf Wildwuchs.

Das Forschungsinteresse der folgenden Analyse widmet sich in besonderem Maße den literarischen Schreibverfahren, mit denen Belange der Pflanzen und ihr *Mit-Sein* im Netzwerk des Lebendigen zur Darstellung gelangen. Theoretische Wegbereiter dieses Netzwerkgedankens sind Bruno Latours Annahme, dass auch eine Pflanze ein „Ding [sein kann], das eine gegebene Situation verändert, in dem es einen Unterschied macht“[33] sowie Donna Haraways Ausweitung des von ihr selbst geprägten Terminus der *Companion Species* auf Pflanzen: „*Companion species* is a bigger and more heterogenous category than companion animal, not just because one must include such organic beings like rice, bees, tulips, and intestinal flora, all of whom make life for humans what it is – and vice versa”.[34] Heinrich Detering nimmt entsprechend der aktuellen Diskussionen eine Neubestimmung des Natur-Begriffs vor, indem er betont: Alles Lebendige ist Teil eines großen Netzwerks der Natur; es ist zu verstehen als ein „System aus (1) dynamischen, (2) nicht hierarchischen und (3) offenen Teilsystemen von (4) Wechselwirkungen zwischen Organismen (5) einschließlich ihrer anorganischen Lebensgrundlagen, (6) und zwar unter Einschluss von menschlichen wie nicht-menschlichen Individuen und Kollektiven, Handlungen und Hervorbringungen“.[35] Vor diesem Hintergrund stellt sich in Bezug auf Hettches Roman die Frage, welche Formen des *Mit-Seins* zwischen Menschen, Tieren und Pflanzen im Roman entworfen werden und auf welche spezifische Weise diese zur Darstellung gelangen.

---

33 Latour, Bruno: *Eine neue Soziologie für eine neue Gesellschaft. Einführung in die Akteur-Netzwerk-Theorie.* 3. Aufl. Frankfurt a.M.: Suhrkamp 2014, S. 123.

34 Haraway, Donna (2003): *The Companion Species Manifesto. Dogs, People and Significant Otherness.* Chicago: Prickly Paradigm Press, S. 15.

35 Detering, Heinrich: *Menschen im Weltgarten. Die Entdeckung der Ökologie in der Literatur von Haller bis Humboldt.* Göttingen: Wallstein 2020, S. 19.

Pflanzen sind im Roman auf unterschiedliche Weise präsent. In der erzählten Welt spielen sie vor allem bei der Transformation von der ersten über die zweite und dritte zur vierten Natur auf der titelgebenden Pfaueninsel eine Rolle. Mit der Rede von „vier Naturen" ist in Anlehnung an Brigitte Franzen die Verwandlung einer ursprünglichen Natur (erste Natur) in eine Kulturlandschaft (zweite Natur) über einen nach ästhetischen Kriterien gestalteten Garten (dritte Natur) hin zu einer Nachnutzungslandschaft (vierte Natur) gemeint.[36] Schon zu Beginn des Romans wird eine Flora skizziert, wie sie sich seit Urzeiten gebildet zu haben scheint:

> [...] gerade hier aber scheint ihr Wasser [das der Havel, Anm. USt.] stillzustehen in einer Kette dunkler Seen und sich unter den schattig verhangenen Blätterdächern von Traubeneichen, Flatterulmen und Rotbuchen zu verlieren, in Auenwäldern, feuchten Erlenbrüchen, unter Grauweiden.
> Im Frühjahr blühen hier Scharbockskraut und Sumpfdotterblume, später im Jahr Sumpfcalla, Wasserschwertlilie und Blutweiderich. An den flachen Ufern breite, undurchdringliche Röhrichtgürtel, in denen unzählige Vögel brüten. Eiszeitliche Bildungen all das, Endmoränen, Urstromtal. (Pf, S. 8)[37]

Dieses Bild einer ursprünglichen Landschaft trügt indes, sind doch nur noch die letzten Reste einer ersten Natur zu erkennen, seit sich ein grundlegender Wandel auf der Insel vollzogen hat. Nicht nur die namengebenden Pfauen wurden auf dieses kleine Stück Land inmitten der Havel nahe Potsdam gebracht (vgl. Pf, S. 92), sondern das Eiland wurde unter Leitung des Hofgärtners Ferdinand Fintelmann auch in einen Wirtschaftsgarten (zweite Natur) überführt (vgl. Pf, S. 26 f.), bevor verschiedene Gartenmodelle nacheinander umgesetzt wurden (dritte Natur). Mit jedem Wechsel im preußischen Königshaus beginnt

36 Franzen, Brigitte: *Die vierte Natur. Gärten in der zeitgenössischen Kunst.* Köln: König 2000, S. 10–21. Zum Natur-Verständnis im Roman insgesamt cf. Kanz, Christine: „Die Neuerfindung der ‚Natur'. Das Experiment Pfaueninsel in Thomas Hettches Roman". In: Dürbeck, Gabriele/Kanz, Christine/Zschachlitz, Ralf (Hrsg.): *Ökologischer Wandel in der deutschsprachigen Literatur des 20. und 21. Jahrhunderts.* Berlin: Peter Lang 2018, S. 107–128. Zur Entwicklung der verschiedenen Gartentypen und ihrer Verortung in den zeitgenössischen Gartendiskursen cf. Hamann, Christof: „Heterotope Symbolik. Natur-Kultur-Relationen in Wilhelm Raabes ‚Das Odfeld' und Thomas Hettches ‚Pfaueninsel'". In: Winkels, Hubert (Hrsg.): *Thomas Hettche trifft Wilhelm Raabe. Der Wilhelm Raabe-Literaturpreis und seine Folgen.* Göttingen: Wallstein 2015, S. 52–89, hier S. 72–78.

37 Die Sigle Pf steht hier wie im Folgenden für Hettche, Thomas: *Pfaueninsel. Roman.* Köln: Kiepenheuer & Witsch 2014.

ein neuer Gestaltungsstil auf der Insel – ein Grundmodell der Gartenkunstgeschichte, das sich auch in Goethes *Wahlverwandtschaften* findet.[38] Parallel dazu wird ein Palmenhaus mit Heizung wie auch eine Dampfmaschine bzw. ein Maschinenhaus zur Wasserversorgung auf der Insel errichtet sowie die Eisenbahnlinie an die Fährverbindung zur Insel herangeführt. Am Ende zeigt sich die Insel im Stadium des Zerfalls und der Vernachlässigung (vierte Natur oder auch Post-Natur), wobei der gesamte Roman eingedenk des Wissens um den späteren Zustand verfasst ist und als postmoderner historischer Roman[39] das Vergehen der Zeit und die Möglichkeiten des Erzählens metafiktional reflektiert.[40] Dieses Erzählverfahren kann ebenfalls als Kennzeichen der vierten Natur gelten, zeichnet sich doch die Post-Natur durch das explizite Reflektieren des gegenwärtigen Kontrasts zur ersten, zweiten und dritten Natur sowie das Überführen dieser Dichotomie in Kunst aus[41] – in diesem Fall in Form eines Romans.

Die Pfaueninsel wird in Hettches Roman als exotischer (Lust-)Ort ausgewiesen, der durch seine insulare Lage wiederholt als „wie aus der Zeit gefallen" beschrieben wird.[42] Dazu tragen vor allem die seltenen, kostbaren und fremdartigen Tiere und Pflanzen bei, die teils dem preußischen König geschenkt, teils eigens aus Übersee importiert werden. Mehrfach führt der Roman Listen der vielen Tiere auf, die im Laufe der erzählten Zeit von 1810 bis 1880 unfreiwillig

38 Goethe, Johann Wolfgang von: *Die Wahlverwandtschaften. Ein Roman*. In: Id.: *Werke*. (Hamburger Ausgabe in 14 Bänden. Bd. 6: Romane und Novellen I. Textkritisch durchgesehen von Erich Trunz, kommentiert v. dems. u. Benno von Wiese). 14. überarb. Aufl. München: Dtv 1996, S. 242–490, hier S. 418 f.

39 So die Kategorisierung von Scholz, Gerhard: „Inselhopping durch die Jahrhunderte. Der historische Roman seit 2000 am Beispiel von Christian Krachts ‚Imperium' und Thomas Hettches ‚Pfaueninsel'". In: Caduff, Corina/Vedder, Ulrike (Hrsg.): *Gegenwart Schreiben. Zur deutschsprachigen Literatur 2000–2015*. Paderborn: Wilhelm Fink 2017, S. 151–161, hier S. 160.

40 Cf. Liebsch, Helge C.: „‚Man spürt hier noch viel von der alten Zeit'. Metafiktion und Intertextualität in Thomas Hettches Roman ‚Pfaueninsel'". In: Schmidt, Nadine J./Kupczyńska, Kalina (Hrsg.): *Poetik des Gegenwartromans*. München: edition text+kritik 2016, S. 183–196. Der Roman ist zudem hinsichtlich des Erinnerungsdiskurses analysiert worden: Führ, Antonia: *Thomas Hettches „Pfaueninsel". Erinnerung als Verknüpfung von Zeiten und Räumen*. Marburg: Tectum 2015.

41 Cf. Franzen, S. 16.

42 Cf. Arnold, Sonja: „Zwei utopische Inseln der Weltliteratur. João Ubaldo Ribeiros ‚Das Wunder der Pfaueninsel' und Thomas Hettches ‚Pfaueninsel' im transnationalen Vergleich". *Zeitschrift für interkulturelle Germanistik* 7(1), 2016, S. 81–96.

auf die Insel gelangen (vgl. z. B. in Bezug auf Tiere: Pf, S. 43, 70, 108, 128, 134, 151, 254, 264). Allein die vorherige Vielfalt der Vogelarten auf der Insel (vgl. Pf, S. 102 f.) übertreffen die neu importierten Tierarten bei Weitem. Selbiges gilt auch im Bereich der Pflanzen. Neben Himbeeren, Feigen, Pestwurz und Rittersporn werden kostbare und seltene Pflanzen wie Hortensien als „Lieblingsblumen des Königs" (Pf, S. 28) gepflanzt. Hinzu kommen unter der Leitung Peter Joseph Lennés noch eine Rosensammlung (Pf, S. 111) und überaus kostbare Palmen für das Palmenhaus (Pf, S. 188 f.) sowie auch sog. fremdländische Gehölze, die nach Maßgaben des Landschaftsgartens im Freien wachsen sollen:

> Er [Lenné] plante Nadelbäume am Ufer, um den rauhen Wind wegzunehmen, ansonsten, neben einheimischen Bäumen wie Rotbuchen, Linden, Ulmen, Zitterpappeln, Ahorn auch viel fremdländisches Gehölz. Zunächst Platanen, die Lieblingsbäume des Königs, doch auch Sumpfzypressen, den geheimnisvollen Ginkgo und die biblische Libanonzeder. Dann Flügelnuß, Edelkastanie, Gleditschie und Maulbeerbäume. Götterbäume, damals eine große Seltenheit, ließ Lenné auf der Insel selbst aus amerikanischen Samen ziehen. Die Plätze für zwei Tulpenbäume hatte er bereits bestimmt. (Pf, S. 127)

All diese importierten Lebewesen werden nach dem Kriterium der Seltenheit und Kostbarkeit für einen Verbleib auf der Insel bestimmt und gelten nach damaliger Handlungslogik im adligen Repräsentationskontext als selbstverständlich verfügbar. Als sich die Insel zu einer Touristenattraktion[43] entwickelt, werden sie weiterhin zur Schau gestellt, in Käfigen oder Gewächshäusern bzw. in einer für sie fremden Umgebung gehalten.

Ähnlich verhält es sich auch bei der Hauptfigur, der auf der Insel lebenden Kleinwüchsigen Marie Strakon, und ihrem Bruder Christian sowie einem Riesen namens Carl, dem Schwarzafrikaner Itissa und dem Südseeinsulaner namens Maitey. Sie sind ebenfalls aus Gründen der Attraktivitätssteigerung der Insel dorthin verbracht worden. Schon auf der Handlungsebene, falls der Terminus in diesem Fall adäquat ist, findet durch die Versammlung all dieser seltenen und irgendwie als kurios geltenden Lebewesen an einem Ort eine prinzipielle Gleichsetzung zwischen Mensch, Pflanze und Tier statt, sind sie doch allesamt darin geeint, dass über sie verfügt wird. Sie fungieren als das kulturell *Andere*, womit auf der räumlichen und sensuell wahrnehmbaren Ebene das realisiert wird, was sich zuvor auf der gedanklichen Ebene

43 Der Gartenreiseführer zeugt davon: Fintelmann, Gustav Adolph/Seiler, Michael (Hrsg.): *Wegweiser auf der Pfaueninsel* (Kommentierter Nachdruck der Ausgabe von 1837). Berlin: Henssel 1986.

als Trennung vollzogen hat: Was nicht in die damaligen Ordnungsvorstellungen von der Natur passt, wird ausgelagert, verändert, als Kuriosum zur Schau gestellt oder im Falle Maries für niedlich, für bemitleidenswert oder für sexuell verfügbar erachtet. Bei diesem Ordnungs- und Rationalisierungsprozess könnte indes etwas verloren gehen, dessen Bedeutung noch gar nicht vollends erfasst ist, wie zwei Inselbesucher räsonieren (vgl. Pf, S. 130–132). Selbst der Tod der vielen Lebewesen auf der Insel wird bei diesem Prozess billigend in Kauf genommen.

Das damit verbundene Elend in Form verkohlter Tierleichen und übriggebliebener, nicht-verbrannter Körperteile wird aus Sicht Maries in interner Fokalisierung drastisch geschildert (vgl. Pf, S. 148 f.). Zur Darstellung des ganzen Leids wird als Textverfahren also nicht die Perspektive eines Tieres oder einer Pflanze eingenommen, sondern es ist eine signifikante Umkehrung dieses Verfahrens zu beobachten. Statt den Tieren und Pflanzen menschentypische Gefühle zuzuschreiben, wird Marie durchweg als Figur gezeichnet, die sensibel für das Leiden anderer ist und zugleich selbst am eigenen Leib erfährt, was es bedeutet, in unterschiedlichen Situationen wechselweise als „tierhaft“[44] oder als pflanzenartig wahrgenommen und damit einhergehend abgewertet zu werden. Indirekt wirft die Willkürlichkeit dieser Zuordnungen und das dadurch verursachte Leid die Frage der Zulässigkeit eines solchen Umgangs mit anderen Lebewesen auf.

So, wie Pflanzen im Roman als beliebig veränderbar behandelt werden, agieren auch einzelne Figuren gegenüber denjenigen, die sie als pflanzenhaft wahrnehmen. Gustav Fintelmann, Neffe des bereits erwähnten Hofgärtners Ferdinand Fintelmanns, färbt Hortensien blau (vgl. Pf, S. 76) – und genauso schwebt seinem Onkel vor, Maries kleinwüchsigen Körper wie bei einer Pflanze in die Länge zu ziehen: „[E]r war Gärtner, und als solcher wünschte er sich, ihr Riemen unter die Achseln zu schieben und sie wie Spalierobst aufzubinden, damit sie gerade wachse. Er wollte sie düngen, in ein Treibhaus setzen, ihre Füße mit guter Garten Erde behäufeln, damit sie wachse. Endlich wachse.“ (Pf, S. 29) Was bei Fintelmann von dem zeitgenössischen Grundgedanken gärtnerischen Pflegens und Hegens getragen sein dürfte, findet seine abschätzige und abwertende Variante in Peter Joseph Lennés Verhalten gegenüber Marie, als dieser sie bei ihrer ersten Begegnung mit einem „maskenhaften Lächeln“ wie ein „fremdartiges Gewächs“ mustert (Pf, S. 112).[45]

---

44 Cf. Scherer, S. 144. In welch hohem Maße Marie im Roman als tierhaft ausgewiesen wird, zeigt Scherer anhand einer Fülle von Beispielen, cf. ibid., S. 112–117.

45 Zur Abschätzigkeit von Blicken und den damit verbundenen Auswirkungen auf ein einzelnes Individuum siehe Leskovec, Andrea: „Blickerfahrungen in Thomas

Gleichzeitig wird die Zuschreibung Maries als pflanzenhaftes Wesen im Roman dadurch unterlaufen, dass Gustav sich selbst für ein pflanzenhaftes Wesen hält, wohingegen er Christian und seine Schwester Marie den Tieren zuordnet. Diese scheinbar willkürliche Verkehrung sagt weniger etwas über Marie aus, als vielmehr über den Betrachter selbst und sein Bedürfnis, seine eigene Liebesunfähigkeit zu begründen: Denn wenn er nach seinem Verständnis eine Pflanze, sie indes ein Tier sei (vgl. Pf, S. 76 f.), könnten die beiden nicht zusammenkommen, da sie zwei völlig unterschiedlichen Kategorien angehören. Daraus gibt es für ihn kein Entrinnen – und auch keine Alternative:

> In der Liebe, dachte er [Gustav], sind wir entweder Pflanze oder Tier. Es zeigt sich in ihr unsere eigentliche Gestalt, und es gibt kein Drittes, es sei denn, man wäre ein Ding. Aber dann wäre man tot wie jenes Glas, da mag es leuchten, soviel es will. [...] Ich will kein Tier sein. Das Tierhafte bringt immer nur Tiere hervor, Tiere in all ihrer obzönen Vielfalt, die immerzu weiter fressen und begehren. (Pf, S. 62)

Dieses Animalische, greifbar in einer triebhaften Nahrungsaufnahme und Sexuallust, lehnt Gustav für sich ab; eine Gedankenfigur, die sich in ähnlicher Form häufig in philosophischen Diskursen über die Abgrenzung des Menschen vom Tier zeigt.[46] Gustav, der sehr wohl Bewegung in Pelargonienblättern (vgl. Pf, S. 42 u. 259) spürt und somit um den Status von Pflanzen als Lebewesen weiß, spricht Pflanzen die Fähigkeit zu lieben und zu begehren grundsätzlich ab.

Marie wehrt sich indes zunehmend gegen die vielen Zuschreibungen (z.B. als Monster), die sie von klein auf begleiten und verletzen, indem ihr bewusst wird, dass sie nichts von dem ist, was andere in ihr sehen:

> Man mußte sich nicht entscheiden zwischen Pflanze und Tier, es gab ein Drittes. Etwas jenseits von Tod und Schönheit. Ewas, das dauerte. Etwas das nicht fraß und sich nicht verschwendete. Das mineralische Reich. Sie war ein Ding. (Pf, S. 78)

Hettches Roman ‚Pfaueninsel'". *Revista de Filología Alemana* 25, 2017, S. 157–179 sowie Hamann, S. 81–84.

46 Zu diesem Diskurs in Bezug auf Affen cf. Tischel, Alexandra: *Affen wie wir. Was die Literatur über uns und unsere nächsten Verwandten erzählt*. Stuttgart: Metzler 2018. Dass der Roman die fließenden Übergänge zwischen Mensch und Tier thematisiert, zeigt sich in der Szene, als ein gefangener Affe von Marie eine Zigarette nimmt und diese mit Genuss zu rauchen scheint (cf. Pf, S. 184).

Der Ausweg aus dichotomischen Strukturen wird in der Suche nach etwas Anderem, einem Dritten, gesucht und im Bereich des Mineralischen gefunden.[47] Diese „Ding"-Bezüge im Zusammenhang mit Marie sind im Roman indes stets gebrochen und ambivalent – und bedürften einer eigenen Untersuchung.

Marie löst sich von den vielen Zuschreibungen seitens anderer auch dadurch, dass sie Mitleid mit den anderen Lebewesen auf der Insel empfindet. Ihre Empathiefähigkeit zeigt sich besonders gegenüber den Tieren, mit deren Leid sie sich gewissermaßen als ‚Tier unter Tieren' identifiziert:

> Wenn Marie vor ihnen stand, mitten in der Horde der Schaulustigen, die den Löwen, die Affen, die Känguruhs umringten, peinigte sie bei jedem Fauchen und jedem zitternden Blick das Gefühl, genau zu wissen, was das Tier empfand. War sie doch selbst eines von ihnen. (Pf, S. 147)

Dieses Mit-Leiden ist im Roman als wechselseitiger Prozess dargestellt; zumindest leuchtet die Möglichkeit auf, dass höhere Säugetiere zu ähnlichen Empfindungen gegenüber Menschen fähig sind. So scheint der Löwe sie intensiv anzuschauen, kurz bevor er nach fünf Jahren auf der Insel stirbt und sie ihr Kind gebiert (vgl. Pf, S. 233). Zurecht lässt sich in dieser Blickbegegnung eine Durchbrechung der Natur-Kultur-Dichotomie beobachten,[48] doch ist vor allem die Fokussierung auf Maries Wahrnehmungen relevant: „Sie meinte zu sehen, wie er [der Löwe] ihren Bauch betrachtete, und da sie eine Expertin für Blicke war, fühlte sie sich lebendig unter ihm und schön." (Pf, S. 233) Offen bleibt, warum der Löwe sie so intensiv anschaut. Aufgehoben ist in dieser Textpassage jenes unbestimmte Nicht-Wissen, das Jacques Derrida in *Das Tier, das ich also bin* beschrieben hat; jene Unmöglichkeit, bestimmen zu können, was Tiere denken, wenn sie uns anschauen.[49]

Vorbereitet wird diese intensive Blickbegegnung zwischen Mensch und Tier durch das sechste Kapitel, dem zugleich eine Mittelstellung im Gefüge der insgesamt elf Kapitel des Romans zukommt. Es trägt den programmatischen Titel

---

47 Sollte es demnächst auch „Mineral Studies" geben, wäre die *Pfaueninsel* auch dafür ein geeigneter Untersuchungsgegenstand, durchziehen den Roman doch leitmotivisch Hinweise auf rotes Glas, gewonnen aus der Erde. Den Grund‚stein' zu einem solchen Forschungsfeld hätten erneut Bühler und Rieger gelegt. Bühler, Benjamin/Rieger, Stefan: *Bunte Steine. Ein Lapidarium des Wissens.* Berlin: Suhrkamp 2014.

48 Leskovec, S. 174.

49 Derrida, Jacques: „Das Tier, das ich also bin" (2006). In: Borgards, Roland/Köhring, Esther/Kling, Alexander (Hrsg.): *Texte zur Tiertheorie.* Stuttgart: Metzler 2015, S. 262–287.

„Pelze und Stacheln“ und umkreist das Thema Sexualität in der Natur und die (vermeintlichen) Unterschiede zwischen Mensch, Tier und Pflanze. Keinesfalls zufällig kommt es hier zur ersten Vereinigung zwischen Gustav und Marie. Es ist auch das Kapitel, in dem Grenzen aufgehoben werden – so setzt Hegel die Pelze und Stacheln der Tiere den Blättern von Pflanzen gleich (vgl. Pf, S. 185) – und sich zugleich neue Trennlinien auftun, wenn Marie am Ende des Kapitels bemerkt, dass die körperliche Liebe Gustavs für sie kein Glück bedeutet (vgl. Pf, S. 194). Zugleich empfindet Marie hier erstmals mit den Pflanzen, die durch die neu verlegten Wasserleitungen und Gewächshäuser auf der Insel in ihrem natürlichen Rhythmus des Wachsens und Gedeihens gestört werden, ist doch ihre Lebendigkeit ins Künstliche gesteigert, indem Blüten und Früchte zur selben Zeit an einer einzigen Pflanze wachsen (vgl. Pf, S. 173).

Intern fokalisiert wird die Möglichkeit durchgespielt, wie es wäre, wenn Pflanzen ihr Leid für menschliche Ohren vernehmbar artikulieren könnten, kommt es Marie doch so vor, „als mästete man die Insel [. . .]. Wie die Tiere in ihren Käfigen hatte man begonnen, auch die Pflanzen zu versorgen, als wären sie ebenso fremdartig. Manchmal stellte Marie sich vor, wie es sich wohl anhören würde, wenn sie wie die Tiere zu brüllen vermöchten.“ (Pf, S. 171) Der Roman gibt den Pflanzen zwar keine Stimme, doch wird indirekt die Frage aufgeworfen, wie zulässig Praktiken des Zur-Schau-Stellens, Ziehens und Veränderns von Pflanzen und des Verpflanzens in für sie fremde Gegenden sind. Dieser Zweifel findet sich auch beim alten Gärtner Fintelmann, der den Umgang seines Neffen Gustav und seines Nachfolgers Lenné zunehmend skeptisch sieht: „Welche Hybris, diese riesigen Palmen hier am Leben erhalten zu wollen wie stumme fremde Tiere“ (Pf, S. 190). Er unterstellt beiden eine Art Gier in ihrem Verhalten, die ihn befremdet.

Ganz anders verhält sich der Südseeinsulaner Maitey, der über ein feines Sensorium verfügt, um wahrzunehmen, was in Tieren und Pflanzen vor sich geht:

> Maitey verstand nicht, daß die Menschen den Tod der Tiere nicht rochen, die in ihren Käfigen saßen und nicht vor ihm fliehen konnten. Immerzu wurden sie geleert und neu gefüllt. Wozu? Und selbst die Palmen rochen anders als in seiner Heimat, weil sie es hinter dem Glas des großen Hauses, das alle so bestaunten, kaum ertrugen (Pf, S. 224).

Maitey ist derjenige, der sich als Pflanze und Tier fühlen kann. Gerade wenn er die Lieder seiner Heimat singt, tritt es hervor, „daß er selbst stets auf eine gewisse Weise ein Baum war oder ein Fisch, und das eben hatte mit seinen Liedern zu tun, die weniger von etwas erzählten, als daß sie es dem Sänger erlaubten zu sein, wovon er sang.“ (Pf, S. 222). Während Hegel den Pflanzen noch kategorisch jegliches Gefühl abspricht[50] und Marie eine Lösung in der „Anerkennung“ (Pf, S. 167) sieht,[51] wird genau diese Haltung von Maitey bereits ganz selbstverständlich gelebt. Es ist wie ein Appell zu verstehen, Lebewesen als das zu sehen und anzuerkennen, was sie sind: Mit-Wesen.

3 Fazit

Hettches Roman *Pfaueninsel* verlässt zwar eine menschenzentrierte Perspektive nicht, doch erscheinen Tiere und Pflanzen trotz klar benennbarer Unterschiede als prinzipiell gleichwertig. Über das literarische Verfahren der Zuschreibung von Menschenfiguren als tier- oder pflanzenhaft treten sowohl Tiere als auch Pflanzen als liebes- und leidensfähige Mit-Wesen auf, obgleich Pflanzen – wie zuvor den Tieren auch – gerade dieses Empfindungsvermögen bislang dominant abgesprochen wurde. Dieses neuartige Pflanzenverständnis teilt Hettches Roman mit den eingangs angeführten Studien aus den Bereichen Philosophie und Pflanzenwissenshaften, wie auch mit den *Plant Studies*. Was in den utopischen Raum einer Insel verlegt und mit der realen Geschichte der Pfaueninsel verknüpft wird, ist der Versuch, an einem imaginären Ort nach einem adäquaten Miteinander zu fragen, das *alle* Lebewesen einbezieht – und damit auch Pflanzen. Und doch ist diesem Roman zugleich die Erkenntnis eingeschrieben, das diese Zeit mit all ihren Wünschen und Hoffnungen unwiederbringlich der Vergangenheit angehört.

Literaturverzeichnis

Arnold, Sonja: „Zwei utopische Inseln der Weltliteratur. João Ubaldo Ribeiros ‚Das Wunder der Pfaueninsel‘ und Thomas Hettches ‚Pfaueninsel‘ im transnationalen Vergleich“. *Zeitschrift für interkulturelle Germanistik* 7(1), 2016, S. 81–96.

Baluška, František/Gagliano, Monica/Witzany, Günther (Hrsg.): *Memory and Learning in Plants*. Hannover: Springer 2018.

50 So heißt es ebenfalls im sechsten Kapitel: „Der Pflanze, meint Hegel, gehe Selbstgefühl und die Seelenhaftigkeit völlig ab, indem sie immer neue Individuen an sich selbst produziere. Die Pflanze nimmt nichts auf und empfindet nichts.“ (Pf, S. 187) Zu den vielen Hegelbezügen im Roman in Bezug auf den Gegensatz zwischen „schön“ und „hässlich“ cf. Hamann, S. 71 f.; sowie Kanz 2018, S. 108–113 u. S. 124 f.

51 Hierin zeige sich der Gedanke der prinzipiellen „Gleichwertigkeit“ und der „Wahrnehmung der Gleichartigkeit der leidensfähigen nicht-menschlichen Kreatur“. Scherer, S. 111.

Borgards, Roland (Hrsg.): *Tiere. Kulturwissenschaftliches Handbuch.* Stuttgart: Metzler 2016.

Borgards, Roland: „Tiere und Literatur". In: Id. (Hrsg.): *Tiere. Kulturwissenschaftliches Handbuch.* Stuttgart: Metzler 2016, S. 225–244.

Borgards, Roland/Köhring, Esther/Kling, Alexander (Hrsg.): *Texte zur Tiertheorie.* Stuttgart: Metzler 2015.

Bühler, Benjamin: *Ecocriticism. Grundlagen – Theorien – Interpretationen. Eine Einführung.* Stuttgart: Metzler 2016.

Bühler, Benjamin/Rieger, Stefan: *Das Wuchern der Pflanzen. Ein Florilegium des Wissens.* 2. Aufl. Frankfurt a.M.: Suhrkamp 2013.

Bühler, Benjamin/Rieger, Stefan: *Bunte Steine. Ein Lapidarium des Wissens.* Berlin: Suhrkamp 2014.

Chamovitz, Daniel: *What a Plant Knows. A Field Guide to the Senses.* New York: Scientific American/Farrar, Straus and Giroux 2012.

Coccia, Emanuele: *Die Wurzeln der Welt. Eine Philosophie der Pflanzen* (Übers. v. Elsbeth Ranke). 2. Aufl. München: Hanser 2018.

Culler, Jonathan D.: *Literaturtheorie. Eine kurze Einführung.* (Übers. v. Andreas Mahler). Stuttgart: Reclam 2018.

Derrida, Jacques: „Das Tier, das ich also bin". In: Borgards, Roland/Köhring, Esther/Kling, Alexander (Hrsg.): *Texte zur Tiertheorie.* Stuttgart: Metzler 2015, S. 262–287.

Detering, Heinrich: „Lyrische Dichtung im Horizont des Ecocriticism". In: Dürbeck, Gabriele/Stobbe, Urte (Hrsg.): *Ecocriticism. Eine Einführung.* Köln et al.: Böhlau 2015, S. 205–218.

Detering, Heinrich: *Menschen im Weltgarten. Die Entdeckung der Ökologie in der Literatur von Haller bis Humboldt.* Göttingen: Wallstein 2020.

Dürbeck, Gabriele/Stobbe, Urte (Hrsg.): *Ecocriticism. Eine Einführung.* Köln et al.: Böhlau 2015.

Fintelmann, Gustav Adolph/Seiler, Michael (Hrsg.): *Wegweiser auf der Pfaueninsel* (Kommentierter Nachdruck der Ausgabe von 1837). Berlin: Henssel 1986.

Franzen, Brigitte: *Die vierte Natur. Gärten in der zeitgenössischen Kunst.* Köln: König 2000.

Führ, Antonia: *Thomas Hettches „Pfaueninsel". Erinnerung als Verknüpfung von Zeiten und Räumen.* Marburg: Tectum 2015.

Goethe, Johann Wolfgang von: *Die Wahlverwandtschaften. Ein Roman.* In: Id.: *Werke* (Hamburger Ausgabe in 14 Bänden. Bd. 6: Romane und

Novellen I. Textkritisch durchges. v. Erich Trunz, komment. v. dems. u. Benno von Wiese). 14. überarb. Aufl. München: Dtv 1996, S. 242–490.

Hall, Matthew: *Plants as Persons. A Philosophical Botany.* New York: State University of New York Press 2011.

Hamann, Christof: „Heterotope Symbolik. Natur-Kultur-Relationen in Wilhelm Raabes ‚Das Odfeld' und Thomas Hettches ‚Pfaueninsel'". In: Winkels, Hubert (Hrsg.): *Thomas Hettche trifft Wilhelm Raabe. Der Wilhelm Raabe-Literaturpreis und seine Folgen.* Göttingen: Wallstein 2015, S. 52–89.

Haraway, Donna (2003): *The Companion Species Manifesto. Dogs, People and Significant Otherness.* Chicago: Prickly Paradigm Press.

Heimgartner, Stephanie/Nitzke, Solvejg/Sauer-Kretschmer, Simone (Hrsg.): *Baum und Text. Neue Perspektiven auf verzweigte Beziehungen.* Berlin: Christian A. Bachmann 2020.

Hettche, Thomas: *Pfaueninsel. Roman.* Köln: Kiepenheuer & Witsch 2014.

Ingensiep, Hans Werner: „Pflanzenseele. Über Psyche, Maschinen, Gehirne und die Hierarchie der Lebewesen". In: Meyer, Kathrin/Weiss, Judith Elisabeth (Hrsg.): *Von Pflanzen und Menschen. Leben auf dem grünen Planeten.* Göttingen: Wallstein 2019, S. 72–77.

Jacobs, Joela/Kranz, Isabel (Hrsg.): *Das literarische Leben der Pflanzen: Poetiken des Botanischen.* Special issue: *Literatur für Leser* 40(2), 2017, S. 85–89.

Kanz, Christine: „Die Neuerfindung der ‚Natur'. Das Experiment Pfaueninsel in Thomas Hettches Roman". In: Dürbeck, Gabriele/Kanz, Christine/ Zschachlitz, Ralf (Hrsg.): *Ökologischer Wandel in der deutschsprachigen Literatur des 20. und 21. Jahrhunderts.* Berlin: Peter Lang 2018, S. 107–128.

Kanz, Christine: „‚Wildwuchs'. Thomas Hettches Gartenkulturroman ‚Pfaueninsel' aus Sicht der Plant Studies". In: Kramer, Anke/Stobbe, Urte/Wanning, Berbeli (Hrsg.): *Plant Studies. Literatur- und kulturwissenschaftliche Grundlagen.* Berlin: Peter Lang 2022.

Koechlin, Florianne: *Pflanzen Palaver. Belauschte Geheimnisse der botanischen Welt.* Basel: Lenos 2008.

Koechlin, Florianne: „Pflanzenrechte. Die Würde des Kopfsalats". In: Meyer, Kathrin/Weiss, Judith Elisabeth (Hrsg.): *Von Pflanzen und Menschen. Leben auf dem grünen Planeten.* Göttingen: Wallstein 2019, S. 216–220.

Kompatscher, Gabriela: *Human-Animal Studies. Eine Einführung für Studierende und Lehrende.* Münster et al.: Waxmann 2017.

Laist, Randy (Hrsg.): *Plants and Literature. Essays in Critical Plant Studies.* Amsterdam/New York: Brill 2013.

Latour, Bruno: *Eine neue Soziologie für eine neue Gesellschaft. Einführung in die Akteur-Netzwerk-Theorie.* 3. Aufl. Frankfurt a.M: Suhrkamp 2014.

Leskovec, Andrea: „Blickerfahrungen in Thomas Hettches Roman ‚Pfaueninsel'". *Revista de Filología Alemana* 25, 2017, S, 157–179.

Liebsch, Helge C.: „‚Man spürt hier noch viel von der alten Zeit'. Metafiktion und Intertextualität in Thomas Hettches Roman ‚Pfaueninsel'". In: Schmidt, Nadine J./ Kupczyńska, Kalina (Hrsg.): *Poetik des Gegenwartromans.* München: edition text + kritik 2016, S. 183–196.

Mancuso, Stefano: *Pflanzenrevolution. Wie die Pflanzen unsere Zukunft erfinden* (Übers. v. Christine Ammann). München: Kunstmann 2018.

Mancuso, Stefano/Viola, Alessandra: *Die Intelligenz der Pflanzen* (Übers. v. Christine Ammann). Kunstmann: München 2015.

Marder, Michael: *Plant-Thinking. A Philosophy of Vegetal Life.* New York: Columbia University Press 2013.

Meyer, Kathrin/Weiss, Judith Elisabeth (Hrsg.): *Von Pflanzen und Menschen. Leben auf dem grünen Planeten.* Göttingen: Wallstein 2019.

Middelhoff, Frederike: „Animal Studies und Plant Studies: Eine Verhältnisbestimmung". In: Kramer, Anke/Stobbe, Urte/Wanning, Berbeli (Hrsg.): *Plant Studies. Literatur- und kulturwissenschaftliche Grundlagen.* Berlin: Peter Lang 2022.

Nealon, Jeffrey T.: *Plant Theory. Biopower and Vegetable Life.* Stanford: Stanford University Press 2016.

Pethes, Nicolas/Richter, Sandra: „Einleitung". In: Id. (Hrsg.): *Medizinische Schreibweisen. Ausdifferenzierung und Transfer zwischen Medizin und Literatur (1600–1900).* Tübingen: Niemeyer 2008, S. 1–11.

Pollan, Michael: „The Intelligent Plant. Scientists Debate a New Way of Understanding Flora". *New Yorker 23 & 30 issue*, 2013, retrieved 30.03.2020, from <https://www.newyorker.com/magazine/2013/12/23/the-intelligent-plant>.

Ryan, John C.: „Cultural Botany. Toward a Model of Transdisciplinary, Embodied, and Poetic Research into Plants". *Nature and Culture* 6(2), 2011, S. 123–148.

Ryan, John C.: *Green Sense: The Aesthetics of Plants, Place, and Language.* TrueHeart Academic Press: Oxford 2012.

Ryan, John C.: „Passive Flora? Reconsidering Nature's Agency through Human-Plant Studies". *Societies* 2(3), 2012, S. 101–121.

Ryan, John C.: *Plants in Contemporary Poetry. Ecocriticism and the Botanical Imagination.* London: Routledge 2017.

Scherer, Gabriela: „Zur ‚Würde der Kreatur' in Thomas Hettches ‚Pfaueninsel'". In: Schröder, Klarissa/Hayer, Björn (Hrsg.): *Didaktik des Animalen. Vorschläge für einen tierethisch gestützten Literaturunterricht.* Trier: WVT Wissenschaftlicher Verlag Trier 2016, S. 105–120.

Scholz, Gerhard: „Inselhopping durch die Jahrhunderte. Der historische Roman seit 2000 am Beispiel von Christian Krachts ‚Imperium' und Thomas Hettches ‚Pfaueninsel'". In: Caduff, Corina/Vedder, Ulrike (Hrsg.): *Gegenwart Schreiben. Zur deutschsprachigen Literatur 2000–2015.* Paderborn: Wilhelm Fink 2017, S. 151–161.

Schröder, Klarissa/Hayer, Björn (Hrsg.): *Tierethik transdisziplinär: Literatur – Kultur – Didaktik.* Bielefeld: Transcript 2019.

Stobbe, Urte: „Kulturwissenschaftliche Pflanzenstudien (Plant Studies)". In: Kluwick, Ursula/Zemanek, Evi (Hrsg.): *Nachhaltigkeit interdisziplinär. Konzepte, Diskurse, Praktiken. Ein Kompendium.* Köln et al.: Böhlau 2019, S. 347–360.

Stobbe, Urte: „Plant Studies: Pflanzen kulturwissenschaftlich erforschen – Grundlagen, Tendenzen, Perspektiven". *Kulturwissenschaftliche Zeitschrift* 4(1), 2020, S. 91–106.

Tischel, Alexandra: *Affen wie wir. Was die Literatur über uns und unsere nächsten Verwandten erzählt.* Stuttgart: Metzler 2018.

Vieira, Patrícia/Gagliano, Monica/Ryan, John C. (Hrsg.): *The Green Thread. Dialogues with the Vegetable World.* Lanham et al.: Lexington Books 2015.

Vieira, Patrícia/Gagliano, Monica/Ryan, John C. (Hrsg.): *The Language of Plants. Science, Philosophy, Literature.* Minneapolis/London: University of Minnesota Press 2017.

Wohlleben, Peter: *Das geheime Leben der Bäume. Was sie fühlen, wie sie kommunizieren – die Entdeckung einer verborgenen Welt.* München: Ludwig 2015.

Jawad Daheur

L'histoire des forêts au défi de l'histoire globale : perspectives de recherche depuis la France et l'Allemagne

Abstract In France, as in Germany, the integration between global history and forest history is still in its infancy. Research at the regional or the nation-state level is still the norm and consideration of processes such as circulation, exchange and connections at the global, continental, transnational or even cross-border level is still not very common. However, advances in this direction could not only provide a better understanding of the evolution of forest environments and their uses throughout history, but also challenge a number of generally accepted ideas. The chapter thus has a threefold objective : (1) to provide an overview of the empirical elements attested in the existing literature and on the basis of which new global narratives could be built ; (2) to suggest complementary research perspectives and highlight possible gaps or methodological biases that still need to be tackled ; (3) to discuss the fruitfulness of the Franco-German comparison as an element in structuring global narratives in forest history. Without claiming to be exhaustive, this inventory concentrates on three already identifiable areas: the question of the circulation of forest knowledge, that of commercial exchanges, and finally that of waves of labour and settlement migrations.

Keywords: Forests, Global History, Forestry Science, Timber Trade, Migrations

Ce chapitre propose une réflexion sur les manières possibles de « globaliser » l'histoire des forêts en partant d'éléments empiriques et de tendances historiographiques attestées dans la recherche française et allemande. Depuis déjà plusieurs décennies, la question de porter l'écriture de l'histoire à un niveau global a fait l'objet de débats dans de nombreux pays.[1] L'une des leurs conclusions a été que ce champ de recherche ne constituait pas un ensemble homogène de questionnements ou de méthodes, mais plutôt un large éventail d'outils et de concepts, incluant plusieurs sous-courants.[2] L'histoire globale s'appuie sur

1 Sachsenmaier, Dominic : « Histoire globale, histoire internationale, histoire mondiale : le débat aux États-Unis, en Chine et en Allemagne ». *Eurostudia* 4(2), 2008, retrieved 20.12.2020, from <https://www.erudit.org/fr/revues/euro/2008-v4-n2-euro2871/000391ar/>.

2 Middell, Matthias : « Histoire universelle, histoire globale, transfert culturel ». *Revue germanique internationale* 21, 2004, p. 227–244 ; Douki, Caroline/Minard,

une série d'approches qui ne doivent pas être conçues comme rivales, mais plutôt comme les facettes d'un tout : on pense aux traditions déjà anciennes de l'histoire universelle ou comparée, mais aussi aux courants, plus récents, de l'histoire des transferts culturels, de l'histoire croisée, de l'histoire connectée ou de l'histoire transnationale. Plurielles, ces démarches n'en partagent pas moins des traits communs : une volonté, tout d'abord, de dépasser les compartimentages nationaux afin de donner toute leur place aux mécanismes de transferts, d'échanges et de connexions entre pays et continents ; l'exigence, en second lieu, de sortir du « grand récit » de l'occidentalisation de la planète pour s'intéresser aux aires extra-occidentales, longtemps négligées par la recherche ; la conviction, enfin, que les échanges entre cultures ont le plus souvent lieu à double sens et sont alimentés par des circulations permanentes entre les territoires qui les accueillent.

Sensible aux impulsions venues du monde académique anglo-américain, l'Allemagne a, on le sait, été pionnière dans l'implantation de l'histoire globale en Europe. En France, l'intérêt pour ce courant, plus tardif, n'en a pas moins été fort depuis les années 2000.[3] Dans les deux pays, cependant, le degré de perméabilité des branches de la recherche historique aux approches globales est demeuré très inégal selon les thèmes et les périodes. Le champ de l'histoire des forêts constitue de ce point de vue un cas intéressant. Né d'une tradition au départ surtout portée par les forestiers de profession, il s'est depuis les années 1970–1980 attaché à approfondir le dialogue avec d'autres secteurs de la recherche, comme l'histoire des sciences et des techniques, l'histoire économique et sociale, l'histoire rurale, l'histoire culturelle, la géographie historique, les études environnementales ou encore l'archéologie.[4] Bien que les réflexions sur les échelles spatiales et temporelles furent de toute évidence au cœur de

Philippe : « Histoire globale, histoires connectées : un changement d'échelle historiographique ? ». *Revue d'histoire moderne & contemporaine* 54(5), 2007, p. 7–21 ; Conrad, Sebastian et al. (éd.) : *Globalgeschichte : Theorien, Ansätze, Themen.* Frankfurt a.M. : Campus Verlag 2007 ; Maurel, Chloé : « Introduction : Pourquoi l'histoire globale ? ». *Cahiers d'histoire. Revue d'histoire critique* 121, 2013, p. 13–19.

3 Middell, Matthias : « L'histoire mondiale/globale en Allemagne ». *Cahiers d'histoire. Revue d'histoire critique* 121, 2013, p. 69–88 ; Stanziani, Alessandro : « Histoire globale à la française ? ». In : *Les entrelacements du monde. Histoire globale, pensée globale (XVIe-XXIe siècles).* Paris : CNRS Éditions 2018.

4 Radkau, Joachim : « Wood and Forestry in German History : In Quest of an Environmental Approach ». *Environment and History* 2(1), 1996, p. 63–76 ; Agnoletti,

la construction de l'histoire des forêts, la réception des démarches d'histoire globale, telles qu'elles se sont construites ces dernières décennies, est restée faible chez la majeure partie des spécialistes du champ.[5] En France comme en Allemagne, la recherche à l'échelle du massif, de la région ou de l'État-nation reste la norme et la sensibilité aux phénomènes de circulations, d'échanges et de connexions au niveau global, continental, transnational ou même transfrontalier, reste peu courante.

L'intégration entre histoire globale et histoire des forêts n'en est encore qu'à ses débuts. Pourtant, des avancées dans cette direction pourraient permettre de mieux comprendre l'évolution des milieux forestiers et de leurs usages à travers l'histoire, voire de remettre en cause un certain nombre d'idées reçues. Les pistes à suivre sont nombreuses et on se propose ici d'en examiner quelques-unes en partant de la France et de l'Allemagne. Certes, le parti pris de considérer ces deux États-nations comme point de départ pour discuter d'une écriture globale de l'histoire peut surprendre au premier abord, même si la longue tradition du franco-allemand a parfois pu nous habituer à naturaliser ce genre d'approche, y compris en histoire globale et en histoire des forêts[6]. Le projet de produire des récits globaux « depuis » ces deux pays peut en fait s'entendre de différentes façons qui ne sont pas nécessairement incompatibles avec le projet et les exigences de l'histoire globale : il peut tout d'abord s'agir d'utiliser des archives françaises ou allemandes comme corpus de sources ; d'adopter un angle d'approche centré sur les territoires français et allemands (aux contours eux-mêmes changeants selon les périodes), mais en les comprenant comme des espaces traversés par des dynamiques d'ampleur planétaire ; de suivre, enfin, les acteurs originaires de ces pays qui participèrent à la circulation de savoirs, de pratiques et de produits forestiers à travers le monde.

Mauro/Anderson, Steven (éd.) : *Methods and Approaches in Forest History*. Wallingford : CAB International 2000.

5 Seules quelques avancées récentes viennent contredire ce constat, comme : Williams, Michael : *Deforesting the Earth : from Prehistory to Global Crisis*. Chicago : University of Chicago Press 2006 ; Bennett, Brett M. : *Plantations and Protected Areas : A Global History of Forest Management*. Cambridge : MIT Press 2015.

6 Devèze, Michel : « Forêts françaises et forêts allemandes : étude historique comparée ». *Revue historique* 235(2), 1966, p. 347–380 ; Séveno, Damien : « Globalgeschichte/Histoire globale – Deutsche und französische Perspektiven. Table Ronde avec Romain Bertrand, Serge Gruzinski, Johannes Paulmann, Benjamin Steiner. Université de Francfort, 6 décembre 2012 ». *Revue de l'IFHA* 5, 2013, retrieved 18.12.2020, from <http://journals.openedition.org/ifha/7379>.

La méthode employée ici repose essentiellement sur une revue historiographique. Si la plupart des travaux cités ne sont pas en eux-mêmes des contributions directes à une histoire globale des forêts, ils n'en fournissent pas moins des outils pour avancer dans cette direction. Le chapitre suit donc un objectif triple : (1) proposer un panorama des éléments empiriques attestés dans la littérature existante et sur la base desquels de nouveaux récits globaux pourraient s'appuyer ; (2) suggérer des directions de recherche complémentaires et souligner les éventuelles lacunes ou biais méthodologiques qui resteraient à combler ; (3) discuter de la fécondité de la comparaison franco-allemande comme un élément de structuration de récits globaux en histoire des forêts. Ce faisant, le chapitre ne prétend évidemment pas à l'exhaustivité. Et ce d'abord parce qu'un survol complet des travaux réalisés constitue un horizon impossible à atteindre, en raison notamment de la diversité des langues à considérer. Ensuite parce que les chemins qui pourraient être suivis sont trop divers pour être tous abordés ici. Cet état des lieux s'entend donc comme un travail à poursuivre. Il se concentre sur trois pistes déjà identifiables et qu'il conviendrait de creuser : la question de la circulation des savoirs ; celle des échanges commerciaux ; celle enfin des vagues de migrations de travail et de peuplement.

1 La France et l'Allemagne, acteurs majeurs de la circulation globale des savoirs forestiers depuis la fin du XVIIIe siècle

Partir de la France et l'Allemagne peut d'abord se justifier par la place singulière que ces deux pays ont occupée dans l'histoire des sciences forestières à partir de la fin de l'époque moderne. Beaucoup d'études – dont les résultats sont certes aujourd'hui en partie réévalués, on y reviendra – ont en effet vu dans les politiques forestières menées à travers le monde une continuation du modèle de sylviculture scientifique constitué dans ces deux pays au tournant des XVIIIe-XIXe siècles et dont les fondements reposaient sur une approche mathématique de la ressource et l'objectif d'une récolte optimisée de bois d'œuvre.[7] Elles ont montré qu'Allemands et Français avaient non seulement été au cœur de l'émergence de la sylviculture scientifique occidentale, mais également assisté à la création des premières administrations forestières dans de larges parties du monde. Dans la première moitié du XIXe siècle, des professeurs allemands ou formés dans les prestigieuses académies de Saxe ou de Prusse contribuèrent ainsi à former les

7 Scott, James : *Seeing Like a State : How Certain Schemes to Improve the Human Condition Have Failed.* New Haven : Yale University Press 1999, p. 19–20.

premières écoles forestières de Russie, d'Autriche et de Hongrie, de Pologne, de France, de Suède ou d'Espagne.[8]

L'académie fondée en France à Nancy en 1824 devint à son tour un centre de diffusion de savoirs, au point que les influences des deux pays se confondirent souvent, aussi bien sur le plan de la doctrine que de la législation et des formes d'organisation des services.[9] Le cas des colonies d'outre-mer a également fait l'objet de nombreuses recherches. Les forestiers français et allemands ne sont en effet pas seulement intervenus dans les empires que leurs pays se taillèrent en Afrique, en Asie et en Océanie, mais également dans les possessions d'autres grandes puissances. Comme il n'existait pas d'école forestière en Grande-Bretagne, ce furent ainsi des Allemands qui occupèrent les premiers postes d'encadrement du service forestier de l'Inde britannique, à partir de 1864. Formé au départ dans les écoles de Tharandt ou Eberswalde, le personnel fut par la suite surtout envoyé à Nancy.[10] Un schéma du même type se retrouve dans les Indes néerlandaises, où les forestiers allemands jouèrent un rôle éminent dans la structuration du service forestier colonial.[11] La place centrale des Français et des Allemands dans l'émergence des administrations forestières dans les dominions du Canada, d'Afrique du Sud, d'Australie et de Nouvelle-Zélande, longtemps sous-estimée par une historiographie quelque peu anglocentrique, est désormais bien documentée.[12]

Au XIXe siècle, toutefois, la sylviculture servit à la France et à l'Allemagne d'outil d'influence et de *soft power* bien au-delà des seuls États européens et de

---

8 Bennett 2015, p. 26.

9 Ciceo, Georgiana : « Contributions franco-allemandes à l'édification d'une politique forestière roumaine ». *Synergies Roumanie* 10, 2015, p. 73–89 ; Aranda, Gaspar de : « La Selvicultura en España hasta el siglo XIX ». *Ecología* 10, 1996, p. 173–184 ; cf. également : Dupuy, Michel : *Les cheminements de l'écologie en Europe : une histoire de la diffusion de l'écologie au miroir de la forêt, 1880–1980*. Paris : L'Harmattan 2004.

10 Guha, Ramachandra : « Dietrich Brandis et la gestion des forêts indiennes : la voie délaissée ». *Revue française d'histoire d'outre-mer* 80(299), 1993, p. 149–163 ; Saldanha, Indra Munshi : « Colonialism and Professionalism : A German Forester in India ». *Environment & History* 2(2), 1996, p. 195–219 ; Kirchberger, Ulrike : « German Scientists in the Indian Forest Service : A German Contribution to the Raj ? ». *The Journal of Imperial and Commonwealth History* 29(2), 2001, p. 1–26.

11 Boomgaard, Peter : « Colonial Forest Policy in Java in Transition, 1865–1916 ». In : Cribb, Robert (éd.) : *The Late Colonial State in Indonesia*. Leiden : KITLV Press 1994, p. 117–138.

12 McManus, Phil : « Histories of Forestry : Ideas, Networks and Silences ». *Environment & History* 5(2), 1999, p. 185–208 ; Pooley, Simon P. : *Burning Table Mountain : An Environmental History of Fire on the Cape Peninsula*. Claremont : UCT Press

leurs colonies.[13] Un cas bien étudié est celui des États-Unis. Favorisés par des rencontres lors des expositions internationales, les échanges académiques tissés avec l'Allemagne furent en effet un élément déterminant dans l'émergence des premières institutions d'enseignement et du service forestier américain, et ainsi dans le rapprochement scientifique entre les deux pays.[14] La Chine offre un autre exemple intéressant de l'utilisation de la sylviculture à des fins géopolitiques. Dans les années 1900, l'Allemagne fit de sa « colonie modèle » de Tsingtau un centre de formation pour de jeunes forestiers chinois et le lieu d'où furent pilotées plusieurs campagnes de reboisement dans les provinces de l'empire. Il s'agissait essentiellement d'une politique de prestige qui visait à s'attirer les faveurs du gouvernement chinois et appuyer ainsi les ambitions de la *Weltpolitik* en Extrême-Orient.[15] Dans l'Empire ottoman, ce furent des forestiers français qui furent invités à mettre en place, en 1857, la première institution de formation forestière du pays. Quelques décennies plus tard, la Turquie kémaliste continuait à recourir aux conseils d'experts français ou allemands.[16] Des recherches ont également été menées sur ces sujets en Amérique latine, où les influences françaises et allemandes sur les sciences forestières, bien qu'attestées, restent toutefois moins bien connues.[17] Les terrains les mieux travaillés sont ceux du Chili, où ce fut un forestier allemand formé en Bavière et arrivé dans le pays en 1889, qui jeta les bases de la politique forestière nationale, ainsi que celui du Mexique, où un personnel français invité par les autorités du pays anima, à

2015, p. 36–40 ; Beattie, James/Star, Paul : « Global Influences and Local Environments : Forestry and Forest Conservation in New Zealand, 1850s-1925 ». *British Scholar* 3(2), 2010, p. 191–218.

13 Lionnet, Marie-Jeanne : « La sylviculture à la conquête de la planète : "Imiter la nature, hâter son œuvre" ». *Annales des Mines – Responsabilité et environnement* 1, 2009, p. 56–62.

14 Hesmer, Herbert : *Leben und Werk von Dietrich Brandis 1824–1907 : Begründer der tropischen Forstwirtschaft Förderer der forstlichen Entwicklung in den USA Botaniker und Ökologe*. Wiesbaden : Verlag für Sozialwissenschaften 1975 ; Schmidt, Uwe E. : « German Impact and Influences on American Forestry until World War II ». *Journal of Forestry* 107(3), 2009, p. 139–145.

15 Daheur, Jawad : « La forêt : espace de légitimation du projet colonial allemand en Chine (1898–1914) ». *Recherches germaniques* 43, 2013, p. 95–110.

16 Gülen, İlhan/Özdönmez, Metin : « Türkiye'de orman ve ormancılık ». *İstanbul Üniversitesi Orman Fakültesi Dergişi* 31(2), 1981, p. 1–13.

17 Soluri, John/Leal, Claudia/Augusto, José (éd.) : *A Living Past : Environmental Histories of Modern Latin America*. New York : Berghahn Books 2019.

partir de 1908, les premiers cours de sylviculture à l'école de Santa Fe, calqués sur le modèle du curriculum de Nancy.[18]

Des travaux récents ont cependant interrogé le récit d'une origine purement nationale et d'une diffusion à sens unique des techniques et savoirs forestiers « inventés » en Allemagne et en France. La volonté de dépasser la thèse diffusionniste ayant longtemps fait de l'Occident le centre unique de rayonnement d'une science universelle vers des périphéries réceptrices, a été – on le sait – l'une des prémices du développement de l'histoire globale. Au fil des débats, nourris notamment par des changements de paradigmes au sein l'histoire des sciences, la notion de « circulation » fut progressivement préférée à celle de « transfert », en raison de l'accent qu'elle permettait de mettre sur les phénomènes d'interactions, de négociations, d'hybridations, mais aussi de refus. Un des acquis de ces travaux est que la sylviculture pratiquée en Allemagne ne fut jamais uniforme et qu'il est difficile de la qualifier de purement « allemande », tant les échanges intellectuels transnationaux, en particulier avec les mondes français et britannique, furent importants.[19] L'étude des conceptions sylvicoles en vigueur dans l'Inde britannique a d'ailleurs montré que les membres de l'administration forestière n'y avaient qu'une conception relativement floue de ce qu'étaient les sylvicultures « allemande », « française » ou même « européenne ».[20]

L'historiographie indienne a aussi eu le mérite d'insister sur la complexité des dynamiques de circulations des savoirs, marquées par des adaptations locales variables, des phénomènes d'hybridation et parfois de rejet.[21] En Afrique orientale, les forestiers allemands firent face à une forte résistance locale et durent se résoudre à l'idée que ni l'environnement ni les populations ne se

18 Delgado, Juan Luis : « Los árboles que esconden al bosque : Miguel Ángel de Quevedo y los orígenes de la ciencia forestal en México ». *Historia Agraria* 78, 2019, p. 99–126 ; Camus, Pablo : « Federico Albert : artífice de la gestión de los bosques de Chile ». *Revista de Geografía Norte Grande* 30, 2003, p. 55–63.

19 Hölzl, Richard : « Der "deutsche Wald" als Produkt eines transnationalen Wissenstransfers ? Forstreform in Deutschland im 18. und 19. Jahrhundert ». In : Dauser, Regina/Schilling, Lothar (éd.) : *Grenzen und Kontaktzonen : Rekonfigurationen von Wissensräumen zwischen Frankreich und den deutschen Ländern 1700–1850.* Paris : Perspectivia 2012.

20 Bennett, Brett M. : « A Network Approach to the Origins of Forestry Education in India, 1855–1885 ». In : Bennett, Brett M./Hodge, Joseph M. (éd.) : *Science and Empire : Knowledge and Networks of Science Across the British Empire, 1800–1970.* Basingstoke : Palgrave Macmillan 2011, p. 68–88.

21 Rajan, Ravi : *Modernizing Nature : Forestry and Imperial Eco-development 1800–1950.* Oxford : Oxford University Press 2006.

plieraient au modèle sylvicole qu'ils cherchaient à imposer.[22] Le cas de l'Asie du Sud-Est a lui-même été reconsidéré et l'idée d'une forme d'« hybridité » entre les méthodes importées depuis la France ou l'Allemagne et les expériences menées localement en Inde, en Birmanie ou à Java, a été avancée.[23]

En Russie également, les conceptions allemandes furent appropriées et réadaptées par les forestiers russes, mais aussi en partie rejetées quand elles n'apportaient pas les résultats attendus. L'expérience russe des méthodes allemande fut ensuite restituée aux communautés scientifiques d'Europe et des États-Unis, qui l'intégrèrent à leurs réflexions.[24] Ces phénomènes de circulations pluridirectionnelles se retrouvent aussi dans les régions marquées par la présence française. Si les experts français sollicités par l'Empire ottoman modelèrent leurs projets de réforme de la sylviculture locale sur l'exemple du sud de la France, confronté à des problèmes similaires à cause de l'élevage itinérant, ils tirèrent en retour des enseignements de leur séjours anatoliens, qui leur fournirent de nouvelles idées sur les stratégies à appliquer en Provence et dans les départements d'Algérie.[25] L'expérience algérienne suscita à son tour une circulation des méthodes à l'échelle du Maghreb, certaines conceptions s'exportant vers la Tunisie et le Maroc, avec le même parti pris anti-nomade.[26]

Un autre aspect essentiel des apports de l'histoire globale mais n'ayant encore été que partiellement approprié par l'histoire des forêts renvoie aux discussions sur la place des savoirs indigènes dans la constitution des sciences forestières.

---

22 Sunseri, Thaddeus : « Reinterpreting a Colonial Rebellion : Forestry and Social Control in German East Africa, 1874–1915 ». *Environmental History* 8(3), 2003, p. 430–451 ; Sunseri, Thaddeus : « Working in the Mangroves and Beyond : Scientific Forestry and the Labour Question in Early Colonial Tanzania ». *Environment and History* 11(4), 2005, p. 365–394.

23 Vandergeest, Peter/Peluso, Nancy L. : « Empires of Forestry : Professional Forestry and State Power in Southeast Asia ». *Environment & History* 12(4), 2006, p. 359–393.

24 Brain, Stephen : *Song of the Forest : Russian Forestry and Stalinist Environmentalism, 1905–1953*. Pittsburgh : University of Pittsburgh Press 2011 ; Moon, David : *The Plough that Broke the Steppes : Agriculture and Environment on Russia's Grasslands, 1700–1914*. Oxford : Oxford University Press 2013 ; Lustina, Elena : « Western Patterns in Forestry Education in the Russian Empire in the Mid-18th–Mid-19th Centuries ». *Societal Studies* 6(1), 2014, p. 84–97.

25 Duffy, Andrea E. : *Nomad's Land : Pastoralism and French Environmental Policy in the Nineteenth-Century Mediterranean World*. Lincoln : University of Nebraska Press 2019.

26 Davis, Diana K. : *Les mythes environnementaux de la colonisation française au Maghreb*. Paris : Champ Vallon 2014.

Nourri par les études coloniales et les *subaltern studies*, ce courant de recherche s'est notamment structuré autour d'un débat sur les formes de réécriture des savoirs indigènes dans le langage du colonisateur et ainsi sur les origines des connaissances sylvicoles et botaniques occidentales.[27] Or, si les îles des Caraïbes et de l'Océan indien sous tutelle française à l'époque moderne ont joué un rôle central dans les premiers débats, c'est moins le cas des colonies africaines et asiatiques acquises à la fin du XIXe siècle, pour lesquelles ces questions n'ont encore été que peu travaillées, sauf peut-être à rebours, par certains anthropologues.[28]

Le sujet a en effet surtout été abordé sous l'angle du mépris que la majorité des administrateurs coloniaux portaient aux savoirs locaux, afin de stigmatiser des pratiques considérées, souvent injustement, comme néfastes pour les forêts, qu'il s'agisse du nomadisme pastoral au Maghreb et au Sahel ou des pratiques d'agriculture itinérante sur brûlis à Madagascar ou en Indochine.[29] Dans les colonies allemandes également, il a été établi que la politique forestière fut animée par un chauvinisme environnemental ne laissant que peu de place à la parole indigène.[30] Ce constat d'une faible prise en compte des savoirs extra-européens sur la forêt à l'époque coloniale mériterait cependant d'être mis en regard avec les évolutions survenues durant les décennies plus récentes, marquées par des contacts interculturels croissants entre les pays « développés » et ceux du tiers monde. Après les décolonisations, les échanges se poursuivirent

27 Grove, Richard H. : *Green Imperialism : Colonial Expansion, Tropical Islands Edens and the Origins of Environmentalism, 1600–1860.* Cambridge : Cambridge University Press 1996.

28 Fairhead, James/Leach, Melissa : *Misreading the African Landscape : Society and Ecology in a Forest-Savanna Mosaic.* Cambridge : Cambridge University Press 2011.

29 Bergeret, Anne : « Discours et politiques forestières coloniales en Afrique et à Madagascar ». *Revue française d'histoire d'outre-mer* 80(298), 1993, p. 23–47 ; Calendra, Lina Maria : « Protection de la nature et colonialisme : l'expérience de l'Afrique occidentale française ». In : Berdoulay, Vincent/Soubeyran, Olivier (éd.) : *Milieu, colonisation et développement durable. Perspectives géographiques sur l'aménagement.* Paris : L'Harmattan 2000, p. 139–153 ; Ford, Caroline : « Reforestation, Landscape Conservation, and the Anxieties of Empire in French Colonial Algeria ». *American Historical Review* 113(2), 2008, p. 341–362 ; Thomas, Frédéric : « Protection des forêts et environnementalisme colonial : Indochine, 1860–1945 ». *Revue d'histoire moderne & contemporaine* 4, 2009, p. 104–136.

30 Rollins, William H. : « Imperial Shades of Green : Conservation and Environmental Chauvinism in the German Colonial Project ». *German Studies Review* 22(2), 1999, p. 187–213.

en effet sous le mode de la coopération, dans le cadre de divers programmes de développement soutenus par la FAO, la Banque mondiale ou de façon plus générale, les pays riches.[31] Des étudiants du monde entier continuèrent à suivre des enseignements forestiers dans les écoles de France ou d'Allemagne, dont certains venaient de pays moins concernés par le passé, comme par exemple ceux du Moyen-Orient.[32] La réhabilitation des savoirs forestiers extra-européens fut sans doute un progrès de cette période, tant elle semble aujourd'hui acquise et en voie d'intégration aux politiques environnementales contemporaines.[33] Mais la genèse de cette évolution mériterait sans doute de faire l'objet de davantage de travaux de la part d'historiens, afin notamment de pouvoir identifier le rôle qu'y jouèrent Allemands, Français et leurs anciens sujets coloniaux.

2 La France et l'Allemagne, au cœur des réseaux mondiaux d'échanges de produits forestiers depuis les « Grandes Découvertes »

Quelle que soit la période considérée, les circulations des savoirs forestiers avaient pour objectif principal une valorisation économique des forêts exploitées pour couvrir divers besoins locaux ou plus lointains. La question du commerce des produits forestiers à diverses échelles constitue pour cette raison un pan incontournable de toute tentative d'histoire globale des forêts. La littérature existante fournit là encore une série de concepts et de méthodes utiles et pouvant être mobilisés, l'histoire globale ayant été dès ses débuts associée à l'analyse du développement du capitalisme marchand.[34] On pense en particulier à toute la tradition braudélienne qui s'est attachée à décrire l'extension planétaire des fronts d'exploitation de ressources à partir du XVIe siècle, avec

---

31 Palo, Matti : « World Forests and the G8 Economic Powers : from Imperialism to the Action Programme on Forests ». In : Palo, Matti/Uusivuori, Jussi/Mery, Gerardo (éd.) : *World Forests, Markets and Policies*. Dordrecht : Springer 2001, p. 165–196.

32 Wagner, Larissa : « From Bavaria to the World : Measures of Development Aid in the Federal Republic of Germany from the 1960s to the 1980s. Advanced Vocational Training Programmes ». *Cultural & Social History* 17, 2020, p. 1–21.

33 Kleiche-Dray, Mina : « Les savoirs autochtones au service du développement durable ». *Autrepart* 81(1), 2017, p. 3–20.

34 Beaujard, Philippe/Berger, Laurent/Norel, Philippe : « Prologue. Par-delà l'eurocentrisme : les mondialisations et le capitalisme au prisme de l'histoire globale ». In : Beaujard, Philippe/Berger, Laurent/Norel, Philippe (éd.) : *Histoire globale, mondialisations et capitalisme*. Paris : La Découverte 2009, p. 7–61.

la constitution des grands empires européens. Or il est clair que la France et l'Allemagne furent, aux côtés d'autres nations capitalistes, des acteurs de premier plan dans ces dynamiques, que cela soit au niveau de la consommation, de la production ou du commerce. Ces processus au sein desquels les forêts jouèrent un rôle clef ne se mirent toutefois que lentement en place et selon des géométries variables en fonction des marchandises, des territoires et des périodes considérés. Longtemps, les bois de teinture, d'ébénisterie et de marqueterie furent les produits qui supportaient le mieux les frais de transport du Nouveau Monde vers l'Ancien. Du XVIe au XVIIIe siècle, toutes sortes d'essences furent exploitées dans les Caraïbes, le Brésil et les Indes. La France, qui devint un importateur majeur de ces bois précieux, joua dès le départ un rôle capital dans leur circulation à l'échelle mondiale. Vers 1520, des navigateurs français se rendaient régulièrement au Brésil pour trafiquer du bois de teinture qui, arrivé à Rouen, était ensuite réexpédié vers Paris, La Rochelle ou Anvers. Ce furent d'ailleurs en partie ces incursions répétées qui poussèrent la couronne portugaise à prendre conscience de l'enjeu international du Brésil et à affermir sa souveraineté sur cet espace.[35]

Le XVIIe siècle marqua le début d'une conjoncture favorable à un élargissement de la gamme de produits échangés. Les bois et autres produits forestiers – la poix et le goudron notamment – utilisés pour la construction et le calfatage des navires bénéficièrent de cet élan commercial qui se prolongea au moins jusque dans le second tiers du XIXe siècle, lorsque l'acier s'imposa en remplacement du bois.[36]

Encore au XVIe siècle surtout centré sur l'Europe du nord, ce mouvement s'étendit ensuite à l'Amérique et à certaines régions d'Afrique et d'Asie. Il contribua au phénomène de mondialisation par deux biais au moins : en étant un moteur de la mise en exploitation de forêts dans de larges parties du monde, mais également en permettant aux premiers empires de se constituer les flottes nécessaires à la poursuite de leur expansion. Durant cette phase intense de conquête des océans, l'approvisionnement en bois de marine fut l'une des principales préoccupations de la politique française à l'étranger.[37] Si le pays possédait sur son sol les chênaies nécessaires à la construction des coques, les résineux

35 Maneuvrier, Christophe/Daeffler, Michel/Bretthauer, Isabelle : « Les importations de bois de Brésil en Normandie dans la première moitié du XVIe siècle ». *Revista Portuguesa de História* 49, 2018, p. 189–213.

36 Puyo, Jean-Yves : « La fin d'un enjeu stratégique, 1820–1870 ». In : Corvol, Andrée (éd.) : *Forêt et marine*. Paris : L'Harmattan 1999, p. 419–428.

37 Bamford, Paul W. : *Forests and French Sea-Power, 1660–1789*. Toronto : University of Toronto Press 1956.

pour la mâture manquaient ou étaient difficilement exploitables. Les chantiers de Brest et de Toulon devaient donc les acquérir à l'étranger, en Russie et à Riga notamment.[38] Au XVIIIe siècle, l'influence croissante de la Grande-Bretagne dans la Baltique poussa la France à chercher des alternatives. L'importation de mâts depuis la Nouvelle-France dura quelques années mais cessa vers 1731, tant les qualités étaient médiocres. Une nouvelle source s'ouvrit en 1781 par le port de Kherson, sur la Mer Noire, après que les navires russes fussent autorisés à naviguer en Méditerranée.[39] Le blocus maritime mis en place par Napoléon à partir de 1806 renversa la situation : ce fut cette fois la Grande-Bretagne qui, privée de l'accès à la Baltique, dut se tourner vers ses colonies du Canada.[40] Ce changement survint toutefois après que d'autres options, comme la côte du Brésil, la région du Cap ou l'arrière-pays de Bombay, fussent provisoirement exploitées.[41]

L'espace germanique présente à l'époque moderne un profil tout à fait différent. Du XVIe au XVIIIe siècles, il resta en retrait de la dynamique d'expansion suscitée par les Grandes Découvertes, même si quelques percées sur le commerce des bois précieux du Brésil sont à signaler.[42] Il n'y participait cependant pas moins de façon indirecte. Et ce d'abord en étant une zone de transit fournissant aux nations d'Europe de l'ouest les produits forestiers nécessaires à la construction des navires. Déjà bien développé à la Renaissance, le commerce des produits forestiers de la Baltique faisait intervenir les intermédiaires de Brandebourg et de Prusse qui acquéraient les marchandises auprès des grands propriétaires de Pologne et de Lituanie. Tandis qu'au XVe siècle, le Portugal s'approvisionnait déjà en bois à Danzig pour construire sa flotte, Königsberg devint au milieu du siècle suivant un important fournisseur pour les chantiers

38 Daszkiewicz, Piotr/Oleksyn, Jacek : « Introdukcja "sosny ryskiej" w osiemnasto- i dziewiętnastowiecznej Francji ». *Rocznik Dendrologiczny* 53, 2005, p. 7–40.

39 Cf. Bamford 1956.

40 Wynn, Graeme : *Timber Colony : A Historical Geography of Early Nineteenth Century New Brunswick*. Toronto : University of Toronto Press 1981.

41 Crevier, Martin : « The Making of a Timber Colony : British North America, the Navy Board, and Global Resource Extraction in the Age of Napoleon ». *Itinerario* 43(3), 2019, p. 466–488 ; Sérougne, Lucas : « À la conquête du teck. Guerres, impérialisme forestier et construction navale en Inde (1793–1815) ». *Annales historiques de la Révolution française* 399(1), 2020, p. 123–152.

42 Ferreira de Abreu Castro, Carlos : *Gestão Florestal no Brasil Colônia*. (Thèse de doctorat. Universidade de Brasília 2002). p. 16.

d'Amsterdam.[43] Plus à l'ouest, les terres de l'Allemagne centrale devinrent elles-mêmes un espace d'approvisionnement majeur. Après la guerre de Trente Ans (1618–1648), les Pays-Bas, première puissance maritime mondiale, opérèrent une réorientation de leur stratégie d'achat suite à la montée de la Grande-Bretagne dans la Baltique. Démarrée sur le cours moyen du Rhin, la dynamique d'exploitation du bois pour le marché hollandais progressa en direction de la Forêt-Noire. Au XVIIIe, on estime que le bois rhénan couvrait jusqu'à la moitié des besoins des Pays-Bas[44]. Le pays se fournissait également dans la vallée de l'Elbe, investie par des marchands hollandais établis à Hambourg au tournant des XVIIe et XVIIIe siècles.[45]

Dans le courant du XIXe siècle s'ouvrit une nouvelle phase dans l'exploitation des forêts de la planète. Tandis que l'apparition du chemin de fer de la navigation à vapeur permit aux marchands de se projeter toujours plus loin, la place centrale du bois de marine fut remise en cause par le développement d'industries consommatrices de nouveaux produits.[46] Le secteur du placage connut un essor prodigieux grâce à l'apparition des machines à trancher. Paris devint ainsi un centre mondial du travail de bois précieux importés pour les besoins d'une industrie de luxe.[47] Une autre étape majeure dans l'importation des bois tropicaux fut la mise au point de la technique du déroulage permettant la fabrication des contreplaqués. Le procédé se généralisa à partir des années 1880 pour divers usages dans la menuiserie, l'aménagement intérieur ou les transports. En fournissant certains des matériaux nécessaires à la fabrication de wagons de train, d'automobiles et bientôt d'avions, il permit de poursuivre la mise en réseau des différentes parties du monde. Diverses essences tropicales étaient

---

43 Małowist, Marian : « L'approvisionnement des ports de la Baltique en produits forestiers pour les constructions navales aux XVe et XVIe siècles ». In : Mollat, Michel (éd.) : *Le navire et l'économie du nord de l'Europe du Moyen-Age au XVIIIe siècle.* Paris : SEVPEN 1960, p. 25–43 ; Jou, Kyung-Chul : *Le commerce des bois entre Königsberg et Amsterdam : 1550–1650.* (Thèse de doctorat. EHESS Paris 1992).

44 Ebeling, Dietrich : *Der Holländerholzhandel in den Rheinlanden. Zu den Handelsbeziehungen zwischen den Niederlanden und dem westlichen Deutschland im 17. und 18. Jahrhundert.* Stuttgart : Steiner 1992.

45 Adam, Bernd : « The Dutch Timber Trade on the River Elbe in the Seventeenth and Eighteenth Centuries ». *Bulletin Knob* 114(3), 2015, p. 144–157.

46 Tucker, Richard P./Richards, John F. (éd.) : *Global Deforestation and the Nineteenth-Century World Economy.* Durham : Duke University Press 1983.

47 Schirmer, Isabelle/Febvre, François : « Profession : importateur de bois tropicaux. Une activité en mutation dans un marché en régression ». *Bois & Forêts des Tropiques* 213, 1986, p. 71–96.

recherchées : l'acajou pour les placages ou la fabrication d'hélices, l'okoumé pour le déroulage, alors en pleine expansion en France et en Allemagne.[48] Le teck confirma également son succès pour une variété d'utilisations comme la fabrication de meubles et de ponts des navires. Français et Allemands prirent part à la diffusion globale de cette essence en créant autour de 1900 des plantations dans leurs colonies d'Afrique et d'Océanie, à partir de graines importées d'Inde ou de Birmanie.[49]

L'ère de la domination coloniale européenne fut aussi marquée par une accélération sans précédent du processus global de déforestation auquel prirent part la France, mais également l'Allemagne, puissance industrielle montante en Europe. Dans les empires que se constituèrent ces deux pays, les forêts étaient stratégiquement importantes comme sources de bois et réserves de terres destinées à être converties en cultures de rente. En Algérie, l'extraction à grande échelle du liège démarra dans les années 1860 avec l'octroi d'immenses concessions à des fortunes métropolitaines.[50] Au Congo français, 700 000 km^2 de terres incluant d'immenses forêts furent en 1899 cédés à une quarantaine de sociétés de traite ; un système similaire apparut à la même époque dans le Cameroun allemand en vue de l'exploitation du palmier à huile, du caoutchouc sauvage et de divers bois de construction.[51] À Madagascar également, l'octroi de concessions forestières fut employé à grande échelle et déboucha sur un pillage systématique des ressources.[52] L'Indochine, en revanche, ne constitua jamais un réservoir forestier livré à des concessions privées.

48 Gray, Christopher/Ngolet, François : « Lambaréné, Okoumé and the Transformation of Labor Along the Middle Ogooué (Gabon), 1870–1945 ». *Journal of African History* 40(1), 1999, p. 87–107.

49 Béhaghel, Ivan : « État des plantations de teck (*Tectona grandis Lf*) dans le monde ». *Bois & Forêts des Tropiques* 262(4), 1999, p. 6–18.

50 Plarier, Antonin : *Le banditisme rural en Algérie à la période coloniale (1871-années 1920)*. (Thèse de doctorat. Université de Paris I 2019), p. 65.

51 Karsenty, Alain/Pierre, Jean-Michel : *Les concessions forestières en Afrique centrale. Aspects historiques, institutionnels et politiques, du point de vue de la responsabilité sociale et environnementale des entreprises concessionnaires*. Montpellier : CIRAD-Forêt 2005, p. 3–4 ; Lanz, Tobias J. : « The Origins, Development and Legacy of Scientific Forestry in Cameroon ». *Environment & History* 6(1), 2000, p. 99–120.

52 Fremigacci, Jean : « La forêt de Madagascar en situation coloniale : une économie de la délinquance ». In : Chastanet, Monique (éd.) : *Plantes et paysages d'Afrique : une histoire à Explorer*. Paris : Karthala 1998, p 411–439 ; Jarosz, Lucy : « Defining and Explaining Tropical Deforestation : Shifting Cultivation and Population Growth in Colonial Madagascar (1896–1940) ». *Economic Geography* 69(4), 1993, p. 366–379.

Malgré les campagnes lancées en ce sens après 1912, peu d'Européens se lancèrent sur ce marché. L'exploitation des forêts fut donc laissée aux locaux, notamment à des exploitants vietnamiens ou chinois qui fournissaient du bois aux colons.[53] Cet exemple rappelle que les acteurs de l'exploitation des forêts coloniales étaient loin d'être tous métropolitains. En Afrique orientale, les mangroves furent à l'époque allemande majoritairement exploitées par des marchands zanzibarites, somaliens, arabes ou persans qui livraient du bois de chauffage aux marchés régionaux ; seules de petites quantités de bois précieux trouvaient leur chemin vers l'Europe.[54] Même là où ils avaient moins d'influence, les Africains ne furent pas des témoins passifs de la marchandisation des forêts, ne serait-ce qu'en raison des efforts qu'ils déployèrent pour contrer ou détourner à leur profit les ambitions des Européens. Au Cameroun, les chefs locaux firent perdurer les réseaux commerciaux établis avant l'arrivée des Allemands et qui reposaient sur une longue tradition de résistance à l'empiètement européen ; ils n'hésitaient pas non plus à faire « jouer les frontières » et contraindre ainsi Français, Allemands et Espagnols à se faire concurrence pour obtenir leurs marchandises et leur travail.[55]

Quant à l'ampleur des pressions exercées par la puissance industrielle allemande sur les forêts de la planète à partir de la fin du XIXe siècle, elle ne fait aucun doute, mais ne reste encore que partiellement documentée. L'un des principaux mécanismes ayant conduit l'Allemagne à se projeter vers des forêts lointaines fut l'essor de la grande industrie chimique et notamment de sa branche pharmaceutique. Dans les années 1870, des entrepreneurs allemands se lancèrent ainsi dans l'extraction à grande échelle de la quinine, une substance extraite d'un arbuste d'Amérique du Sud et utilisée pour la prévention du paludisme. Ils s'installèrent par exemple en Colombie afin d'exploiter, dans le plus grand secret, l'écorce et les racines récoltées sur de vastes propriétés qu'ils protégeaient grâce à des groupes paramilitaires.[56] Un autre secteur emblématique

53 Thomas, Frédéric : « Transport du bois en Indochine : les impacts de la colonisation ». *Cahiers d'Études. Groupe d'Histoire des Forêts Françaises* 17, 2005, p. 25–40.

54 Schabel, Hans G. : « Tanganyika Forestry under German Colonial Administration, 1891–1919 ». *Forest & Conservation History* 34(3), 1990, p. 130–141.

55 Sunseri, Thaddeus : « Exploiting the Urwald : German Post-Colonial Forestry in Poland and Central Africa, 1900–1960 ». *Past & Present* 214(1), 2012, p. 305–342.

56 Pérez Pinzón, Luis Rubén : « La inmigración alemana a Santander, la extracción de los árboles de quina y la guerra de las quinianzas. Intereses territoriales y conflictos bélicos entre élites políticas y empresarios extranjeros en Colombia (1878–1882) ». In : Perafán Cabrera, Aceneth/Caro, Jorge Enrique Elías (éd.) : *Conflictos ambientales*

était celui du caoutchouc. Dans la seconde moitié du XIXe siècle, les marchands hambourgeois prirent une part essentielle à la mise en exploitation des forêts d'hévéas dans le monde, contribuant de ce fait à lancer la politique coloniale de l'Allemagne wilhelminienne.[57] Cette poussée commerciale fut d'ailleurs ressentie bien au-delà de l'empire que l'Allemagne se constitua à partir des années 1880. En Afrique orientale allemande par exemple, le boom du caoutchouc fut court et secondaire si l'on se place du point de vue de la métropole : vers 1900, la colonie ne livrait que 4 % au total des importations, ce qui indique que l'Allemagne avait projeté ses intérêts industriels dans bien d'autres régions du globe.[58]

L'étude de la mondialisation de la fin du XIXe siècle révèle le caractère pluridirectionnel des flux marchands, le lien entre la métropole et ses colonies n'ayant rien d'exclusif. La ruée vers l'Afrique survint de façon parallèle et simultanée à la constitution d'empires commerciaux dont les frontières ne recoupaient que partiellement les limites des empires et s'enchevêtrait avec d'autres États ou ensembles politiques. Ce fut ainsi à l'initiative de marchands non pas français mais britanniques, en l'occurrence originaires de Côte-de-l'Or, que le bois ivoirien fit vers 1890 son entrée dans la gamme des produits recherchés par le négoce européen. Avant 1914, la Côte-d'Ivoire exportait davantage d'acajou vers la Grande-Bretagne et les États-Unis que vers la France.[59] Au Gabon français, ce furent des marchands de Hambourg qui prirent en charge la première cargaison d'okoumé destinée à l'exportation, en 1889, une décennie avant que les industriels français ne commencent à s'y

en ecosistemas estratégicos. América latina y el Caribe. Siglos XIX-XXI. Santiago de Cali : Universidad del Valle 2017, p. 211–217.

57 Wendt, Samuel Eleazar : « Hanseatic Merchants and the Procurement of Palm Oil and Rubber for Wilhelmine Germany's New Industries, 1850–1918 ». *European Review* 26(3), 2018, p. 430–440.

58 Monson, Jamie : « From Commerce to Colonization : A History of the Rubber Trade in the Kilombero Valley of Tanzania, 1890–1914 ». *African Economic History* 21, 1993, p. 113–130.

59 Verdeaux, François/Ekanza, Simon-Pierre : « Des coupeurs de bois aux prémisses d'une filière : l'exploitation de la ressource forestière en Côte d'Ivoire, 1880–1945 ». In : *Crise et ajustement structurel en Côte d'Ivoire, les dimensions sociales et culturelles* (Actes de la Table Ronde, Bingerville, 30 novembre-2 décembre 1992). Abidjan : ORSTOM 1992, p. 97–101 ; Tano, Kassi Pascal : « Le commerce de bois précieux de la Côte d'Ivoire à l'époque coloniale, 1880–1960 ». *Afrika Zamani* 22/23, 2014–2015, p. 61–79.

intéresser.[60] Le constat vaut également pour le Congo, où les exportations de bois furent avant 1914 principalement captées par le port de Hambourg. Il fallut attendre les années 1920 et l'intérêt croissant des capitaux français pour que les flux se réorientent vers la métropole.[61] Les forêts des colonies françaises n'étaient pas les seules à être soumises à cette pression commerciale allemande. En Guinée espagnole, les exportations d'okoumé, en plein essor vers 1930, étaient principalement destinées à l'industrie allemande du contreplaqué, en position dominante sur le marché mondial.[62] La place du commerce allemand en Afrique mériterait d'être davantage mise en relation avec la situation qui prévalait dans d'autres parties du monde. Au début du XXe siècle, les marchands allemands avaient intensifié leur présence sur le marché sud-américain, par exemple dans la forêt sèche du Gran Chaco, où ils récoltaient des bois durs destinés à la teinture, la construction ou l'ébénisterie.[63] D'autres régions d'Amérique ou d'Asie furent probablement concernées, mais les études sur le sujet manquent. Des synthèses sur les stratégies globales d'approvisionnement en bois de l'Allemagne, comme d'ailleurs de la France, restent donc encore à écrire.

Il convient à ce titre de souligner que le continent européen ne devrait pas être exclu d'un tel projet, en particulier en ce qui concerne sa partie orientale. Un travail pionnier d'histoire à la fois comparée et connectée a d'ailleurs permis de rapprocher les stratégies forestières de l'Allemagne en Afrique centrale et en Pologne, autour d'une réflexion sur la notion de « forêt primaire » (*Urwald*) et de modes d'exploitation dont elle fit l'objet.[64] L'historiographie récente a, de façon plus générale, démontré le rôle central des forêts d'Europe du nord et de l'est dans les stratégies d'approvisionnement de pays comme la France et l'Allemagne, extrêmement préoccupés, dès la fin du XIXe siècle, par la perspective

60 Bouet, Claude : « La saga de l'okoumé au Gabon ». In : Pélissier, Paul et al. (éd.) : *L'arbre en Afrique tropicale : la fonction et le signe*. Paris : ORSTOM 1980, p. 269–272.

61 Coquery-Vidrovitch, Catherine : *Le Congo au temps des grandes compagnies concessionnaires, 1898–1930*. Paris : Éditions de l'EHESS 2001, Tome 2, p. 204.

62 Pascual, Henar/Guerra Velasco, Juan Carlos : « Civilizando la selva : capital, espacio y negocio forestal en la antigua Guinea continental española, c. 1926–1936 ». *Historia Agraria* 72, 2017, p. 135–166.

63 Girbal-Blacha, Noemí M. : « Explotación forestal, riesgo empresario y diversificación económica : las inversiones argentinas en el Gran Chaco (1905–1930) ». *Revista de Historia de América* 116, 1993, p. 29–57.

64 Sunseri 2012, p. 305–342.

future d'un épuisement des réserves mondiales.[65] Ayant rompu avec son passé d'exportateur dans les années 1860, l'Allemagne, unifiée en 1871, devint à la suite de sa croissance industrielle le deuxième importateur mondial, juste après la Grande-Bretagne. Couvrant 30 % à 40 % de sa consommation autour de 1900, ces importations lui permettaient de maintenir les coupes domestiques à un niveau soutenable et de préserver ses forêts.[66] La pression allemande se portait alors surtout sur les provinces russes et autrichiennes, d'où provenaient 77 % de ses importations, contre moins de 1 % pour l'Afrique de l'ouest.[67] Quant à la France, elle arrivait à la même époque à la sixième place, après des décennies de croissance de ses importations. Mais la provenance et la nature de ces arrivages reste mal connue, tant les études sur le commerce extérieur de la France en produits forestiers manquent pour les XIXe et XXe siècle. Les flux à destination de l'Allemagne ont davantage été étudiés, en tous cas dans leur dimension continentale, marquée par des efforts pour contrôler les réseaux de commerce et obtenir une position dominante dans l'industrie. Cette politique prit durant l'entre-deux-guerres la forme d'un internationalisme technocratique visant à faire de l'Allemagne l'acteur majeur de la coopération dans le secteur du bois, mais aussi d'une mise en exploitation des forêts des territoires occupés par le pays durant les années de conflit.[68]

Après-guerre, on assista en France comme en Allemagne à une relance de l'exploitation des bois tropicaux pour les besoins de la reconstruction. Dans le même temps, les importations depuis l'hémisphère nord s'intensifièrent. L'historiographie n'a toutefois que très partiellement pris la mesure de l'ampleur des changements survenus durant cette période, en particulier en ce qui concerne les interprétations que l'on peut faire de la croissance des volumes échangés.

---

65 Lotz, Christian : *Nachhaltigkeit neu skalieren. Internationale forstwissenschaftliche Kongresse und Debatten um die Ressourcenversorgung der Zukunft im Nord- und Ostseeraum (1870–1914)*. Köln : Böhlau Verlag 2018.

66 Daheur, Jawad : « La sylviculture allemande et ses "hectares fantômes" au tournant des XIXe et XXe siècles ». *Revue Forestière Française* 69(3), 2017, p. 227–239.

67 Daheur, Jawad : « La Galicie autrichienne : "colonie du bois" de l'Empire allemand ? (1890–1914) ». *Revue d'Allemagne et des Pays de langue allemande* 48, 2016, p. 25–41.

68 Steinsiek, Peter-M. : « Forstliche Großraumszenarien bei der Unterwerfung Osteuropas durch Hitlerdeutschland ». *Vierteljahrschrift für Sozial- und Wirtschaftsgeschichte* 94(2), 2007, p. 141–164 ; Bemmann, Martin : « Cartels, Grossraumwirtschaft and Statistical Knowledge : International Organizations and Their Efforts to Govern Europe's Forest Resources in the 1930s and 1940s ». In : Van de Grift, Liesbeth/Ribi Forclaz, Amalia (éd.) : *Governing the Rural in Interwar Europe*. London : Routledge 2017, p. 233–258.

Entre le milieu des années 1950 et le milieu des années 1990, les importations allemandes furent multipliées par un facteur treize, les exportations par un facteur cinq ; quant à la France, elle vit son déficit se creuser de façon inéluctable durant cette période.[69] Tout cela passa forcément par une restructuration des réseaux commerciaux, mais ces phénomènes n'ont que très peu été étudiés par les historiens spécialistes des deux pays, qui sont de ce point de vue-là quelque peu en retard par rapport à l'historiographie portant sur d'autres nations industrielles comme le Japon ou les États-Unis.[70] Le constat est d'autant plus paradoxal que la France et l'Allemagne restent aujourd'hui en tête des pays engagés dans le commerce du bois à l'échelle mondiale et que les importants flux qui les traversent depuis des décennies n'ont pu qu'avoir un impact considérable sur les forêts de nombreuses régions du monde, mais également, en creux, sur celles se situant sur leur propre sol. Là encore, des travaux de synthèses seront dans les années à venir les bienvenus.

3 La France et l'Allemagne dans les mouvements migratoires : les relations avec l'histoire forestière des XIXe et XXe siècles

L'histoire du commerce et l'histoire des circulations de travailleurs et des diasporas ne sauraient être déconnectées, tant il apparait clair que des motivations liées aux forêts et à leurs ressources ont été un facteur central dans l'histoire des migrations à l'ère contemporaine. Il a été souligné à quel point l'essor du commerce du bois entre la Grande-Bretagne et le Canada, dont on a vu qu'il découlait directement des tensions militaires avec la France de Napoléon, avait rendu possibles les vagues d'émigration vers l'Amérique dans les premières décennies du XIXe siècle en suscitant une augmentation brutale des capacités de transport transatlantique.[71] La question des infrastructures de transport ayant

69 Thoroe, Carsten/Ollmann, Heinrich : « Globalisierungstendenzen im Weltholzhandel ». *German Journal of Agricultural Economics/Agrarwirtschaft* 47(2), 1998, p. 114–123 ; Levet, Anne-Laure/Guinard, Ludovic/Purohoo, Indradev : « Le commerce extérieur des produits bois : existe-t-il réellement un paradoxe français ? ». *Revue forestière française* 56(1), 2014, p. 51–66.

70 Dauvergne, Peter : *Shadows in the Forest : Japan and the Politics of Timber in Southeast Asia*. Cambridge : MIT Press 1997 ; Tucker, Richard P. : *Insatiable Appetite : The United States and the Ecological Degradation of the Tropical World*. Berkeley : University of California Press 2000, p. 345–415.

71 Belich, James : *Replenishing the Earth. The Settler Revolution and the Rise of the Anglo-World 1789–1939*. Oxford : Oxford University Press 2009, p. 106–114.

accompagné l'essor des échanges commerciaux est cependant loin d'épuiser le sujet, divers phénomènes de *push* et de *pull* pouvaient également être considérés. On peut en particulier s'interroger sur la façon dont les changements survenus dans les forêts de France et d'Allemagne, en matière d'exploitation et d'aménagement, ont pu susciter des dynamiques de migrations dans diverses directions et à diverses échelles. On sait par exemple que l'émigration vers des régions riches en forêts était l'une des solutions utilisées par les populations rurales pour surmonter les difficultés d'accès aux ressources forestières qui furent longtemps indispensables à leur survie.[72] Or, si les États allemands parvinrent à introduire au tournant des XVIIIe et XIXe siècles une sylviculture durable destinée à maximiser la récolte de bois commercialisable sur le temps long, cela se fit au prix d'une dégradation des conditions de vie de larges couches de la population rurale.[73] Dans le sud de l'Allemagne, les mesures prises pour limiter l'accès des paysans aux forêts suscitèrent dès le milieu du XVIIIe siècle de continuels conflits, poussant nombre d'entre eux à émigrer vers l'Amérique.[74] Les politiques forestières adoptées dans les États allemands après 1815 ne firent que renforcer le mouvement. Elles contribuèrent, aux côtés d'autres facteurs d'ordre notamment politique, à un exode massif vers le Canada, les États-Unis, la Russie. Le manque de bois, la sévérité des lois forestières et les hausses de prix du bois furent dans ces années des stimulants majeurs de l'émigration.[75]

Du côté de l'historiographie française, il existe également une riche production sur les tensions sociales suscitées par les évolutions des politiques et législations forestières aux XVIIIe et XIXe siècle.[76] Mais l'enjeu migratoire y apparaît essentiellement sous l'angle de l'exode vers les villes et des mobilités intérieures, sans doute parce que les flux vers des destinations plus lointaines

72 Schmidt, Uwe E. : *Der deutsche Wald im 18. und 19. Jahrhundert. Das Problem der Ressourcenknappheit, dargestellt am Beispiel der Waldressourcenknappheit in Deutschland im 18. und 19. Jahrhundert – eine historisch-politische Analyse*. Saarbrücken : Conte Verlag 2002, p. 315.

73 Hölzl, Richard : *Umkämpfte Wälder : die Geschichte einer ökologischen Reform in Deutschland 1760–1860*. Frankfurt a.M. : Campus Verlag 2010.

74 Häberlein, Mark : « German Migrants in Colonial Pennsylvania : Resources, Opportunities, and Experience ». *The William and Mary Quarterly* 50(3), 1993, p. 555–574.

75 Schmidt 2002, p. 175, 289.

76 Vigier, Philippe : « Les troubles forestiers du premier XIXe siècle français ». *Revue Forestière Française*, 1980, p. 128–135 ; Matteson, Kieko : *Forests in Revolutionary France : Conservation, Community, and Conflict, 1669–1848*. Cambridge : Cambridge University Press 2015.

furent incomparablement plus faibles que ceux qu'enregistrait l'Allemagne à la même époque. On peut toutefois signaler le cas des paysans lorrains et alsaciens qui, souffrant de l'application rigoureuse du code forestier de 1827, partirent en masse vers l'Amérique ou Algérie.[77] Il semble que les départs furent particulièrement forts dans les zones, montagneuses notamment, où une large partie de la population dépendait du travail en forêt. Dans les Vosges, ce furent surtout les petites gens vivant des métiers du bois qui partirent vers l'Amérique.[78] Dans le sud de l'Allemagne, le déclin du flottage au XIXe siècle, sous l'influence du déboisement, de la concurrence du chemin de fer et de l'appropriation croissante des cours d'eau par les industries, poussa de nombreux flotteurs à émigrer. Des départs vers la Pologne et la Russie sont attestés sur la base de diverses sources, mais ils n'ont à ce jour pas véritablement été étudiés. Quant aux mobilités de colons allemands qui, chassés par les pénuries de bois en Allemagne ou en Pologne, se spécialisèrent dans les défrichements et les travaux forestiers dans diverses régions de l'Empire russe, elles ont fait l'objet de travaux déjà anciens qui mériteraient d'être confrontés aux approches de l'histoire environnementale plus récente.[79]

L'étude de ces migrations soulève également la question des relations à la forêt dans les régions d'accueil et de leurs similarités ou différences avec celles qui prévalaient dans les régions de départ. La réflexion sur ces sujets commence à être alimentée par une nouvelle génération de travaux sensible aux connexions entre les différents espaces d'implantations des diasporas. Le cas des Allemands présente de ce point de vue les potentialités les plus grandes, sans doute, là encore, en raison de la faiblesse relative des vagues migratoires parties de France au XIXe siècle. À l'heure où les recherches sur les communautés allemandes de Russie, des États-Unis, du Canada, du Brésil, du Chili, d'Argentine ou même d'Afrique commencent à se décloisonner, un objet d'étude comme la forêt peut servir à comparer, voire à mettre en relation. Tout cela, évidemment, sans céder à la tentation de généralisations abusives.[80] Les travaux

---

77 Fischer, Fabienne : « Les Alsaciens et les Lorrains en Algérie avant 1871 ». *Revue française d'histoire d'outre-mer* 84(317), 1997, p. 57–70.

78 Maire, Camille : *L'émigration des Lorrains en Amérique : 1815–1870.* (Thèse de doctorat. Université Paul Verlaine de Metz 1980), p. 18.

79 Breyer, Albert : « Die Auswanderung deutscher Bauern des Gostyniner Landes nach Wolhynien (1855-1885) ». *Deutsche Monatshefte in Polen* 3(8/9), 1937, p. 492-501 ; Kuhn, Walter : « Schlesische Stabschläger in Wolhynien ». *Schlesische Blätter für Volkskunde* 2, 1940, p. 33–54.

80 Souza Correa, Sílvio Marcus de/Nodari, Eunice Sueli : « Immigration, Colonisation and its Environmental Impacts in (Sub)tropical Germanies ». Conference Paper.

disponibles insistent sur la diversité des situations, en fonction des contextes socio-économiques et environnementaux locaux. Un premier schéma classique s'inscrivant dans la réflexion sur l'« expansion biologique » de l'Europe invite à considérer les tentatives de reproduction, par les nouveaux-arrivants, de l'environnement végétal et animal de leur pays d'origine.[81] On le retrouve par exemple au Brésil, où les colons allemands installés par l'État ou les sociétés de colonisation au XIXe siècle avaient pour objectif premier d'abattre les forêts afin de faire place à l'agriculture et l'élevage.[82] Dans la région du Rio Grande do Sul, les colons s'efforcèrent de remodeler l'environnement à leur avantage, causant des bouleversements irréversibles, dont la quasi-disparition de la forêt atlantique originelle.[83] Au sud du Chili également, la colonisation allemande s'accompagna dans la seconde moitié du XIXe siècle de défrichements destinés à dégager des champs ou des pâturages ; dans la Région des lacs, au sud du pays, presque toutes les forêts de plaine furent abattues dans le cadre de l'une des campagnes de déboisement les plus massives et les plus rapides de l'histoire de l'Amérique latine.[84] En Russie, l'arrivée de colons allemands se solda dans certaines régions par une réduction du couvert forestier d'ampleur comparable. Ceux qui s'installèrent en Volhynie après 1860 défrichèrent les terres de la noblesse polonaise, provoquant des tensions avec les paysans ukrainiens du voisinage, qui perdaient ainsi leurs pâturages forestiers et de nombreuses autres ressources.[85]

Environmental Change and Migration in Historical Perspective, 4–6 août 2011. München : Rachel Carson Center 2011.

81 Crosby, Alfred W. : *Ecological Imperialism : The Biological Expansion of Europe, 900–1900*. Cambridge : Cambridge University Press 2004.

82 Bublitz, Juliana : « História ambiental da colonização alemã no Rio Grande do Sul : O avanço na mata, o significado da floresta e as mudanças no ecossistema ». *Tempos Históricos* 15(2), 2011, p. 239–267.

83 Nodari, Eunice Sueli/Carvalho, Miguel Mundstock Xavier de : « European Immigration and Changes in the Landscape of Southern Brazil ». In : Armiero, Marco/Tucker, Richard (éd.) : *Environmental History of Modern Migrations*. London : Routledge 2017, p. 41–52.

84 Cornejo, Roberto : « La destrucción del bosque nativo en Chile ». *Sustainability, Agri, Food and Environmental Research* 3(2), 2015, p. 30–32 ; Veblen, Thomas T./Hill, Robert S./Read, Jennifer : *The Ecology and Biogeography of Nothofagus Forests*. New Haven : Yale University Press 1996, p. 73.

85 Beauvois, Daniel : *La bataille de la terre en Ukraine : 1863–1914. Les Polonais et les conflits socio-ethniques*. Lille : Presses Universitaires du Septentrion 1993, p. 266–268.

La disparition des forêts ne fut cependant en rien une conséquence systématique de la colonisation allemande, qui put dans d'autres régions contribuer au contraire à la préservation voire à l'expansion du couvert boisé. Ce fut par exemple le cas dans les steppes de « Nouvelle Russie », sur les rives de la mer Noire, où des colons mennonites réalisèrent dans les années 1820–1840 d'ambitieux travaux de reboisement, le plus souvent avec succès. Certains avaient repris des méthodes de plantation qu'ils avaient expérimentées dans leur foyer d'origine, près de Danzig.[86] Au milieu du XIXe siècle, les Mennonites de Russie furent aussi souvent employés aux travaux d'exploitation des forêts de l'État, dans le cadre d'un service civil qui leur avait été proposé en remplacement du service militaire.[87] Le cas de la province canadienne de l'Ontario fournit également des éléments intéressants sur la relation des Mennonites aux forêts : là où la majorité des colons d'autres origines abattaient autant d'arbres que possible pour initier la culture des terres, il apparaît que les Mennonites établis dans la région tenaient à conserver un certain nombre de zones boisées destinées à la récolte des bois et d'autres ressources comme la sève d'érable.[88] Une analyse de la variabilité des pratiques de la forêt au sein des différents zones d'implantation mériterait d'autant plus d'être poursuivie que les connexions entre continents furent intenses, en raison par exemple du départ de nombreux Allemands de Russie vers les États-Unis, l'Argentine ou le Chili, à la fin du XIXe siècle. La question des savoirs agricoles et forestiers des migrants pourrait à cet égard constituer un point d'appui intéressant. Elle commence d'ailleurs à être investiguée, par exemple à travers le cas des colonies du Brésil, qui démontre l'existence de formes d'hybridité dans le rapport des colons aux forêts, marqué à la fois par des influences locales et des références au monde paysan allemand, par exemple à travers l'utilisation du feu pour la conversion des terres boisées.[89]

---

86 Moon, David : « Planting Trees in Unsuitable Places : Steppe Forestry in the Russian Empire, 1696–1850 ». In : Breyfogle, Nicholas B. (éd.) : *Eurasian Environments : Nature and Ecology in Imperial Russian and Soviet History.* Pittsburgh : University of Pittsburgh Press 2018, p. 23–42.

87 Klippenstein, Lawrence : « Broken Promises or National Progress : Mennonites and the Russian State in the 1870's ». *Journal of Mennonite Studies* 18, 2000, p. 95–113.

88 Bowley, Patricia : « Farm Forestry in Agricultural Southern Ontario, ca. 1850–1940 : Evolving Strategies in the Management and Conservation of Forests, Soils and Water on Private Lands ». *Scientia Canadensis* 38(1), 2015, p. 22–49.

89 Relly, Eduardo : « A agricultura e floresta dos alemães no Brasil : mobilidade, conhecimentos e transfers no Urwald (século XIX) ». *Estudos Ibero-Americanos* 46(1), 2020, p. 1–16.

Il convient toutefois de rappeler que la France et l'Allemagne ne furent pas seulement le lieu de départ de diasporas qui s'installèrent à travers le monde, mais également les terres d'accueil de vagues migratoires dont certaines concernaient des personnes engagées dans les métiers du bois et de la forêt. Le cas des travailleurs immigrés constitue du point de vue de l'histoire globale des forêts un axe de recherche intéressant, sur lequel l'historiographie française nous livre déjà quelques éléments. Dans les Alpes du Nord, on fit ainsi appel, par endroits dès le XVIIIe siècle, à une main d'œuvre italienne spécialisée dans la récolte du bois ; à la fin du siècle suivant, les contingents de travailleurs originaires du Piémont ou de Lombardie étaient devenus indispensables au bon fonctionnement des coupes. D'abord saisonnière, ces mobilités débouchèrent parfois sur un projet d'installation définitive en France.[90] L'économie forestière des Trente Glorieuses eut aussi massivement recours à la main-d'œuvre immigrée. Dans les Alpes, la plupart des bûcherons étrangers provenaient désormais du Mezzogiorno. L'hégémonie des Italiens cessa au cours des années 1960, lorsque Basques, Marocains et Portugais firent leur apparition sur les coupes. Le cas des harkis a aussi été étudié : après l'indépendance de l'Algérie en 1962, des milliers d'entre eux ayant provisoirement transité dans le Larzac furent transférés vers d'autres camps ou reclassés au service de l'ONF, dans le Tarn et l'Aveyron.[91] Dans le Limousin, des bûcherons espagnols, marocains puis turcs s'installèrent par vagues successives entre les années 1950 et 1970. À la fin du XXe siècle, près de 42 % des Turcs de la région travaillaient encore dans le secteur du bois.[92] Ces exemples nous montrent que les forêts de France furent directement touchées par le processus des migrations internationales, avec des effets non négligeables car les travailleurs étrangers ont pu représenter une part tout à fait significative de l'emploi dans des secteurs comme le bûcheronnage. On peut imaginer que les étrangers jouèrent à partir des années 1970 également un rôle dans l'économie forestière de l'Allemagne, mais il semble qu'il n'y ait à ce jour pas beaucoup d'études sur le sujet.

90 Abry, Nicolas : « De la rise à la ruse... les bûcherons bergamasques et leurs représentations dans les Alpes du Nord (Savoie, Dauphiné, Vaud et Valais) ». *Le Monde alpin et rhodanien. Revue régionale d'ethnologie* 28(1), 2000, p. 119–132 ; Hanus, Philippe : « Trajectoires migratoires dans l'économie forestière de montagne. Du XIXe siècle à nos jours ». *Hommes & migrations* 1301, 2013, p. 149–156.

91 Teulières, Laure/Souchet, Fabienne : « Histoire des immigrations en région Midi-Pyrénées ». *Hommes & Migrations* 1273(1), 2008, p. 152–166.

92 Yildirim, Gülsen : « Les Turcs en milieu rural ». *Hommes & migrations* 1280, 2009, p. 78–86.

4 Conclusion

Les quelques points évoqués ici ne rendent évidemment pas justice à la richesse des thèmes qui seraient encore à investiguer dans la perspective d'une histoire globale des forêts. Parmi les pistes complémentaires, on peut par exemple penser à la question de l'impact des essences importées – dont certaines avaient un caractère invasif – dans la transformation des milieux forestiers de France et d'Allemagne, ou encore aux bouleversements provoqués par d'autres influences externes, climatiques notamment, sur ces milieux et les usages qui en furent faits. De façon générale, la façon dont des dynamiques globales affectèrent les forêts sur les sols de France et d'Allemagne sur le temps long constitue l'un des axes qui mériteraient d'être davantage développés. Un projet d'écriture d'une « histoire mondiale » des forêts françaises et allemandes, un peu à la manière du projet éditorial porté par Patrick Boucheron il y a quelques années, pourrait être un horizon intéressant, dans la mesure où il permettrait d'articuler certaines pistes évoquées ici, comme la question des importations, à ces autres enjeux.[93] Un second axe majeur à travailler serait d'ordre chronologique et plus précisément la période allant de 1945 à nos jours, sur laquelle portent les lacunes les plus évidentes – un constat qui vaut pour les trois grands thèmes traités plus haut. Ce déficit est d'autant plus problématique qu'il s'agit là d'une phase marquée par une accélération sans précédent du processus de mondialisation. Il existe certes des travaux d'anthropologues, de sociologues, ou d'économistes qui fournissent de nombreuses informations pour cette période. Mais les historiens pourraient sans doute encore apporter beaucoup par les fonds archives ou les enquêtes.

Quant à la comparaison franco-allemande, elle se révèle féconde à bien des égards. Elle permet d'abord de suivre certaines similarités ayant marqué l'histoire des relations de ces deux pays aux forêts, en particulier en ce qui concerne le développement des sciences forestières, sans pour autant enfermer l'analyse dans un cadre bilatéral strict, tant les connexions avec d'autres aires culturelles sont incontournables, comme on a pu le voir à travers l'exemple de l'empire britannique. Les dissymétries entre les deux pays apportent également beaucoup à l'analyse en démontrant la diversité de profils au sein des nations d'Europe de l'ouest : alors que la France, fut très tôt un importateur majeur de

93 Boucheron, Patrick et al. (éd.) : *Histoire mondiale de la France*. Paris : Seuil 2018. L'intérêt de ce projet éditorial comme possible source d'inspiration en histoire des forêts m'a été signalé par Michel Dupuy peu après la parution du livre. Je saisis donc cette occasion pour l'en remercier.

produits forestiers, l'Allemagne resta un exportateur net de bois jusqu'à relativement tard, avant de se placer en tête des importateurs mondiaux. Les différences entre l'Allemagne comme terre d'émigration et la France comme pays d'accueil apparaît également, on l'a vu, dans l'historiographie sur les diasporas. Ces décalages dans les expériences constituent une ressource à cultiver dans la poursuite de l'intégration entre histoire globale et histoire des forêts.

Bibliographie

Abry, Nicolas : « De la rise à la ruse… les bûcherons bergamasques et leurs représentations dans les Alpes du Nord (Savoie, Dauphiné, Vaud et Valais) ». *Le Monde alpin et rhodanien. Revue régionale d'ethnologie* 28(1), 2000, p. 119–132.

Adam, Bernd : « The Dutch Timber Trade on the River Elbe in the Seventeenth and Eighteenth Centuries ». *Bulletin Knob* 114(3), 2015, p. 144–157.

Agnoletti, Mauro/Anderson, Steven (éd.) : *Methods and Approaches in Forest History*. Wallingford : CAB International 2000.

Aranda, Gaspar de : « La Selvicultura en España hasta el siglo XIX ». *Ecología* 10, 1996, p. 173–184.

Bamford, Paul W. : *Forests and French Sea-Power, 1660–1789*. Toronto : University of Toronto Press 1956.

Beattie, James/Star, Paul : « Global Influences and Local Environments : Forestry and Forest Conservation in New Zealand, 1850s-1925 ». *British Scholar* 3(2), 2010, p. 191–218.

Beaujard, Philippe/Berger, Laurent/Norel, Philippe : « Prologue. Par-delà l'eurocentrisme : les mondialisations et le capitalisme au prisme de l'histoire globale ». In : Beaujard, Philippe/Berger, Laurent/Norel, Philippe (éd.) : *Histoire globale, mondialisations et capitalisme*. Paris : La Découverte 2009, p. 7–61.

Beauvois, Daniel : *La bataille de la terre en Ukraine : 1863–1914. Les Polonais et les conflits socio-ethniques*. Lille : Presses Universitaires du Septentrion 1993, p. 266–268.

Béhaghel, Ivan : « État des plantations de teck (*Tectona grandis Lf*) dans le monde ». *Bois & Forêts des Tropiques* 262(4), 1999, p. 6–18.

Belich, James : *Replenishing the Earth. The Settler Revolution and the Rise of the Anglo-World 1789–1939*. Oxford : Oxford University Press 2009.

Bemmann, Martin : « Cartels, Grossraumwirtschaft and Statistical Knowledge : International Organizations and Their Efforts to Govern Europe's Forest Resources in the 1930s and 1940s ». In : Van de Grift,

Liesbeth/Ribi Forclaz, Amalia (éd.) : *Governing the Rural in Interwar Europe.* London : Routledge 2017, p. 233–258.

Bennett, Brett M. : « A Network Approach to the Origins of Forestry Education in India, 1855–1885 ». In : Bennett, Brett M./Hodge, Joseph M. (éd.) : *Science and Empire: Knowledge and Networks of Science Across the British Empire, 1800–1970.* Basingstoke : Palgrave Macmillan 2011, p. 68–88.

Bennett, Brett M. : *Plantations and Protected Areas : A Global History of Forest Management.* Cambridge : MIT Press 2015.

Bergeret, Anne : « Discours et politiques forestières coloniales en Afrique et à Madagascar ». *Revue française d'histoire d'outre-mer* 80(298), 1993, p. 23–47.

Boomgaard, Peter : « Colonial Forest Policy in Java in Transition, 1865–1916 ». In : Cribb, Robert (éd.) : *The Late Colonial State in Indonesia.* Leiden : KITLV Press 1994, p. 117–138.

Boucheron, Patrick et al. (éd.) : *Histoire mondiale de la France.* Paris : Seuil 2018.

Bouet, Claude : « La saga de l'okoumé au Gabon ». In : Pélissier, Paul et al. (éd.) : *L'arbre en Afrique tropicale : la fonction et le signe.* Paris : ORSTOM 1980, p. 269–272.

Bowley, Patricia : « Farm Forestry in Agricultural Southern Ontario, ca. 1850–1940 : Evolving Strategies in the Management and Conservation of Forests, Soils and Water on Private Lands ». *Scientia Canadensis* 38(1), 2015, p. 22–49.

Brain, Stephen : *Song of the Forest : Russian Forestry and Stalinist Environmentalism, 1905–1953.* Pittsburgh : University of Pittsburgh Press 2011.

Breyer, Albert : « Die Auswanderung deutscher Bauern des Gostyniner Landes nach Wolhynien (1855–1885) ». *Deutsche Monatshefte in Polen* 3(8/9), 1937, p. 492–501.

Bublitz, Juliana : « História ambiental da colonização alemã no Rio Grande do Sul : O avanço na mata, o significado da floresta e as mudanças no ecossistema ». *Tempos Históricos* 15(2), 2011, p. 239–267.

Calendra, Lina Maria : « Protection de la nature et colonialisme : l'expérience de l'Afrique occidentale française ». In : Berdoulay, Vincent/Soubeyran, Olivier (éd.) : *Milieu, colonisation et développement durable. Perspectives géographiques sur l'aménagement.* Paris : L'Harmattan 2000, p. 139–153.

Camus, Pablo : « Federico Albert : artífice de la gestión de los bosques de Chile ». *Revista de Geografía Norte Grande* 30, 2003, p. 55–63.

Ciceo, Georgiana : « Contributions franco-allemandes à l'édification d'une politique forestière roumaine ». *Synergies Roumanie* 10, 2015, p. 73–89.

Conrad, Sebastian et al. (éd.) : *Globalgeschichte : Theorien, Ansätze, Themen.* Frankfurt a.M. : Campus Verlag 2007.

Coquery-Vidrovitch, Catherine : *Le Congo au temps des grandes compagnies concessionnaires, 1898–1930.* Paris : Éditions de l'EHESS 2001, Tome 2, p. 204.

Cornejo, Roberto : « La destrucción del bosque nativo en Chile ». *Sustainability, Agri, Food and Environmental Research* 3(2), 2015, p. 30–32.

Crevier, Martin : « The Making of a Timber Colony: British North America, the Navy Board, and Global Resource Extraction in the Age of Napoleon ». *Itinerario* 43(3), 2019, p. 466–488.

Crosby, Alfred W. : *Ecological Imperialism : The Biological Expansion of Europe, 900–1900.* Cambridge : Cambridge University Press 2004.

Daheur, Jawad : « La forêt : espace de légitimation du projet colonial allemand en Chine (1898–1914) ». *Recherches germaniques* 43, 2013, p. 95–110.

Daheur, Jawad : « La Galicie autrichienne : "colonie du bois" de l'Empire allemand ? (1890–1914) ». *Revue d'Allemagne et des Pays de langue allemande* 48, 2016, p. 25–41.

Daheur, Jawad : « La sylviculture allemande et ses "hectares fantômes" au tournant des XIXe et XXe siècles ». *Revue Forestière Française* 69(3), 2017, p. 227–239.

Daszkiewicz, Piotr/Oleksyn, Jacek : « Introdukcja "sosny ryskiej" w osiemnasto- i dziewiętnastowiecznej Francji ». *Rocznik Dendrologiczny* 53, 2005, p. 7–40.

Dauvergne, Peter : *Shadows in the Forest : Japan and the Politics of Timber in Southeast Asia.* Cambridge : MIT Press 1997.

Davis, Diana K. : *Les mythes environnementaux de la colonisation française au Maghreb.* Paris : Champ Vallon 2014.

Delgado, Juan Luis : « Los árboles que esconden al bosque : Miguel Ángel de Quevedo y los orígenes de la ciencia forestal en México ». *Historia Agraria* 78, 2019, p. 99–126.

Devèze, Michel : « Forêts françaises et forêts allemandes : étude historique comparée ». *Revue historique* 235(2), 1966, p. 347–380.

Douki, Caroline/Minard, Philippe : « Histoire globale, histoires connectées : un changement d'échelle historiographique ? ». *Revue d'histoire moderne & contemporaine* 54(5), 2007, p. 7–21.

Duffy, Andrea E. : *Nomad's Land : Pastoralism and French Environmental Policy in the Nineteenth-Century Mediterranean World.* Lincoln : University of Nebraska Press 2019.

Dupuy, Michel : *Les cheminements de l'écologie en Europe : une histoire de la diffusion de l'écologie au miroir de la forêt, 1880–1980*. Paris : L'Harmattan 2004.

Ebeling, Dietrich : *Der Holländerholzhandel in den Rheinlanden. Zu den Handelsbeziehungen zwischen den Niederlanden und dem westlichen Deutschland im 17. und 18. Jahrhundert*. Stuttgart : Steiner 1992.

Fairhead, James/Leach, Melissa : *Misreading the African Landscape : Society and Ecology in a Forest-Savanna Mosaic*. Cambridge : Cambridge University Press 2011.

Ferreira de Abreu Castro, Carlos : *Gestão Florestal no Brasil Colônia*. (Thèse de doctorat. Universidade de Brasília 2002).

Fischer, Fabienne : « Les Alsaciens et les Lorrains en Algérie avant 1871 ». *Revue française d'histoire d'outre-mer* 84(317), 1997, p. 57–70.

Ford, Caroline : « Reforestation, Landscape Conservation, and the Anxieties of Empire in French Colonial Algeria ». *American Historical Review* 113(2), 2008, p. 341–362.

Fremigacci, Jean : « La forêt de Madagascar en situation coloniale : une économie de la délinquance ». In : Chastanet, Monique (éd.) : *Plantes et paysages d'Afrique : une histoire à Explorer*. Paris : Karthala 1998, p 411–439.

Girbal-Blacha, Noemí M. : « Explotación forestal, riesgo empresario y diversificación económica : las inversiones argentinas en el Gran Chaco (1905–1930) ». *Revista de Historia de América* 116, 1993, p. 29–57.

Gray, Christopher/Ngolet, François : « Lambaréné, Okoumé and the Transformation of Labor Along the Middle Ogooué (Gabon), 1870–1945 ». *Journal of African History* 40(1), 1999, p. 87–107.

Grove, Richard H. : *Green Imperialism : Colonial Expansion, Tropical Islands Edens and the Origins of Environmentalism, 1600–1860*. Cambridge : Cambridge University Press 1996.

Guha, Ramachandra : « Dietrich Brandis et la gestion des forêts indiennes : la voie délaissée ». *Revue française d'histoire d'outre-mer* 80(299), 1993, p. 149–163.

Gülen, İlhan/Özdönmez, Metin : « Türkiye'de orman ve ormancılık ». *İstanbul Üniversitesi Orman Fakültesi Dergisi* 31(2), 1981, p. 1–13.

Häberlein, Mark : « German Migrants in Colonial Pennsylvania : Resources, Opportunities, and Experience ». *The William and Mary Quarterly* 50(3), 1993, p. 555–574.

Hanus, Philippe : « Trajectoires migratoires dans l'économie forestière de montagne. Du XIXe siècle à nos jours ». *Hommes & migrations* 1301, 2013, p. 149–156.

Hesmer, Herbert : *Leben und Werk von Dietrich Brandis 1824–1907 : Begründer der tropischen Forstwirtschaft Förderer der forstlichen Entwicklung in den USA Botaniker und Ökologe*. Wiesbaden : Verlag für Sozialwissenschaften 1975.

Hölzl, Richard : *Umkämpfte Wälder : die Geschichte einer ökologischen Reform in Deutschland 1760–1860*. Frankfurt a.M. : Campus Verlag 2010.

Hölzl, Richard : « Der "deutsche Wald" als Produkt eines transnationalen Wissenstransfers ? Forstreform in Deutschland im 18. und 19. Jahrhundert ». In : Dauser, Regina/Schilling, Lothar (éd.) : *Grenzen und Kontaktzonen : Rekonfigurationen von Wissensräumen zwischen Frankreich und den deutschen Ländern 1700–1850*. Paris : Perspectivia 2012.

Jarosz, Lucy : « Defining and Explaining Tropical Deforestation : Shifting Cultivation and Population Growth in Colonial Madagascar (1896–1940) ». *Economic Geography* 69(4), 1993, p. 366–379.

Jou, Kyung-Chul : *Le commerce des bois entre Königsberg et Amsterdam : 1550–1650*. (Thèse de doctorat. EHESS Paris 1992).

Karsenty, Alain/Pierre, Jean-Michel : *Les concessions forestières en Afrique centrale. Aspects historiques, institutionnels et politiques, du point de vue de la responsabilité sociale et environnementale des entreprises concessionnaires*. Montpellier : CIRAD-Forêt 2005, p. 3–4.

Kirchberger, Ulrike : « German Scientists in the Indian Forest Service : A German Contribution to the Raj ? ». *The Journal of Imperial and Commonwealth History* 29(2), 2001, p. 1–26.

Kleiche-Dray, Mina : « Les savoirs autochtones au service du développement durable ». *Autrepart* 81(1), 2017, p. 3–20.

Klippenstein, Lawrence : « Broken Promises or National Progress : Mennonites and the Russian State in the 1870's ». *Journal of Mennonite Studies* 18, 2000, p. 95–113.

Kuhn, Walter : « Schlesische Stabschläger in Wolhynien ». *Schlesische Blätter für Volkskunde* 2, 1940, p. 33-54.

Lanz, Tobias J. : « The Origins, Development and Legacy of Scientific Forestry in Cameroon ». *Environment & History* 6(1), 2000, p. 99–120.

Levet, Anne-Laure/Guinard, Ludovic/Purohoo, Indradev : « Le commerce extérieur des produits bois : existe-t-il réellement un paradoxe français ? ». *Revue forestière française* 56(1), 2014, p. 51–66.

Lionnet, Marie-Jeanne : « La sylviculture à la conquête de la planète : "Imiter la nature, hâter son œuvre" ». *Annales des Mines – Responsabilité et environnement* 1, 2009, p. 56–62.

Lotz, Christian : *Nachhaltigkeit neu skalieren. Internationale forstwissenschaftliche Kongresse und Debatten um die Ressourcenversorgung der Zukunft im Nord- und Ostseeraum (1870–1914).* Köln : Böhlau Verlag 2018.

Lustina, Elena : « Western Patterns in Forestry Education in the Russian Empire in the Mid-18th–Mid-19th Centuries ». *Societal Studies* 6(1), 2014, p. 84–97.

Maire, Camille : *L'émigration des Lorrains en Amérique : 1815–1870.* (Thèse de doctorat. Université Paul Verlaine de Metz 1980).

Małowist, Marian : « L'approvisionnement des ports de la Baltique en produits forestiers pour les constructions navales aux XVe et XVIe siècles ». In : Mollat, Michel (éd.) : *Le navire et l'économie du nord de l'Europe du Moyen-Age au XVIIIe siècle.* Paris : SEVPEN 1960, p. 25–43.

Maneuvrier, Christophe/Daeffler, Michel/Bretthauer, Isabelle : « Les importations de bois de Brésil en Normandie dans la première moitié du XVIe siècle ». *Revista Portuguesa de História* 49, 2018, p. 189–213.

Matteson, Kieko : *Forests in Revolutionary France : Conservation, Community, and Conflict, 1669–1848.* Cambridge : Cambridge University Press 2015.

Maurel, Chloé : « Introduction : Pourquoi l'histoire globale ? ». *Cahiers d'histoire. Revue d'histoire critique* 121, 2013, p. 13–19.

McManus, Phil : « Histories of Forestry : Ideas, Networks and Silences ». *Environment & History* 5(2), 1999, p. 185–208.

Middell, Matthias : « Histoire universelle, histoire globale, transfert culturel ». *Revue germanique internationale* 21, 2004, p. 227–244.

Middell, Matthias : « L'histoire mondiale/globale en Allemagne ». *Cahiers d'histoire. Revue d'histoire critique* 121, 2013, p. 69–88.

Monson, Jamie : « From Commerce to Colonization : A History of the Rubber Trade in the Kilombero Valley of Tanzania, 1890–1914 ». *African Economic History* 21, 1993, p. 113–130.

Moon, David : « Planting Trees in Unsuitable Places : Steppe Forestry in the Russian Empire, 1696–1850 ». In : Breyfogle, Nicholas B. (éd.) : *Eurasian Environments : Nature and Ecology in Imperial Russian and Soviet History.* Pittsburgh : University of Pittsburgh Press 2018, p. 23–42.

Moon, David : *The Plough that Broke the Steppes : Agriculture and Environment on Russia's Grasslands, 1700–1914.* Oxford : Oxford University Press 2013.

Nodari, Eunice Sueli/Carvalho, Miguel Mundstock Xavier de : « European Immigration and Changes in the Landscape of Southern Brazil ». In : Armiero, Marco/Tucker, Richard (éd.) : *Environmental History of Modern Migrations.* London : Routledge 2017, p. 41–52.

Palo, Matti : « World Forests and the G8 Economic Powers : from Imperialism to the Action Programme on Forests ». In : Palo, Matti/Uusivuori, Jussi/Mery, Gerardo : *World Forests, Markets and Policies*. Dordrecht : Springer 2001, p. 165–196.

Pascual, Henar/Guerra Velasco, Juan Carlos : « Civilizando la selva : capital, espacio y negocio forestal en la antigua Guinea continental española, c. 1926–1936 ». *Historia Agraria* 72, 2017, p. 135–166.

Pérez Pinzón, Luis Rubén : « La inmigración alemana a Santander, la extracción de los árboles de quina y la guerra de las quinianzas. Intereses territoriales y conflictos bélicos entre élites políticas y empresarios extranjeros en Colombia (1878–1882) ». In : Perafán Cabrera, Aceneth/Caro, Jorge Enrique Elías (éd.) : *Conflictos ambientales en ecosistemas estratégicos. América latina y el Caribe. Siglos XIX-XXI*. Santiago de Cali : Universidad del Valle 2017, p. 211–217.

Plarier, Antonin : *Le banditisme rural en Algérie à la période coloniale (1871-années 1920)*. (Thèse de doctorat. Université de Paris I 2019).

Pooley, Simon P. : *Burning Table Mountain : An Environmental History of Fire on the Cape Peninsula*. Claremont : UCT Press 2015.

Puyo, Jean-Yves : « La fin d'un enjeu stratégique, 1820–1870 ». In : Corvol, Andrée (éd.) : *Forêt et marine*. Paris : L'Harmattan 1999, p. 419–428.

Radkau, Joachim : « Wood and Forestry in German History : In Quest of an Environmental Approach ». *Environment and History* 2(1), 1996, p. 63–76.

Rajan, Ravi : *Modernizing Nature : Forestry and Imperial Eco-development 1800–1950*. Oxford : Oxford University Press 2006.

Relly, Eduardo : « A agricultura e floresta dos alemães no Brasil : mobilidade, conhecimentos e transfers no Urwald (século XIX) ». *Estudos Ibero-Americanos* 46(1), 2020, p. 1–16.

Rollins, William H. : « Imperial Shades of Green : Conservation and Environmental Chauvinism in the German Colonial Project ». *German Studies Review* 22(2), 1999, p. 187–213.

Sachsenmaier, Dominic : « Histoire globale, histoire internationale, histoire mondiale : le débat aux États-Unis, en Chine et en Allemagne ». *Eurostudia* 4(2), 2008, retrieved 20.12.2020, from <https://www.erudit.org/fr/revues/euro/2008-v4-n2-euro2871/000391ar/>.

Saldanha, Indra Munshi : « Colonialism and Professionalism : A German Forester in India ». *Environment & History* 2(2), 1996, p. 195–219.

Schabel, Hans G. : « Tanganyika Forestry under German Colonial Administration, 1891–1919 ». *Forest & Conservation History* 34(3), 1990, p. 130–141.

Schirmer, Isabelle/Febvre, François : « Profession : importateur de bois tropicaux. Une activité en mutation dans un marché en régression ». *Bois & Forêts des Tropiques* 213, 1986, p. 71–96.

Schmidt, Uwe E. : *Der deutsche Wald im 18. und 19. Jahrhundert. Das Problem der Ressourcenknappheit, dargestellt am Beispiel der Waldressourcenknappheit in Deutschland im 18. und 19. Jahrhundert – eine historisch-politische Analyse.* Saarbrücken : Conte Verlag 2002.

Schmidt, Uwe E. : « German Impact and Influences on American Forestry until World War II ». *Journal of Forestry* 107(3), 2009, p. 139–145.

Scott, James : *Seeing like a State : How Certain Schemes to Improve the Human Condition Have Failed.* New Haven : Yale University Press 1999.

Sérougne, Lucas : « À la conquête du teck. Guerres, impérialisme forestier et construction navale en Inde (1793–1815) ». *Annales historiques de la Révolution française* 399(1), 2020, p. 123–152.

Séveno, Damien : « Globalgeschichte/Histoire globale – Deutsche und französische Perspektiven. Table Ronde avec Romain Bertrand, Serge Gruzinski, Johannes Paulmann, Benjamin Steiner. Université de Francfort, 6 décembre 2012 ». *Revue de l'IFHA* [en ligne] 5, 2013, retrieved 18.12.2020, from <http://journals.openedition.org/ifha/7379>.

Soluri, John/Leal, Claudia/Augusto, José (éd.) : *A Living Past : Environmental Histories of Modern Latin America.* New York : Berghahn Books 2019.

Souza Correa, Sílvio Marcus de/Nodari, Eunice Sueli : « Immigration, Colonisation and its Environmental Impacts in (Sub)tropical Germanies ». Conference Paper. Environmental Change and Migration in Historical Perspective, 4–6 août 2011. München : Rachel Carson Center 2011.

Stanziani, Alessandro : « Histoire globale à la française ? ». In : *Les Entrelacements du monde. Histoire globale, pensée globale (XVIe-XXIe siècles).* Paris : CNRS Éditions 2018.

Steinsiek, Peter-M. : « Forstliche Großraumszenarien bei der Unterwerfung Osteuropas durch Hitlerdeutschland ». *Vierteljahrschrift für Sozial- und Wirtschaftsgeschichte* 94(2), 2007, p. 141–164.

Sunseri, Thaddeus : « Reinterpreting a Colonial Rebellion : Forestry and Social Control in German East Africa, 1874–1915 ». *Environmental History* 8(3), 2003, p. 430–451.

Sunseri, Thaddeus : « Working in the Mangroves and Beyond : Scientific Forestry and the Labour Question in Early Colonial Tanzania ». *Environment and History* 11(4), 2005, p. 365–394.

Sunseri, Thaddeus : « Exploiting the Urwald : German Post-Colonial Forestry in Poland and Central Africa, 1900–1960 ». *Past & Present* 214(1), 2012, p. 305–342.

Tano, Kassi Pascal : « Le commerce de bois précieux de la Côte d'Ivoire à l'époque coloniale, 1880–1960 ». *Afrika Zamani* 22/23, 2014–2015, p. 61–79.

Teulières, Laure/Souchet, Fabienne : « Histoire des immigrations en région Midi-Pyrénées ». *Hommes & Migrations* 1273(1), 2008, p. 152–166.

Thomas, Frédéric : « Transport du bois en Indochine : les impacts de la colonisation ». *Cahiers d'Études. Groupe d'Histoire des Forêts Françaises* 17, 2005, p. 25–40.

Thomas, Frédéric : « Protection des forêts et environnementalisme colonial : Indochine, 1860–1945 ». *Revue d'histoire moderne & contemporaine* 4, 2009, p. 104–136.

Thoroe, Carsten/Ollmann, Heinrich : « Globalisierungstendenzen im Weltholzhandel ». *German Journal of Agricultural Economics/Agrarwirtschaft* 47(2), 1998, p. 114–123.

Tucker, Richard P. : *Insatiable Appetite : The United States and the Ecological Degradation of the Tropical World.* Berkeley : University of California Press 2000.

Tucker, Richard P./Richards, John F. (éd.) : *Global Deforestation and the Nineteenth-Century World Economy.* Durham : Duke University Press 1983.

Vandergeest, Peter/Peluso, Nancy L. : « Empires of Forestry : Professional Forestry and State Power in Southeast Asia ». *Environment & History* 12(4), 2006, p. 359–393.

Veblen, Thomas T./Hill, Robert S./Read, Jennifer : *The Ecology and Biogeography of Nothofagus Forests.* New Haven : Yale University Press 1996.

Verdeaux, François/Ekanza, Simon-Pierre : « Des coupeurs de bois aux prémisses d'une filière : l'exploitation de la ressource forestière en Côte d'Ivoire, 1880–1945 ». In : *Crise et ajustement structurel en Côte d'Ivoire, les dimensions sociales et culturelles.* (Actes de la Table Ronde, Bingerville, 30 novembre-2 décembre 1992). Abidjan : ORSTOM 1992, p. 97–101.

Vigier, Philippe : « Les troubles forestiers du premier XIXe siècle français ». *Revue Forestière Française*, 1980, p. 128–135.

Wagner, Larissa : « From Bavaria to the World : Measures of Development Aid in the Federal Republic of Germany from the 1960s to the 1980s. Advanced Vocational Training Programmes ». *Cultural & Social History* 17, 2020, p. 1–21.

Wendt, Samuel Eleazar : « Hanseatic Merchants and the Procurement of Palm Oil and Rubber for Wilhelmine Germany's New Industries, 1850–1918 ». *European Review* 26(3), 2018, p. 430–440.

Williams, Michael : *Deforesting the Earth : from Prehistory to Global Crisis.* Chicago : University of Chicago Press 2006.

Wynn, Graeme : *Timber Colony : A Historical Geography of Early Nineteenth Century New Brunswick*. Toronto : University of Toronto Press 1981.

Yildirim, Gülsen : « Les Turcs en milieu rural ». *Hommes & migrations* 1280, 2009, p. 78–86.

Zweiter Teil / Deuxième Partie :

Fallstudien / Études de cas :

Wälder, Gärten, Pflanzen / Forêts, jardins, plantes

Gärten / Jardins

Hildegard Haberl

Zurück in den Garten : Mythos, Idee, literarischer Raum (Valerie Fritsch und Pascal Quignard)

Abstract This chapter examines today's passion for gardens through a comparison with the enthusiasm they stimulated around 1800. It seeks specifically to establish a relationship between the romantic reflection on nature and contemporary ecocriticism. To this aim I proceed in three steps which elaborate heuristically on three theoretical "turns". The first section is based on the ideas developed within the framework of the *environmental turn* and considers the garden as a refuge and retreat in the Anthropocene era. The second section, inspired by the *spatial turn*, examines the garden as a heterotopia. Finally, in the third section of the article, I approach the garden by inscribing it in the rediscovery of the sensual world (*emotional turn*). These theoretical considerations, or in other words, this history of the ideas of the garden, are applied to two examples of contemporary literary texts, the dystopian novel *Winters Garten* (2015) by the young Austrian writer Valerie Fritsch and the text *Dans ce jardin qu'on aimait* (2017) by Pascal Quignard.

Keywords: Literary Gardens, History of Ideas, Environmental Humanities, Ecological Aesthetics of Nature, Valerie Fritsch, Pascal Quignard

> *Ensemble, nous décidons que la Terre est un seul et petit jardin.*
>
> *(Gilles Clément[1])*

> *Man könnte die ökologisch motivierte Ästhetik durchaus eine allgemeine Wahrnehmungstheorie nennen.*
>
> *(Gernot Böhme[2])*

---

1 Aus dem Klappentext des nachfolgenden Werkes, retrieved 12.03.2020, from <http://www.gillesclement.com/art-69-tit-Le-jardin-planetaire>; Clément, Gilles: *Le Jardin planétaire. Réconcilier l'homme et la nature*. Paris: Albin Michel 1999.

2 Böhme, Gernot: *Für eine ökologische Naturästhetik*. Frankfurt a.M.: Suhrkamp 1989, S. 10.

„Die Stunde der Gärten hat geschlagen" („L'heure est aux jardins"), das verkündete der französische Gartenhistoriker Michel Baridon bereits 1998 im Vorwort seines mittlerweile zum Klassiker avancierten Buchs über die Geschichte der Gärten.[3] Die renommierte französische Kunsthistorikerin und Gartenspezialistin Monique Mosser meinte im Jahr danach, dass das 21. Jahrhundert ein gärtnerisches sein würde.[4] Die Forderung nach einem „Zurück in den Garten" wird immer lauter.[5] Diane Lisarelli, Journalistin der französischen Tageszeitung *Libération*, bringt es auf den Punkt:

> Vor dem Hintergrund der Klimakrise, wird der Garten und die mit ihm verbundenen Vorstellungen wieder zu einem mächtigen Symbol der Veränderungen in unserer Gesellschaft.[6]

Man kann also in der Tat von einer zunehmenden Garteneuphorie, Gartenmanie (*jardinomanie*) oder auch einem mehr oder weniger reflexiven Gartendiskurs sprechen, wenn man die Flut von Gartenpublikationen und Gartenausstellungen, sowohl diesseits als auch jenseits des Rheins bis hin zur Donau in Betracht zieht.[7] Besonders erwähnenswert im Zusammenhang mit den hier im Zentrum stehenden literarischen Texten der jungen österreichischen Autorin Valerie Fritsch (geb. 1989) und dem französischen Schriftsteller Pascal Quignard (geb. 1948) scheint mir die Ausstellung „Garten der irdischen Freuden" im Berliner Gropius Bau, die von Juli bis Dezember 2019 stattfand und in der über zwanzig internationale Künstler und Künstlerinnen das Motiv des Gartens als eine Metapher für den Zustand der Welt interpretieren, um

---

3 Baridon, Michel: *Les Jardins. Paysagistes – jardiniers – poètes*. Paris: Éditions Robert Laffont 1998, S. 5.

4 Mosser, Monique/Brunon, Hervé (Hrsg.): *Le Jardin notre double. Sagesse et déraison*. Paris: Autrement 1999, S. 22.

5 Cf. Assunto, Rosario: *Retour au jardin. Essais pour une philosophie de la nature, 1976–1987* (Übers. v. Hervé Brunon). Paris/Besançon: Les Éditions de l'Imprimeur 2003.

6 Lisarelli, Diane: „Le jardin, espace subversif". *Libération*, 21.6.2017. „Sur fond de crise climatique, le jardin et l'imaginaire qui lui sont liés s'impose à nouveau comme un symbole puissant des changements à l'œuvre dans nos sociétés" (Übers. v. H. Haberl), retrieved 10.03.2020, from <https://www.liberation.fr/debats/2017/06/21/le-jardin-espace-subversif_1578558>.

7 Einige Beispiele: Gartenausstellung zu den Gärten des Orients im Pariser Musée du Monde Arabe im Jahr 2016, retrieved 15.04.2020, from <https://www.imarabe.org/fr/expositions/jardins-d-orient>; eine Gartenausstellung mit dem Titel „Jardins" im Pariser Grand Palais im Jahr 2017, retrieved 15.04.2020, from <https://www.grandpalais.fr/fr/evenement/jardins>.

die komplexen Zusammenhänge unserer chaotischen und zunehmend prekären Gegenwart zu erforschen.[8] Die Ausstellung setzte sich zum Ziel, das Paradiesische und Katastrophische des Gartens zusammenführen und den Garten als einen Ort der Dualität und des Widerspruchs zu betrachten: „als ein[en] Grenzbereich zwischen Realität und Fantasie, Utopie und Dystopie, Harmonie und Chaos, dem Ausgeschlossen – und dem Teilsein – ein Paradies, dem das bedrohliche Gefühl der Vertreibung innewohnt."[9] Die literarischen Texte, um die es in der folgenden Darstellung gehen soll, repräsentieren beispielhaft diese Dualität, die die aktuelle Garteneuphorie auszeichnet: das Paradiesische und Katastrophische sowie die Sonderstellung dieses ganz besonderen Raums, den der Garten in der Kulturgeschichte darstellt in seiner Rolle als „kompensatorische Heterotopie".[10]

Um noch etwas bei der Beschreibung des inflationären Gartendiskurses zu bleiben, fallen die zahlreichen Publikationen zur Gartenkunst auf (auch im deutsch-französischen Vergleich[11]) sowie zu wichtigen Gartentheoretikern und Gartenarchitekten wie Fürst Pückler-Muskau[12], André le Notre[13], Christan Cay Lorenz Hirschfeld[14] oder Gärtnern wie Peter Joseph

---

8 Cf. Ausstellung *Garten der irdischen Freuden*, retrieved 17.04.2020, from <https://www.berlinerfestspiele.de/de/berliner-festspiele/programm/bfs-gesamtprogramm/programmdetail_274528.html>.

9 Ibid.

10 Foucault, Michel: „Von anderen Räumen". In: Dünne, Jörg/Günzel, Stephan (Hrsg.): *Raumtheorie. Grundlagentexte aus Philosophie und Kulturwissenschaft.* Frankfurt a.M.: Suhrkamp 2006, S. 317–329, hier S. 326.

11 Cf. Schweizer, Stefan/Winter, Sascha (Hrsg.): *Gartenkunst in Deutschland. Von der Frühen Neuzeit bis zur Gegenwart. Geschichte – Themen – Perspektiven.* Regensburg: Verlag Schnell & Steiner 2012; sowie Schweizer, Stefan: *Die Erfindung der Gartenkunst. Gattungsautonomie – Diskursgeschichte – Kunstwerkanspruch.* München: Deutscher Kunstverlag 2013; oder Courtois, Stéphanie de/Maillet, Marie-Ange/ Rubercy, Eryck de (Hrsg.): *Esthétique du jardin paysager allemand.* Paris: Klincksieck 2018.

12 Courtois, Stéphanie de/Maillet, Marie-Ange/Rubercy, Eryck de (Hrsg.): *Hermann von Pückler-Muskau. Aperçus sur l'art du jardin paysager assortis d'une Description détaillée du parc de Muskau.* Paris: Klincksieck 2014.

13 Bouchenot-Déchin, Patricia/Farhat, Georges (Hrsg.): *André Le Nôtre en perspectives, 1613–2013.* Paris: Hazan 2013.

14 Haberl, Hildegard: „*La Théorie de l'art des jardins* de Christian Cay Lorenz Hirschfeld (1742–1792). Une entreprise encyclopédique, pédagogique et patriotique". In: Haberl, Hildegard/Pailhès, Anne-Marie (Hrsg.): *Jardins d'Allemagne. Transferts, théories, imaginaires.* Paris: Champion 2014, S. 69–91.

Lenné[15]. Gärtnerinnen und Gärtner, Botanikerinnen und Botaniker werden wiederentdeckt oder erstmals vorgestellt.[16] Auch im Bereich der vergleichenden Literatur- und Kulturwissenschaften, die sich als kulturwissenschaftlich orientierte Literaturwissenschaft verstehen, nehmen die Arbeiten zu Gartenräumen auffallend zu,[17] wobei zu betonen bleibt, dass „Gärten und Parks als literarische Räume natürlich so alt wie die Literatur selbst [sind], doch haben diese Räume im Lauf der Zeit einen Bedeutungswandel erfahren, was mit einem sich ständig verändernden Naturverständnis einhergeht."[18]

Schon um 1800 wurde von einer Gartenmanie gesprochen und Heinrich Detering hat in einer rezenten Publikation über die Menschen im Weltgarten die Entdeckung der Ökologie in der Literatur zwischen Haller und Humboldt verortet.[19] Es war eine Zeit, in der die Gartenkunst neben Musik, Poesie, Architektur, Schauspiel, Tanz und Malerei im Kanon der schönen Künste ihren gleichberechtigten Platz fand und das Modell des englischen Landschaftsgartens eine Gartenrevolution ausgelöst hatte.[20] Diese Gartenrevolution basierte stark auf der Entdeckung eines neuen Empfindungsvermögens und einem

15 Wimmer, Clemens Alexander: *Der Gartenkünstler Peter Joseph Lenné. Eine Karriere am preußischen Hof.* Darmstadt: WBG 2016.

16 Cf. Roscher, Astrid: „Lucie von Pückler-Muskau. Heimliche Hauptakteurin im Schatten des grünen Fürsten?". *Die Gartenkunst* 21, 2009, S. 187–197; Barth-Scalmani, Gunda/Mettele, Gisela (Hrsg.): „Gärten Gardens". *L'Homme. Europäische Zeitschrift für Feministische Geschichtswissenschaft* 27(2), 2016.

17 Einige Beispiele: Röttgers, Stefan/Schmitz-Emans, Monika (Hrsg.): *Gärten.* Essen: Die Blaue Eule 2011; Stobbe, Urte: *Kassel-Wilhelmshöhe. Ein hochadeliger Lustgarten im 18. Jahrhundert.* Berlin/München: Deutscher Kunstverlag 2009; Vestroni, Valentina: *Jardins romanesques au XVIIIe siècle.* Paris: Classiques Garnier 2016; Auraix-Jonchière, Pascale/Bernard-Griffiths, Simone/Francalanza, Éric (Hrsg.): *Dictionnaire littéraire des fleurs et des jardins (XVIIIe et XIXe siècles).* Paris: Honoré Champion 2017.

18 Büscher, Nick: „Heterotopien der Liebe. Raumstrukturen in Marieluise Fleißers ‚Abenteuer aus dem Englischen Garten'". In: *Jahrbuch zur Kultur und Literatur der Weimarer Republik* (Bd. 13/14). München: edition text + kritik 2011, S. 89–119, hier S. 91.

19 Detering, Heinrich: *Menschen im Weltgarten. Die Entdeckung der Ökologie in der Literatur von Haller bis Humboldt.* Göttingen: Wallstein 2020.

20 Cf. Niedermeier, Michael: *Das Ende der Idylle. Symbolik, Zeitbezug, Gartenrevolution in Goethes Roman „Die Wahlverwandtschaften".* Berlin et al.: Peter Lang 1992; cf. auch Rancière, Jacques: *Le temps du paysage. Aux origines de la révolution esthétique.* Paris: La fabrique éditions 2020.

neuen subjektiven Selbstverständnis.[21] Die Kunsthistorikerin Iris Lauterbach betont, dass Gärten im 18. Jahrhundert Empfindungen wecken, Emotionen hervorrufen und Erinnerungen wachhalten sollten, wobei sich die Grundfragen um die Wahrnehmung der Natur mit der daran anschließenden Nachahmung in der Kunst drehten.[22] Der Begriff der Wahrnehmung hat sich seither sichtlich gewandelt. In der aktuellen Gartenmanie geht es vielmehr um eine Wiederentdeckung des Naturschönen mit einem Schwerpunkt auf einer globaleren oder „volleren" Wahrnehmung, die das Sinnliche miteinschließt, wie es der deutsche Naturphilosoph Gernot Böhme (geb. 1937) ausdrückt. Auch er bezieht sich in seinen Arbeiten zur Naturästhetik auf das klassische Verständnis des „Naturschönen", versucht es aber um eine ökologisch-atmosphärische Dimension zu erweitern:

> Es geht nicht um die konkrete Naturerfahrung, um das Leben und Arbeiten mit der Natur. Aus diesem verengten Schönheitsbegriff muß man herauskommen und das Thema Schönheit auf die volle Wahrnehmung beziehen, die die affektive Betroffenheit, das Leibliche und das Phantastische mit enthält.[23]

Die Betonung der sinnlichen Wahrnehmung scheint mir also besonders wichtig für die Analyse der zunehmenden Bedeutung von Gartenräumen. Die Naturphilosophen Gernot Böhme und Rosario Assunto bieten hierbei Denkansätze, wie das Naturverständnis und die Gartengeschichte der Sattelzeit und die des 20. Jahrhunderts im Kontext einer von der Umweltproblematik her motivierten Ästhetik zusammenzudenken sind:

> Von der Ökologie kommend entdeckt man also in der Ästhetik, daß man sie als solche verändern muß, will man eine moderne Naturästhetik begründen. Die Brücke zwischen einer Naturästhetik und der Ästhetik im allgemeinen kommt überdies über das Thema des menschlichen Leibes zustande. Die leibliche Erfahrung ist aus der klassischen oder bürgerlichen Ästhetik hinausgedrängt worden, weil sie im wesentlichen

---

21 Cf. Décultot, Elisabeth/Lauer, Gerhard (Hrsg.): *Kunst und Empfindung. Zur Genealogie einer kunsttheoretischen Fragestellung in Deutschland und Frankreich im 18. Jahrhundert.* Heidelberg: Winter 2012.

22 Lauterbach, Iris: „Der europäische Landschaftsarten ca. 1710–1800". *Europäische Geschichte Online*, 29.11.2012, retrieved 10.07.2020, from <http://ieg-ego.eu/de/threads/modelle-und-stereotypen/anglophilie/iris-lauterbach-der-europaeische-landschaftsgarten-ca-1710-1800>.

23 Interview mit Gernot Böhme in: „Plädoyer für eine ökologische Naturästhetik". *Kunstforum* (104), 1989, retrieved 15.04.2020, from <https://www.kunstforum.de/artikel/pladoyer-fur-eine-okologische-naturasthetik>.

> eine Ästhetik der Beurteilung des Schönen und des Redens über das Schöne bzw. das Kunstwerk war, aber keine Theorie der sinnlichen Erfahrung, wie sie dies ursprünglich nach dem Vorgang von Alexander Baumgarten hätte sein sollen. Aus der ökologischen Perspektive muß aber der menschliche Leib als die Natur, die wir selber sind, wieder integriert werden.[24]

Prominenente Autoren wie Johann Wolfgang Goethe und Friedrich Schiller haben die Garteneuphorie ihrer Zeit miterlebt, mitgetragen und dann aber auch kritisch hinterfragt und zwischen dilettantischen Gartenprojekten und solchen mit „Stil", also Wissen, Fachkenntnissen und einem Sinn für Ästhetik, zu unterscheiden. Friedrich Schiller ist im Zusammenhang von Naturempfinden und ästhetischer Bildung eine wichtige Quelle für den italienischen Naturphilosophen Rosario Assunto (1915–1994), der die Rückkehr des Gartens und eine Philosophie des Gartens ins Zentrum seiner Schriften gestellt hat, die in den späten 70er und 80er Jahren des 20. Jahrhunderts veröffentlicht wurden. Er sprach sich dabei gegen eine *Massifikation* der Gärten aus, da für ihn der Garten ein ästhetischer Ort ist, der sich durch eine „kontemplative Qualität" auszeichnet und dem Leben Sinn und Wert gibt: „Kunstwerk-Ort, formulieren wir es so, zu dem das Rascheln des Laubes, der Gesang der Vögel, das Plätschern und Fließen des Wassers gehört."[25]

Im Spiegel der Garteneuphorie der Sattelzeit soll nun die aktuelle Garteneuphorie näher beleuchtet werden, also ein Bogen gespannt werden von der Romantik zur gegenwärtigen Ökokritik und den *Environmental Humanities.*[26] Dabei soll in drei Schritten vorgegangen werden, denen drei Wendepunkte oder „turns" zugeordnet werden.[27] Der erste Teil geht von einem *Environmental turn* aus und betrachtet den Garten als Schutz- und Rückzugsraum im Zeitalter des Anthropozäns. Im zweiten Teil wird der Garten als Heterotopie im Kontext des *spatial*

24 Ibid.

25 „‚Lieu-œuvre d'art', disons-le ainsi, dont font partie intégrante le bruissement des frondaisons, le chant des oiseaux, le clapotement ou le grondement des eaux". In: Assunto 2003, S. 120 und S. 88.

26 Cf. Coupe, Laurence (Hrsg.): *The Green Studies Reader from Romanticism to Ecocriticism.* London/New York: Routledge 2000; Choné, Aurélie/Hajek, Isabelle/Hamman, Philippe (Hrsg.): *Guide des Humanités environnementales.* Villeneuve d'Ascq: Presses Universitaires du Septentrion 2016; Id.: *Rethinking Nature. Challenging Disciplinary Boundaries.* Abingdon/New York: Routledge 2017; Blanc, Guillaume/Demeulenaere, Élise/Feuerhahn, Wolf (Hrsg.): *Humanités environnementales. Enquêtes et contre-enquêtes.* Paris: Publications de la Sorbonne 2017.

27 Cf. Bachmann-Medick, Doris: *Cultural Turns.* Reinbek bei Hamburg: Rowohlt 2006.

turn betrachtet. Abschließend geht es um den Garten im Kontext der Wiederentdeckung des Sinnlichen vor dem Hintergrund eines *emotional turn.*[28] Meine theoretischen Überlegungen werden auf zwei Textbeispiele der zeitgenössischen Literatur angewendet, auf den dystopischen Roman *Winters Garten* der jungen österreichischen Autorin Valerie Fritsch (geb. 1989) aus dem Jahr 2015[29] und auf Pascal Quignards (geb. 1948) Text *Dans ce jardin qu'on aimait* aus dem Jahr 2017[30]. Valerie Fritsch hat gerade ihren dritten Roman herausgebracht und gilt als junges Talent der österreichischen Literaturszene.[31] Pascal Quignard zählt in Frankreich zu den wichtigsten zeitgenössischen Autoren, der bereits ein umfangreiches Werk geschaffen hat.[32] Trotz dieser Unterschiede sind die beiden Texte, die ich ausgewählt habe, im wahrsten Sinne des Wortes „Zeichen der Zeit" hinsichtlich des erwähnten Gartendiskurses, da beide den Garten im Titel tragen und der Garten den zentralen literarischen Raum im Text bildet.

Quignards Text ist hinsichtlich der Gattung nicht so leicht einzuordnen. Auch wenn der Text autobiographisch einsetzt, handelt es sich letztendlich um eine literarische Biographie des amerikanischen Priesters und Komponisten Simeon Pease Cheney (1823–1890), der vor Olivier Messiaen Vogelstimmen und andere Töne und Geräusche der Natur aus seinem Garten in Noten niederschrieb.[33] Die Erzählung nimmt dabei die Form eines Theatertextes an mit den Rollen eines Erzählers, Simeons selbst und dessen Tochter Rosemund. Der Ich-Erzähler beschreibt die Form seines Textes als eine „Abfolge von weitläufigen, traurigen, langsam sich bewegenden, höflichen (zuvorkommenden), ruhigen, zeremonienhaften Szenen, die dem alten japanischen Nô-Theater sehr ähnlich sind".[34] Der Garten ist neben

---

28 Cf. Forschungsüberblick zur Gefühlsforschung von Thomas Anz auf literaturkritik.de, retrieved 15.05.2020, from <https://literaturkritik.de/id/10267>.

29 Fritsch, Valerie: *Winters Garten*. Berlin: Suhrkamp 2015. Es ist ihr zweiter Roman.

30 Quignard, Pascal: *Dans ce jardin qu'on aimait*. Paris: Grasset & Fasquelle 2017. Dieser Text kann als Echo auf einen früheren Roman betrachtet werden: *Tous les matins du monde*, aus dem Jahr 1991.

31 Fritsch, Valerie: *Herzklappen bei Johnson und Johnson*. Berlin: Suhrkamp 2020.

32 Cf. Rabaté, Dominique: *Pascal Quignard. Étude de l'œuvre*. Paris: Bordas 2008; Cousin de Ravel, Agnès/Lapeyre-Desmaison, Chantal/Rabaté, Dominique: *Les Lieux de Pascal Quignard*. Paris: Gallimard 2014; Calle-Gruber, Mireille/Frantz, Anaïs (Hrsg.): *Dictionnaire sauvage. Pascal Quignard*. Paris: Hermann Éditions 2016.

33 Seine Tochter wird sich die Publikation seines Werkes zur Lebensaufgabe machen: Cheney, Simeon Pease/Vance Cheney, John (Hrsg.): *Wood Notes Wild, Notations of Bird Music*. Boston: Lee and Shepard 1892.

34 „Une suite de scènes amples, tristes, lentes à se mouvoir, polies, tranquilles, cérémonieuses, très proches des spectacles du nô du monde japonais d'autrefois" (Quignard, S. 11).

dem Wohnraum Simeons der Hauptschauplatz der Geschichte, die erzählt wird. Der Ich-Erzähler gibt die Bühnenanweisung:

> J'imaginais – au fond de mon repaire d'hiver – une scène très obscure simplement divisée en deux par une diagonale de lumière.
> Cette diagonale était comme une longue baie vitrée formant un effet de miroir, séparant le jardin du révérend du salon de sa cure. (Quignard, S. 15)

> [*Ich stellte mir – in der Tiefe meines Winterrückzugsortes – eine ganz dunkle Bühne vor, die einfach durch eine Lichtdiagonale in zwei Hälften geteilt wird.*
> *Diese Diagonale war wie ein langes Glasfenster mit Spiegeleffekt, das den Garten des Pfarrers vom Wohnzimmer seines Pfarrhauses trennte.*][35]

Bei Pascal Quignard ist der Gartenraum für eine kurze Zeit Paradiesgarten und *hortus conclusus*, dann aber vor allem Raum der Trauer und Symbol einer verlorenen Liebe sowie Erinnerungsraum. Es ist außerdem ein Ort der Wahrnehmung und Empfindung der Natur. Simeon erinnert sich an seine im Kindbett verstorbene Frau mit dem bezeichnenden Vornamen Eva, für die der Garten alles bedeutete, so meint er zumindest, denn an einer Stelle im Text wird sie als Wiedergängerin, der Garten auch als ihr Fluchtort vor ihm beschrieben (Quignard, S. 91–92).[36] In Momenten der größten Trauer nimmt die Erzählung sehr lyrische Formen an:

> Elle a disparu, la femme que tu aimes,
> dans la mare,
> près du canot,
> au cœur du jardin qu'elle aimait. (Quignard, S. 25)
> [*Sie ist verschwunden, die Frau, die du liebst,*
> *im Teich,*
> *neben dem Ruderboot,*
> *im Herzen des Gartens, den sie liebte.*]

In Valerie Fritschs Text geht es um ein Zurück in den Garten, da der romaneske Gartenraum und gleichzeitig Garten der Kindheit als Schutzraum vor einer unerklärten Umweltkatastrophe dient, die den Weltuntergang bedeutet.[37]

---

35 Die deutschen Übersetzungen der literarischen Texte stammen, wenn nicht anders angegeben, von der Autorin, H.H.

36 Zum Motiv des Liebesgartens als Ort, in dem man die Geliebte einschließt, siehe auch den Roman von Gruenter, Undine: *Der verschlossene Garten*. Hanser 2004.

37 Auf die Aktualität des Katastrophennarrativs kann hier aus Platzgründen nicht näher eingegangen werden, cf. Horn, Eva: *Zukunft als Katastrophe*. Frankfurt a.M.: Fischer 2014; Stengers, Isabelle: *Au temps des catastrophes. Résister à la barbarie qui vient.*

1 Der Garten als Schutzraum und Symbol für Nachhaltigkeit (*environmental turn*)

Die Besonderheit des Gartens ist seine Umschlossenheit. Der Garten ist räumlich begrenzt, eingeschlossen, umzäunt und umfriedet. Der amerikanische Literaturwissenschaftler Robert Harrison betont die Bedeutung der Grenze in der Etymologie des Wortes „Garten":

> Fast alle Wörter für „Garten" in den Sprachen der Welt sind etymologisch mit der Vorstellung des Zauns oder der Grenze verknüpft. Ein Garten wird durch seine Grenzen buchstäblich definiert. Auch wenn diese Grenzen Abgrenzung und Definition bieten, sind sie größtenteils relativ. Damit meine ich, dass sie für den Garten eine innere Beziehung zu der Welt bewahren, die sie auf einem gewissen Abstand halten.[38]

Diese Grenze ermöglicht Abstand zu halten, worauf ich später zurückkommen werde. Das *Digitale Wörterbuch der deutschen Sprache* definiert den Garten als „(meist) umzäuntes kleineres (zu einem Haus gehörendes) Stück Land zur Bepflanzung mit Rasen oder Blumen bzw. zum Ziehen von Gemüse oder Obst".[39] Der französische Linguist Jean Pruvost hat der Geschichte des Wortes „Garten" 2013 ein kleines Büchlein gewidmet und erklärt ebenfalls den Beginn der Wortgeschichte mit der schützenden Umfriedung:

> Woher kommt dieses charmante Wort? Aus dem Galloromanischen. In den ersten Jahrhunderten unserer Zeitrechnung, in der gallo-romanischen Zeit, gab es mit ziemlicher Sicherheit einen Ausdruck, den Linguisten *a posteriori* rekonstruierten, den *hortus gardinus*, der den von einem Zaun umgebenen Garten bezeichnete.[40]

Der prominente französische Gartenarchitekt, Gärtner und Schriftsteller Gilles Clément – Autor des Konzepts des „Weltgartens" (*Jardin*

Paris: La Découverte 2009; und im deutsch-franz. Vergleich das Dossier von Hanse, Olivier/Lacheny, Marc (Hrsg.): „Le catastrophisme environnemental". *Revue d'Allemagne et des Pays de langue allemande* 52(1), 2020.

38 Harrison, Robert: *Gärten. Ein Versuch über das Wesen der Menschen (*Übers. v. Martin Pfeiffer). München: Hanser 2010, S. 86.

39 Digitales Wörterbuch der Deutschen Sprache: *Definition Garten*, retrieved 15.03.2020, from <https://www.dwds.de/wb/Garten>.

40 „D'où vient ce mot qui charme? Du gallo-romain. Aux premiers siècles de notre ère en effet, à l'époque gallo-romaine, existait de manière presque certaine une formule que les linguistes ont *a posteriori* reconstituée, l'*hortus gardinus*, désignant le jardin entouré d'une clôture" (Übers. v. H. Haberl), in: Pruvost, Jean: *Le jardin „qui repose l'œil sans l'égarer"*. Paris: Honoré Champion 2013, S. 15.

planétaire)[41] – betrachtet den gesamten Planeten Erde als Garten und die Menschen als mehr oder weniger verantwortungsbewusste Gärtnerinnen und Gärtner.[42] Im Jahr 2011–2012 besetzte er den renommierten Lehrstuhl für künstlerisches Schaffen (*création artistique*) am Collège de France und seine Antrittsvorlesung trug den Titel: „Gärten, Landschaft und Genie der Natur" („Jardins, paysage et génie naturel"). In seiner *Kurzen Geschichte des Gartens* spricht er vom Nutzgarten als dem ersten Garten der Gartengeschichte und von der Bedeutung der Umfriedung, um „das Beste" zu schützen.[43] Dieser Begriff des „Besten" ist besonders bemerkenswert. Das was als das „Beste" und Schützenswerteste angesehen wird, muss immer wieder neu definiert werden und verändert sich im Laufe der Zivilisationsgeschichte. Das konstante Prinzip im Konzept Garten besteht für ihn dagegen im Versuch eine Art Paradies oder „das Paradies" wiederzufinden. Clément steht für den ökologisch bewussten Menschen, der im Garten einen veränderten Umgang des Menschen mit der Natur sieht. Die Naturzerstörung und eine von der Natur abgewandte Lebensweise hat offenbar ein Verlustgefühl ausgelöst und es geht jetzt darum, das, was verloren gegangen ist, wiederzufinden und sich selbst darin wiederzufinden.[44] In einer rezenten Publikation reflektiert Giorgio Agamben das (prähistorische) Paradies auf Erden ebenfalls als Möglichkeit den menschlichen Glückszustand (theologisch) zu denken, als „ideale Bleibe für den Menschen auf Erden".[45]

Gilles Clément fasst seine Definition des Gartens zusammen, indem er festhält, dass das Paradies und der Garten eine Art Festung seien, ein Ort, an dem

41 Die Idee des Weltgartens entwickelt er zuerst in seinem Roman *Thomas et le voyageur. Esquisse du jardin planétaire*. Paris: Albin Michel 1997.

42 Cf. die Begriffsdefinition auf der Homepage von Gilles Clément (retrieved 15.04.2020, from <http://www.gillesclement.com/cat-jardinplanetaire-tit-Le-Jardin-Planetaire>); sowie Clément, Gilles: *Les Jardins planétaires* (avec Guy Tortosa). Paris: Éd. Jean-Michel Place 1999; Id.: *Le Jardin planétaire* (avec Claude Éveno). La Tour d'Aigues: Éd. de l'Aube 1999 [1997].

43 Clément, Gilles: *Une brève histoire du jardin*. Paris: Jean-Claude Béhar éditions 2011, S. 12–13.

44 Cf. auch das von den Kunsthistorikern Hervé Brunon und Zahia Rahmani geleitete Forschungsprogramm „Paradis perdus: colonisation des paysages et destruction des éco-anthroposystèmes", retrieved 28.04.2020, from <https://paradisperdus.hypotheses.org>.

45 „Juste demeure des hommes sur la Terre", cf. Agamben, Giorgio: *Le Royaume et le Jardin* (Übers. v. Joël Gayraud). Paris: Rivages 2020.

man Schutz findet. Dieses Szenario entwirft auch Valerie Fritsch in dem Roman *Winters Garten*. Es ist ihr zweiter Roman und wurde von Tatjana Marwinski bei Phébus ins Französische übersetzt (*Le jardin de Winter*). Die Autorin selbst meint in einem Interview zu ihrem Roman aus dem Jahr 2015:

> In der gegenwärtigen Welt bricht momentan wieder vieles auf, und ich habe das Gefühl, gerade da braucht oder gibt es bereits vermehrt Gegenentwürfe, die sich auf die Natur beziehen. Es geht wieder mehr um fundamentale Dinge. Oder es ist zumindest ein Bedürfnis danach vorhanden.[46]

Ihr Roman ist in acht Kapitel gegliedert. Er setzt in einer Gartenkolonie ein und endet auch im Garten. Der erste Satz lautet folgendermaßen:

> Anton Winter wuchs als Sohn eines Geigenbauers auf in einem riesigen Garten zu einer Zeit, als man noch in ein Schicksal hineingeboren werden konnte. Die Gartenkolonie war einst von Fabrikantensöhnen und Naturärzten, von schmallippigen Asketen und ein paar Gelehrten, von Bauern und hochgewachsenen Frauen mit Strohhüten gegründet worden, als der Staat sich auflöste und die Stadt trost- und der Mensch so ratlos geworden war, dass er in die Natur gehen musste, um sich zu erneuern. (Fritsch, S. 9)

Die Hauptfigur Anton Winter ist in einer idyllischen Gartenkolonie aufgewachsen. Er hat seine „heilige Kinderzeit" (Fritsch, S. 33) hinter sich gelassen, um in die Stadt am Meer zu gehen, die nur eine Stunde entfernt ist und in der er als Vogelzüchter von exotischen Vögeln im letzten Stock eines Hochhauses lebt.

> Jeder Vogel war anders, sie alle sangen verschiedene Lieder, aber Anton schien jede Melodie ein Totenlied. Und während die einen tagelang erstickt vor sich hin zirpten, schrien manche andere nach Wochen des Schweigens in der Nacht auf mit einem einzelnen hohen Ton, um sogleich erneut erschrocken zu verstummen. (Fritsch, S. 45)

Sein Leben und das seiner Mitmenschen ist von einer nicht genauer definierten Katastrophe bedroht. Der Weltuntergang ist vorprogrammiert. Alles scheint hoffnungslos zu sein. In dieser vom Untergang bedrohten Welt lernt Anton Frederike, eine ehemalige Marineoffizierin, kennen und lieben, die sich nun im städtischen Krankenhaus um die Neugeborenen kümmert. Sie fliehen gemeinsam mit Antons Bruder Leander, dessen Frau und deren Kind in den

---

46 Schröder, Christoph: „Panorama einer von Krisen gezeichneten Zeit". *Deutschlandfunk*, 15.07.2015, retrieved 12.03.2020, from <https://www.deutschlandfunk.de/buchkritik-winters-garten-panorama-einer-von-krisen.700.de.html?dram:article_id=325520>.

mittlerweile heruntergekommenen Garten ihrer Kindheit, der zur Wildnis geworden ist, der jedoch Schutz bietet und in dem es vielleicht ein Überleben geben kann.

> Vor ihnen lagen nur das große Haus und der Stall, das Nebengebäude und die Werkstatt und schlussendlich, alles dicht umschließend: der Garten. (Fritsch, S. 107)

Die bisherige Zivilisation wird für obsolet erklärt. Vor dem Grauen verbergen sie sich im geschützten Garten. Mehrere für die Gartenliteratur wichtige Motive sind präsent: der verlorene Garten der Kindheit, der Liebesgarten, der Zusammenhang von Garten und Genealogie. Es gibt die für die Hauptfigur Anton Winter besonders wichtigen Großeltern und es gilt das Leben eines kleinen Kindes zu schützen. Der Garten steht hier der totalen Zerstörung gegenüber. Mit Nick Büscher gesprochen kann man es auch so ausdrücken, „dass die Poetik des Gartens den Entwurzelungserfahrungen komplementär ist, von denen dieses Jahrhundert seit seinem Beginn geprägt ist".[47] Der Garten ist also eine Art Gegenwelt, ein „anderer Raum" (*espace autre*) sowohl zu Beginn des Romans, den man in der Zwischenkriegszeit situieren kann wie auch am Ende, das in die Gegenwart fällt. Damit komme ich zum *spatial turn* und dem Gartenraum als Heterotopie, einem Konzept von Michel Foucault, das die Besonderheit und Andersartigkeit dieses Kulturraumes besonders prägnant beschreibt.[48]

2 Der Garten als Heterotopie (*spatial turn*)

Seit den 90er-Jahren spricht man vom *spatial turn* in der Literatur und seitdem konzentrieren sich viele Analysen verstärkt auf die Räumlichkeit der Texte.[49] Dabei spielt der von Michel Foucault bereits 1967 verwendete, aber erst 1984 veröffentlichte Text *Des espaces autres* (dt. „Von anderen Orten"), in dem er von der „Heterotopie" spricht, eine wesentliche Rolle. Er hat die Außenräume oder öffentlichen Räume in zwei Gruppen geteilt: die Utopien, als irreale Räume und die Heterotopien als reale Räume. Der Garten und das Museum – aber auch die Bibliothek gehören zur zweiten Kategorie. Die Tatsache „draußen" zu sein, ermöglicht diesen Orten „das Innen" zu reflektieren, anders ausgedrückt eine Distanz herzustellen. Diese *espaces autres* oder „anderen Räume" bedeuten also einen Rückzug und einen kritischen Blick auf das Alltagsleben, in dem

47 Büscher, S. 92.
48 Cf. Foucault, S. 321.
49 Ibid.

der Mensch in ein mehr oder weniger dichtes Sozialnetz eingebunden ist. Diese Heterotopien beschreibt Foucault als „einen anderen Raum, einen anderen realen Raum, der im Gegensatz zur wirren Unordnung unseres Raumes eine vollkommene Ordnung aufweist. Das wäre dann keine illusorische, sondern eine kompensatorische Heterotopie".[50] Für mich liegt in dieser Definition Foucaults eine Antwort auf die Frage nach dem aktuellen Erfolg der Gärten: sie sind eine Form von „kompensatorischer Heterotopie". Der Garten ist in diesem Sinn ein Rückzugsort und eine Art Zuflucht vor der Geschichte. Gleichzeitig kann die Geschichte nie wirklich ausgeschlossen werden. Die Gartenidylle als Utopie ist immer eine prekäre oder verstörte Idylle.[51] Aber „eben *weil* wir in die Geschichte geworfen sind, müssen wir unseren Garten bestellen".[52] Das ist zumindest die Antwort des amerikanischen Romanisten Robert Harrison auf die Frage welche Rolle der Garten für den Menschen spielt und er bezieht sich hier natürlich auf Voltaires Text *Candide*. Im Zentrum steht für ihn der Begriff der „Sorge" und das „Kultivieren der Erde".[53] Die anthropologische Dimension des Gartens schließt die Gemeinschaft mit ein, da der Garten immer auch ein Ort des Austausches und des Dialogs ist.

Der Garten stellt die Welt im Kleinen dar. Wie ist nun aber die Relation Garten und Natur zu bestimmen? Was ist der Garten im Verhältnis zur Natur? Der Garten ist ästhetisierte und kulturalisierte Natur, vielleicht immer schon Natur-Kultur? Der Garten ist lebende Form, da er Leben und Form miteinander verbindet. Garten ist natürliche Gestalt und er fordert den Gestaltungswillen des Menschen.[54] Julia Scholl betont den Doppelcharakter des Gartens als Ort der Natur und Kultur zugleich:

> Was den Garten als Objekt und Setting für die Literatur interessant macht, ist seine Doppelbedeutung: als Ort der Natur und Kultur zugleich, der den Menschen immer auch auf seinen eigenen Doppelcharakter als Natur- und Kulturwesen verweist. Als bewusst geformtes Stück Natur ist der Garten ein kulturelles *Palimpsest*, so Gisela Steinlechers Formulierung, ein Ort der Gestaltung, Herstellung, Formung und

---

50 Ibid., S. 326.

51 Cf. zur Idylle als ökologischem Genre: Heller, Jakob Christoph: „‚Die stillen Schatten fruchtbarer Bäume'. Die Idylle als ökologisches Genre?". In: Zemanek, Evi (Hrsg.): *Ökologische Genres. Naturästhetik, Umweltethik, Wissenspoetik*. Göttingen: Vandenhoeck & Ruprecht 2018, S. 73–87.

52 Harrison, Robert: *Gärten. Ein Versuch über das Wesen der Menschen* (Übers. v. Martin Pfeiffer). München: Hanser 2010, S. 10.

53 Ibid.

54 Ibid., S. 86.

> zugleich der stetigen Neugestaltung und Überschreibung. Der Mensch als Kulturwesen versteht sich als Schöpfer dieses Ortes, als Naturwesen ist er indes zugleich Objekt der Kultur, die er geschaffen hat – er formt den Garten und wird wiederum geformt durch ihn.[55]

Für die Hauptfigur von Valerie Fritschs Roman ist die Rückkehr in das Haus und den Garten seiner Vorfahren in der Tat ein Aufspüren der Vergangenheit:

> Natürlich war der Ort zu etwas anderem geworden, zum Haus seiner verstorbenen Großeltern und Eltern, einem Haus der Toten, und zu etwas, das es damals noch nicht gewesen war, als er hier lebte: einer Erinnerung, einem Museum seiner eigenen Vergangenheit, der Keimzelle seines Wehmuts [sic]. (Fritsch, S. 109)

Es ist bezeichnend, dass Michel Foucault nicht nur den Garten als „anderen Ort" bezeichnet, sondern auch die Bibliothek und das Museum als „Heterotopien der Zeit" bezeichnet, „in denen die Zeit unablässig angesammelt und aufgestapelt wird".[56] Ist das Museum in der Tat ein auf die Akkumulation der Zeit ausgerichtete Heterotopie, so sind Gärten doch vielmehr ein „Fest der Vergänglichkeit" (*une fête de l'éphémère*). So werden sie zumindest vom bereits oben erwähnten Gartenhistoriker Michel Baridon beschrieben: „Sie sind in ständigem Wandel und verändern sich vor unseren Augen zwar mehr oder weniger schnell, das stimmt, jedoch unaufhaltsam."[57]

3 Der Garten als Ort der (wiederentdeckten) Sinne (*emotional turn*)

Abschließend möchte ich einen neueren „turn" ansprechen und gleichzeitig im Zusammenhang mit dem Gartenraum zur Diskussion stellen. Ich möchte ihn „sensitive" oder „emotional" *turn* nennen. Man kann dem deutschen Kunsthistoriker Hans von Trotha nur zustimmen, wenn er sagt, dass „[d]ie besondere Überzeugungskraft der Gärten von ihrer Konzentration aufs Sinnliche herrührt".[58] Die Gartenkunst ist in der Tat die einzige Kunstform, die alle Sinne anspricht. Bereits im Mittelalter und der Renaissance legte man Gärten der fünf Sinne an.[59] In aktuellen künstlerischen und literarischen Auseinandersetzungen

---

55 Scholl, Julia: „Settings. Der Garten als historiografisches Palimpsest in der Gegenwartsliteratur". *Text + Kritik* (X), 2016, S. 65–74.

56 Foucault, S. 325.

57 Baridon, p. 5.

58 Trotha, Hans v.: *Im Garten der Romantik*. Berlin: Berenberg 2016, S. 14.

59 Cf. Gurvil, Clément: „Les faiseurs de sens. Des Jardiniers organisateurs des aspirations sensorielles des Parisiens au XVIe siècle". In: Beck, Robert/Krampl, Ulrike/

mit dem Garten geht es meiner Meinung nach auch um eine neue oder erneuerte Wahrnehmung der Natur durch die Sinne. Es geht um eine verstärkt körperliche Wahrnehmung der Natur, da in den aktuellen Auseinandersetzungen mit dem Garten und der Naturphilosophie wieder verstärkt das Atmosphärische und das Zusammenwirken der Naturkräfte thematisiert wird. Auffällig ist die Betonung der Wechselwirkungen zwischen Mensch und Natur/Umwelt. Arbeiten, wie jene des französischen Philosophen Emmanuele Coccia[60] oder auch die des Försters Peter Wohlleben[61] gehen von einem gegenseitigen Abhängigkeitsverhältnis und einer Durchdringung oder auch Resonanz von Mensch und Natur aus,[62] ja sogar von einer Quasi-Interaktivität.[63] *Das geheime Leben der Bäume* und die *Philosophie der Pflanzen* denken die Rolle der Pflanzen für und mit den Menschen neu. Für Coccia ist die Pflanze eine Maschine, die die Erde an den Himmel bindet. Die Pflanzen sind die Quelle unseres Lebens und sie spenden den lebensnotwendigen Atem.

An dieser Stelle möchte ich abschließend noch einmal auf Pascal Quignards Text *Dans ce jardin qu'on aimait* zurückkommen. In Quignards Text ist der Garten der Ort der geliebten Frau Eva, die im Kindbett gestorben ist. Dieser Tod hat eine Beziehung zur Tochter Rosemund fast unmöglich gemacht und bedeutet für sie auch die Vertreibung aus dem Garten. Dennoch wird sie sich später darum bemühen das Werk ihres Vaters nach dessen Tod zu veröffentlichen. Der Garten ist hier ein Paradiesgarten und Liebesgarten, ein besonderer Liebesgarten. Dieser Garten wird zum Körper und Leib der geliebten, aber verstorbenen Frau, zum Labyrinth für den überlebenden Mann. Simeon sagt selbst in einer Dialogpassage:

> C'est cette maison, mon labyrinthe. C'est ce jardin, mon labyrinthe. Ce n'est pas elle, en personne, Eva, ta mère, bien sûr, je ne suis pas fou. Mais ce jardin, c'est elle qui l'a conçu, c'est son visage.
> Car c'est un visage, un jardin!

Retaillaud-Bajac, Emmanuelle (Hrsg.): *Les cinq sens de la ville, du Moyen Âge à l'époque contemporaine.* Tours: Presses Universitaires François Rabelais 2013, S. 329–340.

60 Coccia, Emanuele: *La vie sensible* (Übers. v. Martin Rueff). Paris: Rivages 2018; deutsche Übersetzung: Coccia, Emanuele: *Sinnenleben. Eine Philosophie* (Übers. v. Caroline Gutberlet). München: Hanser 2020.

61 Wohlleben, Peter: *Das geheime Leben der Bäume. Was sie fühlen, wie sie kommunizieren – die Entdeckung einer verborgenen Welt.* München: Ludwig 2015.

62 Rosa, Hartmut: *Resonanz. Eine Soziologie der Weltbeziehung.* Berlin: Suhrkamp 2019.

63 Coccia, Emanuele: *La vie des plantes. Une métaphysique du mélange.* Paris: Payot et Rivages 2016; deutsche Übersetzung: Coccia, Emanuele: *Die Wurzeln der Welt. Eine Philosophie der Pflanzen* (Übers. v. Elsbeth Ranke). München: Hanser 2018.

Ce n'est pas un parterre de fleurs. Ce n'est pas seulement un potager. Ce n'est même pas un dépôt de lys, de chrysanthèmes et de glaïeuls magnifiques qu'on coupe pour mettre dans les vases des chapelles en l'honneur des saints martyrs du calendrier,
sur la nappe de l'autel en l'honneur du sacrifice de Notre Seigneur,
sur les dalles des tombes en l'honneur des morts familiales.
C'est un merveilleux visage invieillissable. (Quignard, S. 47)

[*Dieses Haus ist mein Labyrinth. Dieser Garten in mein Labyrinth. Es ist nicht sie persönlich, Eva, deine Mutter, ich bin ja nicht verrückt. Sondern dieser Garten, den sie entworfen hat, ist ihr Gesicht.*
Denn ein Garten ist ein Gesicht.
Es ist kein Blumenbeet. Es ist auch nicht nur ein Gemüsegarten. Es ist auch keine Sammelstelle für Lilien, Chrysanthemen und prächtige Gladiolen, die man abschneidet um sie in die Vasen von Kapellen zu Ehren der Kalenderheiligen zu stecken,
auf das Altartuch zu Ehren des Opfertodes unseren Herrn Jesus Christus,
auf die Grabsteine zu Ehren der verstorbenen Angehörigen.
Es ist ein wunderbares Gesicht, das nie altert.]

Der Garten ist also in erster Linie ein Ort der Erinnerung, Ort der Gefühle, Ort der Stimmen und der Musik: ein Ort des Sinnlichen. Es folgt eine Textstelle, die mit einer Körperempfindung einsetzt und dann Geruchs- und Gehörerlebnisse genauer beschreibt:

Le nez coule.
Une odeur de champignon délicieuse s'élève quand on marche dehors et qu'on rentre en direction de la maison en soulevant un peu de terre à chaque pas.
C'est un parfum de mousse, de feuilles détrempées, de fougères rousses, de limace, de bière.
Accroché au muret du jardin, au moindre rayon fragile de soleil le lierre sent le miel.
Seuls les oiseaux nocturnes, la nuit, expriment, sans beaucoup les varier, leurs pépiages si bas, si beaux, si pauvres, si étranglés, si brefs.
Fragments sonores qui sont comme écourtés, arrêtés sur place devant l'hiver qui vient.
Mélodies qui sont comme déjà transies. (Quignard, S. 38)

[*Die Nase läuft.*
Ein wunderbarer Duft von Pilzen entsteht, wenn man draußen ist und auf das Haus zugeht und dabei bei jedem Schritt etwas Erde aufhebt.
Es riecht nach Moos, feuchten Blättern, rotem Farn, Schnecken und Bier.
Der Efeu, der die Wand hinaufwächst, riecht bei jedem auf ihn fallenden zerbrechlichen Sonnenstrahl nach Honig.
Nur die Nachtvögel wiederholen ohne größere Variationen ihr Gezirpe, so tief, so schön, so arm, so erstickt, so kurz.
Tonfragmente, die wie abgekürzt wirken, plötzlich verstummt vor dem Winter, der sich ankündigt.
Melodien die schon wie verhallt klingen.] (Übersetzung, H. Haberl)

Quignards Text erzählt vom Tod eines geliebten Menschen und dem Altwerden. Der Garten hat im Unterschied zum Menschen ein „wunderbares Gesicht, das nie altert",[64] und sich ständig erneuert. Er besitzt die Kraft der Wiedergeburt. Die Hoffnung auf den Neubeginn gibt es auch bei Valerie Fritsch, deren Text folgendermaßen endet:

> Nachdem die Welt untergegangen war, spielte es in Anton Winters Träumen Joy Division und Rachmaninow in den Morgenstunden. Er erwachte unter dem langen Haar Frederikes und blickte hinaus. Auf den Feldern gab es die Stille danach und dann: lange nichts. Um die Ecke bog ein großer Mann und zog einen Koffer in der Form einer Geige hinter sich her. Seine Schritte pflügten den Schnee. Aus dem Wald brachen Schatten hervor, die sorgfältig in seine Spuren traten und ihm in den Schutz des Hofes folgten. Irgendwo am Horizont bewegten sich zwei eng umschlungene Gestalten millimeterweise über die Erdkrümmung auf das Haus zu, so langsam und klein, als hätten sie einen langen Marsch hinter sich. Alle kamen sie in den Garten.

Der Garten ist in beiden Texten ein Ort der Melancholie, vielleicht in der Tat auch *der* Ort oder Raum, der der melancholischen Kontemplation am ehesten entspricht.[65] Gleichzeitig ist die Gartenarbeit und Gartengestaltung ein seit jeher empfohlenes Heilmittel gegen die Melancholie, da sie es erlaubt, sich ihr hinzugeben.[66] Der Rückzug in den Garten ist immer auch verbunden mit Hoffnung auf Ruhe und einem Zu-sich-Kommen im Empfinden und Wahrnehmen/Spüren der Natur, in anderen Worten – einer menschlichen Ökologie. Der Titel des renommierten Internationalen Gartenfestivals von Chaumont-sur-Loire, das dieses Jahr zum 29. Mal stattfindet, lautet jedenfalls *Les jardins de la terre, retour à la terre mère – Die Gärten der Welt, zurück zur Mutter Erde.*[67] In diesem Sinn symbolisiert der Garten Gaïa, ein hybrides wissenschaftliches Konzept, das der französische Anthropologe Bruno Latour in seiner Forschung verwendet und das versucht, neue Denkansätze zu entwickeln um Antworten auf die

64 Quignard, S. 47: „C'est un merveilleux visage invieillissable."

65 Cf. Vestroni, S. 113; Zum Zusammenhang von Melancholie und Garten cf. Haberl, Hildegard/Lensing, Annette/Schmiele, Corona (Hrsg.): „Jardin et mélancolie en Europe entre le XVIe siècle et l'époque contemporaine". *Histoire culturelle de l'Europe* 3, 2018, retrieved 16.05.2020, from <http://www.unicaen.fr/mrsh/hce/index.php?id=673>.

66 Ibid.

67 Cf. das Programm des Festivals, retrieved 05.05.2020, from <http://www.domaine-chaumont.fr/fr/programmation-culturelle-et-evenements/festival-international-des-jardins-2020>.

ökologische Krise zu finden unter Einbeziehung der Mythologie.[68] Der Garten, als Raum, der Natur und Kultur verbindet, spielt dabei zweifelsohne eine zentrale Rolle.

Literaturverzeichnis

Agamben, Giorgio: *Le Royaume et le Jardin* (Übers. v. Joël Gayraud). Paris: Rivages 2020.

Anz, Thomas: „Emotional Turn?". *Literaturkritik*, retrieved 15.05.2020, from <https://literaturkritik.de/id/10267>.

Assunto, Rosario: *Retour au jardin. Essais pour une philosophie de la nature, 1976–1987* (Übers. v. Hervé Brunon). Paris/Besançon: Les Éditions de l'Imprimeur 2003.

Auraix-Jonchière, Pascale/Bernard-Griffiths, Simone/Francalanza, Éric (Hrsg.): *Dictionnaire littéraire des fleurs et des jardins (XVIIIe et XIXe siècles)*. Paris: Honoré Champion 2017.

Bachmann-Medick, Doris: *Cultural Turns*. Reinbek bei Hamburg: Rowohlt 2006.

Baridon, Michel: *Les Jardins. Paysagistes – jardiniers – poètes*. Paris: Éditions Robert Laffont 1998.

Barth-Scalmani, Gunda/Mettele, Gisela (Hrsg.): „Gärten Gardens". *L'Homme. Europäische Zeitschrift für Feministische Geschichtswissenschaft* 27(2), 2016.

Blanc, Guillaume/Demeulenaere, Élise/Feuerhahn, Wolf (Hrsg.): *Humanités environnementales. Enquêtes et contre-enquêtes*. Paris: Publications de la Sorbonne 2017.

Böhme, Gernot: *Für eine ökologische Naturästhetik*. Frankfurt a.M.: Suhrkamp 1989.

Bouchenot-Déchin, Patricia/Farhat, Georges (Hrsg.): *André Le Nôtre en perspectives, 1613–2013*. Paris: Hazan 2013.

Büscher, Nick: „Heterotopien der Liebe. Raumstrukturen in Marieluise Fleißers *Abenteuer aus dem Englischen Garten*". In: *Jahrbuch zur Kultur und Literatur der Weimarer Republik* (Bd. 13/14). München: edition text + kritik 2011, S. 89–119.

Calle-Gruber, Mireille/Frantz, Anaïs (Hrsg.): *Dictionnaire sauvage. Pascal Quignard*. Paris: Hermann Éditions 2016.

68 Latour, Bruno: *Face à Gaïa. Huit conférences sur le Nouveau Régime Climatique* (Les Empêcheurs de penser en rond). Paris: La Découverte 2015.

Cheney, Simeon Pease/Vance Cheney, John (Hrsg.): *Wood Notes Wild, Notations of Bird Music*. Boston: Lee and Shepard 1892.

Choné, Aurélie/Hajek, Isabelle/Hamman, Philippe (Hrsg.): *Guide des Humanités environnementales*. Villeneuve d'Ascq: Presses Universitaires du Septentrion 2016.

Choné, Aurélie/Hajek, Isabelle/Hamman, Philippe (Hrsg.): *Rethinking Nature. Challenging Disciplinary Boundaries*. Abingdon/New York: Routledge 2017.

Clément, Gilles: *Thomas et le voyageur. Esquisse du jardin planétaire*. Paris: Albin Michel 1997.

Clément, Gilles: *Le Jardin planétaire* (mit Claude Éveno). La Tour d'Aigues: Éd. de l'Aube 1999 [1997].

Clément, Gilles: *Les Jardins planétaires* (mit Guy Tortosa). Paris: Éd. Jean-Michel Place 1999.

Clément, Gilles: *Le Jardin planétaire. Réconcilier l'homme et la nature*. Paris: Albin Michel 1999.

Clément, Gilles: *Une brève histoire du jardin*. Paris: Jean-Claude Béhar éditions 2011.

Coccia, Emanuele: *La vie des plantes. Une métaphysique du mélange*. Paris: Payot et Rivages 2016 (deutsche Übersetzung v. Elsbeth Ranke: *Die Wurzeln der Welt. Eine Philosophie der Pflanzen*. München: Hanser 2018).

Coccia, Emanuele: *La vie sensible*. Übers. von Martin Rueff, Paris: Rivages 2018 (deutsche Übersetzung v. Caroline Gutberlet: *Sinnenleben. Eine Philosophie*. Hanser: München 2020).

Coupe, Laurence (Hrsg.): *The Green Studies Reader from Romanticism to Ecocriticism*. London/New York: Routledge 2000.

Courtois, Stéphanie de/Maillet, Marie-Ange/Rubercy, Eryck de (Hrsg.): *Hermann von Pückler-Muskau. Aperçus sur l'art du jardin paysager assortis d'une Description détaillée du parc de Muskau*. Paris: Klincksieck 2014.

Courtois, Stéphanie de/Maillet, Marie-Ange/ Rubercy, Eryck de (Hrsg.): *Esthétique du jardin paysager allemand*. Paris: Klincksieck 2018.

Cousin de Ravel, Agnès/Lapeyre-Desmaison, Chantal/Rabaté, Dominique: *Les Lieux de Pascal Quignard*. Paris: Gallimard 2014.

Décultot, Elisabeth/Lauer, Gerhard (Hrsg.): *Kunst und Empfindung. Zur Genealogie einer kunsttheoretischen Fragestellung in Deutschland und Frankreich im 18. Jahrhundert*. Heidelberg: Winter 2012.

Detering, Heinrich: *Menschen im Weltgarten. Die Entdeckung der Ökologie in der Literatur von Haller bis Humboldt*. Göttingen: Wallstein 2020.

Foucault, Michel: „Von anderen Räumen". In: Dünne, Jörg/Günzel, Stephan (Hrsg.): *Raumtheorie. Grundlagentexte aus Philosophie und Kulturwissenschaft*. Frankfurt a.M.: Suhrkamp 2006, S. 317–329.

Fritsch, Valerie: *Winters Garten*. Berlin: Suhrkamp 2015.

Fritsch, Valerie: *Herzklappen bei Johnson und Johnson*. Berlin: Suhrkamp 2020.

Gruenter, Undine: *Der verschlossene Garten*. Hanser 2004.

Gurvil, Clément: „Les faiseurs de sens. Des Jardiniers organisateurs des aspirations sensorielles des Parisiens au XVIe siècle". In: Beck, Robert/ Krampl, Ulrike/Retaillaud-Bajac, Emmanuelle (Hrsg.): *Les cinq sens de la ville, du Moyen Âge à l'époque contemporaine*. Tours: Presses Universitaires François Rabelais 2013, S. 329–340.

Haberl, Hildegard: „La Théorie de l'art des jardins de Christian Cay Lorenz Hirschfeld (1742–1792). Une entreprise encyclopédique, pédagogique et patriotique". In: Haberl, Hildegard/Pailhès, Anne-Marie (Hrsg.): *Jardins d'Allemagne. Transferts, théories, imaginaires*. Paris: Champion 2014, S. 69–91.

Haberl, Hildegard/Lensing, Annette/Schmiele, Corona (Hrsg.): „Jardin et mélancolie en Europe entre le XVIe siècle et l'époque contemporaine". *Histoire culturelle de l'Europe* 3, 2018, retrieved 16.05.2020, from <http://www.unicaen.fr/mrsh/hce/index.php?id=673>.

Hanse, Olivier/Lacheny, Marc (Hrsg.): „Le catastrophisme environnemental". *Revue d'Allemagne et des Pays de langue allemande* 52(1), 2020.

Harrison, Robert: *Jardins: réflexions sur la condition humaine* (Übers. v. Florence Naugrette). Paris: Éd. Le Pommier 2007.

Harrison, Robert: *Gärten. Ein Versuch über das Wesen der Menschen* (Übers. v. Martin Pfeiffer). München: Hanser 2010.

Heller, Jakob Christoph: „‚Die stillen Schatten fruchtbarer Bäume'. Die Idylle als ökologisches Genre?". In: Zemanek, Evi (Hrsg.): *Ökologische Genres. Naturästhetik, Umweltethik, Wissenspoetik*. Göttingen: Vandenhoeck & Ruprecht 2018, S. 73–87.

Horn, Eva: *Zukunft als Katastrophe*. Frankfurt a.M.: Fischer 2014.

Latour, Bruno: *Face à Gaïa. Huit conférences sur le Nouveau Régime Climatique* (Les Empêcheurs de penser en rond). Paris: La Découverte 2015.

Lauterbach, Iris: „Der europäische Landschaftsarten ca. 1710–1800". *Europäische Geschichte Online*, 29.11.2012, retrieved 10.07.2020, from <http://ieg-ego.eu/de/threads/modelle-und-stereotypen/anglophilie/iris-lauterbach-der-europaeische-landschaftsgarten-ca-1710-1800>.

Lisarelli, Diane: „Le jardin, espace subversif". *Libération*, 21.06.2017, retrieved 10.03.2020, from <https://www.liberation.fr/debats/2017/06/21/le-jardin-espace-subversif_1578558>.

Mosser, Monique/Brunon, Hervé (Hrsg.): *Le Jardin notre double. Sagesse et déraison.* Paris: Autrement, 1999.

Niedermeier, Michael: *Das Ende der Idylle. Symbolik, Zeitbezug, Gartenrevolution in Goethes Roman „Die Wahlverwandtschaften".* Berlin et al.: Peter Lang 1992.

Pruvost, Jean: *Le jardin „qui repose l'œil sans l'égarer".* Paris: Honoré Champion 2013.

Quignard, Pascal: *Dans ce jardin qu'on aimait.* Paris: Grasset & Fasquelle 2017.

Rabaté, Dominique: *Pascal Quignard. Étude de l'œuvre.* Paris: Bordas 2008.

Rancière, Jacques: *Le temps du paysage. Aux origines de la révolution esthétique.* Paris: La fabrique éditions 2020.

Rosa, Hartmut: *Resonanz. Eine Soziologie der Weltbeziehung.* Berlin: Suhrkamp 2019.

Roscher, Astrid: „Lucie von Pückler-Muskau. Heimliche Hauptakteurin im Schatten des grünen Fürsten?". *Die Gartenkunst* 21, 2009, S. 187–197.

Röttgers, Stefan/Schmitz-Emans, Monika (Hrsg.): *Gärten.* Essen: Die Blaue Eule 2011.

Rötzer, Florian: „Plädoyer für eine ökologische Naturästhetik. Ein Gespräch mit Gernot Böhme". *Kunstforum* (104) 1989, retrieved 15.04.2020, from <https://www.kunstforum.de/artikel/pladoyer-fur-eine-okologische-naturasthetik>.

Scholl, Julia: „Settings. Der Garten als historiografisches Palimpsest in der Gegenwartsliteratur". *Text + Kritik* (X), 2016, S. 65 74.

Schröder, Christoph: „Panorama einer von Krisen gezeichneten Zeit". *Deutschlandfunk*, 15.07.2015, retrieved 12.03.2020, from <https://www.deutschlandfunk.de/buchkritik-winters-garten-panorama-einer-von-krisen.700.de.html?dram:article_id=325520>.

Schweizer Stefan: *Die Erfindung der Gartenkunst. Gattungsautonomie – Diskursgeschichte – Kunstwerkanspruch.* München: Deutscher Kunstverlag 2013.

Schweizer, Stefan/Winter, Sascha (Hrsg): *Gartenkunst in Deutschland. Von der Frühen Neuzeit bis zur Gegenwart. Geschichte – Themen – Perspektiven.* Regensburg: Verlag Schnell & Steiner 2012.

Stengers, Isabelle: *Au temps des catastrophes. Résister à la barbarie qui vient.* Paris: La Découverte 2009.

Stobbe, Urte: *Kassel-Wilhelmshöhe. Ein hochadeliger Lustgarten im 18. Jahrhundert*. Berlin/München: Deutscher Kunstverlag 2009.

Trotha, Hans v.: *Im Garten der Romantik*. Berlin: Berenberg 2016.

Vestroni, Valentina: *Jardins romanesques au XVIIIe siècle*. Paris: Classiques Garnier 2016.

Wimmer, Clemens Alexander: *Der Gartenkünstler Peter Joseph Lenné. Eine Karriere am preußischen Hof*. Darmstadt: WBG 2016.

Wohlleben, Peter: *Das geheime Leben der Bäume. Was sie fühlen, wie sie kommunizieren – die Entdeckung einer verborgenen Welt*. München: Ludwig 2015.

Corinne Fournier Kiss

Jardins écologiques avant la lettre ? Lectures de Jean-Jacques Rousseau, Johann Wolfgang von Goethe, George Sand et Hermann Hesse à la lumière de Gilles Clément

Abstract The art of gardens, under the guise of an equitable collaboration between culture and nature, most often shows uniquely anthropocentric concerns: the human being bends nature to his will in order to satisfy his aesthetic or emotional needs, and takes little account of the rhythm, behavior and diversity of the flora and vegetation themselves. However, long before the "ecological turn" of the 1970s, there are literary works which, in their representations of gardens, do not content themselves with applying the horticultural fashions of the moment, but evince a kind of ecological awareness that far exceeded the concerns of their time: this is what a careful study of some texts by Rousseau, Goethe, Sand and Hesse reveals. In these texts, the solidarity of the writer with the "genius of nature" (Gilles Clément) takes different forms: it sometimes manifests itself through discreet, at first sight only incidental, comments by a protagonist; elsewhere through an indirect critique (through narrative irony) of the denaturation of nature; in yet other instances through the concrete proposal of a new art of living *in* gardens, and perhaps even of a new art of living *of* gardens.

Keywords: Rousseau, Goethe, George Sand, Hermann Hesse, French Formal Garden, English Garden, Natural Garden, Ecological Garden

Évoquer un « jardin », c'est, *a priori*, convoquer tout un réseau de connotations positives – beauté, profusion, repos, intimité, sensualité. Un jardin, c'est un succédané du paradis (étymologiquement, les deux mots signifient d'ailleurs la même chose[1]) ; un jardin, c'est un espace circonscrit réunissant en son sein tout ce qu'il y a de meilleur. Que ce « meilleur » puisse varier en fonction des contrées, des époques et des personnalités des concepteurs, il n'en reste pas moins que le jardin prend invariablement la forme d'un *locus amoenus* – d'un lieu exquis dans lequel il fait bon vivre.

1 Jardin est un dérivé (comme *Garten*, *garden*, etc.) de la racine indo-européenne *ghorto*, tandis que paradis vient de l'iranien *pardez*. Or *ghorto* et *pardez* signifient tous deux « enclos ».

Le XVIIIe siècle, auquel il revient d'avoir distingué l'« artiste » de l'« artisan » et inauguré la discipline de l'esthétique (notamment avec *Aesthetica* d'Alexander Gottlieb Baumgarten en 1750), range le jardin dans la catégorie des œuvres d'art : au jardin comme « art de vivre » vient se superposer « l'art des jardins », comme en témoignent les nombreuses *Théories des jardins* qui fleurissent en Europe dans la deuxième moitié du siècle. La fonction du jardin n'est désormais plus seulement de procurer du bien-être à son propriétaire, mais encore de provoquer son émotion esthétique face à la beauté touchante ou intéressante de son aménagement. C'est à qui saura le mieux joindre le beau à l'agréable.

1 Nature et culture

Le jardin d'agrément, lopin de terre ou coin de paysage aménagé par la main de l'homme, est par définition un lieu où nature et culture se mêlent – ce qui explique que Dixon Hunt l'ait désigné par le terme de « troisième nature »,[2] manière de synthèse entre une première nature, qui serait la nature « pure », et une deuxième nature, qui serait la nature cultivée et travaillée par l'homme (champs agricoles). Néanmoins, cette synthèse, loin d'être loyale et impartiale, est invariablement biaisée en faveur de la culture : le « meilleur » que contient le jardin, en effet, est un « meilleur » anthropocentriste, qui ne tient compte que des désirs humains, et non pas du rythme, du comportement et de la diversité des végétaux qui servent de matériaux à sa réalisation. L'art des jardins, sous couvert d'une collaboration équitable entre culture et nature, a souvent agi sans considération aucune pour la nature : l'être humain plie celle-ci à sa volonté, l'emprisonne dans les formes qui lui conviennent et ne cesse par là même de l'altérer.

Ceci est particulièrement évident dans le « jardin à la française » ou « jardin classique » : obsédé par l'ordre, la perfection formelle et l'ostentation théâtrale, ce type de jardin recourt abondamment, sur le modèle de l'architecture, aux règles de la géométrie et de la symétrie. Si, de par la raideur de ses perspectives qui convergent vers la demeure aristocratique ou royale, le jardin français prend valeur de symbole de l'autorité et de la centralisation du pouvoir, il fait figure également de symbole de maîtrise de la nature. Ceci va par ailleurs parfaitement dans le sens du système de représentation du monde moderne : si l'on suit la réflexion de Bruno Latour, être moderne, c'est créer deux ordres

2 Pour une réflexion sur le concept de « troisième nature », cf. par exemple Le Dantec, Jean-Pierre : *Poétique des jardins*. Arles : Actes Sud 2011, p. 56.

d'existence, l'un humain et l'autre non humain, et reconnaître que le premier a le droit, sinon le devoir, de s'assujettir le second[3] – sans quoi celui-ci pourrait n'en faire qu'à sa tête et se déchaîner en force hostile à l'humanité (le tremblement de terre de Lisbonne en 1755 a sans doute renforcé cette manière de voir).

Cela est moins évident, par contre, dans le cas du « jardin anglais », modèle de jardin né en Angleterre dans la première moitié du XVIIIe siècle, et qui se répand dans l'ensemble de l'Europe à partir de la deuxième moitié du XVIIIe siècle : il illustrerait plutôt l'un de ces « objets hybrides » (dans le sens de Latour) secrétés par la modernité en dépit d'elle-même, car il semble incarner une vision beaucoup plus respectueuse de la nature. En effet, parallèlement à la conception classique d'une nature devant être figée dans sa perfection géométrique pour pouvoir être qualifiée de belle, se met en place, sous l'impact de l'empirisme de John Locke qui fait de l'expérience du sensible le fondement de toute théorie de la connaissance, la notion d'une nature variée, instable et désordonnée, qu'il faudrait intégrer ou reproduire telle quelle dans de nouveaux types de jardins : « [L]'irrégularité, longtemps conçue comme laide, se trouv[e] donc tout à coup valorisée pour des raisons épistémologiques ».[4] Selon la définition classique, tout art (et par extension tout jardin) qui vise à la beauté ne peut qu'obéir aux normes de la symétrie et de la régularité; selon la définition empiriste, plus l'art (et par extension le jardin) déroge aux règles classiques, plus il est à même d'exercer un impact considérable sur la sensibilité de l'individu, et plus donc il est digne d'intérêt. Pour assumer ces créations si peu en accord avec le beau neutre et raisonnable des classiques, de nouvelles valeurs esthétiques sont inaugurées : Edmund Burke consacre celle de « sublime »[5], tandis que William Gilpin et Uvedale Price popularisent celle de « pittoresque » (*picturesque*)[6].

Ainsi la pratique du jardin se dédouble-t-elle : d'une part, le jardin français impose un trajet guidé par la géométrie et les points de vue panoramiques, d'autre part, le jardin anglais, en abandonnant la ligne droite au profit de la ligne sinueuse, favorise une promenade basée sur le plaisir de la découverte,

3 Cf. Latour, Bruno : *Nous n'avons jamais été modernes. Essai d'anthropologie symétrique*. Paris : La Découverte 1997.

4 Baridon, Michel : *Le Gothique des Lumières*. Brionne : Gérard Montfort 1991, p. 108.

5 Burke, Edmund : *A Philosophical Enquiry into the Origin of Our Ideas of the Sublime and Beautiful*. Oxford : Oxford University Press 1990 [1757].

6 Cf. Gilpin, William : *Three Essays : on Picturesque Beauty ; on Picturesque Travel ; and on Sketching Landscape*. London : R. Blamire 1792 ; Price, Uvedale : *An Essay on the Picturesque, as Compared with the Sublime and Beautiful*. Cambridge : Cambridge University Press 2014 [1794].

les surprises et les contrastes – ce qui explique que ce type de jardin soit également appelé « jardin de l'homme sensible »[7]. Mais il convient de constater qu'ici encore, et même si la nature est apparemment autorisée à se déployer plus librement que dans le jardin classique, le jardin se définit avant tout dans son rapport avec l'humain – et donc, que la culture semble bien continuer de l'emporter sur la nature.

2 Querelles *jardinistiques* et littérature

Les querelles esthétiques entre jardins français et jardins anglais trouvent rapidement un écho dans la littérature du XVIIIe siècle. Peut jouer le rôle de paradigme de cette confrontation *Le Cabinet du Philosophe* (1734) de Marivaux, où deux jardins se font face, l'un incarnant les principes classiques de la beauté, l'un relevant d'un « je ne sais quoi » qui correspond aux principes du jardin anglais.[8] De manière générale cependant, le roman du XVIIIe siècle exprime une certaine lassitude face aux jardins classiques, qu'il ne se donne même plus la peine de décrire tant ils sont connus,[9] et accueille favorablement l'occasion de représenter de nouveaux jardins. Cette révolution esthétique, en faisant du jardin le moyen d'éduquer l'homme sensible en le « touchant », en multipliant et intensifiant ses impressions sensorielles, a parfois pu aussi développer le désir d'une compréhension authentique de la nature. Il semble en effet que certains auteurs ne se contentent pas de témoigner des débats entre deux types de jardin, mais qu'ils introduisent encore une troisième alternative horticole, qui, plutôt que de favoriser la complaisance de l'individu dans l'observation des mouvements de sa propre sensibilité face au spectacle esthétique de la nature, traduit une véritable préoccupation pour la nature en tant que telle ; une alternative, donc, qui promet un équilibre plus sain entre nature et culture, et qui en appelle par là même à une éthique que nous pourrions appeler « écologique » avant la lettre.

---

7 Cf. par exemple Baridon, Michel : *Les Jardins. Paysagistes – jardiniers – poètes.* Paris : Robert Laffont 1998, p. 801.

8 Cf. Vestroni, Valentina : *Jardins romanesques au XVIIIe siècle.* Paris : Classiques Garnier 2016, p. 47.

9 Vestroni donne plusieurs exemples, dont celui d'Angola de La Morlière (1746) qui est sans doute l'un des plus significatifs : « Ce serait ici le lieu de m'étendre impitoyablement sur leur description [. . .]. Je me contenterai de dire que c'était des jardins des romans ; si cette idée ne suffit pas pour les imaginations stériles, ces sortes de gens n'ont qu'à ouvrir le premier de ces livres qui se rencontrera sous leur main, ils y trouveront de ces descriptions que je leur défie de lire sans expirer d'angoisse à moitié chemin. Pour moi, je leur épargne une aussi rude épreuve ». Cf. Vestroni, p. 74.

Cette nouvelle direction se manifeste dans la littérature de différentes manières : par le truchement de commentaires discrets qui peuvent au premier abord ne pas retenir l'attention ; par une critique, tantôt ouverte mais le plus souvent en creux, de l'exploitation de la nature ; par la proposition concrète d'un nouvel art de vivre dans les jardins, et peut-être aussi, d'un nouvel art de vivre des jardins. Pour rendre compte de ces différentes orientations qui semblent se succéder de façon plus ou moins chronologique, j'ai choisi d'effectuer dans le champ littéraire des « prélèvements », de 50 ans en 50 ans à partir de la moitié du XVIIIe siècle (moment où le jardin anglais commence à envahir l'Europe) jusqu'au début du XXe siècle (moment où, parallèlement aux massacres humains, des paysages sont dévastés par la guerre), en retenant des textes ou des extraits de textes de quatre écrivains qui semblent dialoguer et se compléter les uns les autres : deux de langue allemande, à savoir Johann Wolfgang von Goethe (1749–1832) et Hermann Hesse (1877–1962), et deux de langue française, à savoir Jean-Jacques Rousseau (1712–1778) et George Sand (1804–1876). Que mes lectures de textes s'arrêtent vers la date approximative de 1920 s'explique par le fait que le marquage suivant aurait coïncidé avec le tournant dit « écologique » des années 1970 – moment à partir duquel la conscience écologique que peuvent exprimer certains textes littéraires est moins originale, puisqu'elle accompagne et reflète les préoccupations exprimées par toute une époque et par toutes les disciplines.

3 Jean-Jacques Rousseau et l'Élysée de Julie

Avec la fameuse lettre XI de la quatrième partie de *Julie ou la Nouvelle Héloïse* (1761),[10] Rousseau est le premier écrivain français à livrer une représentation littéraire exhaustive d'un jardin anglais. Dans cette lettre, Saint-Preux, qui séjourne à Clarens auprès de M. et Mme de Wolmar, fait part à son ami Édouard de la succession de surprises que lui a réservée sa visite du jardin de Julie (Mme de Wolmar). Son premier étonnement se rapporte à l'invisibilité des frontières du jardin, aussi bien de l'extérieur que de l'intérieur. Invisibilité non pas due à la disparition de la clôture (que préconise le jardin anglais), mais créée au contraire par l'épaisseur de la végétation qui la recouvre. Une fois entré dans le jardin, Saint-Preux se trouve tout désorienté et dans l'incapacité de repérer par où il est entré : la végétation s'est refermée derrière lui, pour le laisser « comme tombé des

10 Je me base sur l'édition suivante : Rousseau, Jean-Jacques : *Julie ou La Nouvelle Héloïse*. Paris : Garnier 1988. Désormais abrégé : *NH*.

nues » (*NH*, 453). Mais ce n'est là que la première singularité de ce jardin mystérieux, car le visiteur va d'étonnement en étonnement. En regardant autour de lui, il est « surpris, saisi, transporté », pris « d'un enthousiasme involontaire » devant l'aspect sauvage et solitaire du lieu qu'il appelle un « désert »[11], et qui lui semble n'avoir jamais encore été foulé par un pied humain ni effleuré par une main humaine (*NH*, 454). Julie cependant s'empresse de le détromper : cette nature n'est pure et intacte qu'en apparence : dans les faits, tout est le fruit du travail et d'interventions humaines exécutées sous sa propre « direction », dont elle a ensuite soigneusement effacé les traces. Ces révélations ne parviennent pas à tirer Saint-Preux de son « extase » (*NH*, 455), qu'il reporte cependant en partie sur la perfection du travail de reproduction de la « surintendante ». Il parcourt désormais le jardin en visiteur averti, en l'observant minutieusement pour tenter de repérer les résidus de culture. Ses descriptions sont plus prudentes, il y introduit un agent (« on avait fait recourber les branches, pendre en terre et prendre racine », « les vieux saules qu'on avait ébranchés »), des modalisateurs (« donner l'air d'être en friche » ; « semblaient ») et des termes indiquant sa conscience des expédients utilisés pour produire l'illusion (« au moyen d'une industrie assez simple », « désert artificiel », « sources artificielles »). Le ton reste celui de l'admiration quand il passe dans la partie animée du jardin, celle peuplée par des oiseaux, mais le réseau sémantique se rapportant à l'enfermement et à la domestication gagne en force et en fréquence : d'après le bruit fait par les oiseaux, il s'imagine que Julie possède une « volière », que le petit bassin qu'il aperçoit sert d'abreuvoir à cette volière, que les oiseaux sont « enfermés par un grillage », qu'ils sont « prisonniers » (*NH*, 458). Ici encore, Julie doit le corriger, mais en vertu d'un excès exactement inverse au précédent – Saint-Preux injecte dans le jardin un excès de culture, et non plus un excès de nature : les oiseaux n'ont pas été faits prisonniers, mais sont des « habitants volontaires » du jardin. Il n'en reste pas moins que la thématique de la captivité est lancée et introduit un certain malaise : ces oiseaux qui ne s'enfuient pas à l'approche de Saint-Preux, qui attendent la nourriture que M. de Wolmar leur distribue au quotidien et qui picorent « comme des poules », sont bien des oiseaux apprivoisés, et non sauvages. D'ailleurs, ils ne font par là même que répéter la situation de la maîtresse des lieux même : celle-ci a renoncé à toute mobilité pour lui préférer la douce sécurité de sa demeure et de son jardin.

11 Ce terme peut étonner au vu de la luxuriance de la végétation. Il est à comprendre dans son sens classique de lieu « privé d'habitants » et non de lieu « privé de végétation ».

Quoiqu'il en soit de la « friponnerie » (*NH*, 461) de ce jardin, il repose néanmoins sur quelques considérations d'économie environnementale dignes de mention. Julie a su faire une utilisation intelligente de ce qui était déjà là : les arbres anciens n'ont pas été abattus, mais naturellement intégrés au jardin ; la végétation est une végétation strictement locale ; les petits ruisseaux qui gambadent parmi les herbes et les fleurs proviennent de l'eau récupérée du grand jet d'eau qui orne le parterre à l'extérieur du jardin. M. de Wolmar et Saint-Preux se donnent d'ailleurs beaucoup de peine, dans leur conversation qui clôt la visite, pour singulariser ce jardin par rapport à tous les autres mis à la mode : ils le différencient d'abord du jardin français, auquel ils reprochent de « gâter la nature » par un étalement de richesse et de talent (*NH*, 462–463) – ce type de jardin servant d'ailleurs également de repoussoir au jardin de Julie durant toute la promenade de Saint-Preux, lequel insiste bien sur « le manque d'ordre et de symétrie » des arbustes, sur « les allées tortueuses et irrégulières » de l'Élysée (*NH*, 455). Mais le jardin chinois et le jardin anglais ne trouvent finalement pas non plus grâce à leurs yeux, car ils sont fort dispendieux et rassemblent des temps et des lieux de manière trop ostentatoire pour être vraiment naturelle (*NH*, 465–468).

Le jardin de Julie est certes basé sur les principes essentiels du jardin anglais : il s'agit d'imiter une nature conçue comme irrégulière et pittoresque plutôt que géométrique, de recourir à des artifices sophistiqués mais non immédiatement perceptibles pour mieux révéler en cachant, de guider le regard en fonction du plaisir de la surprise et du contraste plutôt que par le truchement d'alignements réguliers et de visions panoramiques. Mais en même temps, il s'en distingue par sa « modération » (dans sa grandeur, dans son ostentation, dans les transports qu'il suscite, etc.) ainsi que par une certaine prise en compte du génie du lieu, qui s'exprime par la mise à profit de ce qui est déjà donné et par le recyclage de l'eau.

En dépit de toutes ces observations, Saint-Preux ne peut s'empêcher de terminer son éloge du jardin par un appel à une économie, dans la consommation de la nature, encore bien plus scrupuleuse et mesurée que celle des Wolmar – son objection se plaçant du point de vue de la nature seule, et non plus de l'être humain, de son confort et de son sens esthétique qui veut bien ici et là faire une concession à la nature. Cet Élysée est certes bien agréable, fait-il remarquer, mais il a l'inconvénient de n'être qu'un « amusement superflu ». « À quoi bon vous faire une nouvelle promenade, ayant de l'autre côté de la maison des bosquets si charmants et si négligés ? » (*NH*, 468). Son argument est de taille : il met le doigt sur l'exercice d'une violence parfaitement inutile sur l'environnement, dont on aurait pu aisément s'abstenir puisque tout existe déjà à l'état entièrement naturel à quelques pas de là.

Saint-Preux se fait-il ici le porte-parole d'une conscience écologique de Rousseau ? Son reproche, bien vite oublié par les Wolmar et sans doute par lui-même également, puisqu'il n'y reviendra plus, est dans tous les cas parfaitement conforme à l'opinion de Rousseau exprimée dans d'autres textes, tels les *Rêveries du promeneur solitaire* (en particulier la septième rêverie) ou le *Discours sur l'origine de l'inégalité*, dont la deuxième partie débute par une désapprobation complète de la clôture :

> Le premier qui, ayant enclos un terrain, s'avisa de dire, ceci est à moi, et trouva des gens assez simples pour le croire, fut le vrai fondateur de la société civile. Que de crimes, de guerres, de meurtres, que de misères et d'horreurs n'eût point épargnés au genre humain celui qui, arrachant les pieux ou comblant le fossé, eût crié à ses semblables. Gardez-vous d'écouter cet imposteur ; vous êtes perdus si vous oubliez que les fruits sont à tous, et que la Terre n'est à personne ! Mais il y a grande apparence qu'alors les choses en étaient déjà venues au point de ne pouvoir plus durer comme elles étaient.[12]

Le fondement d'une société ne se légitime non pas par une clôture, mais par un « contrat social », et Rousseau, qui n'a pas eu l'audace d'aller jusqu'à proposer, comme Michel Serres pourra le faire plus de deux siècles plus tard, un « contrat naturel de symbiose »,[13] n'en était pas très loin, et il aurait sans doute avalisé de tout cœur cette idée d'une association qui fait non seulement des êtres humains, mais de tous les êtres vivants, plantes y compris, des sujets de droit.

4 Johann Wolfgang von Goethe et le jardin des affinités électives

Dans *Les Affinités électives*[14] [*Die Wahlverwandtschaften*, 1809],[15] les efforts entrepris par Charlotte pour transformer les abords du château de campagne de son mari peuvent s'apparenter dans un premier temps à ceux de Julie dans son Élysée de par la « petitesse » de son exécution. Le résultat, cependant,

12 Rousseau, Jean-Jacques : *Discours sur l'origine et les fondements de l'inégalité parmi les hommes* (Collection complète des œuvres, vol. 1). Genève : RousseauOnline (édition en ligne) 1780–1789, p. 35, retrieved 20.12.2020, from <http://www.rousseauonline.ch/Text/discours-sur-l-origine-et-les-fondemens-de-l-inegalite-parmi-les-hommes.php>.

13 Cf. Serres, Michel : *Le Contrat naturel*. Paris : François Bourin 1990, p. 67.

14 Je me base sur la traduction suivante : Goethe, Johann Wolfgang von : *Les Affinités électives* (trad. J.-F. Angelloz). Paris : Flammarion 1992. Désormais abrégé *AF*.

15 Je me base sur l'édition originale suivante : Goethe, Johann Wolfgang von : *Die Wahlverwandtschaften*. Sämtliche Werke, Bd. 9. Zürich : Ex Libris 1979. Désormais abrégé *WV*.

est bien différent. Son mari Édouard, d'abord uniquement préposé à l'entretien de la pépinière léguée par son père, vient la seconder dans son activité et lui proposer de briser leur érémitisme en invitant un ami ; l'ami, le Capitaine Othon, une fois arrivé, prend en main la direction des travaux et introduit l'idée de la précision dans la planification : chaque détail doit être pensé, mesuré, relevé, cartographié ; Ottilie[16], la nièce de Charlotte, rejoint le trio, et si elle suit d'abord discrètement le mouvement, elle suggère quand on sollicite son avis de valoriser les points de vue panoramiques ne trahissant aucune trace humaine (cf. son choix pour l'emplacement de la maison). Le jardin anglais, originellement prévu comme un lieu de retraite pour le couple Édouard-Charlotte fraîchement marié, et que l'épouse se serait chargée de « décorer », se transforme en un projet d'aménagement d'un jardin paysager (dénommé « parc ») à plusieurs voix, dont les dimensions ne cessent de s'agrandir pour avaler tout un domaine, village inclus, et même s'ouvrir sur la campagne entière. Les quatre amis participent ensemble à la création d'une œuvre *jardinistique* sophistiquée qui, comme tout jardin anglais qui se respecte, puisse être apte à leur fournir lors de leurs promenades une succession de tableaux pittoresques ou sublimes, et de stimuler par là même leurs émotions les plus variées. À aucun moment, ils ne remettent en question leur entreprise et la façon dont ils la réalisent : ils s'y jettent corps et âme et en font l'objet principal de leurs conversations.

Une critique de ce jardin se fait pourtant sentir par d'autres moyens qu'à travers la voix de la conscience des protagonistes. Elle ne se manifeste, il est vrai, qu'une seule fois sous la forme d'un blâme explicite ; en outre, ce seul blâme a peu de chance de retenir l'attention et de porter à la réflexion, car non seulement il est émis par une figure accessoire, mais en sus, sa prise de parole n'est pas rendue en style direct : elle est rapportée par le narrateur omniscient qui la reformule avec ses propres mots, et donc la neutralise. Ce sceptique est le jardinier, qui se plaint de ne plus pouvoir pratiquer son métier correctement et de ne pas comprendre la nouvelle façon de jardiner qu'on lui impose :

---

16 Dans la version française, le nom d'Ottilie a été transformé en Odile. Je maintiens celui d'Ottilie pour mieux suggérer l'interchangeabilité des quatre amis et le jeu mouvant de leurs affinités électives, car tous les personnages portent ainsi, peu ou prou, le même nom (ce qui n'est certainement pas le fruit du hasard) : Édouard s'appelle en réalité Othon, le Capitaine a également pour nom Othon, tandis que les noms des deux femmes, Charlotte et Ottilie, contiennent également la sonorité « ot(t)e ».

Depuis quelque temps déjà, il ne pouvait pas exercer sans gêne son talent personnel. Certes, il était pleinement au courant de tout ce qui concernait le verger et le potager, et même des exigences d'un jardin d'agrément dans le goût ancien [...] – pourtant, les nouveaux arbres d'ornement et les fleurs à la mode lui étaient restés quelque peu étrangers et, en face du champ infini de la botanique qui s'ouvrait alors, des noms étrangers qui bourdonnaient à ses oreilles, il éprouvait une espèce de peur, qui le rendait chagrin. Ce que ses maîtres avaient commencé à prescrire l'année précédente lui paraissait une dépense inutile et un gaspillage, d'autant plus qu'il voyait disparaître mainte plante précieuse. (*AF*, 254)

[*Sein eigentliches Talent konnte er schon einige Zeit nicht mehr mit Behaglichkeit ausüben. Denn ob er gleich alles was die Baum- und Küchengärtnerei betraf, auch die Erfordernisse eines älteren Ziergartens, vollkommen zu leisten verstand [.].– so waren ihm doch die neuen Zierbäume und Modeblumen einigermaßen fremd geblieben, und er hatte vor dem unendlichen Felde der Botanik, das sich nach der Zeit auftat, und den darin herumsummenden fremden Namen, eine Art von Scheu, die ihn verdrießlich machte. Was die Herrschaft voriges Jahr zu verschreiben angefangen, hielt er um so mehr für unnützen Aufwand und Verschwendung, als er gar manche kostbare Pflanze ausgehen sah.*] (WV, 204)

Sa réprobation du gaspillage [*Verschwendung*] et de la dépense inutile [*unnützer Aufwand*] ressemble fort à celle que Saint-Preux adresse à Julie : pourquoi créer une nature artificielle quand tout est déjà naturellement à portée de main ? Mais son observation est encore mieux fondée que celle du protagoniste de Rousseau, car pour arranger le jardin de la propriété d'Édouard, les dépenses ne sont pas comptées et les plantes indigènes les plus utiles sont éliminées au profit de plantes exotiques (ce qui n'était pas le cas de l'Élysée).

La remise en cause la plus éloquente du parc est cependant à lire en creux, dans des détails qui semblent sans importance, mais qui, lus de près, se révèlent lourds d'ironie. Qu'on prenne l'exemple du terme de « sentiment », auquel il est abondamment fait recours dans ce roman. Le mot est utilisé non seulement dans le sens courant, pour désigner ce que les personnages peuvent éprouver les uns pour les autres, mais il fait aussi clairement référence au sens dicté par l'idéologie du jardin anglais, et désigne donc également l'effet exercé par le jardin sur « l'homme sensible ». C'est ainsi par exemple qu'Édouard, en traversant le cimetière du village qui fait partie de sa propriété, se montre touché jusqu'aux larmes par les changements que sa femme y a apportés :

Mais quel fut son étonnement de découvrir que, là aussi, Charlotte *avait pris soin du sentiment* [...]. Elle avait su tout harmoniser et organiser, si bien qu'on avait l'impression d'un lieu agréable, où l'œil et l'imagination aimaient à s'attarder [...]. Édouard se sentit étrangement surpris lorsqu'il entra par la petite porte ; il serra la main de Charlotte et dans ses yeux il y avait des larmes. (*AF*, 52, c'est moi qui souligne).

[*Aber wie verwundert war er, als er fand, daß Charlotte auch hier für das Gefühl gesorgt hatte [.]. Sie hatte alles so zu vergleichen und zu ordnen gewußt, dass es ein angenehmer Raum erschien, auf dem das Auge und die Einbildungskraft gerne verweilten [...]. Eduard fühlte sich sonderbar überrascht, wie er durch die kleine Pforte hereintrat; er drückte Charlotte die Hand und im Auge stand ihm eine Träne.*] (*WV*, 21–22, c'est moi qui souligne)

Quel est l'objet à l'origine d'une telle émotion ? Un champ de trèfle qui a pris la place des tombes. Charlotte a en effet fait déplacer toutes les stèles des ancêtres des villageois pour les aligner le long du mur du cimetière, puis a fait aplanir le terrain afin de semer du trèfle. Bien des chapitres plus tard, on apprend que cette action a suscité l'indignation de nombre de paroissiens : non seulement parce qu'elle traduit un irrespect des traditions et efface le souvenir du lieu où dorment les ancêtres, mais encore parce que personne n'a été consulté, pas même ceux ayant acheté une concession pour leurs défunts. À un avocat venu pour défendre la cause des paroissiens, Charlotte rétorque qu'elle ne regrette pas son acte, tous les morts étant égaux dans l'au-delà, mais qu'elle est d'accord de dédommager les lésés (*WV*, 139). Toute la narration semble donner raison à Charlotte (l'architecte de la maison prend aussitôt son parti) – néanmoins, le revers de la médaille de ses améliorations du paysage laisse perplexe : si le jardin de l'homme sensible favorise indiscutablement les « sentiments » de quelques élus, justifie-t-il le bafouement des droits d'autres individus ? Le terme de « sentiment » en perd de son éclat : les personnages, certes, éprouvent des sentiments et émotions face à leurs créations *jardinistiques* – mais quand il s'agit pour eux de renoncer à un caprice paysager par égard pour l'autre, leurs sentiments s'évanouissent.

Que le sentiment soit de convention, et non pas l'expression d'une sensibilité profonde, rien ne le montre mieux que l'épisode de la visite du Lord anglais. Dans le chapitre 10 de la deuxième partie, un Lord anglais, grand spécialiste des jardins anglais (ce qui n'a rien pour nous étonner), vient visiter le domaine d'Édouard, dont il avait entendu dire tant de bien (*WV*, 209). Les hommes étant en voyage, seules les deux femmes sont là pour lui offrir l'hospitalité. Or, lorsqu'elles parcourent le domaine en sa compagnie, elles réalisent qu'elles ne savent en réalité ni voir ni sentir correctement leur propre jardin, qu'elles avaient pourtant pris tant de soin et tant de temps à arranger et à accorder à leurs goûts !

C'est seulement en sa compagnie que les dames jouissaient pleinement du paysage. Son œil exercé saisissait chaque effet dans toute sa fraîcheur [. . .]. On peut bien dire que, grâce à ses observations, le parc s'agrandit et s'enrichit. D'avance il découvrait toutes les promesses des nouvelles plantations en pleine croissance. Aucun endroit ne

> lui échappait, où l'on pouvait encore mettre en valeur quelque beauté ou en ajouter une nouvelle. (*AF*, 261–262)
>
> [*In seiner Gegenwart genossen die Frauenzimmer erst vollkommen ihrer Umgebung. Sein geübtes Auge empfing jeden Effekt ganz frisch [.]. Man kann wohl sagen, dass durch seine Bemerkungen der Park wuchs und sich bereicherte. Schon zum voraus erkannte er, was die neuen heranstrebenden Pflanzungen versprachen. Keine Stelle blieb ihm unbemerkt, wo noch irgendeine Schönheit hervorzuheben oder anzubringen war.*] (*WV*, 210)

C'est dire que les émotions que le jardin suscite n'ont rien de spontané, mais doivent être apprises ; c'est dire encore que le sentiment de la nature est un phénomène culturel à part entière et qu'il nécessite une médiation avant de pouvoir être convenablement « joué ». Mais ce n'est pas tout. Le Lord ne se contente pas de regarder le jardin paysager en lieu et place de Charlotte et d'Ottilie et de le commenter pour elles, mais il en recueille encore les endroits les plus pittoresques dans une *camera obscura* portative pour les montrer à ses hôtesses qui s'extasient (*WV*, 210–211). Rien de tel, pour apprendre à voir et à sentir le jardin, que de s'exercer d'abord à le lire dans des images cadrées ; rien de tel pour apprendre à voir et sentir un paysage artificiel que de le lire à travers un autre artifice – tel semble être le curieux message transmis par le Lord...

Le clou du séjour du Lord, du point de vue de la charge ironique du texte, réside cependant dans ses confidences. Fort d'avoir pu témoigner de ses compétences exceptionnelles en matière de jardins paysagers, le Lord en vient à l'aveu que finalement, ceux-ci sont... parfaitement inutiles ! Il a quant à lui quitté le sien il y a longtemps et l'a laissé dans des mains étrangères, déçu que son fils ne s'y intéresse pas.

> Nous faisons à coup sûr trop de préparatifs dispendieux pour la vie. Au lieu de commencer dès le début à trouver le bonheur dans une condition modeste, nous nous étendons de plus en plus, pour nous donner toujours plus d'embarras. Qui jouit maintenant de mes bâtiments, de mon parc, de mes jardins ? Ni moi, ni même les miens, mais des hôtes étrangers et curieux, des voyageurs instables. (*AF*, 263)
>
> [*Gewiss, wir machen viel zu viel vorarbeitenden Aufwand aufs Leben. Anstatt daß wir gleich anfingen uns in einem mäßigen Zustand behaglich zu finden, so gehen wir immer mehr ins Breite, um es uns immer unbequemer zu machen. Wer genießt jetzt meine Gebäude, meinen Park, meine Gärten? Nicht ich, nicht einmal die Meinigen, fremde Gäste, Neugierige, unruhige Reisende.*] (*WV*, 212)

Ainsi, après avoir donné aux deux dames une leçon de sensibilité, il leur donne une leçon de vie – qui est loin de leur faire plaisir sur le moment, mais qui ne suffit cependant pas à leur faire renoncer à leurs propres aménagements.

Si l'ironie effectue un travail de sape souterrain pour déconstruire l'idéologie du jardin anglais, il est cependant une voix critique qui se manifeste haut et fort : c'est celle de la nature même. Les aménagements *jardinistiques* tiennent peu compte d'autrui, mais ils tiennent encore moins compte de l'environnement et des limites de sa faculté de récupération et d'autorégulation. C'est ainsi que l'idée, née lors de la soirée d'anniversaire de Charlotte, de réunir, en vertu d'un meilleur effet visuel, les trois étangs du parc pour en faire un lac, est aussitôt adoptée à l'unanimité et mise à exécution sans études préalables du terrain. La nature est traitée par les quatre protagonistes comme un objet inerte qu'il est facile de modeler selon leurs moindres fantaisies.

Mais la nature est vivante et répond. Elle réagit d'abord sous la forme d'un avertissement : lors des travaux pour réunir les étangs, un glissement de terrain se produit, un enfant du village tombe à l'eau mais est sauvé *in extremis*. L'avertissement reste lettre morte, les travaux se poursuivent. La tragédie est inévitable et c'est le bébé de Charlotte et d'Édouard qui en est la victime : il trouve la mort dans les eaux du lac, créant par là même un enchaînement de drames sentimentaux. Le dénouement est sans appel : trop contrariée, trop manipulée, la nature se venge par des catastrophes naturelles – qui sont en réalité des catastrophes culturelles provoquées par l'échec d'une juste compréhension de la cohabitation entre les êtres humains et leur environnement. L'idylle du jardin paysager sombre dans la dystopie.

Ainsi compris, le texte de Goethe manifeste une conscience écologique en creux : non pas en montrant comment s'y prendre exactement pour jardiner en respectant l'équilibre et les énergies de la nature, mais en le laissant deviner à travers la figuration de la façon dont il ne faut pas s'y prendre.

5 George Sand et le jardin naturel

Les jardins dans l'œuvre de George Sand sont multiples.[17] Multiples également sont les motivations qui guident ses choix – tantôt sociales, tantôt historiques, tantôt idéologiques ou personnelles. Néanmoins, dans les années 1860, Sand cultive avec constance et insistance, dans son imaginaire littéraire, un type de jardin qu'elle nomme *jardin naturel*. L'inspiration de ce jardin est visiblement à rechercher du côté de Jean-Jacques Rousseau, dont elle était une grande lectrice et admiratrice, et à qui elle est entièrement redevable, si l'on en croit l'une de ses

---

17 Cf. la collection d'articles présentée dans : Bernard-Griffiths, Simone/Levrat, Marie-Cécile (éd.) : *Fleurs et Jardins dans l'œuvre de George Sand*. Clermont-Ferrand : Presses Universitaires Blaise Pascal 2006.

lettres à son ami Néraut, de son « amour de la nature », de son « enthousiasme du vrai », de son « mépris de la vie factice » et de son « dégoût des vanités du monde ».[18]

Ce qui nous confirme dans cette idée d'une filiation directe entre Rousseau et l'élaboration de cet idéal d'un *jardin naturel*, c'est que, dans un roman inachevé et peu connu intitulé *Mémoires de Jean Paille* (1863),[19] elle met en scène au fil de quelques pages le personnage de Rousseau, auquel elle fait prononcer l'expression de « jardinier selon la nature » (*JP*, 106), expression fort proche de celle de *jardin naturel* qu'elle utilisera par la suite. Tout se passe donc pour Sand comme s'il fallait, pour que son nouveau concept puisse mûrir, qu'il trouve une première formulation à travers l'autorité par excellence en matière de nature qu'est Rousseau.

Dans quel contexte ce terme est-il proféré ? Les *Mémoires de Jean Paille* sont les mémoires écrites, au crépuscule de sa vie, par un petit-fils imaginaire de Rousseau, dénommé Jean Paille.[20] Ces mémoires débutent par le récit de l'unique entrevue de Jean, alors qu'il avait 14 ans, avec son grand-père Rousseau. Au moment de cette rencontre dans le parc d'Ermenonville[21], l'adolescent ne soupçonne évidemment pas que ce personnage est le grand philosophe Rousseau, et encore moins son grand-père. D'emblée la discussion s'engage entre eux sur les jardins : Jean explique qu'en tant qu'aide de son père, qui est « jardinier décorateur », il est venu passer quelques heures au parc d'Ermenonville afin de faire quelques dessins des fontaines qui s'y trouvent. Après quelques commentaires sceptiques sur les dessins du jeune homme, le vieillard ajoute que, quant à lui, il est « jardinier jusque dans l'âme » (*JP*, 106). Ceci signifie-t-il que vous êtes un « jardinier paysagiste » ? s'enquiert Jean. Ce que l'autre dément en invoquant son horreur des imitations et des arrangements en paysages, car « si l'œil peut s'y tromper, le sentiment ne s'y trompe point » (*JP*, 108) ! Il prétend relever d'une troisième catégorie de jardiniers, et c'est à ce moment-là qu'il recourt au terme

18 Sand, George : « À propos des Charmettes ». *Revue des Deux Mondes* 48, 1863, p. 341.

19 Sand, George : « Mémoires de Jean Paille ». In : Sand, George/Planté, Christine (éd.) : *George Sand Fils de Jean-Jacques*. Lyon : Presses Universitaires de Lyon 2012. Désormais abrégé *JP*.

20 Rousseau a eu cinq enfants mais n'en a élevé aucun : il les a tous déposés à l'Hospice des enfants trouvés.

21 Rousseau avait réellement séjourné à Ermenonville à la fin de sa vie (en 1778), invité par le propriétaire René-Louis de Girardin, l'un de ses admirateurs. Rousseau passait l'essentiel de ses journées dans une cabane du parc, encore visible aujourd'hui.

mentionné plus haut : celle du « jardinier selon la nature », c'est-à-dire d'un jardinier qui ne cherche pas à détourner « l'œuvre de Dieu » à son « profit », mais au contraire la considère avec une « admiration tendre, enthousiaste et désintéressée » (*JP*, 108). Face à cette succession de termes relevant d'autres domaines que celui de l'esthétique, *Jean* est perplexe : qu'est-ce que le « profit » a à voir avec un jardin ? Rousseau s'explique en prenant l'exemple du jardin même qui l'accueille, le parc d'Ermenonville (qui, on le sait par Girardin, a été inspiré en partie par sa lecture de *La Nouvelle Héloïse*, et en partie par les jardins anglais). Selon Rousseau, le parc d'Ermenonville est le résultat d'un découpage, dans la nature, d'une enclave délimitée par des frontières précises,[22] donc d'une appropriation illégitime et d'un détournement de la beauté de la nature au profit de son propriétaire :

> C'est par des soins dispendieux et mal entendus que l'homme déflore ce qu'il croit parer et vulgarise ce qu'il a la prétention de particulariser [. . .]. J'aime encore mieux un jardin classique et régulier qui nivelle et détruit franchement l'arrangement naturel [. . .]. Ce n'est point là que je me plais, mais je ne suis pas pris pour dupe, tandis que je le suis dans ce prétendu désert où je me suis plu le premier jour et où je me déplais mortellement aujourd'hui. (*JP*, 109–110)[23]

Le jardin qu'il dit cultiver en tant que « jardinier de la nature », par contre, est un jardin qui appartient aussi bien à tous qu'à personne : c'est ce coin de l'infini qu'il aperçoit à travers les branches, ce coin de nature rêvée, encore libre, non profanée, non mutilée, non déflorée, mais simplement admirée et respectée par l'homme (*JP*, 112).

Ce n'est qu'après avoir défini Rousseau, dans *Jean Paille*, comme un « jardinier de la nature », que Sand, dans les textes qui suivent immédiatement la rédaction de ce fragment et traitant également de la thématique du jardin, introduit l'expression de *jardin naturel*. Dans *Monsieur Sylvestre* (1865),[24] par exemple, roman qui met en scène un vieil original solitaire qui présente bien des points communs avec le Rousseau des *Mémoires de Jean Paille*, celui-ci rêve du Paradis comme étant un *jardin naturel*. À savoir, non pas un jardin de l'abondance ou des délices, comme l'est l'Éden chrétien, mais un jardin « simple », « bon et vrai », sans « rien de fantastique » (*MS*, 112), et qui correspond (presque)

---

22 On retrouve ici l'image de l'enclos tant décriée par Rousseau.

23 On peut entendre entre les lignes de cette phrase également une condamnation de l'Élysée de Julie, et ce n'est sans doute pas par hasard que Sand reprend le mot de « désert » à St-Preux.

24 Sand, George : *Monsieur Sylvestre*. Paris : Michel-Lévy 1866. Désormais abrégé *MS*.

exactement au paysage réel que l'on trouve de l'autre côté de la colline. Son paradis est fait de tout ce qu'il connaît, à savoir de forêts, de rochers, de ravins, de fleurs et d'arbres indigènes, mais avec une allure nouvelle, avec un air un peu plus imposant et plus vivant. Il s'agit du même monde, mais dynamisé, mis en mouvement, car en route sur la voie du perfectionnement : « Les arbres n'étaient pas mutilés, les fleurs n'étaient pas foulées aux pieds [. . .]. Il n'y avait pas d'usines » (*MS*, 112). L'être humain en tant que tel semble absent de ce monde – en revanche, les animaux sont dotés d'une âme et se montrent non effrayés par sa présence et celle de son chien, tandis que, au loin, il distingue ses « nouveaux semblables » vers lesquels il éprouve un « transport de confiance et amitié » (*MS*, 113) – comme si l'atmosphère de simplicité de ce paysage favorisait la sociabilité entre tous les êtres.

Dans ses *Lettres d'un voyageur à propos de botanique* (1868),[25] George Sand résume son idéal du *jardin naturel*, en disant qu'il est « sans clôture et sans culture », qu'il « se lie au paysage et le complète » (*LB II*, 473) : la pelouse constituée de « Brachypode rameux », ancêtre sauvage et ignoré du froment, venu et laissé là sans que l'on s'en occupe, est un *jardin naturel* (*LB II*, 472) ; les lieux abandonnés cachés par la montagne et la forêt, et qui recèlent des végétaux considérés comme « mauvaises herbes », mais qui « sont vrais, sont des types, des êtres complets » sont des *jardins naturels* (*LB I*, 565) ; le terrain sous des vieux saules près de l'Indre, avec ses sentiers encombrés de lianes indigènes et traversé de lézards verts, est un *jardin naturel* (*LB I*, 580).

D'une occurrence à l'autre, les critères du *jardin naturel* se complètent : il s'agit d'un endroit négligé, abandonné par l'homme, ou à tout le moins échappant aux velléités de destruction ou de transformation de l'homme ; s'y épanouissent des plantes indigènes, non nécessairement belles, mais souvent anciennes et introuvables ailleurs, et dans lesquelles l'œil exercé peut découvrir une foule de détails extrêmement fascinants et uniques ; l'ensemble du monde végétal s'y montre « libre, heureux, complet, intact dans toutes ses parties et servi à souhait par le milieu qu'il a choisi » (*LB I*, 566) ; des animaux circulent librement sans jamais montrer la moindre trace de frayeur face à une présence humaine. Et, pourrions-nous ajouter, c'est aussi l'endroit où les âmes des végétaux et des animaux sont le mieux perceptibles. Selon Sand, en effet, tous les êtres vivants

25 George Sand a écrit trois « Lettres d'un voyageur à propos de botanique », toutes publiées dans la *Revue des Deux Mondes* en 1868. La première date du 1er juin 1868, la deuxième du 15 juillet 1868, et la troisième du 15 août 1868. Elles sont abrégées désormais : *LB I*, *LB II*, *LB III*.

sont dotés au moins d'une âme, car ils ont tous la sensation de leur existence : si l'homme en possède trois (« l'âme universelle », « l'âme individuelle » et « l'âme spécifique ») et l'animal deux (« l'âme individuelle » et « l'âme spécifique »), la plante en a aussi une (« l'âme spécifique ») (*LB III*, 774 et suiv.) : le fait qu'elle puisse éprouver du plaisir et de la souffrance, qu'elle soit à même de distinguer ce qui lui fait du bien et de « chercher avec effort et une merveilleuse apparence de discernement les conditions nécessaires à son existence », quitte à se déplacer un peu plus loin, ne nous permettent pas selon Sand de lui refuser une âme (*LB II*, 488).

Ce qui préoccupe Sand, néanmoins, c'est que l'être humain semble ne pas percevoir les âmes des autres êtres vivants, et que le *jardin naturel*, qu'il soit rêvé ou réel, devient de plus en plus rare et menace de disparaître : l'être humain, loin d'être, comme certains « adeptes de Darwin » le prétendent, « un grand créateur » auquel on peut faire confiance « pour arranger au mieux la planète », est considéré par Sand comme « un affreux bourgeois et un vandale », qui « a plus gâté les types qu'il ne les a embellis », qui « pour quelques améliorations, a fait cent bévues et cent profanations », qui « a toujours travaillé pour son ventre plus que pour son cœur et son esprit », dont les « créations de plantes et d'animaux les plus utiles sont précisément les plus laides », et dont les « modifications tant vantées sont, dans la plupart des cas, des détériorations et des monstruosités » (*LB I*, 580). Dans *La Forêt de Fontainebleau* (1872), texte qui soutient la préservation de cette forêt trop souvent agressée, Sand fait un pas de plus en énonçant que l'excès d'intervention humaine sur le paysage n'est d'ailleurs pas seulement fatal pour les plantes, mais pourrait l'être aussi pour l'homme : « Les grands végétaux sont donc des foyers de vie qui répandent au loin leurs bienfaits [. . .], il est bien prouvé que supprimer leurs émanations, c'est changer d'une manière funeste les conditions atmosphériques de la vie humaine ».[26] Cette citation, comme d'autres dans ce texte, montre que Sand a parfaitement saisi l'un des principes fondamentaux de l'écologie, selon lequel « la terre dépend de l'homme qui dépend de la terre »[27], et que mutiler la nature revient finalement à mutiler l'homme lui-même.

26 Sand, George : « La Forêt de Fontainebleau ». In : Id. : *Impressions et souvenirs.* Paris : Michel Lévy 1873, p. 317–318.

27 Je reprends ici le titre d'un livre d'Edgar Morin publié en 2007.

6 Hermann Hesse et le jardin vivant

À l'époque où Hesse habitait Gaienhofen au bord du Lac de Constance (de 1907 à 1912), un nouveau type de jardin était à la mode, si l'on en croit Ewa Eberwein, la propriétaire actuelle de la villa Hesse :

> Le jardin moderne devrait idéalement être conçu de telle manière que, tout comme la maison d'habitation, il réponde aux besoins naturels des habitants, et il devrait donc être divisé en différentes pièces selon leurs fonctions.
>
> [*Der neuzeitliche Garten sollte idealerweise so gestaltet werden, dass er genau wie das Wohnhaus den natürlichen Bedürfnissen der Bewohner entsprechen und demnach in verschiedene, den Funktionen folgende Räume aufgeteilt sein sollte*].[28]

Les jardins représentés dans l'œuvre de Hesse sont légion, mais s'ils peuvent être considérés d'une certaine façon comme des prolongements de l'espace domestique de par les nombreux signes de connivence qu'ils échangent avec leur propriétaire, jamais ils ne jouent le rôle de « pièces » d'une « maison d'habitation » [*Wohnhaus*] dotées d'une fonction immuable : les jardins de Hesse sont des espaces vivants, qui échappent toujours au contrôle de celui qui les façonne et qui s'immerge en eux, mais qui n'en procurent par là même que d'autant plus de plaisir.

Un des jardins les plus illustratifs de ce propos est celui représenté dans le charmant récit intitulé *Iris* (1916)[29]. Ce conte narre l'histoire d'Anselm qui, enfant, adore se promener dans le jardin fleuri de sa mère, car il est émerveillé par sa dimension kaléidoscopique. Chaque jour, l'enfant le découvre sous un aspect différent :

> Le matin, quand il ressortait de la maison [...], le jardin l'attendait, intact et toujours neuf [. . .]. Tout changeait, était toujours là et n'était jamais là, disparaissait et revenait au moment voulu.
>
> [*Am Morgen, wenn er aus dem Hause [.].wiederkam, da stand unverloren und immer neu der Garten und wartete auf ihn [.]. Alles verschob sich, war immer da und immer fort, verschwand und kam zur Zeit wieder*] (*IR*, 196 et 198).

Couleurs, odeurs et bruissements du jardin se modifient en fonction des insectes et des oiseaux qui s'y trouvent ainsi que de l'évolution du stade de floraison ou de dépérissement des plantes. Les fleurs, en particulier, sont décrites non seulement

28 Eberwein, Eva : *Der Garten von Hermann Hesse. Von der Wiederentdeckung einer verlorenen Welt*. München : Deutsche Verlags-Anstalt 2015, p. 103.

29 Hesse, Hermann : « Iris ». In : Hesse, Hermann/Michels, Volker (éd.) : *Freude am Garten*. Berlin : Insel Verlag 2012. Désormais abrégé *IR*. Les traductions en français sont miennes.

comme des interlocutrices à part entière avec lesquelles le petit Anselm peut bavarder et comme des êtres vivants dotés de tous les organes de la vie tels qu'une bouche, un cœur, des pensées, une respiration et des rêves, mais elles sont encore présentées comme étant des *fractales*[30]. L'observation attentive d'un iris bleu, sa fleur préférée, lui révèle en effet l'extrême complexité de sa structure, et l'enfant subit un véritable vertige devant la révélation de l'infini dans le fini : l'intérieur de la fleur contient un autre jardin, un jardin royal bordé d'une clôture dorée [*ein goldener Zaum am Königsgarten*] et planté d'arbres de rêves [*Traumbäume*] entre lesquels se faufile un mystérieux chemin allant se perdre dans de lointains et insondables abîmes (*IR*, 195). Fasciné par sa découverte, Anselm s'imagine que s'il empruntait ce chemin, il finirait par arriver au portail d'un immense palais céleste ouvrant pour l'éternité sur le monde entier, mais un monde où, comme dans son jardin, les êtres et les choses coexisteraient dans la confiance et dans l'amitié. Peu à peu, cependant, au fur et à mesure qu'il grandit et se laisse distraire par d'autres activités, sa relation privilégiée avec le jardin s'émousse.

> Un printemps arriva, dont les bruissements et les odeurs étaient différentes de ceux de tous les printemps précédents [. . .]. Le monde des symboles était oublié et effacé [. . .]. Lors de ses promenades dans le jardin, le jardin était petit et se taisait devant son regard distrait. Il n'y avait plus d'histoires à lire dans les veines colorées des pierres et des feuilles, Dieu et l'éternité n'habitaient plus dans le mystère de l'iris bleu.
>
> [*Einmal kam ein Frühling, der klang und roch nicht wie die früheren alle [...]. Verweht und vergessen war die Welt der Gleichnisse [...]. Wenn er durch den alten Garten ging, war der Garten klein und schwieg vor seinem zerstreuten Blick. Nie mehr las er Geschichten im bunten Geäder der Steine und der Blätter, nie mehr sah er Gott und die Ewigkeit im Blütengeheimnis der blauen Iris wohnen.*] (*IR*, 202–203).

Bientôt, il quitte le village pour aller étudier dans la ville, et préoccupé désormais uniquement de lui-même, de ses études, de sa carrière, de ses conquêtes amoureuses, il en oublie totalement son jardin. Un nouveau tournant s'amorce dans sa vie lorsqu'il tombe amoureux d'une femme dénommée. . . Iris ! pour laquelle il éprouve une attraction irrésistible parce qu'il sent qu'elle touche à quelque chose de profond en lui, mais sans savoir quoi : « Seul ton nom me fait déjà du bien, Iris est un nom merveilleux, je ne sais pas ce qu'il me rappelle » [*Schon dein Name tut mir wohl, Iris ist ein wundervoller Name, ich weiss gar*

30 À comprendre dans le sens donné à ce mot par le créateur de ce néologisme, le mathématicien Benoît Mandelbrot. L'objet *fractal* est à la fois fractionnaire (irrégulier) et autosimilaire (il reproduit cette irrégularité à toutes les échelles). Cf. par exemple Mandelbrot, Benoît : *The Fractal Geometry of Nature*. New York : WH Freeman 1983.

nicht, woran er mich erinnert] (*IR*, 205). Avant d'accepter sa main, Iris, véritable femme-fleur qui vit constamment entourée de fleurs, lui demande de chercher à décoder ce puissant pressentiment, mais elle meurt avant que l'énigme ne soit résolue – non pas sans lui avoir, au préalable et sur son lit de mort, offert une fleur, un iris : « Prends ma fleur, l'iris, et ne m'oublie pas. Cherche-moi, cherche l'iris » [*Da nimm meine Blume, die Iris, und vergiss mich nicht. Suche mich, suche die Iris*] (*IR*, 213). Malgré l'éloquence de cette mise en correspondance entre la fleur et la femme, Anselm, homme érudit, homme cérébral, homme tracassé, ne comprend pas qu'elle est à interpréter littéralement. Il se met néanmoins en route pour poursuivre sa quête, et parcourt le monde entier pendant plusieurs années : la rencontre totalement inattendue d'un iris ayant poussé au milieu d'un paysage enneigé déclenche, comme par miracle, tous ses souvenirs d'enfance. Tout se passe en effet comme si l'iris de son enfance s'était échappé de son jardin et mis en travers de son chemin pour le guider : son apparition se confond aussitôt avec l'image d'Iris, la femme aimée. Désormais, Anselm n'a plus qu'à écouter sa voix intérieure qui le dirige vers une paroi rocheuse située dans un paysage bucolique : une fente dans le rocher l'invite, telle une porte ouverte, à entrer, mais elle est gardée par un vieil homme – est-ce un clin d'œil au gardien de la Loi de la parabole de Kafka ?[31] Quoi qu'il en soit, et contrairement à Josef K., Anselm reconnaît immédiatement que cette porte lui est destinée, et il enfreint les interdictions et les menaces. Et avec raison : le chemin qu'il emprunte est exactement celui qu'il avait vu dans l'iris de son jardin d'enfance – un chemin qui lui permet de s'engager « dans le secret bleu de l'intérieur » de l'iris-fleur de son jardin d'autrefois, sauf que ce calice est aussi, en même temps, le cœur d'*Iris* la femme aimée :

> Anselm s'avança [. . .] dans le secret bleu de l'intérieur. C'était Iris, dans le cœur de laquelle il pénétrait, et c'était l'iris du jardin de sa mère, dans le calice bleu duquel il entrait en flottant.
>
> [*Anselm schritt [. . .] ins blaue Geheimnis des Innern. Es war Iris, in deren Herz er drang, und es war die Schwertlilie im Garten der Mutter, in deren blauen Kelch er schwebend trat*] (*IR*, 216).

Le jardin de Hesse, on le voit, a perdu les caractéristiques d'un jardin agencé uniquement pour le plaisir de l'homme et invite à redéfinir les rapports entre nature et culture : d'emblée, le jardin d'enfance d'Anselm se présente comme

31 La parabole « Vor dem Gesetz » de Franz Kafka, insérée dans le chapitre 9 de son roman *Der Prozess*, avait été publiée séparément en 1915. Le texte de Hesse datant de 1916, il est plus que probable qu'il la connaissait.

un jardin vivant, en correspondance étroite avec la vie intérieure de l'enfant, où tout est toujours en activité et en déplacement, à tel point que l'iris-fleur est libre de quitter son jardin pour conquérir un paysage enneigé. Vivant, le jardin l'est aussi de par la complexité qui le caractérise : ses fleurs reproduisent à l'infini d'autres jardins et d'autres mondes. Enfin, dans ce jardin, les frontières entre les humains et les non-humains ne semblent plus faire foi : outre que les fleurs ont un langage et des émotions, l'iris bénéfice de la capacité d'être femme et fleur à la fois. La loi gardée jalousement par le gardien à l'entrée du rocher, c'est celle d'un monde qui ne peut fonctionner harmonieusement que selon le principe écologique de l'interconnexion entre les ontologies humaines et non-humaines.

7 L'écologie humaniste du paysagiste français Gilles Clément

Les prises de position exprimées par les quatre écrivains dans les textes analysés n'ont certes pas systématiquement correspondu à leur attitude dans la réalité de leur quotidien. Rousseau a activement bêché dans le jardin des Charmettes, qui était d'ailleurs entouré d'un enclos (cf. le chapitre 6 de ses *Confessions*) ; Sand, propriétaire du domaine de Nohant, y possédait un jardin qui ressemblait bien plus à un jardin à la française qu'à un jardin écologique ; Goethe a aménagé la vallée d'Ulm, encore sauvage au moment de son installation, en jardin paysager ; Hesse, avant même d'avoir entamé ses travaux de jardinage sur son nouveau terrain de Gaienhofen, y installe une lourde porte pour en marquer l'entrée – ce qui témoigne de son sens des délimitations claires.[32]

Nonobstant, leurs textes abordent avec conviction de multiples impensés à leur époque – ou du moins, ils présentent des questionnements qui, n'ayant pas encore fait l'objet d'études scientifiques ciblées, ne possèdent pas encore de concepts pour bien les exprimer. Au moment où, en Occident, la modernité a largement évacué l'animisme « archaïque » pour imposer deux ordres d'existence strictement séparés – l'humain et le non-humain – ces textes convoquent un nouvel animisme, non pas basé sur la sacralisation d'un paysage ou d'un jardin habité par les dieux, mais sur la conscience que la nature participe de la même vie que l'homme, que l'abîmer ou l'emprisonner dans des formes *jardinistiques* contraignantes pour le seul bon plaisir de l'individu est immoral, que la nature, par ailleurs, est elle aussi pourvue d'une volonté, voire d'une âme. L'alternative proposée est à chaque fois, peu ou prou, celle d'une manière de *jardin naturel*

32 Eberwein, p. 37.

à la Sand – à savoir, explicitée à l'aide de la terminologie contemporaine et hautement opératoire d'un Gilles Clément (né en 1943) par exemple, celle d'une reconnaissance que l'homme se trouve en position d'équivalence biologique avec les autres êtres de la nature, qu'il est dépendant au même titre qu'eux de l'écosystème planétaire, et qu'il lui revient par là même de se solidariser avec le « génie de la nature » plutôt que de l'exploiter et la dominer.[33] Tous ces textes pourraient d'ailleurs fort bien se lire à la lumière de l'« écologie humaniste » de Gilles Clément, car ils fourniraient une remarquable illustration à ses trois principes essentiels : celui du « Tiers-paysage », celui du « Jardin en mouvement » et celui du « Jardin planétaire ».

Le *jardin naturel* de Sand, décrit comme un sanctuaire à ne pénétrer qu'avec respect car il contient nombre de plantes primitives qui s'y déploient en toute liberté (alors qu'ailleurs, elles sont en voie d'extinction), présente toutes les caractéristiques du « Tiers-Paysage », que Clément définit comme « la somme des espaces où l'homme abandonne l'évolution du paysage à la seule nature » et comme constituant « l'espace privilégié d'accueil de la diversité biologique ».[34]

Le jardin brossé par Hesse dans *Iris*, que j'ai appelé « jardin vivant », s'insère parfaitement dans l'idéologie du « Jardin en mouvement », basée sur une perception fractale plutôt qu'euclidienne de l'espace et de la nature, ainsi que sur le respect des migrations naturelles de la végétation. L'iris du jardin d'Anselm, en effet, apparaît comme un être vivant extrêmement complexe, doté d'une structure fractale et dynamique dans laquelle de nombreux éléments se chevauchent, et qui n'hésite pas à quitter l'espace qui lui a été réservé pour occuper un terrain qui n'est pas le sien à l'origine, mais qui n'en est pas moins favorable à son épanouissement.

Enfin, l'idée que le jardin ne peut être une enclave coupée du monde où l'homme est libre de faire ce qu'il veut est suggérée aussi bien par Rousseau que par Goethe : jardiner implique une responsabilité, celle de préserver la vie en limitant tout gaspillage des énergies. La Julie de Rousseau a compris jusqu'à un certain point le principe de gestion des flux entrants et sortants du jardin, car elle procède à la réutilisation des eaux ; Saint-Preux lui révèle qu'on peut encore faire mieux en termes d'économie. Chez Goethe, tout se passe comme

33 Clément, Gilles : *Jardins, paysage et génie naturel. Leçons inaugurales du Collège de France*. Paris : Collège de France 2012.

34 Clément, Gilles : « Trois concepts. Le Jardin en mouvement. Le Jardin planétaire. Le Tiers-Paysage ». In : Clément, Gilles/Jones, Louisa : *Une Écologie humaniste*. Genève : Aubanel 2006, p. 23.

si la nature récupérait elle-même les énergies volées en produisant une catastrophe et en expulsant les protagonistes de leur propre jardin. Or le concept de « Jardin planétaire » de Clément implique une urgente intégration de l'homme dans le mouvement biologique universel. « Biologiquement, sur la planète, l'enclos n'a pas de sens », tout est lié avec tout, c'est pourquoi « le jardinier, citoyen planétaire, agit localement au nom et en conscience de la planète ».[35]

Le jardin de Clément, jardin à la fois « en mouvement », « planétaire » et respectant le « tiers-paysage », se veut le modèle d'un espace vital constitué d'une multiplicité plutôt que d'une sélection des systèmes de vie, et il fonctionne comme le laboratoire d'une planète dans laquelle la mondialisation prend la forme d'une symbiose entre les diverses forces de l'univers plutôt que d'une menace de leur épuisement. Cet idéal, Rousseau, Goethe, Sand et Hesse l'avaient déjà défendu à leur façon et avec leurs mots, bien avant que le changement climatique ne réveille la conscience écologique de l'humanité entrée dans la quatrième phase de globalisation accélérée.

Bibliographie

Baridon, Michel : *Le Gothique des Lumières.* Brionne : Gérard Montfort 1991.

Baridon, Michel : *Les Jardins. Paysagistes – jardiniers – poètes.* Paris : Robert Laffont 1998.

Bernard-Griffiths, Simone/Levrat, Marie-Cécile (éd.) : *Fleurs et Jardins dans l'œuvre de George Sand.* Clermont-Ferrand : Presses Universitaires Blaise Pascal 2006.

Burke, Edmund : *A Philosophical Enquiry into the Origin of Our Ideas of the Sublime and Beautiful.* Oxford : Oxford University Press 1990.

Clément, Gilles : *Le Jardin planétaire.* Paris : Albin Michel 2000.

Clément, Gilles : « Trois concepts. Le Jardin en mouvement. Le Jardin planétaire. Le Tiers-Paysage ». In : Clément, Gilles/Jones, Louisa : *Une Écologie humaniste.* Genève : Aubanel 2006.

Clément, Gilles : *Jardins, paysage et génie naturel. Leçons inaugurales du Collège de France.* Paris : Collège de France 2012.

Eberwein, Eva : *Der Garten von Hermann Hesse. Von der Wiederentdeckung einer verlorenen Welt.* München : Deutsche Verlags-Anstalt 2015.

Gilpin, William : *Three Essays : on Picturesque Beauty; on Picturesque Travel ; and on Sketching Landscape.* London : R. Blamire 1792.

35 Clément, Gilles : *Le Jardin planétaire.* Paris : Albin Michel 2000, p. 127.

Goethe, Johann Wolfgang v. : *Die Wahlverwandtschaften.* (Sämtliche Werke, Bd. 9). Zürich : Ex Libris 1979 [1809].

Goethe, Johann Wolfgang v. : *Les Affinités électives* (trad. J.-F. Angelloz). Paris : Flammarion 1992 [1810].

Hesse, Hermann : « Iris ». In : Hesse, Hermann/Michels, Volker (éd.) : *Freude am Garten.* Berlin : Insel Verlag 2012.

Latour, Bruno : *Nous n'avons jamais été modernes. Essai d'anthropologie symétrique.* Paris : La Découverte 1997.

Le Dantec, Jean-Pierre : *Poétique des jardins.* Arles : Actes Sud 2011.

Mandelbrot, Benoît : *The Fractal Geometry of Nature.* New York : WH Freeman 1983.

Price, Uvedale : *An Essay on the Picturesque, as Compared with the Sublime and Beautiful.* Cambridge : Cambridge University Press 2014 [1794].

Rousseau, Jean-Jacques : *Discours sur l'origine et les fondements de l'inégalité parmi les hommes.* (Collection complète des œuvres, vol. 1). Genève : RousseauOnline (édition en ligne) 1755, retrieved 22.12.2020, from <http://www.rousseauonline.ch/Text/discours-sur-l-origine-et-les-fondemens-de-l-inegalite-parmi-les-hommes.php>.

Rousseau, Jean-Jacques : *Julie ou La Nouvelle Héloïse.* Paris : Garnier 1988 [1761].

Sand, George : « À propos des Charmettes ». *Revue des Deux Mondes* 48(2), 1863, p. 341–365.

Sand, George : *Monsieur Sylvestre.* Paris : Michel-Lévy 1866.

Sand, George : « Lettres d'un voyageur à propos de botanique », *Revue des Deux Mondes* 75(3), 1er juin 1868, p. 557–582.

Sand, George : « Lettres d'un voyageur à propos de botanique », *Revue des Deux Mondes* 76(2), 15 juillet 1868, p. 470–496.

Sand, George : « Lettres d'un voyageur à propos de botanique », *Revue des Deux Mondes* 76(4), 15 août 1868, p. 769–790.

Sand, George : « La Forêt de Fontainebleau ». In : Id. : *Impressions et souvenirs.* Paris : Michel Lévy 1873, p. 317–318.

Sand, George : « Mémoires de Jean Paille ». In : Sand, George/Planté, Christine (éd.) : *George Sand Fils de Jean-Jacques.* Lyon : Presses Universitaires de Lyon 2012.

Serres, Michel : *Le Contrat naturel.* Paris : François Bourin 1990.

Vestroni, Valentina : *Jardins romanesques au XVIIIe siècle.* Paris : Classiques Garnier 2016.

Anne-Marie Pailhès

Le Club 99 : une expérience d'écologie radicale au sein de la communauté rurale de *Sieben Linden* (1999-2010)

Abstract Between 1999 and 2010, radical ecologists in the *Sieben Linden* community (Saxony-Anhalt) launched a self-sufficiency experiment aimed at dramatically reducing their ecological footprint. While the founders of *Sieben Linden* had been inspired by the antinuclear village of Gorleben (the "free republic of Wendland"), Club 99 imported to Eastern Germany ideas drawn from the 1996 report *Zukunftfähiges Deutschland* ("Sustainable Germany"). This paper describes its degrowth objectives and their implementation - in particular through the construction of ecological housing units made of wood, earth and straw - and their adoption of a vegetarian, then vegan, lifestyle based on local organic production. It then analyses the reasons for the failure of the project and the religious, in the broad sense of pioneering, spirit that presided over the experiment. This study relies among other material on biographical interviews conducted at the time the Club was still active.

Keywords: Radical Ecology, Deep Ecology, Ecological Housing, Degrowth, East Germany, *Sieben Linden*, Club 99

À l'époque de l'anthropocène, l'écologiste conscient de la catastrophe imminente rêve d'arrêter le compte à rebours de la destruction inéluctable en créant un lieu expérimental hors du temps, où l'empreinte carbone de l'activité humaine serait réduite à zéro, un exemple qui pourrait servir de modèle à l'humanité. Autrefois, cette tentative de mise à distance s'accompagnait la plupart du temps d'une démarche ascétique ; il s'agissait de retourner à une communion étroite avec une nature supposée sauvage et pure, à l'image de Thoreau construisant et habitant son cabanon solitaire dans *Walden*.[1] Le mythe de la cabane dans les bois qui protègerait de la civilisation et permettrait de vivre en un lieu situé hors de l'histoire trouve aujourd'hui encore un écho dans des exemples contemporains, comme, en France, celui de Sylvain Tesson séjournant

1 Thoreau, Henry David : *Walden: or, Life in the Woods*. New York : Dover Publications 1995 ; cf. en particulier la reproduction de la couverture de la première édition de 1854.

dans une cabane en Sibérie[2] – seul lieu qui protège encore d'une civilisation au rythme effréné. Avant lui, Arne Næss, présenté comme le fondateur de l'écologie profonde, avait vécu à Tvergastein, la cabane-refuge qu'il avait fait construire en Norvège et dans laquelle il avait passé environ dix années, souvent en alternance avec ses cours à l'université.[3] Mais l'essentiel de ces expériences n'était finalement pas tant leur déroulement *in situ*, que le récit (y compris littéraire) qui en fut fait par la suite, largement diffusé pour illustrer un style de vie ou ancrer une philosophie dans la pratique ; la communion avec le monde animal y joue encore un rôle important.

Aujourd'hui, on construit encore des cabanes, mais non plus « pour se retirer du monde, s'enclore, s'écarter, tourner le dos aux conditions et aux objets du présent ».[4] Faire des cabanes aujourd'hui, c'est bien plutôt : « imaginer des façons de vivre dans un monde abîmé ».[5] La cabane devient l'archétype du lieu protégé, l'arche de Noé sans ses animaux, mais encore majoritairement issue du monde végétal ; dernier refuge après le désastre, et synonyme aussi de modèle possible pour une renaissance, elle fait face « autrement, à ce monde-ci et à ce présent-là, avec leurs saccages, leurs rebuts, mais aussi leurs possibilités d'échappées ».[6] De lieu de retrait, la cabane en bois devient lieu d'expérimentation pour soi et les autres, d'exposition publique, de manifeste politique. À l'époque de l'immédiateté, elle devient vitrine de l'expérience vécue en direct. C'est en ce sens que l'on peut comprendre l'expérience allemande du Club 99, lorsqu'un groupe d'écologistes radicaux a décidé de construire une maisonnette au bilan carbone proche de zéro.

L'expérience allemande qui sera ici relatée n'a en effet rien de commun avec une quelconque robinsonnade puisqu'elle est décrite par ses initiateurs certes comme radicale et directement publique, mais aussi comme collective et offerte à tous les regards. Sa radicalité s'entend au sens où elle s'inspire des théories de l'écologie profonde et de la décroissance, sans pour autant s'en réclamer

2 Tesson, Sylvain : *Dans les forêts de Sibérie*. Paris : Gallimard 2011. La quatrième de couverture annonce : « Assez tôt, j'ai compris que je n'allais pas pouvoir faire grand-chose pour changer le monde. Je me suis alors promis de m'installer quelque temps, seul, dans une cabane. Dans les forêts de Sibérie. [. . .] Tant qu'il y aura des cabanes au fond des bois, rien ne sera tout à fait perdu », p. 272.

3 Charmetant, Éric : « Écologie profonde : une nouvelle spiritualité ? ». *C.E.R.A.S Revue Projet* 347(4), 2015, p. 28.

4 Macé, Marielle : *Nos cabanes*. Paris : Verdier 2019, p. 27.

5 Ibid.

6 Ibid., p. 28.

explicitement. À l'époque de son déroulement, soit entre 1999 et 2010, le terme de « décroissance » ne s'était pas encore imposé largement dans les discours écologistes en Allemagne, comme c'est le cas pour la décennie 2010. Le terme le plus usité pour désigner le nécessaire abandon de la croissance continue est encore le terme anglo-saxon de « degrowth ».[7] Il n'apparaît pas dans les propos des acteurs concernés, bien que leur action en découle.

Les initiateurs du projet du Club 99 voulaient vivre de la façon la plus simple possible, mais mener une existence transparente, à la manière de celles qui sont mises en scène dans de nombreuses émissions de téléréalité qui suivent l'évolution de personnages, placés sous une constante observation. Il ne s'agissait pas, dans le cas présent, de gérer ses relations avec l'autre sexe ou de relever des défis spectaculaires, mais de vivre de façon vraiment écologique sous les yeux des milliers de visiteurs du village,[8] en construisant une sorte de « pavillon témoin » de l'écologie qui jouerait un rôle de modèle stimulant. Au moment où paraissait l'ouvrage cité de Sylvain Tesson (2011), le Club 99 venait quant à lui de vivre ses derniers jours en Saxe-Anhalt, après avoir existé pendant une dizaine d'années, entre le 9 septembre 1999 et le 31 décembre 2010. Il s'agissait d'une expérience menée par quelques personnes au sein de l'écovillage *Sieben Linden* qui avait vu le jour en 1997 dans cette région déshéritée de l'ex-RDA ; il rassemblait à ses débuts 30 à 40 citoyens engagés décidés à créer un lieu militant de vie écologique selon le mot d'ordre : *Selbstversorgung als Selbstbestimmung*, soit « L'autosubsistance comme autodétermination ».

Comme dans le cas de Henry David Thoreau ou de Sylvain Tesson, cette expérience était le fait de personnes éduquées,[9] disposant d'un capital culturel qu'elles voulaient utiliser pour transmettre un savoir en cours d'élaboration, répondant à une inquiétude écologique. En cela, le Club 99 illustre le rôle possible d'intellectuels disposés à refléter leur pratique au profit du plus grand nombre : la pensée naissait ici d'une démarche pragmatique qui accompagne des *Humanités environnementales* toujours en mouvement, toujours en train de se

7 Pour des précisions sur la terminologie comparée, cf. Grisoni, Anahita/Sierra, Rosa : « Écologie ou "Umwelt" ? Une revue historiographique des engagements écologistes et environnementalistes en France et en Allemagne ». *Revue de l'Institut français d'histoire en Allemagne* 5, 2013, p. 12.

8 L'écovillage *Sieben Linden* recevait à cette époque déjà 5000 à 6000 visiteurs par an, cf. Andreas, Marcus : *Vom neuen guten Leben. Ethnographie eines Ökodorfs*. Münster : Transcript 2015, p. 123.

9 Les deux principaux acteurs du projet dont il est question ici sont d'une part ingénieur dans le domaine de l'énergie, d'autre part fille d'un médecin.

constituer dans l'interaction de l'expérience, de la réflexion sur le vécu et dans le « champ relationnel ».[10]

Ce chapitre retracera l'héritage allemand spécifique de cette expérience, pour décrire ensuite le déroulement d'une expérience sociale au long cours et chercher, enfin, les raisons de son échec.

1 Un héritage du mouvement anti-nucléaire des années 1980

La communauté de *Sieben Linden* se situe à proximité de l'ancienne frontière entre les deux Allemagne, dans la région de l'Altmark, caractérisée par la désertification rurale, l'isolement et la faiblesse économique. Elle a autrefois été partie intégrante de la RDA, mais elle est bordée au nord par la région du Wendland, située en RFA (Ouest) qui fut et constitue encore une terre d'élection pour les expériences alternatives et l'implantation de communautés rurales depuis les années 1980 et la lutte anti-nucléaire de Gorleben.

C'est en effet dans cette région, sur le site de Gorleben, que l'Allemagne fédérale avait voulu installer un lieu de stockage de l'industrie nucléaire, provoquant une mobilisation sans précédent d'opposants au projet, au moment même où naissait le parti écologiste *Die Grünen* : le Wendland acquit une notoriété internationale lorsque fut proclamée la « République libre du Wendland » (*Freie Republik Wendland*) qui compta 33 jours d'existence en 1980 avant l'expulsion de ses habitants lors de la plus vaste opération de police connue en RFA.[11] La « République libre du Wendland » émit ses propres passeports et disposa d'ambassades dans différentes villes allemandes. La région retira de cette lutte l'aura du dernier village résistant à l'industrie nucléaire ouest-allemande, dans le contexte international de l'accident de la centrale nucléaire de Three Mile Island aux États-Unis (en mars 1979) ; elle attira par la suite de

10 Au sens où l'entend Arne Næss. Cf. Afeissa, Hicham-Stéphane : « Écosophie – "How deep is your ecology ?" ». In : Choné, Aurélie/Hajek, Isabelle/Hamman, Philippe (éd.) : *Guide des Humanités environnementales.* Villeneuve d'Ascq : Presses Universitaires du Septentrion 2016, p. 51–58.

11 Une importante documentation photographique d'époque a été publiée dans un ouvrage, cf. Zint, Günter (éd.) : *Republik Freies Wendland, Eine Dokumentation.* Frankfurt a.M. : Zweitausendeins 1980. Elle comprend aussi les vues aériennes prises par la police allemande. Voir également le témoignage de deux occupants, cf. Halbach, Dieter/Panzer, Gerd : *Zwischen Gorleben und Stadtleben, Erfahrungen aus drei Jahren Widerstand im Wendland und in dezentralen Aktionen.* Berlin : AHDE 1980. Dieter Halbach fut par la suite l'un des fondateurs de l'écovillage *Sieben Linden.*

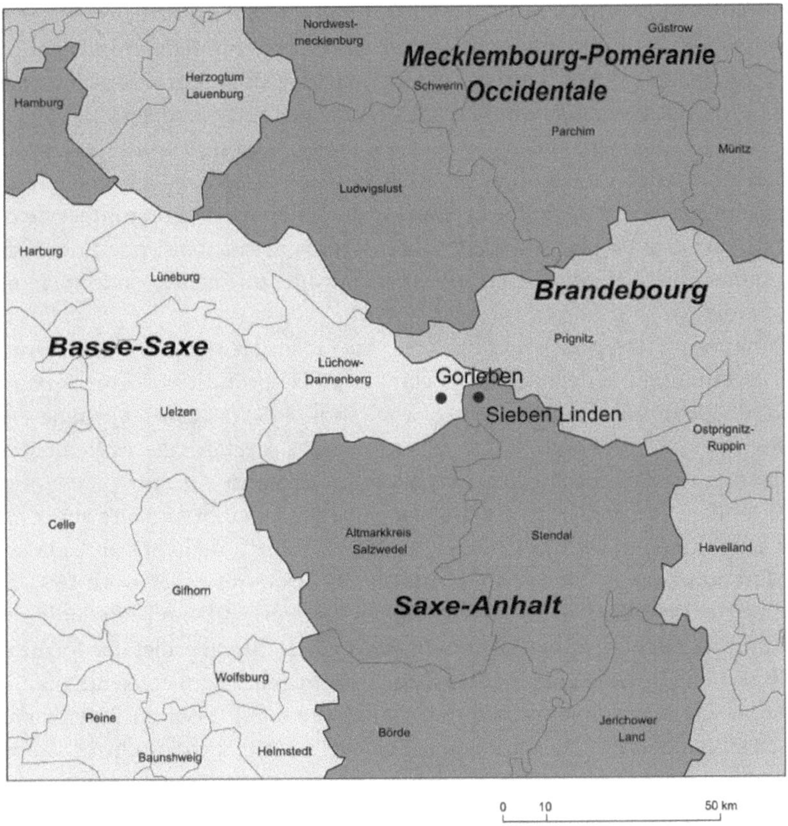

Fig. 1 : Situation de Gorleben et Sieben Linden (© Anne-Marie Pailhès et Julie Robert, Université Paris Nanterre, 2016)

nombreux « alternatifs » qui s'installèrent peu à peu dans la région.[12] Les événements qui s'y produisirent en 1980 eurent un retentissement international, et furent également suivis attentivement à la télévision ouest-allemande par la population est-allemande qui se trouvait juste de l'autre côté du Mur.

Le village éphémère édifié sur le site de forage 1004 n'obéissait pas à un plan d'urbanisme strict. Chacun pouvait construire sa maison là où il trouvait l'espace nécessaire à cela. On distingue cependant sur les photos panoramiques de cette époque une grande place, servant aux rassemblements, ainsi que la « Maison communautaire » (*Gemeinschaftshaus*) et, à droite, une église ronde surmontée d'une croix.[13]

Dans les photos prises de plus près, on reconnaît nettement l'inspiration d'un certain nombre de huttes, rappelant les tipis des Indiens d'Amérique – il y aurait d'ailleurs aussi eu des « huttes à sudation » (*Schwitzhütten*) rondes, elles aussi, empruntées à la culture des Indiens Navajos. Certains de ces éléments ont par la suite trouvé un écho dans l'architecture de *Sieben Linden*.

L'écovillage *Sieben Linden* a existé sous une forme embryonnaire sur un premier emplacement, à Groß Chüden, en 1991, très peu de temps après la chute du Mur, puis ses habitants se sont installés sur des terres achetées en 1997 dans le village de Poppau.[14] Le terme d'écovillage (*Ökodorf*) dissimule en fait le statut juridique d'une coopérative (*Genossenschaft*) qui donne au projet une forme tout à fait particulière: une coopérative, formée de membres qui cotisent, a fait l'acquisition des terres pour construire un village *ex nihilo*. Pour en devenir membre, chacun a dû verser la somme minimale de 12 000 euros, un investissement souvent rendu possible par les capacités financières des parents des pionniers, en général issus de familles ouest-allemandes des classes moyennes supérieures, comme le reconnaissait une habitante en 2012 :

---

12 L'importance de ce lieu de contestation pour l'histoire de la contre-culture ouest-allemande a par la suite été analysée par les sociologues spécialistes des mouvements sociaux, cf. Rucht, Dieter : *Von Wyhl nach Gorleben, Bürger gegen Atomprogramme und nukleare Entsorgung*. München : Beck 1986 ; id. : « Anti-Atomkraftbewegung ». In : Roth, Roland/Rucht, Dieter (éd.) : *Die sozialen Bewegungen in Deutschland nach 1945, ein Handbuch*. Frankfurt/New York : Campus Verlag 2008.

13 Vues panoramiques du village sur le dépliant volant joint à l'ouvrage *Republik Freies Wendland, eine Dokumentation*.

14 Histoire détaillée de l'écovillage, cf. Pailhès, Anne-Marie : *Communautés rurales en Allemagne de l'Est – Vers une réunification des contre-cultures ?* Paris : Presses de la Sorbonne Nouvelle 2019, p. 126–130.

> [Elle] voyait surtout le moteur de l'écovillage dans les parents aisés des personnes présentes : « Nous sommes tous issus de milieux joliment diplômés, la génération de nos parents avait encore ces moyens financiers ». Mais la participation économique n'est plus aujourd'hui ce qu'elle était au milieu des années 1980.[15]

Le nombre de résidents n'a cessé d'augmenter : alors qu'ils n'étaient encore que 30 à 40 personnes à Groß Chüden peu après la fondation, ils disaient être déjà 110 en 2007 à *Sieben Linden* et leur page d'accueil internet indique aujourd'hui encore, en 2020, qu'ils seraient actuellement 140 (dont une centaine d'adultes).[16]

À la fin des années 1990, il s'agissait bien pour eux de créer un « village nouveau » comme d'autres avaient créé des « villes nouvelles » trente ans auparavant, seul un bâtiment de ferme existant déjà sur place à l'origine. Le nom de *Sieben Linden* (« Sept tilleuls ») a été inventé de toutes pièces, la présence de sept tilleuls n'y étant pas attestée. Mais le chiffre sept renforce la dimension *New Age* magique du lieu d'implantation, censé répondre à des critères géomantiques, qui en font un « centre du monde » où tout avance plus vite, où des pionniers visionnaires ouvrent la voie de l'avenir.

2 Le projet du Club 99 et sa mise en œuvre

Le projet de ce groupe de six amis au départ était de construire une maison au bilan carbone le plus proche possible de zéro tout en adoptant un style de vie décroissant. Ce projet avait été inspiré par la publication en 1996 de l'étude *Zukunftfähiges Deutschland* (« L'Allemagne durable »), commandée conjointement par Misereor (l'œuvre de l'Église catholique allemande) et l'association écologique BUND (Bund für Umwelt und Naturschutz). Elle arrivait à la conclusion selon laquelle les habitants de la RFA devraient réduire leur consommation de 90 % pour assurer un développement durable au pays. Cette référence revenant à plusieurs reprises, on peut y voir un trait caractéristique de l'écologie consensuelle à l'allemande : l'impulsion pour l'expérience décrite vient d'institutions, est étayée par une étude scientifique connue d'une part importante de la population et toutes les actions se déroulent dans un cadre légal. La page internet de présentation du Club 99 indiquait cette référence de façon allusive, à l'exclusion de toute autre qui aurait pu être attendue :

---

15 Propos cités par l'ethnographe Marcus Andreas, cf. Andreas 2015, p. 166 : « Sie sieht vor allem in den begüterten Vorläufern der Anwesenden den bisherigen Motor des Ökodorfes: "Wir kommen nun mal alle aus hübschen Akademikerverhältnissen, wo unsere Elterngeneration noch diese Finanzkraft hatte". Aber die gesellschaftlich-ökonomische Teilhabe sei heute nicht mehr die gleiche, wie etwa Mitte der 80er ».

16 Cf. *Sieben Linden*, retrieved 23.04.2020, from <https://siebenlinden.org/de/start>.

> Nous savons qu'il est nécessaire de diminuer notre consommation à un dixième tout au plus de la moyenne allemande actuelle pour atteindre cet objectif. Nous sommes prêts à nous remettre en question, à modifier en conséquence nos habitudes et nos actions et à dématérialiser notre conception du bien-être.[17]

Le « Club 99 » - ainsi nommé car il fut créé le 9 septembre 1999, mais aussi parce qu'il vient juste avant 100 et annonce l'imminence d'un changement de dimension[18] - a fait l'objet d'une grande curiosité et de nombreux articles dans les journaux, en raison de son aspect sensationnel, public et autorisé par les autorités. Il ne s'agissait pas d'un groupe de copains œuvrant dans l'ombre, ses membres sont devenus en quelque sorte des personnalités connues et observées, interviewées par les médias, des figures de proue d'une forme radicale de l'écologie, en particulier le couple fondateur formé par Silke Hagmaier et Martin Stengel. En lisant leurs propos publiés, on constate que leur discours a peu varié d'un entretien à l'autre, que les mêmes anecdotes étaient répétées à plusieurs interlocuteurs. Le nombre des membres du groupe a varié de trois à douze personnes, mais le nombre des visiteurs se serait quant à lui monté à des milliers.[19] Le Club 99 était le fer de lance de l'écovillage, car, comme l'écrivait l'anthropologue Marcus Andreas : « L'écovillage n'est pas seulement situé dans l'Altmark, il fait aussi partie du paysage de la recherche ».[20]

---

17 « Wir wissen, dass es nötig ist, unseren Konsum auf höchstens 1/10 des derzeitigen Bundesdurchschnitts zu senken, um dies zu erreichen. Wir sind bereit, uns zu hinterfragen, unsere Gewohnheiten, unser Handel entsprechend zu verändern und unseren Wohlstandbegriff zu entmaterialisieren », cf. « Ökodorf Sieben Linden, Der Club 99 », retriewed 16.08.2007, from <http://www.siebenlinden.de/htmcontent2090.html> (cette page n'est plus accessible depuis la fin de l'expérience). Cette étude est aussi citée ultérieurement par Silke Hagmaier, dans un entretien de 2013, comme l'impulsion décisive du projet : « Wir orientierten uns an der Studie "Zukunftfähiges Deutschland", die besagte, dass die Bundesbürger für eine globale gerechte Nachhaltigkeit ihren Verbrauch um 90 Prozent reduzieren müssten », cf. Hagmaier, Silke/Stengel, Martin : « Weltrettung paradox ». In : *Oya. anders denken. anders leben* 18, janvier/février 2013, p. 44, retrieved 02.11.2020, from <https://oya-online.de/article/read/889-weltrettung_paradox.html>.

18 Interprétation proposée par Silke Hagmaier, l'une des fondatrices du « Club », dans son interview donnée dans le cadre du « sommet en ligne » Pionneers of Change, 2020, diffusé le 23 mars 2020, retrieved 02.11.2020, from <https://pioneersofchange-summit.org/slp/silke-hagmaier>.

19 Ibid, Martin Stengel : « Von anfangs drei Menschen sind wir auf bis zu zwölf angewachsen und hatten dabei tausende Gäste », p. 44.

20 Andreas 2015, p. 61 : « Das Ökodorf liegt nicht nur in der Altmark, sondern auch in einer Forschungslandschaft ».

Selon la terminologie officielle du village, ces six personnes formaient une *Nachbarschaft*, littéralement un voisinage, un sous-groupe au sein de l'écovillage, chaque voisinage poursuivant des objectifs légèrement différents. En effet, le village est organisé en différentes *Nachbarschaften*, rassemblant chacun jusqu'à vingt personnes, qui renvoient à l'idée de la communauté comme ensemble structuré de façon organique et non administrative. Chaque jeudi, un temps d'échange était consacré à ces relations de « voisinage ». Selon le sociologue Ferdinand Tönnies – référence incontournable lorsqu'il est question de l'opposition entre les notions de communauté et de société dans l'aire germanophone : « La communauté, c'est la vie commune permanente et authentique », « la communauté elle-même doit être comprise comme un organisme vivant ».[21] Dans la vie du village de type historique, l'ensemble constitué par des voisins est jusqu'ici plus dû au hasard qu'à de réelles affinités électives ; les créateurs d'écovillages souhaitent quant à eux insuffler un nouveau sens au terme de « voisinage » : celui-ci est constitué par un groupe de personnes qui se sont librement choisies et ont librement décidé de mettre en œuvre un projet collectif basé sur une vie commune. Il existait ainsi quatre voisinages à *Sieben Linden* en 2007 : le *Club 99*, *Brunnenwiese* (à objectif thérapeutique), la *Nachbarschaft 81,5* qui construisit les premières maisons en 2001 (après l'abandon par certains de la vie en roulotte des débuts) et le groupe des jeunes, *JuLe-Gruppe* (*Junge-Leute-Gruppe*) existant depuis que l'État fédéral finance de jeunes volontaires au service écologique (FÖJ).

Le projet du Club 99 était de construire une maison végétale en bottes de paille dont l'empreinte carbone serait très limitée et le bilan énergétique excellent, tout en observant des principes écologiques stricts dans la vie quotidienne. C'est ainsi qu'a été construite la *Villa Strohbunt*, en paille et terre, base complétée par des matériaux de récupération de la société industrielle. Les matériaux de base ont été importés d'une distance maximale de 25 km ; il a fallu consommer 600 litres de diesel seulement au total pour amener les poutres de la scierie la plus proche. La construction n'a coûté que 8 000 deutschemarks (soit 4 000 euros), mais a demandé 3 ans et 15 000 heures de travail. Seuls deux sacs jaunes de déchets recyclables auraient été produits.[22] La terre utilisée a été piétinée

21 Tönnies, Ferdinand : *Gemeinschaft und Gesellschaft*. Darmstadt : Wissenschaftliche Buchgesellschaft 1991, p. 4 : « Gemeinschaft ist das dauernde und echte Zusammenleben, Gesellschaft nur ein vorübergehendes und scheinbares. Und dem ist es gemäß, dass Gemeinschaft selber als ein lebendiger Organismus, Gesellschaft als ein mechanisches Aggregat und Artefakt verstanden werden soll » (Traduction Anne-Marie Pailhès).

22 Ces chiffres sont cités par Andreas 2015, p. 139.

sur place. Selon une étude de l'Université Technique de Berlin, cette maison aurait un impact environnemental équivalant à 2 % de celui d'une maison conventionnelle,[23] pour une expérience dont l'un des fondateurs se plait à rappeler qu'elle fut la première de ce type à obtenir un permis de construire.

Fig. 2 : La Villa Strohbunt en 2016 (© Wolpensinger 2016 siedlungen.eu)

Les membres ont totalement renoncé à l'usage de machines électriques pour construire leur maison, sciant les poutres à la main. Les ouvriers ont ainsi redécouvert qu'il fallait 45 minutes à 4 personnes pour scier en long une poutre de 8 mètres. Silke Hagmaier travaillait sans relâche avec des chevaux Haflinger (petits chevaux montagnards vigoureux) qui servaient à labourer sans tracteur et à effectuer divers travaux de force. Des heures de travail gratuit étaient également effectuées par des urbains bénévoles qui participaient à une semaine de chantier ou souhaitaient apprendre les techniques de la construction

23 Martin Stengel : « Wir haben zum Beispiel das erste in Deutschland genehmigte Strohballenhaus gebaut, das laut einer Studie der TU Berlin nur zwei Prozent der Umweltbelastung eines konventionellen Baus verursacht hat », cf. Hagmaier/Stengel, p. 44.

écologique.[24] Ces stages permettaient au groupe de toucher des aides de l'État pour la formation continue ou des aides européennes aux régions structurellement faibles.

Le refus d'employer des traitements chimiques pour les poutres a cependant montré assez tôt les limites d'une expérience radicale dans un univers où la diffusion des maladies du bois est rapide. Des insectes se sont installés dans les poutres, ce qui a finalement nécessité l'utilisation d'autres techniques pour éliminer ces insectes, un acte théoriquement incompatible avec l'idéal *vegan* de ne porter atteinte à aucune vie animale. Les membres du Club 99 ne se sont d'ailleurs pas revendiqués comme « végans », ce terme n'apparaît pas dans les descriptions qu'ils font de leur expérience pendant son déroulement. C'est par la suite que cette terminologie a été utilisée, par d'autres[25] ou par eux-mêmes[26]. En cela, l'expérience se situe exactement à la limite chronologique qui sépare la revendication « végétarienne » de l'exigence d'une alimentation « végane ». Parlant des groupes végétariens allemands qui militaient pour les droits des animaux, Renate Brucker écrit que « dans les années 80 et 90, les membres de ces groupes passèrent au végétarisme et à partir du tournant du siècle à une alimentation végane ».[27] Elle note aussi que la Société végane (*Vegane Gesellschaft*) a été créée en 2010, alors que l'Union des Végétariens (*Vegetarierbund*) passait de 2 000 à 14 000 membres entre 2005 et 2015.[28]

En dehors du chantier, les membres du groupe se voulaient aussi exemplaires dans leur mode de vie : « Nous faisions beaucoup d'efforts pour réduire notre empreinte. Nous étions guidés par notre rôle de modèle ».[29] Les règles générales du village s'appliquaient effectivement particulièrement aux écologistes radicaux du Club 99 : pas de téléphones portables, pas de tabac ni d'alcool, pas de viande, pas de produits cosmétiques chimiques, pas de voitures (du moins

---

24 Grossarth, Jan : *Vom Aussteigen und Ankommen, Besuche bei Menschen, die ein einfaches Leben wagen*. München : Riemann 2011. Ce journaliste a séjourné à *Sieben Linden* en 2010 et consacre à ce lieu un chapitre de son ouvrage sur des expériences individuelles ou collectives de décroissance. Il a participé à une semaine de travail volontaire (gratuit), il détaille dans son livre les durs travaux auxquels les urbains devaient se soumettre (p. 63–78).

25 Ibid., p. 60.

26 Hagmaier/Stengel, p. 44. Il dit qu'à titre privé, il arrivait aux membres du Club de consommer des produits « non végans ».

27 Brucker, Renate : « L'histoire du concept du droit des animaux, du mouvement animaliste et du véganisme » (trad. Julien Sellier). *Allemagne d'aujourd'hui* 230(4), 2019, p. 153.

28 Ibid.

29 Cf. Hagmaier/Stengel, p. 44 : « Wir waren sehr bemüht, unseren ökologischen Fußabdruck zu senken. Wir waren auf unsere Vorbildfunktion ausgerichtet. »

celles-ci étaient-elles pudiquement dissimulées sur un parking en dehors du village), des toilettes sèches. Il fallait marcher pieds nus à l'intérieur des bâtiments.

Certaines règles encore plus strictes devaient être respectées dans l'espace du Club 99. Les occupants y étaient végétaliens à tendance crudivore et se servaient éventuellement d'un four solaire lorsqu'ils ne consommaient pas de crudités. Dans les repas collectifs servis à l'ensemble de la communauté de *Sieben Linden*, une distinction claire était opérée entre mets végétariens servis dans des plats de terre et mets végétaliens présentés dans des plats de fer, des règles alimentaires proches de préceptes religieux. Les observations de l'ethnologue Marcus Andreas en 2011 et 2012, certes moins critiques, recoupent celles qui viennent d'être citées. Il rend compte d'une enquête menée en 2006 par les habitants eux-mêmes sur leurs habitudes alimentaires : d'après leurs réponses, 49 % étaient végétariens, 26 % omnivores, 20 % végétaliens (*vegan*) et 5 % crudivores.[30] Citant Tokarev et Barlösius,[31] Marcus Andreas ne manque pas de rappeler que la même nourriture prise collectivement contribue à créer le sentiment de communauté, mais qu'elle peut aussi déterminer une ligne de partage à l'intérieur de la communauté. C'est bien ce qui ressort aussi de l'enquête interne citée : si on différencie les réponses en fonction de l'appartenance à un voisinage (*Nachbarschaft*), on note que les membres de la *Nachbarschaft 81/5*, qui se sont surtout rassemblés autour d'un projet de construction, sont 90 % à consommer de la viande, alors que ceux du Club 99 sont végétariens à 100 %. Des habitants interrogés ont reconnu qu'en privé, ils mangeaient parfois de la viande achetée à l'extérieur. Un propos qui ne pouvait pas être tenu publiquement, tant qu'existait, à l'intérieur de la communauté, le « Club 99 » d'obédience végétalienne très stricte, surtout crudivore.

Le projet d'autres habitants de l'écovillage, qui souhaitaient élever des animaux, avait en son temps déclenché un conflit avec le Club 99 qui avait réussi à l'emporter sur ce point et donc l'interdiction de toute présence d'animaux autres que des hamsters dans le village.[32] La maison nommée « Strohbunt »

---

30 Marcus Andreas a pu, au cours de longs séjours, obtenir l'autorisation de consulter le bulletin interne de l'écovillage, difficile d'accès. Cf. « Wer isst was ? Wo sind die Rohköstler unter den Sieben Linden ? ». In : *Rundbrief Ökodorf*, n° 101, 2006, p. 25–26.

31 Tokarev, Sergeij A. : « Zur Methodik der ethnographischen Erforschung der Nahrung ». In : *Studia Ethnographica et Folkloristica in Honorum Bela Gunda*. Debrecen : KLTE 1971, p. 297–302 ; Barlösius, Eva : « Anthropologische Perspektiven einer Kultursoziologie des Essens und Trinkens ». In : Wierlacher, Alois (éd.) : *Kulturthema Essen. Ansichten und Problemfelder*. Berlin : Akademie-Verlag 1993, p. 85–102. / cité par Andreas 2015.

32 Tout élevage en vue de l'abattage était interdit, seuls quelques animaux domestiques étaient tolérés pour les enfants, ainsi que la présence de chevaux de traits Haflinger au Club 99, cf. Grossarth 2011, p. 60. Le jardinier m'a raconté aussi en 2007 qu'il

(traduction approximative : variée comme la paille, nom inspiré de « Kunterbunt » la maison de Fifi Brindacier dans la version allemande des romans d'Astrid Lindgren) devait être l'expression d'un monde végétal, d'où la composante animale avait été exclue, et par là-même toute confrontation avec les animaux.

La démarche, décroissante avant l'heure, se caractérisait par un détachement vis-à-vis des biens matériels touchant à l'ascétisme : ils renonçaient non seulement à la viande, à la voiture, à l'avion, au téléphone, mais il n'y avait pas d'électricité dans la maison. Silke Hagmaier se défend cependant d'avoir fait des sacrifices ou bien d'avoir renoncé à certains biens : « Nous ne voulions pas tellement "renoncer" mais plutôt détacher de la vie matérielle notre propre idée du bien-être ».[33] Tous les nouveaux habitants de l'écovillage devaient observer un rituel en enterrant un objet auquel ils tenaient beaucoup à l'entrée du village, près de la spirale mystique. Silke Hagmaier a confié avoir volontairement enfoui l'objet le plus précieux qu'elle possédait, une médaille de sa grand-mère, pour se détacher des valeurs matérielles – une anecdote qu'elle a aimé raconter à différentes personnes venues l'interroger.[34] L'entreprise aurait attiré 5 000 à 6 000 visiteurs chaque année, auxquels le même discours était tenu .[35]

La philosophie des habitants renvoie à la fois à un ascétisme d'inspiration religieuse, et aux discours actuels sur la décroissance, qui n'ont cependant pris de plus en plus de place qu'après la fin du Club 99, en se référant en général à la notion anglo-saxonne de *Degrowth*. Le centre allemand de réflexion sur la nécessité d'une décroissance, situé à Leipzig, entretient un site internet intitulé *Degrowth Info* qui retrace l'historique du terme.[36] Il insiste sur les racines françaises de la réflexion sur ce sujet, depuis André Gorz jusqu'à François Schneider, et note au passage que les autres langues latines ont créé un terme analogue, mais que la langue allemande s'est limitée à *Degrowth*. Un débat analogue en Allemagne porte sur la notion de *Postwachstum* ou « post-croissance ». Le terme de « décroissance » est clairement né en opposition à la croissance considérée comme seul mode de progrès de l'humanité ; le terme de *Postwachstum*, quant à lui, indique à nouveau qu'il existe une solution après la croissance – loin aussi

était en conflit avec certains habitants parce qu'il voulait utiliser de la corne broyée comme engrais.

33 Hagmaier/Stengel : « Wir wollten damit weniger "verzichten" als unseren eigenen Wohlstandsbegriff entmaterialisieren », p. 44.

34 Anecdote racontée dans l'entretien du 21 août 2007 avec l'auteur, *Sieben Linden*.

35 Andreas 2015, p. 123.

36 Cf. site internet *Degrowth Info*, <https://www.degrowth.info/de/eine-geschichte-von-degrowth>.

de la vision française catastrophiste des « collapsologues ». Ces termes n'étaient pas employés ou réfléchis par les membres du Club 99.

Silke Hagmaier emploie souvent le terme de « vision » pour décrire ses objectifs, dans des propos exaltés qui ont une forte composante mystique et s'inscrivent tout à fait dans le contexte *New Age* qui est aussi plus généralement celui de l'écovillage.[37] Dans l'entretien accordé en 2007, elle évoquait le voyage d'un an qu'elle a fait lorsqu'elle était encore lycéenne, et au cours duquel elle avait eu une « vision » du futur écovillage. Après l'*Abitur* (baccalauréat allemand), elle avait à nouveau vécu une existence itinérante pendant deux ans, en particulier en Islande, avant de se fixer à *Sieben Linden* où elle murmurait à l'oreille des chevaux. Elle y donnait d'ailleurs des cours de *Pferdisch*, la langue des chevaux.[38]

3 Échec de l'expérience

Cette expérience, placée sous une observation universitaire permanente, a cependant pris fin le 31 décembre 2010 après quelques aménagements concédés au fil du temps (comme par exemple l'introduction de l'électricité pour le mixeur d'un végétarien crudivore[39]). Dans la longue interview accordée en 2013 à Dieter Halbach, leur compagnon de route de l'écovillage, pour le magazine alternatif *Oya*, Silke Hagmaier et Martin Stengel sont revenus sur le récit de leur expérience et sur les raisons de cet échec. Avec dorénavant un peu de distance, Martin Stengel a analysé la vision du monde qui les animait alors :

37 Pailhès, Anne-Marie : « L'exportation du "New Age" en Allemagne de l'Est depuis 1990 : l'exemple des communautés alternatives ». *Revue d'Allemagne et des Pays de langue allemande* 41(2), 2009, p. 229–241.

38 Pour communiquer avec les chevaux, elle proposait des stages de différents niveaux : *Rundbrief, Ökodorf Sieben Linden*, n° 93, mai 2005, p. 34–35 : « Veranstaltungshinweise Ende Mai bis Juli 2005 ».

39 Hagmaier/Stengel : « Ein anderer Bewohner wollte aus gesundheitlichen Gründen auf Rohkost umstellen und brauchte dafür einen besonderen Mixer. Er war drauf und dran, deswegen außerhalb zu essen; also haben wir Strom in die Küche gelegt, selbst mit Rohkost angefangen und bald für viele Menschen aus dem Ökodorf ein Rohkostmittagessen angeboten », p. 44 (« Un autre habitant voulait devenir crudivore pour des raisons médicales et pour cela, il avait besoin d'un mixeur spécifique. Il était sur le point de décider de manger à l'extérieur ; alors on a mis l'électricité à la cuisine, on a nous-même commencé à manger crudivore et on a proposé peu après un repas de midi cru pour de nombreux habitants de l'écovillage »). Cette anecdote est répétée dans un entretien de Martin Stengel avec l'ethnographe Marcus Andreas, op. cit., p. 198.

> La façon dont nous avons vécu le Club correspondait à mon état d'esprit à cette époque. J'étais – et je crois que nous étions tous – très convaincus qu'il s'agissait d'une façon de « sauver » le monde. Nous nous efforcions d'atténuer notre empreinte carbone. Nous nous concentrions sur notre fonction de modèles. Et nous avons souvent remis en question les gens qui s'en écartaient. Je me pose toujours des questions lorsque par exemple mes amis prennent l'avion pour aller en vacances. Mais, entretemps, je les juge moins. Je perçois plus l'ensemble de la situation avec toutes ses contradictions. Et j'ai moins qu'autrefois le sentiment de savoir ce qui attend l'humanité.[40]

Les deux écologistes, maintenant parents de deux enfants, vivent toujours dans l'écovillage, mais ont placé au-dessus de leurs idéaux radicaux d'antan leur besoin de relations sociales avec des amis ne partageant pas toutes leurs idées. L'entretien publié dans *Oya*, qui répond sans doute aux attentes d'un certain milieu écologiste allemand curieux de connaître leur évolution, insiste sur les doutes qui les habitent désormais quant à la façon la plus adéquate de « sauver le monde ». Silke H. dit : « La transformation que je vis depuis plusieurs années, c'est que je fais plus confiance à la vie dans son ensemble. [...] Je ne suis plus en train de sauver le monde, parce que je ne sais plus du tout ce dont le monde a besoin ». Martin S., de son côté, déclare : « Je veux aller avec le monde, et non plus contre lui ».[41] À la lumière de ces explications, le lecteur relativise l'expérience antérieure, et les reproches faits par certains à ces pionniers de ne pas avoir été conséquents jusqu'au bout de leurs convictions : ils ont toujours reconnu que seul l'espace du Club 99 était soumis à certaines interdictions comme celle de l'usage de l'électricité et la consommation de viande et de produits laitiers. En dehors de cet espace, les membres du Club faisaient quelques concessions à la civilisation moderne, se permettaient par exemple de

40 Hagmaier/Stengel : « Weltrettung paradox ». *Oya. anders denken.anders leben* 18, Janvier/février 2013, p. 44–46. « Wie wir den Club gelebt haben, entsprach meinem damaligen Bewusstseinszustand. Ich war – und ich glaube : wir alle waren sehr überzeugt davon, dass dies eine Art sei, die Welt zu "retten". Wir waren sehr bemüht, unseren ökologischen Fußabdruck zu senken. Wir waren auf unsere Vorbildfunktion ausgerichtet. Und wir haben oft Menschen, die davon abgewichen sind, in Frage gestellt. Immer noch entstehen bei mir Fragezeichen, wenn zum Beispiel meine Freunde in den Urlaub fliegen. Aber inzwischen urteile ich weniger. Ich erkenne mehr das Ganze mit all seinen Widersprüchen an. Und habe weniger denn je das Gefühl, zu wissen, was für die Menschheit ansteht ».

41 Hagmaier/Stengel, p. 46. Hagmaier : « Der Wandel, der seit mehreren Jahren in mir stattfindet, ist der, dass ich dem Leben in seiner Gesamtheit mehr vertraue [...]. Ich bin keine Weltretterin mehr, weil ich gar nicht weiß, was die Welt braucht ». Stengel : « Ich möchte mit der Welt gehen, nicht mehr gegen sie ».

téléphoner, de manger une glace, d'utiliser un ordinateur – l'entretien cité se déroule autour d'une bouteille de vin (bio). Les deux écologistes évoquent aussi leur grande fatigue face à l'immensité de la tâche à accomplir, étant donné la faiblesse de leurs propres moyens. Ils insistent enfin sur les difficultés internes de leur petit groupe, dans lequel ils avaient fini par jouer le rôle des « parents », comme dans la constellation honnie de la famille conventionnelle. La nécessité d'entretenir des relations sociales l'a emporté sur le respect de principes raisonnables mais stricts ; dans son ouvrage de 2015, Marcus Andreas évoque le problème des nombreux voyages en avion que font les membres des communautés, et de leur impact en termes d'empreinte carbone. Il rappelle que le nombre de kilomètres en avion parcourus par les habitants de l'écovillage se situe largement au-dessus de la moyenne nationale.[42]

L'évolution tout à fait caractéristique de cette expérience est un indice de l'institutionnalisation croissante de l'écovillage dans son ensemble. Les pionniers de la décroissance finissent par mener une vie rangée de parents et illustrent les compromis de plus en plus importants que certains partisans de l'écologie radicale finissent par passer avec le reste de la société. Il devient surtout important de faire partie d'un réseau parallèle, suffisamment puissant et organisé pour continuer à mener une existence qui se déroule en marge du courant social principal. Depuis 2018, le couple Hagmaier/Stengel fait partie du réseau d'origine autrichienne *Pioneers of Change* qui organise chaque année un « Sommet du changement », en fait un événement en ligne qui donne accès à des interviews avec ces pionniers qui montrent la voie à suivre. Ils sont ainsi présentés :

> Martin Stengel et Silke Hagmaier sont des chercheurs radicaux en styles de vie post-fossiles et changements de conscience. Ils ont fondé l'écovillage *Sieben Linden* dans le village allemand de Beetzendorf. Leur expérience « Club 99 » montre que notre bien-être ne doit pas être basé sur la consommation matérielle des ressources et envoie un signal contre l'injustice du partage global.[43]

Ce portrait témoigne d'une certaine récupération du projet dans un cadre plus commercial (le site vend aussi des vêtements et divers autres objets) et attribue

42 Andreas, p. 154.

43 « Martin Stengel und Silke Hagmaier sind Radikale Forscher*innen für postfossile Lebensstile und Bewusstseinswandel. Sie haben das Ökodorf *Sieben Linden* im deutschen Beetzendorf gegründet. Ihr Experiment "Club 99" zeigt wie unser Wohlstand sich nicht auf materiellem Ressourcenverbrauch gründen muss und setzt ein Zeichen gegen globale Ungleichverteilung », retrieved 28.12.2019, from <https://pioneersofchange-summit.org/slp/martin-stengel-silke-hagmaier/>.

à ces deux personnes la fondation exclusive de l'écovillage, ce qui n'est pas conforme à la réalité décrite dans d'autres témoignages. D'après les renseignements qu'il est possible d'obtenir, les autres anciens membres du Club 99 ont aussi opté pour une commercialisation de leurs savoirs, afin d'assurer leur survie financière *a minima* :

> La plupart des membres du Club 99 sont restés et poursuivent les mêmes buts sous une forme moins radicale, avec un effet vers l'extérieur : fondation d'une entreprise de vente de produits crus par correspondance, d'un service de cueillette d'herbes sauvages pour les habitants ou d'une activité de conseil pour l'application de la permaculture au terrain.[44]

Les termes clés qui marquent la décennie 2010 tels que « décroissance » ou « véganisme » ne sont pas cités par les acteurs, qui les mettent en pratique sans insister sur une construction théorique qui circulerait dans l'espace international des *Humanités environnementales.* L'écologie radicale ici prônée continue d'exister dans un cadre surtout national, à partir d'une unique référence allemande à l'étude de 1996, *Zukunftfähiges Deutschland* (« L'Allemagne durable »). La référence à l'écologie des profondeurs commence tout juste à atteindre l'Allemagne, on en trouve une description dans un bulletin de l'écovillage *Sieben Linden* datant de 2006,[45] soit une quinzaine d'années après sa fondation. Le philosophe norvégien Arne Næss (décédé en 2009), a été très peu traduit en allemand et seulement très récemment.[46]

Le ton du récit autobiographique de Silke Hagmaier, livré par bribes, est celui de l'autocritique ; après avoir été très gravement malade, dans un état proche du burn-out connu dans le domaine du salariat classique, elle dit en 2020 : « Je n'étais plus en mesure de percevoir mes propres besoins, ou ceux de mes compagnons, je me suis instrumentalisée et je l'ai fait avec les autres aussi en partie, j'allais droit dans le mur, de tout mon élan, mon propre corps a été un bon esclave au travail ». Elle dit avoir été atteinte de douleurs chroniques, de maladies

---

44 Kunze, Iris/Hielscher, Sabine : « Die meisten Mitglieder des Club 99 sind geblieben und verfolgen weiterhin ihre Ziele in weniger radikaler Form und mit Außenwirkung, wie die Gründung des *raw living* Rohkostversandes, des Wildkräutersammelservice für Bewohner oder der permakulturellen Gestaltung des Geländes ». *Fallstudienbericht COSIMA: Entwicklung der Klimaschutzinitiativen Ökodorf Sieben Linden.* Mars 2016, retrieved 28.12.2019, from <https://www.lehmhausen.de/wpcontent/uploads/2017/02/Fallstudienbericht_7Linden-TU-Wien.pdf>.

45 Bott, Gabi : « Der große Wandel », *Rundbrief Ökodorf Sieben Linden*, n°102, décembre 2006, p. 21.

46 Næss, Arne : *Die Zukunft in unseren Händen*. Wuppertal : Hammer 2013.

permanentes, d'épuisement chronique et avoir dorénavant complètement changé de style de vie. Elle donne d'ailleurs son interview depuis Majorque où elle s'est rendue en avion et où elle communie avec la mer. Ses propos traduisent nettement un retour vers l'introspection et l'ésotérisme (les maîtres à penser qu'elle cite sont Charles Eisenstein et Thomas Hübl).[47]

Un seul exemple ne peut certes être considéré comme représentatif de tout un milieu, mais il illustre le caractère ambivalent d'une culture alternative qui veut d'une part rompre avec le système économique dominant de la croissance, tout en restant indissociable de cette dernière, même dans une expérience définie comme radicale, ne serait-ce que parce qu'elle récupère les déchets de la civilisation industrielle pour construire autrement,[48] et qu'elle vit de la transmission des savoirs ainsi acquis, lors de formations subventionnées par les pouvoirs publics. L'individu qui se soumet à cette tension entre les deux pôles en subit les conséquences jusque dans sa chair.

Bibliographie

Afeissa, Hicham-Stéphane : « Écosophie – "How deep is your ecology ?" ». In : Choné, Aurélie/Hajek, Isabelle/Hamman, Philippe (éd.) : *Guide des Humanités environnementales.* Villeneuve d'Ascq : Presses Universitaires du Septentrion 2016, p. 51–58.

Andreas, Marcus : *Vom neuen guten Leben. Ethnographie eines Ökodorfs.* Münster : Transcript 2015.

---

47 « Ich war nicht mehr in der Lage, meine eigenen Bedürfnisse wahrzunehmen, oder die meiner Mitmenschen, ich habe mich und stückweise auch die anderen instrumentalisiert, [. . .] Ich habe mich komplett an die Wand gefahren mit diesem ganzen Schwung. Mein eigener Körper war ein guter Arbeitssklave ».
Interview donnée dans le cadre du « sommet en ligne » Pioneers of Change, 2020, diffusé le 23 mars 2020. retrieved 23.03.2020, from <https://pioneersofchange-summit.org/slp/silke-hagmaier/>.
Thomas Hübl se présente lui-même comme mystique moderne et maître spirituel, il est autrichien. Charles Eisenstein est un théoricien américain de l'économie du don (*Gift Economy*).

48 C'est ainsi que l'un des inventeurs de la permaculture, David Holmgren, voit l'avenir de nos sociétés puisque selon lui le monde industriel a produit de l'acier et autres matières premières pour des décennies, si bien que la décroissance ne signifierait dans un premier temps que la réutilisation des déchets de l'ère industrielle. Propos tenus dans l'interview du 27 mars 2020 lors du sommet en ligne, Pioneers of Change, retrieved 27.03.2020, from <https://pioneersofchange-summit.org/slp/david-holmgren>.

Barlösius, Eva : « Anthropologische Perspektiven einer Kultursoziologie des Essens und Trinkens ». In : Wierlacher, Alois (éd.) : *Kulturthema Essen. Ansichten und Problemfelder*. Berlin : Akademie-Verlag 1993, p. 85–102.

Brucker, Renate : « L'histoire du concept du droit des animaux, du mouvement animaliste et du véganisme » (trad. Julien Sellier). *Allemagne d'aujourd'hui* 230(4), 2019, p. 140–156.

Charmetant, Éric : « Écologie profonde : une nouvelle spiritualité ? ». *C.E.R.A.S Revue Projet* 347(4), 2015, p. 25–33.

Degrowth Info, retrieved 02.11.2020, from <https://www.degrowth.info/de/eine-geschichte-von-degrowth>.

Grisoni, Anahita/Sierra, Rosa : « Écologie ou "Umwelt" ? Une revue historiographique des engagements écologistes et environnementalistes en France et en Allemagne ». *Revue de l'Institut français d'histoire en Allemagne* 5, 2013, retrieved 02.11.2020, from <http://journals.openedition.org/ifha/7403>.

Grossarth, Jan : *Vom Aussteigen und Ankommen. Besuche bei Menschen, die ein einfaches Leben wagen*. München : Riemann 2011.

Hagmaier, Silke/Stengel, Martin : « Weltrettung paradox ». *Oya. anders denken. anders leben* 18, janvier/février 2013, retrieved 02.11.2020, from <https://oya-online.de/article/read/889-weltrettung_paradox.html>.

Halbach, Dieter/Panzer, Gerd : *Zwischen Gorleben und Stadtleben, Erfahrungen aus drei Jahren Widerstand im Wendland und in dezentralen Aktionen*. Berlin : AHDE 1980.

Kunze, Iris/Hielscher, Sabine : *Fallstudienbericht COSIMA : Entwicklung der Klimaschutzinitiativen Ökodorf Sieben Linden*. Mars 2016, retrieved 28.12.2019, from <https://www.lehmhausen.de/wp-content/uploads/2017/02/Fallstudienbericht_7Linden-TU-Wien.pdf>.

Macé, Marielle : *Nos cabanes*. Paris : Verdier 2019.

Næss, Arne : *Die Zukunft in unseren Händen*. Wuppertal : Hammer 2013.

Pailhès, Anne-Marie : « L'exportation du "New Age" en Allemagne de l'Est depuis 1990 : l'exemple des communautés alternatives ». *Revue d'Allemagne et des Pays de langue allemande* 41(2), 2009, p. 229–241.

Pailhès, Anne-Marie : *Communautés rurales en Allemagne de l'Est – Vers une réunification des contre-cultures ?* Paris : Presses de la Sorbonne Nouvelle 2019.

Rucht, Dieter : *Von Wyhl nach Gorleben, Bürger gegen Atomprogramme und nukleare Entsorgung*. München : Beck 1986.

Rucht, Dieter : « Anti-Atomkraftbewegung ». In : Roth, Roland/Rucht, Dieter (éd.) : *Die sozialen Bewegungen in Deutschland nach 1945, ein Handbuch.* Frankfurt/New York : Campus Verlag 2008, p. 245–266.

Tesson, Sylvain : *Dans les forêts de Sibérie.* Paris : Gallimard 2011.

Thoreau, Henry David : *Walden : or, Life in the Woods.* New York : Dover Publications 1995.

Tokarev, Sergeij A. : « Zur Methodik der ethnographischen Erforschung der Nahrung ». In : *Studia Ethnographica et Folkloristica in Honorum Bela Gunda.* Debrecen : KLTE 1971, p. 297–302.

Tönnies, Ferdinand : *Gemeinschaft und Gesellschaft.* Darmstadt : Wissenschaftliche Buchgesellschaft 1991.

Zint, Günter (éd.) : *Republik Freies Wendland, Eine Dokumentation.* Frankfurt a.M. : Zweitausendeins 1980.

Documents fournis par l'écovillage *Sieben Linden* et entretiens avec ses habitants

Présentation de Sieben Linden

Sieben Linden, retrieved 23.04.2020, from <https://siebenlinden.org/de/start>.

Sieben Linden, « Ökodorf Sieben Linden, Der Club99 », retrieved 16.08.2007, from <http//:www.siebenlinden.de/htmcontent2090.html>. (la page n'est plus accessible)

Portrait de Hagmaier / Stengel, retrieved 28.12.2019, from <https://pioneersofchange-summit.org/slp/martin-stengel-silke-hagmaier/>. (la page n'est plus accessible)

Les « Rundbriefe »

« Veranstaltungshinweise Ende Mai bis Juli 2005 », In : *Rundbrief, Ökodorf Sieben Linden*, n° 93, mai 2005, p. 34–35.

« Wer isst was ? Wo sind die Rohköstler unter den Sieben Linden ? ». In : *Rundbrief Ökodorf*, n° 101, 2006, p. 25–26.

Bott, Gabi : « Der große Wandel », In : *Rundbrief Ökodorf Sieben Linden*, n°102, décembre 2006, p. 19.

Bott, Gabi : « Tiefenökologie ». In : *Rundbrief Ökodorf Sieben Linden*, n°102, décembre 2006, p. 21.

Entretiens

Entretien du 21 août 2007 avec l'auteur, *Sieben Linden*

Interview diffusé le 23 mars 2020, Pioneers of Change, 2020, retrieved 23.03.2020, from <https://pioneersofchange-summit.org/slp/silke-hagmaier/>.

Interview du 27 mars 2020, Pioneers of Change, retrieved 23.03.2020, from <https://pioneersofchange-summit.org/slp/david-holmgren/>.

Wälder / Forêts

Philippe Alexandre

La France et l'Allemagne face à la « question forestière » au XIXe siècle. Le point de vue des forestiers français

Abstract In 1713, Hans Carl von Carlowitz, a cameralist administrator in the German state of Saxony, called on his contemporaries to reverse the process of deforestation affecting Europe by ensuring the sustainable development of forestry resources. This paper outlines the main issues related to this question and analyses, through a comparative Franco-German approach, the doctrines to which it gave rise. French foresters wanted to promote in France German methods with which they hoped to develop forests that would provide the wood the country needed in the future, but they met with resistance. Moreover, the French governments, unlike those of the German states, were unable to draw up and implement legislation that would have made reforestation possible. Finally, in Europe, the nineteenth century did not live up to Carlowitz's expectations.

Keywords: Deforestation, Reforestation, Forestry Science, Forest Legislation, Forest Ownership, Franco-German Relations, Forestry Journals

En 1713, Hans Carl von Carlowitz, administrateur des mines de la Saxe, publiait *Sylvicultura œconomia, oder Haußwirthliche Nachricht und naturmäßige Anweisung zur wilden Baum-Zucht*,[1] considéré aujourd'hui comme le premier ouvrage scientifique consacré à la foresterie. Il se proposait, comme l'indiquait son long sous-titre, de montrer comment procéder aux semis, plantations et transplantations afin de remédier à la « grande pénurie de bois » qui affectait son pays et d'approvisionner celui-ci en bois pour ses divers besoins. « En peu d'années on a transporté par flottage en Europe plus de bois qu'au cours de nombreux siècles », écrivait-il ; « fait dont il est aisé de prévoir les conséquences. »[2] Carlowitz appelait donc à une réaction rapide :

> Plus les années passent durant lesquelles on ne plante et ne sème rien, plus le dommage s'accentuera, ajoutait-il ; la dévastation continuera et l'on aura finalement consommé

---

1 Carlowitz, Hans Carl v. : *Sylvicultura oeconomica oder haußwirthliche Nachricht und naturmäßige Anweisung zur wilden Baum-Zucht.* Freiberg : TU Bergakademie 2000 [Leipzig : Braun 1713].

2 Carlowitz, p. 44 (Les citations sont traduites par l'auteur Philippe Alexandre).

> les réserves de bois encore existantes. Là où un dommage résulte d'un travail qui n'est pas été fait, la pauvreté et l'indigence de l'homme augmentent.[3]

Rappelant qu'en sylviculture, contrairement à l'agriculture, une plantation ne produit pas aussi rapidement, le caméraliste incitait ses contemporains à changer d'attitude. Il leur disait :

> Il ne fait aucun doute que les merveilleuses et belles forêts ont été jusqu'ici le plus grand trésor de nombreux pays, que l'on a considéré comme inépuisable ; et même on l'a regardé comme une réserve dans laquelle résident l'essentiel de la prospérité et les ressources financières de ces pays.[4]

Mais l'exploitation des mines avait créé une situation dont il tirait la conclusion suivante :

> C'est pourquoi le plus grand art, toute la science, tout le zèle et toutes les mesures prises par notre pays consistera à travailler à une conservation et à un aménagement des forêts tels que l'on en fasse une exploitation continue et durable, parce qu'il s'agit là d'une chose indispensable, sans laquelle le pays ne pourra rester ce qu'il est.[5]

En 2013, à l'occasion du 200e anniversaire de la publication de sa *Sylvicultura œconomia*, Carlowitz a été célébré et présenté comme le père du concept de « développement durable ».[6] Durant un long voyage entrepris durant ses années de formation, il avait eu l'occasion d'étudier les mesures prises dans les différents pays qu'il visitait pour inverser le processus de déforestation qui, partout, ne laissait pas d'inquiéter. Il s'intéressa entre autres à l'ordonnance de 1669 par laquelle Jean-Baptiste Colbert, ministre de Louis XIV,[7] entendait favoriser l'aménagement de forêts et organiser le contrôle de leur

---

3 Carlowitz, p. 105.

4 Ibid.

5 « Aber da der unterste Theil der Erden sich an Ertzten durch so viel Mühe und Unkosten hat offenbar machen lassen/ da will nun Mangel vorfallen an Holtz und Kohlen dieselbe gut zu machen; Wird derhalben die gröste Kunst/ Wissenschaft/ Fleiß/ und Einrichtung hiesiger Lande darinnen beruhen/ wie eine sothane Conservation und Anbau des Holtzes anzustellen/ daß es eine continuirliche beständige und nachhaltende Nutzung gebe/ weiln es eine unentbehrliche Sache ist/ ohne welche das Land in seinem Esse nicht bleiben mag. » Cf. Carlowitz, p. 105–106.

6 Grober, Ulrich : « Von Freiberg nach Rio – Carl von Carlowitz und die Bildung des Begriffs Nachhaltigkeit ». In : Sächsische Carlowitz-Gesellschaft (éd.) : *Die Erfindung der Nachhaltigkeit. Leben, Werk und Wirkung des Hans Carl von Carlowitz.* München : oekom verlag 2013, p. 30.

7 *Ordonnance du 13 août 1669 sur le fait des Eaux et Forêts*, retrieved 20.12.2020, from <http://legilux.public.lu/eli/etat/leg/ord/1669/08/13/n1/jo> ; cf. aussi Géneau,

exploitation : il s'agissait de mettre fin aux « désordres » qui menaçaient cette activité et, disait Carlowitz, d'assurer à la postérité les bienfaits procurés par les ressources forestières. Cette ordonnance avait pour but de remettre en valeur les espaces forestiers vides par des semis et des plantations.[8]

L'ordonnance de 1669 devait rester longtemps une référence en France, notamment parce qu'elle avait mis fin à des abus et instauré un contrôle jugé nécessaire pour la conservation des forêts. Le forestier allemand Julius Theodor Grunert écrivait en 1864 que le but de Colbert était en particulier de faire cesser les défrichements, d'assurer durablement (*nachhaltig*) aux futaies un meilleur rendement grâce à une division en coupes, à une exploitation réglée remplaçant l'ancienne pratique du jardinage et à un allongement des révolutions.[9] L'ordonnance de 1669 fut pourtant critiquée au XIXe siècle : elle fut accusée, en raison de ses méthodes d'aménagement, d'être « la cause principale du dépérissement des forêts », notamment en comparaison avec les méthodes préconisées par l'Allemand Hartig.[10] On lui reprochait d'avoir prescrit des règles d'exploitation trop absolues et contraires au but qu'elle se proposait d'atteindre, par exemple l'obligation, dans tous les taillis de couper « rez de terre », sans exception, quelles que soient les essences, la situation ou la nature du sol ; dans les futaies, l'indication d'une réserve insuffisante.[11]

Carlowitz avait décrit un état de choses qui, depuis longtemps déjà, préoccupait les gouvernants de l'Europe tout entière et qui, en 1842, dans le Prospectus des nouvelles *Annales forestières*, était appelé « la question forestière ». Colbert

---

Guy : « La législation forestière sous l'ancien régime. L'ordonnance de 1669 ». *Revue des Eaux et Forêts* 80, 1942, p. 157–168, 257–269, 344–358, 512–520.

8 Grober, p. 122–123 : « Das achte Capitel : Von der alten und anderer Nationen Bemühung beym Holtz-Säen und der hierzu erforderten Wissenschaft. § 16. Des Königs in Franckreich de anno 1669. Holtz-Ordonnance von Besäung der leeren Plätze und Stockräume ».

9 Grunert, Julius Theodor (éd.) : « Die französischen Forsten ». *Forstliche Blätter* 8, 1864, p. 1–75, ici p. 5.

10 Anonyme : « Ouvrages nouveaux. L'Observateur forestier, ou Observations sur l'ordonnance de 1669, comme cause principale du dépérissement des forêts, par M. Fanon, propriétaire. Paris, Chez Marchant et chez Arthus-Bertrand ». *Annales forestières* 1, 1808, p. 87–97.

11 Séguret, Serge : « Du traitement des forêts du point de vue des intérêts particuliers de leurs divers propriétaires ». *Annales forestières* 2, 1843, p. 137–148, ici p. 138. Séguret était inspecteur principal des forêts du domaine privé du Roi.

en avait résumé le danger dans une formule frappante, très souvent citée : « La France périra faute de bois ».[12]

Dans une perspective comparatiste, l'étude qui suit se propose de montrer la continuité de cette préoccupation durant tout le XIXe siècle long, c'est-à-dire jusqu'en 1914, en France et en Allemagne. Comment lutter contre la déforestation, c'est-à-dire conserver les forêts existantes et assurer le repeuplement de celles qui avaient été dévastées ? Tels étaient les enjeux d'une politique forestière difficile à mettre en œuvre, car elle divisait les esprits et se heurtait à des résistances. Nous verrons ensuite comment cette politique fut mise en œuvre par une école de forestiers français dont les pratiques culturales, s'inspirant de méthodes allemandes, furent contestées. Durant la seconde moitié du siècle, l'industrialisation augmenta les besoins en bois d'œuvre, la vie moderne modifia la demande sur le marché des bois, des catastrophes naturelles successives firent apparaître la nécessité du reboisement dans certaines régions menacées. L'Allemagne fut l'un des pays industrialisés qui cherchèrent à élaborer une législation adaptée ; la France, en revanche, ne se donna pas les moyens de réagir efficacement face au « problème forestier ». Nous essaierons, pour finir, d'identifier les causes de ce retard.[13]

1 La « question forestière » au XIXe siècle : enjeux et doctrines

Au début du XIXe siècle, un mouvement de réaction se fit sentir, parmi les forestiers français, contre la déforestation croissante dont souffrait le pays. Ils voulaient éclairer les esprits, mettre en garde et convaincre les différents acteurs concernés.

Dans un passé lointain, la surabondance des bois avait rendu insouciants les gouvernements et les citoyens. « On exploitait les forêts, on ne les cultivait pas. »[14] Dans les temps modernes, l'intensification de l'activité humaine avait mis fin à cette situation primitive. Johann Jakob Trunk, grand-maître des forêts

12 Bixio, Jacques-Alexandre : « Prospectus des Annales forestières ». *Annales forestières* 1, 1842, 4 p., ici p. 1. Bixio était docteur en médecine et rédacteur en chef de la Maison rustique du XIXe siècle.

13 L'étude qui suit s'appuie essentiellement sur le *Mémorial forestier* (1801–1807), les *Annales forestières* (1808–1814 ; 1842–1865), la *Revue des Eaux et Forêts*, créée en 1862, et les publications de forestiers français et allemands.

14 Cf. Séguret, p. 137.

et « professeur de la science forestière » à Fribourg-en-Brisgau,[15] l'un des auteurs forestiers allemands qui faisaient alors autorité, fournissait des données historiques montrant les origines d'une situation à laquelle il s'agissait de mettre fin par une politique forestière énergique.[16] L'Allemagne et la Prusse avaient sonné l'alarme ; la France l'avait entendue. C'est ainsi que des Sociétés d'agriculture principalement, comme celles de Paris et de Besançon, s'efforcèrent, par des concours, d'inciter les gardes forestiers au repeuplement de leurs triages, de faire naître une émulation parmi les officiers et les conservateurs, afin de prouver que le sol des forêts était « susceptible de culture, comme le terrain qui produit le blé, et que le bois, comme les autres plantes, pouvait être reproduit par les semis et par les plantations ».[17]

L'agronome Jacques-Joseph Baudrillart, premier commis à l'administration générale des Eaux et Forêts, fut un des acteurs très actifs de ce mouvement. Il fit connaître en France les travaux de forestiers allemands. En 1805, il publiait une traduction de la *Anweisung zur Holzzucht für Förster* de Georg Ludwig Hartig,[18] à cette époque inspecteur des eaux et forêts à Stuttgart. Celui-ci observait que, dans plusieurs pays, on prélevait dans les forêts d'importantes quantités de bois, à divers usages, sans se soucier de savoir comment elles seraient remplacées et si la consommation était « proportionnée au produit des forêts ». Il mettait donc en garde contre une gestion des forêts « d'après des principes vicieux » et dépourvue de règles.[19] Cette imprévoyance, disait Hartig, aurait un jour pour conséquences une pénurie dont auraient à souffrir les propriétaires forestiers, privés de revenus considérables, les populations, dépourvues de bois de chauffage, et l'industrie, de bois d'œuvre.[20]

15 Trunk, Johann Jakob : *Neues, vollständiges Forstlehrbuch, oder systematische Grundsätze des Forstrechts, der Forstpolizey und Forstökonomie.* Freiburg im Breisgau : Verfasser [Chez l'auteur] 1788.

16 Anonyme : « Économie forestière. Statistique. Considérations générales ». *Annales forestières* 1, 1808, p. 39–42, ici p. 40.

17 Anonyme : « Réglemens. Législation. Dispositions administratives. Invitation d'exciter les gardes au repeuplement des vides de leurs triages, en leur donnant connoissance des médailles décernées à plusieurs d'entre eux par différentes sociétés d'agriculture ». *Annales forestières* 2, 1809, p. 227–230, ici p. 229.

18 Hartig, Georg Ludwig : *Instruction sur la culture du bois à l'usage des forestiers* (trad. Jacques-Joseph Baudrillart). Paris : C.-F. Patris, 1805 ; cf. aussi Hartig, Georg Ludwig : *Anweisung zur Holzzucht für Förster* (Dritte, vermehrte und verbesserte Auflage). Marburg : Neue Akademische Buchhandlung 1800.

19 Hartig, *Instruction sur la culture*, « Introduction », p. VII-XV, ici p. IX.

20 Ibid.

Le problème posé comprenait deux questions : quel rôle l'État avait-il à jouer et à quelles méthodes fallait-il recourir pour sauver les forêts ? Depuis François Ier, les gouvernements français s'étaient montrés conscients de l'importance de la conservation des forêts ; récemment, la période révolutionnaire avait causé à celles-ci de graves dommages, mais l'Empire s'efforçait de les réparer en travaillant à leur repeuplement.[21] En France, le besoin était d'autant plus grand que le pays avait une marine importante, qu'il s'agissait à l'époque de reconstituer. Ces « besoins nationaux » demandaient, en particulier dans les forêts de l'État, de « favoriser la plus grande production possible en matières et surtout en bois de marine ». C'était là un « principe fondamental ». Pour le faire admettre, il fallait éclairer l'opinion et « détruire les faux systèmes de finances », qui tendaient « à multiplier les revenus aux dépens de la conservation des forêts ».[22]

Tel était le problème majeur, qui se posait en France comme en Allemagne et dans d'autres pays, et qui divisait les acteurs concernés en deux écoles : d'un côté, ceux qui ne voyaient dans les forêts qu'une source de revenus rapides pour l'État ; de l'autre, ceux qui les considéraient comme un capital investi sur un long terme, mais dont on tirerait un jour des produits indispensables et d'un rapport important. La conservation des forêts était, selon Baudrillart, l'objet principal de la législation française et de sa mission. Il écrivait :

> Les moyens qui m'ont paru les plus propres à atteindre ce but et à procurer aux générations futures les plus hauts produits en matières et en bois de constructions, consistent à retarder les exploitations jusqu'à l'époque de la maturité des bois et à pratiquer des éclaircies périodiques autant que peuvent le permettre des difficultés dépendantes d'une grande administration.[23]

La gestion des forêts domaniales de l'État fut en France un sujet de désaccord. Les fiscalistes réussirent, en 1817, à obtenir le rattachement de l'administration forestière à celle de l'Enregistrement, leurs adversaires ne renoncèrent toutefois pas à tout faire, mais en vain, pour soustraire un jour les forêts aux appétits du fisc. Cinquante ans plus tard, Louis Tassy, conservateur des forêts, connu pour avoir mené ce combat, définissait en ces termes les enjeux de la lutte qui avait été menée par ses maîtres :

---

21 Baudrillart, Jacques-Joseph : « Économie forestière. Statistique. Notice historique sur les forêts ». *Annales forestières* 3, 1810, p. 168–181, ici p. 180–181.

22 Baudrillart, Jacques-Joseph : « Économie forestière. Améliorations. Huitième Mémoire sur les forêts ». *Annales forestières* 7, 1814, p. 66–96, ici p. 66.

23 Id., p. 67.

> Il s'agit de savoir si l'administration des forêts, continuant d'obéir aux principes de fiscalité qui l'avaient jusqu'alors dirigée, et ne tenant compte, par conséquent, que des besoins du moment, sans s'inquiéter de ceux de l'avenir, ne se préoccuperait que du produit net en argent du domaine confié à sa gestion ; ou bien si, sortant des vieilles traditions, envisageant sa mission d'une manière plus élevée et appréciant les intérêts de l'État ainsi que leur essence même l'implique, c'est-à-dire dans l'avenir comme dans le présent, elle se préoccuperait enfin des forêts, non seulement pour les ressources annuelles qu'elles procurent au Trésor public, mais encore pour la destination qu'on donne à leurs produits, pour les moyens qu'elles fournissent aux classes laborieuses et pour les garanties qu'elles offrent à la sécurité et à la gloire du pays.[24]

Louis Tassy notait que ces idées étaient alors présentées, en France, « comme des nouveautés dangereuses, presque comme des utopies socialistes »,[25] alors qu'en Allemagne la science forestière permettait une application pratique de cette doctrine.[26]

Mais, dans ce combat, il fallait tenir compte du fait que l'État n'était tant s'en faut pas le seul propriétaire de forêts, les forêts domaniales ; des communes, des établissements publics et des particuliers en possédaient aussi. Le gouvernement, ayant le devoir de penser aux besoins de l'industrie, du commerce et de la marine, ne pouvait qu'adopter « le système d'aménagement le plus propre à conserver et à augmenter la masse des produits en matières ».[27] Les particuliers, quant à eux, cherchaient à augmenter leurs revenus et l'intérêt de leurs capitaux, tendaient à rapprocher le terme de leurs exploitations, ou ils devaient faire face à un besoin urgent de ressources financières. Cela « au détriment de l'avenir, sous le double rapport des produits en matières et des produits en argent ».[28]

Les défenseurs du principe de la conservation des forêts avaient donc affaire à deux sortes de résistances : celle des politiques ou fonctionnaires qui ne voyaient dans les forêts de l'État que les rentrées financières et fiscales, et celles des propriétaires particuliers qui ne songeaient qu'à un profit rapide. En 1842, la rédaction des nouvelles *Annales forestières* voulait se montrer optimiste,[29] mais la consommation intérieure du pays, la « sûreté nationale » (la marine) et

---

24 Tassy, Louis : *Lorentz et Parade*. Paris : Bureau de la Revue des Eaux et Forêts 1866, p. 127–128.

25 Ibid., p. 129.

26 Ibid., p. 131.

27 Baudrillart, « Huitième mémoire sur les forêts », p. 68.

28 Ibid., p. 68.

29 Anonyme : « Introduction ». In : *Annales forestières* 1, 1842, p. 3–12, ici p. 8. À cette question venait s'ajouter celle du morcellement de la propriété résultant du partage des successions immobilières qui provoquait la disparition de nombreuses forêts.

l'industrialisation ne cessaient d'accroître les besoins, ce qui faisait monter le prix des bois et favorisait la spéculation, et tendait donc à accélérer le rythme des coupes, dont la fréquence les rendait moins productives. « En présence de ces faits », lisait-on dans le Prospectus des *Annales*, « il n'est pas d'homme sérieux qui puisse rester étranger à l'intérêt que commande aujourd'hui la question forestière. »[30]

Dans les années soixante, des statistiques mirent en évidence le besoin croissant en bois d'œuvre dans les pays industrialisés et firent apparaître encore plus nettement la nécessité d'étendre le domaine forestier,[31] d'autant plus après la perte des riches forêts de l'Alsace et de la Moselle annexées. Le mouvement en faveur du détachement de la direction générale des Forêts du ministère des Finances et de son intégration dans le ministère de l'Agriculture et du Commerce finit par avoir gain de cause en 1877. Le service forestier est « incompatible avec une régie financière », disaient ses porte-parole. « Les forêts sont-elles une propriété qu'il importe à l'intérêt public de conserver et par conséquent d'améliorer » ou « sont-elles, au contraire, uniquement destinées à fournir une recette au budget jusqu'au jour où, pour faire face à des nécessités financières, on aura recours au capital qu'elles représentent ? »[32]

Le débat continuait donc. Certains économistes et le ministère des Finances étaient favorables au second terme de cette alternative ; mais beaucoup d'acteurs et décideurs se prononçaient en faveur de la première thèse. L'économiste français Frédéric Le Play mettait en garde contre les conséquences d'une disparition des forêts, son collègue allemand Wilhelm Roscher affirmait qu'elles devaient être exploitées dans l'intérêt de la société en général, et non dans celui du fisc. Des exemples étaient de nature à servir d'avertissement : celui de l'Allemagne du Nord, qui avait si peu ménagé ses forêts qu'elle se voyait obligée d'acheter des bois d'œuvre à l'extérieur, ou celui de l'Autriche, qui livrait les siennes à une exploitation sans mesure, au risque de les épuiser totalement.[33] En 1889, Eugène

30 Bixio, p. 1.

31 Cf. par exemple à ce sujet Wegmann, Fernand de : « Statistique forestière du Hanovre ». *Revue des Eaux et Forêts* 4, 1865, p. 172–178 ; cf. une recension du livre par le directeur général des forêts de Hanovre, Burckhardt, Heinrich : *Die forstlichen Verhältnisse des Königreichs Hannovre.* Hanovre : Rümpler 1864.

32 Bonald, Victor-Étienne de : « Rapport sur la réunion de la direction générale des Eaux et forêts au ministère de l'Agriculture et du Commerce, fait au nom de la commission de révision des services administratifs, par M. le vicomte de Bonald, membre de l'Assemblée nationale [séance du 27 juin 1871] ». *Revue des Eaux et Forêts* 12, 1873, p. 1–26.

33 Ibid.

Reuss, ancien élève de l'École forestière de Nancy, ancien professeur à l'École forestière secondaire de Villers-Côtteret, disait :

> Dans un pays industriel et qui consomme beaucoup de matière ligneuse, le rôle des forêts domaniales est, de l'avis de la plupart des économistes, d'assurer à ce pays les gros bois d'œuvre dont il a besoin et que ni la production privée nationale, ni l'importation de l'étranger ne sauraient lui fournir à perpétuité en quantité suffisante.[34]

Selon lui, cette « saine doctrine » était généralement admise en France.[35]

En Allemagne, on assistait à un débat semblable sur les deux importantes questions qu'étaient l'exploitabilité à appliquer aux forêts de l'État et la législation à appliquer aux particuliers propriétaires de forêts.

La première de ces questions avait divisé l'opinion en deux courants. Heinrich Cotta, « le patriarche de la science forestière en Allemagne », disparu en 1844, avait défendu la doctrine selon laquelle les gouvernements devaient se mettre en possession d'une quantité de forêts suffisante pour écarter le danger d'une pénurie de bois, après quoi on pourrait abolir toutes restrictions dans la jouissance des forêts particulières. On donnerait ainsi satisfaction aux particuliers qui, certes, ne pouvaient, comme l'État, conserver de hautes futaies sans avoir à supporter de lourds sacrifices qu'il serait absurde de leur imposer.[36]

Dans les pays allemands, l'« éducation des gros bois » comptait, selon Eugène Reuss, beaucoup de partisans. Une majorité d'auteurs voulaient « soumettre les forêts de l'État à de longues révolutions sans se préoccuper du placement qu'elles constitu(ai)ent »,[37] car ils les considéraient comme un élément de la puissance économique du pays, comme des réserves pour d'éventuels temps de pénurie. Ils demandaient donc à ces forêts un « revenu net annuel moyen », la « rente forestière la plus élevée » (*Waldreinertrag*).[38] Reuss expliquait en effet : « Plus les bois abattus sont âgés, volumineux et chers à l'unité du volume, plus augmente aussi le rendement de l'exploitation – à condition de négliger dans les calculs

---

34 Réaumont [Pseudonyme de Eugène Reuss] : « L'aménagement des forêts en Saxe ». *Revue des Eaux et Forêts* 28, 1889, p. 385–409, ici p. 404.

35 Reuss faisait cependant remarquer qu'en France il y avait d'un côté les partisans exclusifs du régime de la futaie, de l'autre, ceux qui affirmaient que l'exploitation en taillis composé convenait à beaucoup de massifs domaniaux feuillus. Ibid., p. 405.

36 Bazile, Thomas : « Bibliographie. Rapport sur le Traité général de statistique, culture et exploitation du bois, de M. Bazile Thomas ; lu en séance le 6 janvier 1842, à la Société centrale d'agriculture de Nancy, par M. Gouy, secrétaire de la section des forêts ». *Annales forestières* 1, 1842, p. 250–254, ici p. 254.

37 Reuss, p. 405.

38 Ibid., p. 403.

les intérêts du capital engagé. » Les adversaires de cette école, les partisans de la plus grande rente du sol (*Reinerträgler*) prétendaient que les forêts domaniales – à l'exception de celles qui servaient à la protection – ne devaient être considérées que d'un point de vue fiscal, comme sources de revenus pour le Trésor public, et par conséquent exploitées en ayant pour but d'en retirer le plus grand avantage financier, la plus grande rente foncière. On leur appliquait ainsi le principe de l'exploitabilité commerciale (*finanzieller Umtrieb*)[39].

Les représentants des deux courants, dans les administrations publiques aussi bien que dans l'opinion, étaient « très absolus dans leurs opinions ».[40] Cela tenait, selon Reuss, au fait que leurs personnels se recrutaient dans diverses écoles, dont les unes étaient « inféodées au système fiscal, tandis que les autres préconis(aient) l'exploitabilité à long terme ».[41] Les administrations badoise et bavaroise s'inspiraient, quant à elles, des mêmes principes que ceux qui avaient cours en France, et même « avec plus d'esprit de suite ».[42] En Bavière, il avait été décidé de maintenir sur pied pendant trois cents ans tous les beaux peuplements de chêne, avec création d'un sous-étage d'essences d'ombre afin de fournir des bois d'industrie de première qualité.[43] Dans d'autres États allemands, les massifs domaniaux étaient exploités selon le principe de la plus grande rente foncière. C'était notamment le cas de la Saxe, dont l'école forestière de Tharandt était « le principal foyer de la théorie fiscale ».

Cette doctrine, Reuss la considérait comme « fausse et dangereuse », sans toutefois la condamner de manière absolue. En effet, s'il pensait que son application aurait des conséquences désastreuses en France comme dans les grands pays exportateurs de bois d'œuvre, l'exemple de la Saxe montrait qu'il fallait se garder de généraliser. Car, d'une part, ce petit pays, qui ne possédait que peu de forêts domaniales, pouvait importer des bois de Russie, d'Autriche-Hongrie et du reste de l'Allemagne[44]. D'autre part, l'industrie saxonne demandait surtout des bois petits et moyens. Dans ce cas, « une dérogation aux principes généraux » était possible. C'était d'ailleurs aussi l'opinion d'experts qui, « sans idée préconçue », avaient voyagé en Saxe.[45] Enfin, Reuss disait aussi avoir « de la

39 Ibid., p. 405.
40 Ibid.
41 Ibid.
42 Ibid., p. 408.
43 Ibid., p. 406.
44 La Saxe disposait d'une surface boisée de 14 millions d'hectares « admirablement tenus », une vaste étendue de vieux peuplements.
45 Reuss, p. 406.

peine à croire erronée de tous points la thèse soutenue par des hommes de la valeur de Pressler et de Judeich », qui en étaient en Saxe les principaux représentants.[46]

Du fait de son étendue géographique au sein de l'Empire allemand, la Prusse connaissait une situation différente, comme le montrait la statistique éditée en 1894 par Karl Donner, directeur du service forestier prussien.[47] Ce document rappelait que, dans l'ancienne Prusse, une législation interdisait aux particuliers d'abuser de leurs forêts en les traitant contrairement aux principes de la science forestière ; depuis, ces derniers avaient acquis une grande liberté. Néanmoins, l'administration forestière considérait que toutes les forêts, quels que soient leurs propriétaires, étaient « un bien qui nous a été transmis par nos pères et que nous avons le devoir de transmettre intact à nos successeurs ».[48]

Elle fondait sa doctrine sur les arguments suivants : les forêts ont une action sur le climat, le régime des eaux, la salubrité ; elles sont « un élément d'équilibre indispensable dans un pays habité ». Aussi déplorait-elle « l'égoïsme des propriétaires actuels » qui procédaient à des défrichements nombreux, lourds de conséquences pour la nature.[49] Les « forêts de protection » ayant une grande importance, une loi du 6 juillet 1875 devait permettre de prendre des mesures, différentes selon les régions, pour protéger les autres propriétés.

D'autres arguments, qui relevaient de l'éthique, et l'écologie avant la lettre, entrèrent dans le discours de ceux qui s'engageaient pour la « conservation » des forêts. En 1859, le forestier Jules Clavé se faisait un devoir de rappeler à ses contemporains :

> Plus que toute autre propriété, elles attestent la solidarité qui relie entre elles les différentes générations ; ce ne sont pas ceux qui plantent le gland qui devront un jour couper le chêne, ni ceux qui l'ont abattu qui souffriront du manque de bois. Nous ne sommes que des usufruitiers, et tout abus de jouissance de notre part doit un jour être payé cher par ceux qui viendront après nous, car les produits forestiers ne s'improvisent pas, et quand le mal est fait, il faut de si longues années pour le réparer qu'on peut presque le considérer comme irrémédiable. Nous subissons aujourd'hui

---

46 Ibid.

47 Donner, Karl : *Die forstlichen Verhältnisse Preußens* (2. Bd. 3. Aufl.). Berlin : Springer 1894.

48 Huffel, Gustave : *Description forestière du Royaume de Prusse d'après des documents officiels* (Extrait du Bulletin du ministère de l'Agriculture). Paris : Imprimerie Nationale 1896, 48 p., ici p. 8–9.

49 Ibid., p. 8.

> les conséquences de l'imprévoyance de nos pères, et si nous n'y prenons garde, nous léguerons à nos enfants des calamités sans nombre.[50]

Gustave Huffel, inspecteur des Eaux et Forêts, professeur à l'École forestière de Nancy, publiait, en 1896, une déclaration de principe, portant la signature du directeur du Service forestier prussien. Ce texte affirmait que l'État ne devait pas considérer les forêts comme un « instrument financier », mais en diriger l'exploitation « conformément à l'intérêt général », « en envisageant, d'une part, l'approvisionnement du pays en produits forestiers et, d'autre part, l'utilité des forêts par leur action sur le sol, le climat, etc. »[51] « Elles sont », disait encore ce document, « un dépôt, transmis par nos prédécesseurs dont nous pouvons tirer les produits et avantages divers qu'il comporte, mais dont nous devons user de façon à assurer à nos successeurs une jouissance au moins égale, sinon supérieure en produits et avantages de même nature. »[52] C'est pourquoi l'administration prussienne s'interdisait toute aliénation d'une parcelle de son domaine, même dans un but d'utilité publique, même dans l'intérêt de la défense nationale, si cette diminution n'était pas immédiatement compensée par un accroissement au moins égal, par voie d'achat, de forêts ou de terrains à reboiser.

La « protection » des forêts était devenue un thème du débat public ; elle allait aussi devenir une matière d'enseignement, comme en témoigne le *Traité pratique de sylviculture* publié en 1901 par Lucien Boppe, ancien directeur de l'École forestière de Nancy, et Antoine Jolyet, inspecteur adjoint et chargé de cours à la même école, qui lui consacraient un chapitre complet.[53]

L'idée d'« intérêt général » avait, elle aussi, gagné du terrain. Elle comptait des avocats très actifs, comme Gustave Huffel, qui défendait la doctrine selon laquelle l'« État-administrateur » a aussi pour mission « d'organiser les intérêts particuliers et d'orienter leurs tendances de la façon la plus avantageuse pour la collectivité ».[54] Il faisait remarquer en 1914 que, dans beaucoup de pays, on

---

50 Clavé, Jules : « Études d'économie forestière. Les forêts et l'agriculture ». *Revue des Deux Mondes* 29, 1859, p. 923–947.

51 Huffel 1896, p. 35–40, ici p. 35

52 Ibid.

53 Boppe, Lucien/Jolyet, Antoine : « Dommages causés par l'homme ». *Traité pratique de sylviculture* [2e éd., complètement refondue, 1916]. Paris : J.-B. Baillière et fils 1901, en particulier les pages 260–297 ; cf. aussi « Bibliographie. Boppe et Jolyet : Les forêts. Traité pratique de sylviculture ». *Revue des Eaux et Forêts* 39, 1900, p. 592–593.

54 Huffel, Gustave : « Le mouvement forestier à l'étranger. Empire allemand ». *Revue des Eaux et Forêts* 53, 1914, p. 417–429. Il s'agissait d'une recension du *Handbuch der Forstwissenschaft*, Encyclopédie forestière fondée par Tuisko Lorey, et dont

avait cessé de considérer les forêts « comme une source de recettes ou un nantissement offert aux souscripteurs des emprunts publics ». Il notait aussi : « Il est tout à fait intéressant de voir ces idées sur le rôle des forêts domaniales, qui sont enseignées à Nancy depuis bientôt un siècle, se répandre en Allemagne, malgré l'influence des *Reinerträgler* de l'école de Pressler. »[55] L'école d'économistes qui avait pour principe la non-intervention de l'État était « en décadence » et « tendait à disparaître ». Huffel s'en félicitait. Se fondant sur l'introduction de Lorenz Wappes, fonctionnaire du Palatinat bavarois, au *Handbuch der Forstwissenchaft* et une statistique publiée par celui-ci dans le Bulletin n° 3 de 1913 de la Société forestière allemande (*Deutscher Forst-Verein*), il croyait pouvoir affirmer, à propos des idées de ses collègues allemands sur le « rôle forestier » de l'État : tous les Allemands sont partisans de l'intervention de l'État.[56]

2 La « science forestière » en France et en Allemagne : la question des méthodes sylvicoles

Ces idées, que nous avons vu s'affirmer peu à peu au cours du XIXe siècle, ne pouvaient se concrétiser qu'à travers le choix de méthodes sylvicoles appropriées ; méthodes qu'il s'agissait de propager, notamment par un enseignement forestier, et de faire accepter par l'ensemble des acteurs concernés. Au lendemain de la Révolution, qui avait aggravé la question forestière en France, c'est en Allemagne que des forestiers français crurent trouver ces méthodes ; ils les importèrent dans l'espoir de contribuer à la conservation et au repeuplement des forêts de leur pays. Mais pouvaient-elles être généralisées en France, au risque d'abandonner des traditions éprouvées et de menacer les intérêts d'une partie des acteurs concernés ? Ces questions divisèrent elles aussi les esprits.

Durant le siècle précédent, des savants (Buffon, Réaumur, Duhamel du Monceau, Varenne de Fenille ou encore de Perthuis) avaient jeté les bases d'une science forestière, mais les Français n'avaient pas tiré de doctrine générale[57] de leurs travaux qui avaient été traduits et mis à profit par les Allemands, à cette

C. Wagner, professeur de sciences forestières à l'Université de Tübingen, venait de faire paraître une 3e édition.

55 Huffel 1914, p. 420–421.

56 Ibid., p. 427.

57 Baudrillart, Jacques-Joseph : « Écoles forestières ». In : *Traité général des Eaux et Forêts, Chasses et Pêches* (Dictionnaire général raisonné et historique des Eaux et Forêts 2). Paris : Arthus-Bertrand/Madame Huzard 1825, p. 8–11.

époque dépourvus d'ouvrages pratiques[58]. Au début du XIXe siècle, l'Allemagne avait une sylviculture réputée prospère, elle disposait d'écoles et d'académies forestières, alors que la France accusait un certain retard.[59]

À cette époque, la France avait des départements sur la rive gauche du Rhin ; elle y organisa une administration forestière dont les fonctionnaires eurent des contacts avec des collègues allemands. Marqués par les résultats de la « science forestière » allemande, ils s'employèrent à les faire connaître en France, espérant aider ainsi la France à surmonter la situation de pénurie de bois de qualité dans laquelle elle se trouvait.[60] Baudrillart, qui avait étudié au cours de voyages en Allemagne l'aménagement de ses forêts, publia en 1805 une traduction de l'*Instruction sur la culture des bois* de Hartig,[61] faisant ainsi connaître à ses collègues une méthode d'exploitation des futaies par coupes successives, dont il vantait les avantages, tout en mettant en garde contre les abus. Des remarques de l'inspecteur des forêts de Mayence à propos de cette traduction lui permirent de décrire plus clairement le « système Hartig » et de proposer une terminologie pour traduire des concepts allemands, n'ayant pas encore d'équivalent en France.[62]

Préconiser le « système Hartig », c'était demander à ces derniers de renoncer à des traditions anciennes. En France, on continuait de pratiquer les « coupes

58 Cf. Anonyme : « Introduction ». *Annales forestières* 1, 1842, p. 5–12, ici p. 10 ; Block, Maurice : « De la science forestière au XVIIIe siècle d'après les ouvrages de cette époque ». *Annales forestières* 9, 1850, p. 196–204, ici p. 202. Cet auteur citait le *Forst-Archiv zur Erweiterung der Forst- und Jagd-Wissenschaft* de Wilhelm Gottfried von Moser (vol. 18 et 19), qui parurent également sous le titre *Neues Forst-Archiv* de Gatterer ; cf. aussi le *Magasin forestier* (*Allgemeines öconomisches Forstmagazin*) de Stahl, dont le vol. 1 avait donné une nomenclature de ces ouvrages français traduits en allemand. Le praticien forestier Wilhelm Pfeil, directeur de l'École forestière d'Eberswalde (Prusse), rendait hommage à ces savants français, à Duhamel notamment, qui, selon lui, dépassait de loin les deux premiers, pour la valeur pratique de ses recherches ; les autres auteurs n'avaient souvent fait que développer les prescriptions contenues dans les ordonnances royales, et s'occupaient plus de l'exploitation des bois que de leur culture.

59 Bixio, p. 2.

60 Huffel, Gustave : *Les méthodes de l'aménagement forestier en France. Étude historique.* Nancy/Paris/Strasbourg : Berger-Levrault 1926, p. 101–102, 128–144.

61 Hartig, *Instruction sur la culture* ; Hartig, *Anweisung zur Holzzucht.*

62 Baudrillart, Jacques-Joseph : « Deuxième partie. Économie forestière. Améliorations. Ouvrages nouveaux. Exploitation des futaies par coupes successives ». *Annales forestières* 2, 1809, p. 165–177.

réglées » prescrites par l'ordonnance de 1669 : on divisait la futaie à exploiter en un certain nombre de coupes, on réservait une quantité nécessaire de « baliveaux » ou arbres de réserve, abattait tout le surplus en une fois ; la coupe ainsi exploitée était « mise en défends » et abandonnée à elle-même jusqu'à ce que son tour d'aménagement la ramène en exploitation.

La méthode de Hartig consistait à maintenir la futaie dans un « état serré », le forestier allemand n'enlevait que graduellement et en plusieurs années les arbres qui couvraient chacune des divisions ou coupes de la futaie. Lors d'une première coupe, dite « coupe sombre » ou « coupe d'ensemencement », la moitié des arbres environ étaient abattus ; puis une deuxième coupe, appelée « coupe claire » ou encore « coupe secondaire », était faite lorsque les jeunes plants avaient atteint une certaine taille ; lorsque les recrus avaient atteint une taille plus haute, on procédait à la « coupe finale » ou « coupe définitive ». Il ne restait alors que les brins destinés à former à leur tour une futaie. À l'âge de 50 ans, la jeune futaie devait être débarrassée, lors de « coupes d'expurgation », de tous les bois blancs et de tous les bois languissants qui ne pourraient aller au terme de la révolution.[63]

Ses partisans espéraient que ce système d'aménagement – qui n'était appliqué en Allemagne qu'au chêne et au hêtre – aurait « une influence incalculable sur la régénération des futaies » françaises, mais à la double condition qu'il fût « modifié convenablement et adapté avec sagesse à l'état actuel de nos forêts, à notre législation et à nos besoins », disait l'inspecteur des forêts de Mayence.[64] Selon Baudrillart, « tous les bons forestiers » français partageaient cette opinion. Mais, si elle promettait des réensemencements faciles et une production abondante, cette méthode nécessitait une surveillance, puis une vérification lors des exploitations.[65] Sa complexité, du point de vue technique, devait rester longtemps une cause de résistance parmi les forestiers français. C'est pour eux que Baudrillart avait traduit l'*Instruction sur la culture du bois*[66] de Hartig, car il était convaincu qu'elle permettrait de tirer le meilleur parti possible des futaies pleines, en trouvant un juste milieu dans son application, c'est-à-dire en tant compte des conditions locales.[67] On se demandait, par ailleurs, si la complexité

---

63 Baudrillart 1809, p. 168–173.

64 Ibid., p. 175.

65 Ibid.

66 3e édition améliorée du *Lehrbuch für Förster und die es werden wollen*. Stuttgart/Tübingen : Cotta 1811.

67 Baudrillart, Jacques-Joseph : « Économie forestière. Améliorations. Mémoire sur l'aménagement des forêts ». *Annales forestières* 4, 1811, p. 529–569, ici p. 548–549.

reprochée à ce système d'éclaircies serait véritablement contrebalancée par la rentabilité. L'État avait pour devoir d'assurer pour l'avenir un maximum de produits en matière, au nom des besoins des générations futures ; les particuliers, quant à eux, préféraient l'aménagement en taillis qui leur procurait des revenus plus réguliers et plus rapides.

Une autre pratique sylvicole, celle du « jardinage », appliqué aux forêts de résineux, fit l'objet de discussions. Léon de Perthuis[68] s'était efforcé de trouver une méthode fondée sur ses observations et se rapprochant de celle que l'expérience avait consacrée en Allemagne ; il s'était prononcé contre le jardinage consistant à prélever ici et là des arbres dans une forêt, et en faveur de celle de l'aménagement périodique, comme pour les feuillus (L'Allemagne avait, disait-on, commencé par remplacer le jardinage par des coupes à blanc, mais l'expérience la lui avait fait abandonner, sauf pour l'épicéa). Baudrillart proposait ici : « C'est par éclaircies, expurgales, et en faisant l'inverse du jardinage, qu'il faut traiter les forêts de pins, sapins et mélèzes ». Ce qui signifiait : au lieu de couper, chaque année, les arbres les plus forts sur toute leur surface, on les divisait en coupes, qui étaient soumises à des éclaircies périodiques, dans lesquelles on enlevait les bois étouffés, morts ou languissants, et on procédait enfin à des exploitations faites de manière à favoriser le repeuplement.[69]

Là aussi, c'est aux Allemands, à Hartig et Laurop, que Baudrillart empruntait ce qu'il exposait. Il était, selon lui, révolu le temps où l'on pratiquait l'exploitation par pieds d'arbres, sans se préoccuper des dégâts causés par cette méthode. L'exploitation par éclaircie permettait aux massifs de se repeupler dans leurs parties exploitées. Baudrillart renvoyait ici aussi au *Lehrbuch für Förster* de Hartig, et notamment aux instructions données dans le chapitre portant sur l'exploitation des forêts résineuses dans lesquelles se trouvaient mêlés des arbres bons pour l'abatage, des bois plus faibles ou tout à fait jeunes. Ce chapitre méritait une attention particulière dans la mesure où les forêts résineuses françaises contenaient du bois mélangé, vu qu'elles avaient été, jusque-là, exploitées par jardinage. Si l'on devait se décider pour la méthode des éclaircissements, Hartig

---

68 Perthuis de Laillevault, Léon de : *Traité de l'aménagement et de la restauration des bois et forêts de la France* (Ouvrage rédigé sur les manuscrits de feu M. de Perthuis par son fils [. . .]). Paris : Madame Huzard 1803.

69 Baudrillart, Jacques-Joseph : « Deuxième partie. Économie forestière. Section II. Améliorations. § 4. Mémoire ou dissertation sur l'aménagement des forêts ». *Annales forestières* 5, 1812, p. 100–136, ici p. 107.

indiquait la marche à suivre. Baudrillart fut-il suivi par ses collègues, et, s'il le fut, combien de forestiers français se laissèrent convaincre ? [70]

Une autre question divisait les esprits en France : la création d'écoles forestières. En 1807, André Van Recum, membre du Corps législatif, en avait montré la nécessité,[71] en se fondant notamment sur le *Manuel forestier* de Burgsdorf, traduit par Baudrillart.[72] En Allemagne, faisait-il observer, il fallait répondre à un certain nombre d'exigences pour accéder à des emplois forestiers.[73] Ces établissements avaient pour vocation de former un bon personnel, de faire progresser la science forestière.[74] Pour les partisans des méthodes sylvicoles nouvelles, l'enjeu était de taille : il y allait de leur propagation.

C'est ainsi qu'en 1815, Baudrillart proposa un plan d'études s'inspirant du modèle allemand, mais son vœu ne devait être satisfait qu'en 1824, avec la création de l'École forestière de Nancy, dont les trois premiers directeurs : Bernard Lorentz, Dagobert de Salomon et Adolphe Parade, marquèrent l'organisation scientifique de l'administration forestière de la France. Lorentz avait passé huit ans et demi en Allemagne où il avait acquis une expérience et des principes qu'il appliqua à son retour. C'est à son initiative que la « méthode Hartig » fut appliquée à des forêts de résineux en France, en Alsace, à Pontarlier et dans les

---

70 Id., p. 136.

71 Van Recum, André : *Observations sur la nécessité d'établir en France des écoles forestières*. Paris : Cellot 1807.

72 Burgsdorf, Friedrich August von : *Nouveau manuel forestier, à l'usage des agens forestiers de tous grades* (trad. Jacques-Joseph Baudrillart). Paris : Arthus-Bertrand 1808. Friedrich August von Burgsdorf était le grand-maître des forêts de la Prusse, professeur public de la science forestière, et membre de l'Académie des sciences de Berlin. Baudrillart n'a pas seulement traduit cet ouvrage il l'avait en plus adapté au système d'administration français.

73 Anonyme : « Économie forestière. Améliorations. Ouvrages nouveaux. Observations sur la nécessité d'établir en France des Écoles forestières, par A. Van Recum [. . .]. [Paris :] Chez Maradan et chez Arthus-Bertrand ». *Annales forestières* 1, 1808, p. 179–186.

74 Baudrillart, Jacques-Joseph : « Économie forestière. Améliorations. Ouvrages nouveaux. Système sexuel des végétaux. . ., par Charles Linné. Première interprétation par N. Joly ». *Revue des Eaux et Forêts* 3, 1810, p. 421–431, ici p. 422 ; « Économie forestière. Améliorations. Ouvrages nouveaux. Observations sur un Mémoire de M. Jaume Saint-Hilaire, concernant l'administration et l'aménagement des forêts ». *Revue des Eaux et Forêts* 7, 1814, p. 343–350.

Vosges. Le pays était alors « en pleine renaissance forestière ».[75] Cette œuvre de régénération était nécessaire après les dévastations des décennies précédentes, les besoins de l'État étaient grands après les désastres connus par la flotte française à Aboukir et à Trafalgar, et le déboisement était la cause de plaintes unanimes. La France allait être dotée d'une école forestière et d'un Code forestier ; son administration forestière ne fut donc plus seulement une instance de police.

Lorentz mit entre les mains de ses élèves la « *Petite instruction sur la culture du bois* de Hartig », traduite par Baudrillart »[76] ; il contribua à la préparation de l'ordonnance réglementaire du 1er août 1827, usant de son influence pour faire adopter des articles dont on se servit plus tard pour généraliser l'application du régime de la futaie et des longues révolutions dans les forêts du domaine de l'État.[77] En 1837, de Salomon publia le *Traité de l'aménagement des forêts* de Cotta,[78] qui servit à l'enseignement de l'école forestière de Nancy. Adolf Parade qui, en 1817–1818, avait étudié à l'Académie forestière de Tharandt (Saxe) dont Cotta était le directeur, en fut le propagateur en France. Il chercha à l'adapter aux forêts françaises et utilisa son expérience pour « compléter » le *Cours élémentaire de la culture des bois*[79], créé à l'École forestière par M. Lorentz dans lequel étaient développées les idées de Hartig et de Cotta sur l'exploitation des futaies et des taillis, les repeuplements, les semis du sapin et de l'épicéa.[80]

75 Tassy : *Lorentz et Parade,* p. 24.

76 Ibid. p. 125 ; et surtout cf. Tassy : *M. Parade, sa vie et ses œuvres*, p. 48 : « Il [Lorentz] prit donc pour faire son cours de culture, au mois de février 1825, la Petite Instruction sur la culture des bois, de Hartig, traduite par Baudrillart, corrigea les fautes assez nombreuses du traducteur, et annota d'ailleurs les différentes parties du livre. Ce guide lui servit pendant les deux premières années, pendant lesquelles il rédigea ses propres leçons ».

77 Tassy : *Lorentz et Parade,* p. 39.

78 Cotta, Henri/Salomon, Dagobert de (éd.) : *Traité de l'aménagement des forêts, enseigné à l'École royale forestière* (tome 1). Paris : Bureau de l'Almanach du Commerce ; Mulhouse : Thinus et Baret ; Nancy : George Grimblot 1837 ; Cotta, Henri/Salomon, Dagobert de (éd.) : *Tables du cubage et d'expériences sur l'accroissement des bois,* et *Instruction (avec tarifs) pour le calcul de la valeur des bois, en fonds et superficie* (tome 2). Paris : Bureau de l'Almanach du Commerce ; Mulhouse : Thinus et Baret ; Nancy : George Grimblot 1837.

79 Lorentz, Bernard/Parade, Adolphe (éd.) : *Cours élémentaire de culture du bois, créé à l'École royale forestière de Nancy.* Paris : Madame Veuve Bouchard-Huzard ; Nancy : George Grimblot, Veuve Raybois et Cie 1860 [1837], VIII-699 p.

80 Anonyme : « Introduction », *Annales forestières* 1, 1842, p. 10–11.

Des témoignages de disciples et de représentants des générations suivantes nous éclairent sur ce que fut l'accueil de ces idées « allemandes » en France ; ils nous montrent pourquoi un modèle, en l'occurrence de sylviculture, n'est pas toujours transposable d'un pays à un autre. Louis Tassy notait bien, en 1866 : « Aujourd'hui, ces idées sont généralement acceptées ; il y a trente-cinq ans elles ne l'étaient que par un petit nombre de personnes. »[81] Mais il précisait que Lorentz avait certes utilisé dans son cours le livre de Hartig, mais comme « guide » seulement, non pas comme « maître », car il savait qu'il n'apportait pas de réponses à toutes les questions qui se posaient ; c'est donc sur sa propre expérience, sa connaissance des forêts et des traditions locales de la France qu'il fonda « la partie morale et philosophique » de son cours.[82]

Après avoir diffusé ses idées, durant les six années où il dirigea l'École de Nancy, sur l'aménagement en futaies des forêts de feuillus et la supériorité du régime de la futaie sur celui du taillis, Lorentz se trouva plus directement confronté à des résistances quand il fut devenu membre du Conseil d'administration des forêts à Paris, les résistances de tenants de la tendance fiscaliste.[83] Il fut finalement écarté. Son œuvre fut poursuivie par ses disciples : Baudrillart, de Salomon, de Buffévent, Maurice Block[84] et Adolphe Parade[85]. Mais dans quelles conditions ?

Théophile de Buffévent, ancien conservateur des forêts, avait publié en 1854, dans les *Annales forestières*, la traduction d'un texte de Hartig consacré à la création et à la régénération des forêts de résineux.[86] Cette traduction était accompagnée de notes du traducteur, qui soulignait que certaines forêts françaises ne pouvaient être traitées par la méthode du réensemencement naturel et des éclaircies ; ces forêts étaient, à quelques exceptions près, toutes situées dans les Alpes et les Pyrénées. « Le jardinage », écrivait de Buffévent, « y est

81 Tassy, p. 49.

82 Ibid.

83 Ibid., p. 59.

84 Block, Maurice : « Théorie de l'aménagement des taillis sous futaie, par M. le docteur Pfeil, conseiller supérieur des forêts et directeur de l'Institut royal forestier d'Eldena (Prusse) ». *Annales forestières* 13, 1854, p. 152–159, 191–195.

85 Tassy, Louis : *M. Parade, sa vie et ses œuvres*. Paris : Bureau de la Revue des Eaux et Forêts 1865.

86 Buffévent, Théophile de : « Le meilleur mode de régénérer des forêts résineuses et d'en créer de nouvelles. Extrait et traduit d'un ouvrage allemand de Hartig [...] et intitulé : Recueil de faits intéressants en matière de forêts et de chasse ». *Annales forestières* 3, 1854, p. 141–152.

pratiqué depuis un temps qui se perd dans la nuit des siècles, et je suis persuadé que ce mode d'exploitation convient exclusivement, dans ces lieux agrestes, à la nature des lieux et des choses. »[87] Il approuvait Hartig qui recommandait le semis des épicéas, « très économique et propre à produire de bons résultats ». Aussi souhaitait-il qu'il fût utilisé dans la grande opération du reboisement des montagnes quand, enfin, elle serait à l'ordre du jour.[88] Mais, comme Hartig, il pensait que les plantations demandaient moins de soins et étaient d'une « réussite plus certaine » que les semis.[89]

Ces témoignages de forestiers français appartenant aux générations suivantes nous font donc apparaître sous un autre jour cette influence allemande. Huffel faisait observer en 1926 :

> La théorie des coupes de régénération progressives telle que nous la pratiquons aujourd'hui, est trop souvent considérée en France comme originaire d'Allemagne et faussement attribuée à Hartig. [. . .] La méthode de Hartig n'eut pas le moindre succès de ce côté du Rhin : sa complication, ses hypothèses, son arbitraire, répugnèrent de tout temps à l'esprit français, amoureux d'abord de clarté et de sens pratique. Le sol de notre pays se refusa à nourrir le buisson broussailleux, obscur et épineux qu'on avait apporté de Germanie. Il n'en fut pas de même de la méthode de Cotta.[90]

Cette dernière était considérée comme « une réaction contre les complications excessives de celle de Hartig »[91] ; mais les successeurs de Parade devaient renoncer aux complexes tables de production de Cotta. C'est finalement une « méthode française » qui fut élaborée à l'École de Nancy, méthode qui établissait un « plan général » (appelé plus tard plan général d'exploitation), se caractérisant par une certaine souplesse et laissant aux agents la faculté d'asseoir les coupes et de les étendre selon les exigences, imprévisibles de la régénération naturelle.[92]

En 1855, de Buffévent publia la traduction d'un article de Hartig portant sur les deux questions qui divisaient tant les esprits : l'abandon du taillis au profit de la futaie et l'allongement de la durée des révolutions. Les conclusions de l'Allemand apportaient de l'eau au moulin des disciples de Lorentz ; les futaies, disait-il, produisent beaucoup plus de bois, ordinairement deux fois plus, et de bien meilleure qualité, que les forêts traitées en taillis ; le volume de la production

87 Buffévent 1854, p. 141 (Note du traducteur).
88 Ibid., p. 145 (Note du traducteur).
89 Ibid., p. 146 (Note du traducteur).
90 Huffel 1926, p. 101–102, 131.
91 Ibid., p. 132–133.
92 Ibid., p. 134–136.

annuelle est en général bien plus fort dans les forêts aménagées à longs termes que celles qui s'exploitent à des révolutions plus courtes, qui sont à l'avantage du propriétaire ; mais les propriétaires qui font ce choix doivent savoir que la conséquence sera, plus tard, une diminution du produit en matière ; enfin, le propriétaire devra s'assurer, auparavant, que ses bois exploités à un terme plus rapproché auront les dimensions nécessaires pour être vendus à un prix avantageux.[93] Les forêts se prêtent à toutes sortes de spéculations, mais celles-ci sont « très nuisibles à l'intérêt général », dans la mesure où elles appauvrissent la production du sol, qu'il s'agit, « en bonne économie forestière », de « porter au contraire au plus haut degré possible ».[94] Ces spéculations, qui sont peut-être dans l'intérêt du particulier, servent d'argument pour appuyer des projets de lois tendant à aliéner les forêts domaniales. De Buffévent condamnait ces conceptions, selon lui ineptes du point de vue de l'économie forestière : des exemples nombreux montraient qu'elles menaient à la ruine des massifs.[95]

Charles Guyot, ancien directeur de l'École forestière de Nancy, écrivait en 1898 :

> Il faut se rappeler la vénération profonde, l'engouement absolu de nos anciens forestiers pour les méthodes allemandes ; il leur parut sans doute nécessaire, tout en restant dans un pays de langue française, de se placer le plus près possible des maîtres dont ils suivaient la doctrine et surtout dans des conditions assez pareilles pour que l'application de leurs théories ne souffrît point de difficultés.[96]

À la fin du siècle, Bernard Lorentz était donc ouvertement critiqué : il lui était reproché d'avoir conservé de ses études allemandes « une conception assez étroite des moyens à employer ». « En dehors du massif plein d'arbres de même âge, tout lui semblait mauvais, et le plus riche taillis composé, la sapinière jardinée le plus sagement traitée, lui paraissaient autant de témoins de systèmes inférieurs que l'on devait se hâter de faire disparaître »,[97] écrivait encore Charles Guyot. Cette « intransigeance absolue de principes, cette généralisation immédiate eussent exigé certains tempéraments » ; elles avaient, depuis, fait place à

93 Buffévent, Théophile de : « Sur la question de savoir s'il est plus avantageux de soumettre les forêts à de courtes révolutions qu'à des révolutions de plus longue durée. Extrait et traduit d'un ouvrage allemand de Hartig, par M. de Buffévent ». *Annales forestières* 14, 1855, p. 29–33, 57–65, ici p. 65.

94 Buffévent 1855, p. 65.

95 Ibid.

96 Guyot, Charles : *L'enseignement forestier en France. L'École de Nancy.* Nancy : Crépin-Leblond 1898, notamment « Introduction », p. 40.

97 Guyot, p. 42.

une souplesse qui consistait à s'adapter aux diverses conditions dans lesquelles évolue une forêt, car une forêt ne peut s'accommoder de principes rigides et contraignants.

La sylviculture évolua au cours du siècle. Dans les années 1830 déjà, Wilhelm Pfeil[98], directeur de l'École forestière d'Eberswalde (Prusse), tirait d'une étude historique la conclusion que la sylviculture devait se fonder non plus sur des généralités, sur la conception d'une « forêt idéale ou exceptionnelle », mais sur les spécificités de chaque localité ou de chaque essence d'arbres.[99] Dans les *Annales forestières*, l'économiste d'origine prussienne Maurice Block, fonctionnaire du ministère de l'Agriculture, attira l'attention sur cette étude de Pfeil. Elle permettait de comprendre que le forestier chargé d'aménager une forêt dans les Alpes ou dans d'autres montagnes élevées, devait suivre d'autres règles que celui qui vivait dans les plaines de la Prusse orientale par exemple.

Mais Block faisait aussi observer que l'organisation centralisée de la France avait pour effet que l'on continuait d'aménager les forêts « plutôt d'après des instructions administratives, ou d'après le *Code forestier* que d'après les vues de forestiers instruits et expérimentés ».[100] L'Allemagne ne souffrait pas de cet excès de centralisation : chacun des 39 États qui la composaient jouissait de l'indépendance nécessaire pour régler l'aménagement de ses forêts en fonction de données locales, et laissait une certaine latitude aux agents forestiers, parce que le peu d'étendue de la plupart de ces États permettait de les surveiller de près, de juger en connaissance de cause les résultats de leurs procédés ou de leurs opérations et de modifier ce qui y aurait été reconnu défectueux.[101]

Leurs congrès en témoignaient, les forestiers allemands étaient des hommes de terrain qui, en fonction de leurs observations, adaptaient leurs pratiques sylvicoles.[102] En Allemagne, toutes les futaies n'étaient pas aménagées suivant la méthode des compartiments. Depuis Hartig, avait été réalisé « un travail forestier intense, décentralisé, qu'on aurait le plus grand profit à connaître »,[103]

98 Wilhelm Pfeil est l'auteur d'un *Traité pratique d'économie forestière*, qui a été publié dans : Burger, Johann/Pfeil, Wilhelm/Rohlwes, Johann N./Ruffiny, Samuel : *Cours complet d'agriculture pratique* (trad. Louis Noirot). Dijon : Douillier 1839.

99 Block 1850, p. 200. Dans cet article, Block utilisait largement une étude de Pfeil parue dans ses *Kritische Blätter*, et qui passait en revue des ouvrages forestiers du XVIIIe siècle.

100 Ibid., p. 203.

101 Ibid., p. 204.

102 Marteau, G. : « Le Congrès des forestiers hessois ». *Revue des Eaux et Forêts* 28, 1889, p. 5–13.

103 Reuss, p. 385–409 et 433–451.

disait Eugène Reuss en 1889, invitant ses confrères français à s'intéresser aux méthodes allemandes. Ce qui ne signifiait pas qu'ils devaient se les approprier servilement. Au contraire. Il disait :

> Je voudrais que l'on s'inspirât davantage, en France, des règles qu'appliquaient nos pères au traitement des forêts ; elles résultaient d'une observation parfois vague et inconsciente, mais souvent très juste, des exigences de notre sol et de notre climat. Tout aussi bien, les documents rédigés par les Officiers des maîtrises et les ouvrages de quelques naturalistes du siècle dernier renfermaient les éléments d'une véritable sylviculture nationale. [. . .] Mais nos pratiques et nos théories actuelles ont encore pour *substratum* la science germanique du commencement de ce siècle.[104]

La France n'en avait pas moins développé une « science forestière » moderne, comme en témoigne par exemple le *Traité pratique de sylviculture* publié en 1900 par Boppe et Jolyet, respectivement directeur et professeur de l'École de Nancy. Dans une présentation de cet ouvrage faite à la Société royale et centrale d'agriculture, Adolphe Lamey disait :

> Depuis le temps qu'a paru le classique traité de Culture des bois de Lorentz et Parade, qui a servi de guide et de précepte à près de deux générations de forestiers, il a été beaucoup écrit sur cette matière, et les idées qui avaient cours autrefois se sont modifiées, à mesure que l'influence des actions telluriques et atmosphériques, et même des micro-organismes sur les peuplements forestiers était étudiée plus attentivement.[105]

Boppe et Jolyet étaient des partisans déclarés de la « méthode d'observation », que Lamey résumait ainsi : « Loin de vouloir fixer *a priori* des règles auxquelles devraient se plier toutes les forêts, ils estiment qu'il convient, au contraire, de chercher dans l'étude préalable de chaque station, de chaque massif, les renseignements nécessaires à sa gestion. »[106]

3 Le « problème forestier » au début du XXe siècle : un casse-tête législatif et fiscal

Telles furent, à la fin du XIXe siècle, les discussions qui avaient cours dans le milieu de la sylviculture française sur ses pratiques et ses théories. Mais des

---

104 Ibid., p. 448.

105 Lamey, Adolphe : « Présentation du *Traité pratique de sylviculture* (1901) de Lucien Boppe et Antoine Jolyet, lors de la séance du 14 novembre 1900 ». *Bulletin de la Société royale et centrale d'agriculture de France. Compte rendu mensuel* 60, 1900, p. 692–694, ici p. 692.

106 Ibid.

questions d'une autre nature se trouvaient posées. On parlait à l'époque du « problème forestier ».[107] En France, certains obstacles neutralisaient les efforts faits en vue de repeupler et régénérer les forêts, d'adapter leur production aux besoins du monde moderne, c'est-à-dire à la demande du marché[108] ; ils retardaient aussi le reboisement dans des régions où il était, depuis longtemps, nécessaire de constituer ou reconstituer des forêts dites « protectrices ». C'est dans l'expérience d'autres pays industrialisés, en particulier de l'Allemagne, que les forestiers français recherchèrent des exemples, des éléments de solution pour résoudre ces problèmes[109].

En 1900, les aspects économiques de la question forestière n'étaient plus les mêmes qu'au début du siècle : depuis trente ou quarante ans, les conditions d'accès des produits forestiers sur les marchés s'étaient beaucoup modifiées. Autrefois, le coût des transports mettait les pays à l'abri de la concurrence des uns par rapport aux autres ; le développement des transports avait, depuis, créé une « solidarité entre les divers pays du globe ».[110] Des statistiques du commerce des bois mettaient en évidence un excédent des importations sur les exportations, en d'autres termes une dépendance de l'étranger. Cet état de choses avait deux grandes causes : la consommation de bois allait en augmentant et la production ligneuse stagnait parce que, à de rares exceptions près, on détruisait sans relâche les massifs boisés. En quelques années, avait été épuisé un capital que l'on avait mis des siècles à constituer. On compromettait ainsi la production de l'avenir, en voulant compenser un déficit par des destructions de forêts.[111] Au congrès international de sylviculture de Paris, en 1900, Alphonse Mélard, inspecteur des forêts, chef du Service des aménagements à la direction générale

---

107 Buffault, Pierre : « Solutions du problème forestier à l'étranger ». *La Houille blanche. Revue générale des forces hydro-électriques et de leur application* 3, 1904, p. 233–234.

108 Cf. « Rapport Demorlaine sur l'allongement des révolutions des taillis et taillis sous futaie, la diminution de la proportion des bois de petite dimension, la conversion des taillis et des taillis sous futaie en futaie ». In : Touring-Club de France (éd.) : *Congrès forestier international tenu à Paris du 16 au 20 juin 1913*. Paris : L. Pochy 1913, p. 96–116, ici p. 98.

109 Pardé, Léon : « La question forestière en France ». *Revue des Eaux et Forêts* 45, 1906, p. 353–362, 385–396.

110 Mélard, Alphonse : « Extrait de la conférence faite au Congrès international de sylviculture par M. A. Mélard ». *Revue des Eaux et Forêts* 39, 1900, p. 402–408, ici p. 402.

111 Mélard, Alphonse : *Insuffisance de la production des bois d'œuvre dans le monde*. Ministère de l'Agriculture. Administration des Eaux et Forêts. Exposition universelle internationale de 1900 à Paris. Paris : Imprimerie Nationale 1900, p. 4.

des Eaux et Forêts, poussait ce « cri d'alarme » : « Les questions forestières, qui rencontrent aujourd'hui tant d'indifférents, sont appelées à prendre, avant quelques années, une importance capitale dans les préoccupations des peuples civilisés. Puisse-t-il alors n'être pas trop tard ! »[112]

L'Allemagne comptait, sur une superficie totale de 54 millions d'hectares, 14 millions d'hectares de forêts. On pouvait croire qu'elle disposait d'une production forestière surabondante ; en réalité, sa population, son industrie et son commerce avaient, en trente ans, évolué de telle sorte qu'elle importait 9 millions de m^3 de bois par an.[113] La France, qui possédait 9,5 millions d'hectares de forêts (17,7 % de son territoire), ne produisait pas les quantités de bois d'œuvre dont elle avait besoin ; elle peinait, en revanche, à écouler ses propres produits forestiers. La cause résidait dans le fait que, depuis des siècles, la production de la moitié, voire des deux tiers de ses forêts, était destinée au charbon de bois et au bois de chauffage ; or, depuis quelques années, il n'y avait plus de marché pour ces marchandises.

Il fallait donc s'adapter aux besoins et aux marchés ; mais, d'une part, le mode d'aménagement et de traitement des forêts qui pouvait permettre cette adaptation ne pouvait être modifié à court terme ; et, d'autre part, pour allonger la révolution des taillis, transformer les mauvais taillis en sapinières, des sacrifices financiers s'imposaient. Les communes et les particuliers propriétaires de forêts étaient, en 1900, à peine entrés dans ce processus. C'est pourquoi la France continuait à produire des bois dont la demande sur le marché avait fortement baissé, alors qu'elle était contrainte d'importer les bois nécessaires à son industrie.[114]

Cinquante ans auparavant, la situation était tout autre : on défrichait certes beaucoup de forêts, mais le marché n'était pas encombré, parce que le bois de chauffage et le charbon de bois se vendaient encore bien. Ces temps-là étaient révolus. Les communes et les particuliers, imitant l'exemple donné par l'État, devaient rapidement modifier le traitement de leurs forêts, de façon à y réduire au minimum la production de bois à charbon et des bois de feu de petites dimensions.[115] Le pays se voyait obligé de produire des bois de feu de meilleure qualité, et une plus grande quantité des bois d'œuvre, c'est-à-dire de ses bois résineux équarris ou sciés et des chênes de belles dimensions, et également de

112 Mélard, « Extrait de la conférence . . . », p. 403.
113 Mélard, *Insuffisance*, p. 13–14.
114 Ibid., p. 16–18.
115 Ibid., p. 18.

belle qualité. Mais, la pénurie pouvait provoquer une hausse de prix qui, elle-même, était susceptible d'accélérer la déforestation.[116]

Pour mettre fin à cet état de choses, l'État pouvait user de la contrainte pour mettre fin, partout où il en était encore temps, aux destructions de forêts, en adoptant des mesures législatives qui seraient strictement appliquées. Un autre moyen était la persuasion. Il s'agissait de faire comprendre aux propriétaires qu'il était dans leur intérêt de ne pas surexploiter et de respecter leur capital, que la production de bois d'œuvre s'imposait comme but de toutes les opérations de culture et d'aménagement. On pouvait faire valoir l'argument suivant : autrefois, cette production était considérée comme interdite aux particuliers, mais aujourd'hui, en raison du faible taux auquel fonctionnaient les capitaux engagés dans les futaies, l'intérêt du particulier était, semblait-il, d'élever sur les taillis des réserves qui assureraient à son épargne un intérêt au moins égal, ou de produire dans les sapinières des bois de sciage. Enfin, l'État pouvait aussi jouer un rôle incitatif en cessant d'accabler d'impôts la propriété forestière et en favorisant par des aides le reboisement de terrains incultes.[117]

Mais la législation se heurtait, en France, à « l'antagonisme entre l'intérêt général et les droits de la propriété privée ». Les Français restaient « hypnotisés par l'idée romaine du droit absolu de propriété » : on osait à peine interdire aux particuliers de défricher leurs bois, on se gardait de surveiller leurs exploitations, « dussent-elles être dangereuses pour le pays ».[118] En France, l'intérêt général était, selon Pierre Buffault, à l'époque inspecteur-adjoint à Bordeaux, sacrifié aux intérêts particuliers. C'était la raison pour laquelle on attendait encore pour reboiser les régions de montagnes.[119]

Dans cette question cruciale, les esprits divisés défendaient des positions radicales. Les uns allaient jusqu'à demander la « nationalisation »[120] de terrains, prônant ainsi le principe d'un « socialisme d'État », tandis que d'autres défendaient la propriété privée. D'autres encore, comme Pierre Buffault, plaidaient en faveur d'un compromis fondé sur les principes suivants :

> Les droits de la propriété individuelle, si légitimes et si respectables qu'ils soient, ont cependant une limite dans les droits d'autrui, dans l'intérêt de tous. « Le droit de propriété ne doit pas impliquer le droit d'obstruction ni de destruction »[121], tout au moins quand la société doit en souffrir.[122]

---

116 Ibid., p. 63.
117 Ibid., p. 64–66.
118 Buffault 1904, p. 233.
119 Ibid.
120 Pardé, p. 354.
121 Bruhnes, Bernard : « À propos de la destruction du Puy-de-Dôme [Compte rendu au 2e congrès du Sud-Ouest Navigable] ». *La Houille blanche* 2, 1903, p. 419–423.
122 Buffault 1904, p. 233.

En traitant ces aspects juridiques et législatifs de la conservation des forêts et de l'« œuvre du reboisement » en France, lors d'un congrès de l'association le Sud-Ouest Navigable (S.O.N.), Pierre Buffault introduisait dans le débat la question des forêts dites « protectrices », c'est-à-dire celles qui, en montagne, sur les bords de mer ou sur des sols mouvants, protégeaient des menaces naturelles. Alors que cette notion n'avait même pas encore été introduite dans la législation française, dans des pays étrangers, en Suisse, en Prusse ou en Espagne, ces « forêts de protection » étaient depuis longtemps reconnues comme « jouant un rôle particulièrement important dans la vie nationale » et, en tant que telles, protégées, dans l'intérêt général, même contre leur propriétaire, quel qu'il soit.[123] Dans ces pays, elles avaient une place à part dans la législation : on y interdisait au moins la coupe rase, les pratiques abusives en les soumettant à l'inspection d'agents forestiers. Sans aller jusqu'à une mainmise sur les propriétés de particuliers, l'État pouvait soumettre les forêts de protection à une servitude, dans laquelle le propriétaire lui-même trouverait finalement son compte.

La *Revue des Eaux et Forêts* avait déjà eu l'occasion, en 1862, de donner en exemple l'action du gouvernement prussien qui avait soutenu des opérations de reboisement en Prusse rhénane, dans l'Eiffel, où l'on avait remis en valeur des terrains devenus incultes et rétabli ainsi « l'harmonie nécessaire entre les montagnes et les vallées ».[124] En 1876, elle avait publié le texte de la récente loi fédérale qui en Suisse avait soumis toutes les forêts protectrices à une surveillance générale et celui de la Loi prussienne du 6 juillet 1875, qui encourageait aussi les associations forestières.[125]

En France, s'il voulait prendre des mesures semblables, l'État se heurtait à des résistances, du côté des communes et des particuliers, pour des raisons financières d'abord. Le forestier G. Serval faisait observer :

---

123 Ibid.

124 Serval, G. : « Description des reboisements de l'Eiffel ». *Revue des Eaux et Forêts* 1, 1862, p. 302–305. Serval avait visité la région d'Eupen en compagnie du commissaire de district, von Steffens, qui lui avait communiqué toutes les informations nécessaires sur cette expérience réussie dans la Prusse rhénane.

125 Gast, L. : « La législation étrangère sur la conservation des forêts ». *Revue des Eaux et Forêts* 15, 1876, p. 233–248. Gast était à cette époque garde général des Eaux et Forêts.

> En Prusse comme en France, les communes pauvres se montrent assez rebelles aux améliorations qui ne peuvent être obtenues qu'à l'aide de quelques sacrifices et de quelques privations immédiats. L'intervention de l'autorité est alors nécessaire : il faut faire le bien des habitants un peu malgré eux, et ils ne tardent guère à reconnaître les bienfaits de cette salutaire pression.[126]

En 1904, force était de constater que l'œuvre du reboisement n'avait fait en France aucun progrès véritable, malgré les catastrophes qui se succédaient régulièrement. La loi du 28 juillet 1860, la première qui avait régi le reboisement des montagnes, autorisait l'allocation, sur les fonds de l'État, aux communes, aux établissements publics et aux particuliers, de subventions en nature et en argent, mais pour le reboisement *facultatif* de terrains. Dans les cas où l'intérêt public l'exigeait, les travaux de reboisement pouvaient devenir obligatoires. Mais, finalement, jamais des périmètres obligatoires d'intérêt public n'avaient été définis. On n'avait jamais procédé que « par voie facultative ». La loi du 4 avril 1882 sur la Restauration des terrains en montagne avait généré des études sans lendemain.

Ernest de Gorsse, conservateur à Albi, parlait d'une « œuvre manquée », qui s'était heurtée, dans le bassin de la Garonne, à des « résistances irréductibles » parmi les populations pastorales, auxquelles le gouvernement avait cédé pour des intérêts électoraux.[127] Il écrivait :

> Qu'est-ce donc cependant que quelques élections compromises [. . .], à côté de l'exécution d'une œuvre de salut public et de prospérité nationale ? Aussi, le proclamons-nous hardiment. Tant que ne prévaudra pas ce grand principe que l'intérêt général doit partout et toujours primer [. . .], l'œuvre du reboisement ne prendra jamais l'essor nécessaire pour la rendre efficace. Mieux vaudrait l'abandonner que de piétiner sur place. Ce serait plus franc et plus économique. Conçue, en effet, et poursuivie comme elle l'a été jusqu'ici, ce n'est qu'un leurre et un trompe-l'œil.[128]

Dans l'Allemagne des années 1900, la situation apparaissait comme tout autre. Des universitaires comme Ernst Ebermayer, de l'Université de Munich, montraient l'influence de la forêt sur les sols et les eaux,[129] et s'appuyaient sur leur autorité scientifique pour éclairer l'opinion. En France, le *Code forestier* de

126 Serval, p. 304.

127 Gorsse, Ernest de : « Reboisement du bassin supérieur de la Garonne ». *Revue des Eaux et Forêts* 43, 1904, p. 714–726, ici p. 716.

128 Gorsse, p. 723.

129 Ebermayer, Ernst : *Einfluß der Wälder auf die Bodenfeuchtigkeit, auf das Sickerwasser und die Ergiebigkeit der Quellen, begründet durch exakte Untersuchungen. Ein Beitrag zu den natur-gesetzlichen Grundlagen des Walbaues.* Stuttgart : F. Enke 1900.

1827 (article 1er) avait placé les « forêts publiques », c'est-à-dire celles appartenant à l'État, aux départements, aux communes, aux établissements publics, à un régime spécial, dit « régime forestier », mesure qui avait produit d'excellents résultats là où elle avait été appliquée.[130] Une solution consistait à permettre à des personnes morales d'acquérir des terrains ; mais il ne fallait pas compter sur les communes, qui avaient plus de dettes que de ressources ; c'est donc à l'État que les partisans d'une « nationalisation du sol forestier » s'adressaient, en lui demandant d'acquérir certaines forêts de protection ; Charles Guyot proposait de faire appel à des associations de diverse nature ayant des capitaux à investir.[131]

Quant aux bois des particuliers, il ne pouvait être question de les soumettre au sévère régime forestier, sinon à un régime adouci, comme dans le Wurtemberg ou dans le Pays de Bade, où des soumissions pouvaient leur être imposées à la suite de contraventions. En Allemagne, comme dans tous les pays, la propriété forestière privée pouvait être soumise à des servitudes, comme dans le Wurtemberg, le pays de Bade, en Hesse, où les propriétaires ne pouvaient défricher sans déclaration préalable ; comme en Bavière, dans certaines conditions ; ou comme en Prusse, où il était absolument interdit de défricher dans certaines forêts. Avant de songer à des mesures semblables en France, et qui ne sauraient de toute façon aller aussi loin, il fallait introduire dans la législation française la notion de « forêts de protection ».[132]

L'association forestière était considérée comme un moyen d'agir ensemble pour assurer la conservation des forêts, mais là aussi se posait la question de savoir s'il fallait laisser les particuliers libres de se réunir ou rendre l'association obligatoire, comme dans certains pays, comme en Prusse, où un tribunal de protection des forêts pouvait contraindre des propriétaires à former un syndicat dont les bois étaient soumis à une sorte de régime forestier (loi du 6 juillet 1875) ; la même mesure était applicable à des propriétaires d'une forêt indivise (loi du 14 mars 1881) ou de taillis en montagnes. Les associations obligatoires n'avaient toutefois pas donné, en Prusse, les résultats espérés.[133] Pierre Buffault pensait qu'il valait mieux laisser les particuliers libres de s'associer, tout en favorisant et en encourageant les associations, comme en Prusse ou dans le Wurtemberg,[134] tout en sachant que certaines associations pouvaient

130 Pardé, p. 354.
131 Guyot 1905, p. 246–257.
132 Pardé, p. 356.
133 Ibid., p. 360.
134 Buffault, Pierre : *Solutions du problème forestier à l'étranger.* Toulouse : Éd. Privat 1905, p. 6.

poursuivre un but purement spéculatif, la recherche des dividendes étant plus importante que la conservation et l'amélioration des forêts.

Il était relativement facile d'obtenir la mise en valeur des friches qui étaient la propriété de communes ou d'établissements publics soumise à un régime forestier rigoureux, comme dans certaines provinces de la Prusse (Brandebourg, Posnanie, Silésie), où les communes étaient certes contraintes, mais aidées financièrement par l'État (loi du 4 août 1876).[135] Dans le cas des particuliers, la question de la mise en valeur des terrains incultes paraissait plus compliquée, du fait du morcellement des propriétés et du manque de capitaux. Léon Pardé pensait qu'il était difficile de les obliger à reboiser, si ce n'était dans les cas où la restauration avait le plus d'utilité du point de vue des intérêts généraux du pays.[136] Tel était le cas en Prusse où le principe du reboisement obligatoire était en vigueur dans certains cas ; mais il donnait droit à des indemnités[137], en Hesse, en Bavière, dans le Wurtemberg et le Pays de Bade, où les travaux pouvaient être exécutés, aux frais du propriétaire, sous la direction du service forestier, par l'administration du cercle[138].

Léon Pradé estimait qu'en France une loi obligeant les particuliers à reboiser avec une promesse d'indemnisation serait difficile, voire impossible à appliquer, mais qu'une incitation fiscale, déjà présente dans certaines lois et dans le *Code forestier* (article 226) était de nature à encourager le repeuplement des forêts. Des subventions, en nature comme en Saxe, ou en nature et en argent, comme en Prusse, étaient accordées en France, mais aux seuls propriétaires de terrain en montagne.[139] À cet égard, il était demandé à l'État de se montrer non plus généreux, mais aussi d'accorder des récompenses, d'« instruire et diriger », d'aider, en mettant, comme en Saxe, des agents à la disposition des propriétaires.

En 1920 encore, Gustave Huffel déplorait l'insuffisance de la législation française concernant les forêts de protection qu'il ne fallait pas laisser entre les mains des particuliers dont les intérêts s'accommodaient mal, par ailleurs, avec les nécessités de la production française. L'État devait s'imposer comme garant

135 Ibid., p. 4.
136 Pardé, p. 389–390.
137 Ibid., p. 387 ; Buffault 1905, p. 3.
138 Madelin, Jules : « Chap. IX : Forêts de l'Empire allemand ». In : Id. : *Les restrictions légales au droit de propriété forestière privée* (Thèse de doctorat. Université de Paris 1905). Paris : Arthur Rousseau 1905, p. 115–159, ici p. 129–130, 141, 148, 154.
139 Pardé, p. 391.

de l'intérêt général.[140] Pour permettre à la France de progresser, il fallait peut-être aussi gagner l'opinion à la cause du reboisement. « Il conviendrait, par tous les moyens possibles », disait Pardé, « de faire aimer l'arbre et la forêt, d'en faire comprendre le rôle et l'utilité, en un mot de créer et d'entretenir un mouvement en faveur du reboisement ».[141]

Comme on le voit, les préoccupations de Colbert et de Carlowitz restaient, deux cents ans plus tard, très actuelles. La France accusait un retard par rapport à d'autres États européens, entre autres par rapport aux États allemands. Le *Rapport Demorlaine* lu au Congrès forestier international de Paris en 1913 disait :

> C'est, en effet, en France principalement que, depuis une vingtaine d'années, l'on a constaté les funestes progrès de la déforestation, tandis qu'en Allemagne [où les forêts feuillues placées dans les mêmes conditions n'occupent que 32 % de la surface boisée, dont 7 % traitées en taillis simples et 5 % en taillis sous futaie], les déboisements sont pour la plupart insignifiants.[142]

Les raisons de cet état de choses étaient à rechercher dans l'« égoïsme »[143] des particuliers, propriétaires de 6 sur les 9 millions d'hectares qui constituaient la superficie boisée de la France. Face à cette force, qui était une force électorale, l'État n'osait pas, ne parvenait pas à s'imposer. Le même égoïsme était certes aussi dénoncé par l'administration des forêts prussienne[144] ; mais l'Allemagne, depuis des décennies, avait au moins adopté et appliqué une législation à la fois contraignante et incitatrice, selon les États qui la composaient. En France, certains principes touchant au droit de propriété, la situation financière des communes et des particuliers, ont également fait obstacle à l'œuvre du reboisement. Les forestiers ont mené, en première ligne, une campagne énergique, proposant des solutions de compromis qui devaient notamment permettre de surmonter l'antagonisme entre l'intérêt général et l'intérêt particulier.

140 Huffel, Gustave : « Propriété et législation forestières – Politique forestière – La France forestière – Statistiques ». In : Id. : *Économie forestière* (tome 1). Paris : Arthur Rousseau, 1920, p. 311–312.

141 Pardé, p. 392.

142 Touring-Club de France 1913, p. 96–116, ici p. 97.

143 Guinier, Philibert : « Rapport Ph. Guinier ». In : Touring-Club de France (éd.) : *Congrès forestier international tenu à Paris du 16 au 20 juin 1913*. Paris : L. Pochy 1913, p. 74–95, ici p. 94.

144 Déclaration de principe de l'administration des forêts de Prusse, cf. Huffel 1896, p. 8.

Nous retiendrons pour conclure les paroles d'Alphonse Mélard, qui déclarait, lors du Congrès international de sylviculture de 1900 : « Les générations qui nous ont précédés se sont vivement préoccupées de la production forestière. Elles considéraient le bois comme une matière première absolument nécessaire à la vie d'une nation. » Il pensait à Colbert et au *Code forestier* français de 1827. Déplorant le fait que sa génération, celle de la seconde moitié du XIXe siècle, se soit montrée « plus insouciante », il citait Jean-Baptiste de Martignac, rapporteur du projet de *Code forestier* à l'Assemblée des députés, qui avait déclaré en 1826 :

> La conservation des forêts est l'un des premiers intérêts des sociétés et, par conséquent, l'un des premiers devoirs des gouvernements. La destruction des forêts, [. . .] leur dégradation et leur réduction au-dessous des besoins présents et à venir est un de ces malheurs qu'il faut prévenir, une de ces fautes que rien ne saurait excuser, et qui ne se réparent que par des siècles de persévérance et de privation.[145]

Bibliographie

Anonyme : « Économie forestière. Statistique. Considérations générales ». *Annales forestières* 1, 1808, p. 39–42.

Anonyme : « Ouvrages nouveaux. L'Observateur forestier, ou Observations sur l'ordonnance de 1669, comme cause principale du dépérissement des forêts, par M. Fanon, propriétaire. Paris, Chez Marchant et chez Arthus-Bertrand ». *Annales forestières* 1, 1808, p. 87–97.

Anonyme : « Économie forestière. Améliorations. Ouvrages nouveaux. Observations sur la nécessité d'établir en France des Écoles forestières, par A. Van Recum [. . .]. [Paris :] Chez Maradan et chez Arthus-Bertrand ». *Annales forestières* 1, 1808, p. 179–186.

Anonyme : « Réglemens. Législation. Dispositions administratives. Invitation d'exciter les gardes au repeuplement des vides de leurs triages, en leur donnant connoissance des médailles décernées à plusieurs d'entre eux par différentes sociétés d'agriculture ». *Annales forestières* 2, 1809, p. 227–230.

Anonyme : « Introduction ». In : *Annales forestières* 1, 1842, p. 3–12.

145 Ministère de l'Agriculture. Administration des Eaux et Forêts (éd.) : « Séance générale d'ouverture, lundi 4 juin 1900 ». In : *Congrès international de sylviculture tenu à Paris du 4 au 7 juin 1900. Compte rendu détaillé* (Exposition internationale de 1900 à Paris). Paris : Imprimerie Nationale, 1900, p. 25–42, ici p. 30–31.

Baudrillart, Jacques-Joseph : « Deuxième partie. Économie forestière. Améliorations. Ouvrages nouveaux. Exploitation des futaies par coupes successives ». *Annales forestières* 2, 1809, p. 165–177.

Baudrillart, Jacques-Joseph : « Économie forestière. Statistique. Notice historique sur les forêts ». *Annales forestières* 3, 1810, p. 168–181.

Baudrillart, Jacques-Joseph : « Économie forestière. Améliorations. Ouvrages nouveaux. Système sexuel des végétaux…, par Charles Linné. Première interprétation par N. Joly ». *Revue des Eaux et Forêts* 3, 1810, p. 421–431.

Baudrillart, Jacques-Joseph : « Économie forestière. Améliorations. Mémoire sur l'aménagement des forêts ». *Annales forestières* 4, 1811, p. 529–569.

Baudrillart, Jacques-Joseph : « Deuxième partie. Économie forestière. Section II. Améliorations. § 4. Mémoire ou dissertation sur l'aménagement des forêts ». *Annales forestières* 5, 1812, p. 100–136.

Baudrillart, Jacques-Joseph : « Économie forestière. Améliorations. Huitième Mémoire sur les forêts ». *Annales forestières* 7, 1814, p. 66–96.

Baudrillart, Jacques-Joseph : « Économie forestière. Améliorations. Ouvrages nouveaux. Observations sur un Mémoire de M. Jaume Saint-Hilaire, concernant l'administration et l'aménagement des forêts ». *Revue des Eaux et Forêts* 7, 1814, p. 343–350.

Baudrillart, Jacques-Joseph : « Écoles forestières ». In : *Traité général des Eaux et Forêts, Chasses et Pêches* (Dictionnaire général raisonné et historique des Eaux et Forêts 2). Paris : Arthus-Bertrand/Madame Huzard 1825, p. 8–11.

Bazile, Thomas : « Bibliographie. Rapport sur le Traité général de statistique, culture et exploitation du bois, de M. Bazile Thomas ; lu en séance le 6 janvier 1842, à la Société centrale d'agriculture de Nancy, par M. Gouy, secrétaire de la section des forêts ». *Annales forestières* 1, 1842, p. 250–254.

Bixio, Jacques-Alexandre : « Prospectus des Annales forestières ». *Annales forestières* 1, 1842, 4 p.

Block, Maurice : « De la science forestière au XVIIIe siècle d'après les ouvrages de cette époque ». *Annales forestières* 9, 1850, p. 196–204.

Block, Maurice : « Théorie de l'aménagement des taillis sous futaie, par M. le docteur Pfeil, conseiller supérieur des forêts et directeur de l'Institut royal forestier d'Eldena (Prusse) ». *Annales forestières* 13, 1854, p. 152–159, 191–195.

Bonald, Victor-Étienne de : « Rapport sur la réunion de la direction générale des Eaux et forêts au ministère de l'Agriculture et du Commerce, fait au nom de la commission de révision des services administratifs, par M. le vicomte de Bonald, membre de l'Assemblée nationale [séance du 27 juin 1871] ». *Revue des Eaux et Forêts* 12, 1873, p. 1–26.

Boppe, Lucien/Jolyet, Antoine : « Bibliographie. Boppe et Jolyet : Les forêts. Traité pratique de sylviculture ». *Revue des Eaux et Forêts* 39, 1900, p. 592–593.

Boppe, Lucien/Jolyet, Antoine : « Dommages causés par l'homme ». *Traité pratique de sylviculture.* Paris : J.-B. Baillière et fils 1916 [1901].

Bruhnes, Bernard : « À propos de la destruction du Puy-de-Dôme ». *La Houille blanche* 2, 1903, p. 419–423.

Buffault, Pierre : « Solutions du problème forestier à l'étranger ». *La Houille blanche. Revue générale des forces hydro-électriques et de leur application* 3, 1904, p. 233–234.

Buffault, Pierre : *Solutions du problème forestier à l'étranger.* Toulouse : Éd. Privat 1905.

Bufffévent, Théophile de : « Le meilleur mode de régénérer des forêts résineuses et d'en créer de nouvelles. Extrait et traduit d'un ouvrage allemand de Hartig [. . .] et intitulé : Recueil de faits intéressants en matière de forêts et de chasse ». *Annales forestières* 3, 1854, p. 141–152.

Bufffévent, Théophile de : « Sur la question de savoir s'il est plus avantageux de soumettre les forêts à de courtes révolutions qu'à des révolutions de plus longue durée. Extrait et traduit d'un ouvrage allemand de Hartig, par M. de Bufffévent ». *Annales forestières* 14, 1855, p. 29–33, 57–65.

Burckhardt, Heinrich : *Die forstlichen Verhältnisse des Königreichs Hannovre.* Hanovre : Rümpler 1864.

Burgsdorf, Friedrich August von : *Nouveau manuel forestier, à l'usage des agens forestiers de tous grades* (trad. Jacques-Joseph Baudrillart). Paris : Arthus-Bertrand 1808.

Carlowitz, Hans Carl v. : *Sylvicultura oeconomica oder haußwirthliche Nachricht und naturmäßige Anweisung zur wilden Baum-Zucht.* Freiberg : TU Bergakademie 2000 [Leipzig : Braun 1713].

Clavé, Jules : « Études d'économie forestière. Les forêts et l'agriculture ». *Revue des Deux Mondes* 29, 1859, p. 923–947.

Cotta, Henri/Salomon, Dagobert de (éd.) : *Traité de l'aménagement des forêts, enseigné à l'École royale forestière* (tome 1). Paris : Bureau de l'Almanach du Commerce ; Mulhouse : Thinus et Baret ; Nancy : George Grimblot 1837.

Cotta, Henri/Salomon, Dagobert de (éd.) : *Tables du cubage et d'expériences sur l'accroissement des bois,* et *Instruction (avec tarifs) pour le calcul de la valeur des bois, en fonds et superficie* (tome 2). Paris : Bureau de l'Almanach du Commerce ; Mulhouse : Thinus et Baret ; Nancy : George Grimblot 1837.

Donner, Karl : *Die forstlichen Verhältnisse Preußens* (2. Bd. 3. Aufl.). Berlin : Springer 1894.

Ebermayer, Ernst : *Einfluß der Wälder auf die Bodenfeuchtigkeit, auf das Sickerwasser und die Ergiebigkeit der Quellen, begründet durch exakte Untersuchungen. Ein Beitrag zu den natur-gesetzlichen Grundlagen des Walbaues.* Stuttgart : F. Enke 1900.

Gast, L. : « La législation étrangère sur la conservation des forêts ». *Revue des Eaux et Forêts* 15, 1876, p. 233–248.

Géneau, Guy : « La législation forestière sous l'ancien régime. L'ordonnance de 1669 ». *Revue des Eaux et Forêts* 80, 1942, p. 157–168, 257–269, 344–358, 512–520.

Gorsse, Ernest de : « Reboisement du bassin supérieur de la Garonne ». *Revue des Eaux et Forêts* 43, 1904, p. 714–726.

Grober, Ulrich : « Von Freiberg nach Rio – Carl von Carlowitz und die Bildung des Begriffs Nachhaltigkeit ». In : Sächsische Carlowitz-Gesellschaft (éd.) : *Die Erfindung der Nachhaltigkeit. Leben, Werk und Wirkung des Hans Carl von Carlowitz.* München : oekom verlag 2013.

Grunert, Julius Theodor (éd.) : « Die französischen Forsten ». *Forstliche Blätter* 8, 1864, p. 1–75.

Guyot, Charles : *L'enseignement forestier en France. L'École de Nancy.* Nancy : Crépin-Leblond 1898.

Hartig, Georg Ludwig : *Anweisung zur Holzzucht für Förster* (Dritte, vermehrte und verbesserte Auflage). Marburg : Neue Akademische Buchhandlung 1800.

Hartig, Georg Ludwig : *Instruction sur la culture du bois à l'usage des forestiers* (trad. Jacques-Joseph Baudrillart). Paris : C.-F. Patris, 1805.

Hartig, Georg Ludwig : *Lehrbuch für Förster und die es werden wollen.* Stuttgart/Tübingen : Cotta 1811.

Huffel, Gustave : *Description forestière du Royaume de Prusse d'après des documents officiels* (Extrait du Bulletin du ministère de l'Agriculture). Paris : Imprimerie Nationale 1896.

Huffel, Gustave : « Le mouvement forestier à l'étranger. Empire allemand ». *Revue des Eaux et Forêts* 53, 1914, p. 417–429.

Huffel, Gustave : « Propriété et législation forestières – Politique forestière – La France forestière – Statistiques ». In : Id. : *Économie forestière* (tome 1). Paris : Arthur Rousseau 1920, p. 311–312.

Huffel, Gustave : *Les méthodes de l'aménagement forestier en France. Étude historique.* Nancy/Paris/Strasbourg : Berger-Levrault 1926.

Lamey, Adolphe : « Présentation du *Traité pratique de sylviculture* (1901) de Lucien Boppe et Antoine Jolyet, lors de la séance du 14 novembre 1900 ». *Bulletin de la Société royale et centrale d'agriculture de France. Compte rendu mensuel* 60, 1900, p. 692–694.

Lorentz, Bernard/Parade, Adolphe (éd.) : *Cours élémentaire de culture du bois, créé à l'École royale forestière de Nancy*. Paris : Madame Veuve Bouchard-Huzard ; Nancy : George Grimblot, Veuve Raybois et Cie 1860 [1837].

Madelin, Jules : « Chap. IX : Forêts de l'Empire allemand ». In : Id. : *Les restrictions légales au droit de propriété forestière privée* (Thèse de doctorat. Université de Paris 1905). Paris : Arthur Rousseau 1905, p. 115–159.

Marteau, G. : « Le Congrès des forestiers hessois ». *Revue des Eaux et Forêts* 28, 1889, p. 5–13.

Mélard, Alphonse : « Extrait de la conférence faite au Congrès international de sylviculture par M. A. Mélard ». *Revue des Eaux et Forêts* 39, 1900, p. 402–408.

Mélard, Alphonse : *Insuffisance de la production des bois d'œuvre dans le monde*. Ministère de l'Agriculture. Administration des Eaux et Forêts. Exposition universelle internationale de 1900 à Paris. Paris : Imprimerie Nationale 1900.

Ministère de l'Agriculture. Administration des Eaux et Forêts (éd.) : « Séance générale d'ouverture, lundi 4 juin 1900 ». In : *Congrès international de sylviculture tenu à Paris du 4 au 7 juin 1900. Compte rendu détaillé* (Exposition internationale de 1900 à Paris). Paris : Imprimerie Nationale, 1900, p. 25–42.

Ordonnance du 13 août 1669 sur le fait des Eaux et Forêts, retrieved 20.12.2020, from <http://legilux.public.lu/eli/etat/leg/ord/1669/08/13/n1/jo>.

Pardé, Léon : « La question forestière en France ». *Revue des Eaux et Forêts* 45, 1906, p. 353–362, 385–396.

Perthuis de Laillevault, Léon de : *Traité de l'aménagement et de la restauration des bois et forêts de la France*. Paris : Madame Huzard 1803.

Pfeil, Wilhelm : « Traité pratique d'économie forestière ». In : Burger, Johann/Pfeil, Wilhelm/Rohlwes, Johann N./Ruffiny, Samuel : *Cours complet d'agriculture pratique* (trad. Louis Noirot). Dijon : Douillier 1839.

Reuss, Eugène [Réaumont] : « L'aménagement des forêts en Saxe ». *Revue des Eaux et Forêts* 28, 1889, p. 385–409.

Séguret, Serge : « Du traitement des forêts du point de vue des intérêts particuliers de leurs divers propriétaires ». *Annales forestières* 2, 1843, p. 137–148.

Serval, G. : « Description des reboisements de l'Eiffel ». *Revue des Eaux et Forêts* 1, 1862, p. 302–305.

Tassy, Louis : *M. Parade, sa vie et ses œuvres*. Paris : Bureau de la Revue des Eaux et Forêts 1865.

Tassy, Louis : *Lorentz et Parade*. Paris : Bureau de la Revue des Eaux et Forêts 1866.

Touring-Club de France (éd.) : *Congrès forestier international tenu à Paris du 16 au 20 juin 1913*. Paris : L. Pochy 1913.

Trunk, Johann Jakob : *Neues, vollständiges Forstlehrbuch, oder systematische Grundsätze des Forstrechts, der Forstpolizey und Forstökonomie*. Freiburg im Breisgau : Verfasser 1788.

Van Recum, André : *Observations sur la nécessité d'établir en France des écoles forestières*. Paris : Cellot 1807.

Wegmann, Fernand de : « Statistique forestière du Hanovre ». *Revue des Eaux et Forêts* 4, 1865, p. 172–178.

Michel Dupuy

L'histoire des forêts et les *Humanités environnementales* en France et en Allemagne. Vers un désenchantement

Abstract The French and German societies have generated some myths on the forest, which are being re-examined by the *Environmental Humanities.* Archeology and remote sensing have shown that the forest is affected by several temporalities. The forest's physiognomy results from a sustainable economic view, which was imposed on rural communities at the end of the 18th century. Since then, foresters and behind them the State, have played the role of protectors of the forest against the negligence of men, promoting a discourse of crisis about wood shortage, deforestation of mountains and forest decline. Research in environmental history has shown that these discourses didn't always reflect the reality and has questioned the notion of crisis. De facto, the impact of human societies on the forest is observed in the long term and which calls into question its naturalness. Thus, to the short-term temporality experienced by actors, and characterizing crises, we must integrate the long time temporality, which characterizes the forest und human dynamics.

Keywords: Forest, Naturalness, Environmental Crises, Anthropization

La forêt, que ce soit en France, en Allemagne ou sous d'autres latitudes, obéit à une écologie, à savoir elle est le fruit d'un sol, d'un climat et d'une dynamique végétative et faunistique, elle cadre à un milieu, s'inscrit dans le temps long et dans une co-construction avec les sociétés humaines. Elle ne se résume pas à une futaie composée d'arbres issus de graines et formant une seule tige comme formulé au début du XIXe siècle,[1] mais forme un écosystème avec une faune propre et une végétation qui n'est pas seulement arbustive. Ses ressources en bois, en végétaux, en gibier, en champignon ont été exploitées par l'homme si bien qu'il est difficile aujourd'hui de parler de forêt naturelle sous nos climats, mais également sous les tropiques. La forêt est également un espace symbolique magnifié par le nationalisme allemand ou le mouvement romantique pour la forêt de Brocéliande.[2] Présentée sous cette forme, elle est un hybride entre

1 Lorentz, Bernard/Parade, Adolphe (éd.) : *Cours élémentaire de culture des bois.* Paris: Madame Huzard 1837.

2 Köstlin, Konrad : « Der ethnisierte Wald ». In : Lehmann, Albrecht/Schriewer, Klaus (éd.) : *Der Wald – Ein deutscher Mythos ? Perspektiven eines Kulturthemas.*

la nature et la culture, un « système éco-techno-symbolique » selon Augustin Berque.[3]

La forêt obéit également à une double métaphore : ce que les acteurs voient (visibilité) et ce qu'ils disent (lisibilité). Ce processus génère des actions issues de représentations selon les types de forêt (forêt vierge, forêt naturelle, forêt artificielle) ou selon les menaces qui portent sur l'espace forestier : pénurie de bois, disparition de la forêt.[4] Ces représentations ont été érigées en métarécit, en mythe fondateur, afin de légitimer l'action de l'administration forestière et derrière elle de l'État sur cet espace. Or depuis quarante ans, les sciences humaines, accompagnées par l'archéologie, la palynologie (étude des pollens et des spores) et les sciences naturelles ont déconstruit ces mythes, recomposé le discours sur la forêt et fabriqué de nouveaux métarécits autour de la naturalité. Ce sont d'abord ces processus de déconstruction / reconstruction qui seront analysés autour du thème de la forêt dite naturelle impactée malgré tout par les sociétés humaines. Ensuite, il sera question des crises environnementales, qui ont affecté le manteau forestier en France et en Allemagne.

1 L'invention de la futaie archétype de la forêt naturelle

Une étude menée par le *Groupe d'Histoire des Forêts Françaises* (GHFF) en 2014/2015 au sujet de la forêt des Landes a démontré que le regard du public sur cette forêt érigée par l'homme depuis le milieu du XIXe siècle, donc complétement artificielle, a évolué. D'un espace monotone, économique, elle est devenue pour les citadins un espace naturel en opposition à un monde urbain jugé artificiel.[5] Ce contre-espace urbain a été mis en valeur pour les forêts périurbaines depuis la fin des années 1950 que ce soit en France, en RDA ou en RFA.[6] La forêt offrait

Berlin : Reimer 2000, p. 53–66 ; Mille-Réault, Sara : « Paimpont Brocéliande, entre mythe et réalité ». In : Corvol, Andrée/Arnould, Paul/Hotyat, Micheline (éd.) : *La forêt. Perceptions et représentations.* Paris : L'Harmattan 1997, p. 259–268.

3 Berque, Augustin : « Existe-t-il un mode de pensée forestier ? ». *Cahier du GHFF forêt, environnement et société* 28, 2018, p. 33–41.

4 Walter, François : « La montagne alpine : un dispositif esthétique et idéologique à l'échelle de l'Europe ». *Revue d'histoire moderne & contemporaine* 52, 2005, p. 64–87.

5 Bouisset, Christine/Degrémont, Isabelle : « Des guides de voyage aux sites Web : 150 ans de communication sur la forêt landaise ». In : Lormant, François/Dereix, Charles/Farcy, Christine (éd.) : *Forêt et communication. Héritages, représentations et défis* (coll. Environnement). Paris : L'Harmattan 2016, p. 227–246.

6 Dupuy, Michel : « Forêts sous influences urbaines en RDA, en RFA et en France ». In : *L'environnement urbain : ressources, perceptions, usages.* Colloque

alors une alternative naturelle à l'ordre géométrique de la ville, au béton, grâce à ses futaies issues de l'aménagement forestier.

Cet imaginaire de la futaie, qui élève le regard du promeneur, résulte d'une politique entamée depuis le début du XIXe siècle avec le déclin du taillis (tiges de faible dimension issues de rejets de souches). Ce dernier satisfaisait les populations rurales en leur fournissant du bois pour les outils agricoles (les manches et les piquets) et du combustible. Il offrait également à l'industrie le charbon de bois. Ainsi, en France, dans les forêts domaniales, le taillis couvrait 67 % de la surface forestière en 1826 et 32 % en 1912.[7] Pour les États allemands, les statistiques pour l'Empire sont plus tardives. En 1883, le taillis représentait 6.5 % de la surface forestière, la futaie 87 %. En 1913, le taillis en constituait 5.1 % et la futaie 90.1 %.[8] Le taillis était en déclin au profit d'une forêt devenue résineuse en Allemagne. Ainsi, dans les forêts publiques du Bade-Wurtemberg, la part des résineux est passée de 42 % en 1850 à 60 % en 1925.[9]

Il fallait désormais satisfaire en bois d'œuvre l'industrie minière et la construction des lignes de chemin de fer. D'un autre côté, si la surface agricole utilisée augmenta dans un premier temps en raison de la mécanisation et de l'usage des engrais au détriment des terres jugées improductives (landes, terres incultes), elle régressa peu à peu à partir de 1878 pour l'Allemagne et à partir de 1913 pour la France.[10]

Ce basculement a été légitimé par un discours de crise dénonçant la pénurie de bois, la destruction des sols et la dégradation du climat suite aux déboisements intempestifs liés aux désordres révolutionnaires et aux pratiques des communautés rurales. Ces pratiques avaient été condamnées par les agronomes à la fin du XVIIIe et au début du XIXe siècles et théorisées en 1968 par Garrett

---

« Urban Resources : Gardens – Parks – Forests ». University of Leicester, 27–30.06.2002. New York et al. : Peter Lang 2002.

7 Blais, Roger : *La conversion. Une grande querelle forestière* (vol. 1). Paris : Presses Universitaires de France 1936.

8 Mantel, Kurt : *Forstgeschichtliche Beiträge : Ein Überblick über die Geschichte der Bewaldung, der Wald- und Holznutzung, der Wald- und Forstordnung und der Forstwissenschaft*. Hannover : Schaper 1965, p. 208.

9 Weidenbach, Peter : « Wirtschaftliche, soziale und kulturelle Rahmenbedingungen der Waldentwicklung seit 1800 ». *Der deutsche Wald*, 2001, p. 30–39.

10 Hau, Michel : *Histoire économique de l'Allemagne : XIXe-XXe siècles*. Paris : Economica 1994, p. 364 ; Coutin, Pierre : « La population agricole en France ». *Bulletin de la Société Française d'Économie Rurale*, 1949, p. 18–25.

Hardin sous le titre *La tragédie des communs*.[11] Pour des raisons économiques, hygiéniques et climatiques, il fallait maintenir une ressource forestière au nom de la *Nachhaltigkeit*, concept avancé par l'inspecteur général des mines en Saxe Hans Carl von Carlowitz en 1713 sous forme d'adjectif (*nachhaltig*),[12] puis repris à la fin du XVIIIe siècle par les forestiers Heinrich Cotta et Georg Ludwig Hartig sous la forme d'un nom.[13] Cette inscription dans le temps long de la gestion forestière avait pour objectif de préserver une couverture forestière. Ce discours fut repris tel quel en France. Une première traduction fut proposée par le forestier suisse Karl Albrecht Kasthofer en 1818, alors qu'il exerçait dans le canton de Bern. Il traduisit « *Nachhaltiger Ertrag* » par « produit soutenu et égal d'une forêt ».[14] En 1837, Bernard Lorentz et Adolphe Parade terminent l'introduction de leur ouvrage sur la « culture du bois », par l'idée de « production soutenue », qu'ils complètent avec « la régénération naturelle » et une « amélioration progressive ».[15] En fait, il s'agit d'accompagner et d'encadrer la nature.

Dans ce contexte au début du XIXe siècle, le découpage entre l'espace agricole et forestier s'opère en France et en Allemagne avec l'affirmation d'une foresterie devenue technicienne et cette distinction est passée par l'emploi de la futaie. Cette technicisation de l'administration forestière s'est trouvée encouragée par la création d'écoles forestières dont la maison mère, Tharandt, fut fondée en 1811 par Cotta.[16] Les fondateurs de l'école forestière de Nancy (Lorentz et

---

11 Corvol, Andrée (éd.) : *La Nature en révolution, 1760–1800* (Alternatives Paysannes). Paris : L'Harmattan 1993 ; Locher, Fabien : « Les pâturages et la Guerre froide : Garett Hardin et la "Tragédie des communs" ». *Revue d'histoire moderne & contemporaine* 60, 2013, p. 7–36 ; Radkau, Joachim : *Nature and Power : A Global History of the Environment*. New York : Cambridge University Press 2008, p. 71–73 ; Hardin, Garett : « The Tragedy of the Commons ». *Science* 162(3859), 1968, p. 1243–1248.

12 Carlowitz, Hans Carl von : *Sylvicultura oeconomica. Oder Haußwirthliche Nachricht und naturmäßige Anweisung zur wilden Baum-Zucht*. [Leipzig 1713]. Nouveau tirage de Joachim Hamberger (éd.), München : oekom verlag 2013.

13 Zürcher, Ulrich : *Die Idee der Nachhaltigkeit unter spezieller Berücksichtigung der Gesichtspunkte der Forsteinrichtung* (Mitteilungen der Schweizerischen Anstalt für das forstliche Versuchswesen, Band 41 Heft 4). (Diss. ETH Zürich 1965). Winterthur : Konkordia 1965.

14 Grober, Ulrich : *Die Entdeckung der Nachhaltigkeit : Kulturgeschichte eines Begriffs*. München : Kunstmann 2010.

15 Cf. Lorentz/Parade, p. IV. La régénération naturelle (*natürliche Verjüngung*) était prônée par Georg Ludwig Hartig, qui tint des cours de foresterie à l'Université de Berlin de 1811 à 1837. Lorentz a également emprunté l'idée d'amélioration à Hartig.

16 Dupuy, Michel : *Les cheminements de l'écologie en Europe*. Paris : L'Harmattan 2004.

Parade) en 1824 y avaient d'ailleurs étudié. Désormais, l'administration forestière disposait d'un personnel forestier formé, initié aux techniques de l'arpentage afin de délimiter avec précision l'espace forestier et le champ d'application de la foresterie. La forêt était davantage perçue comme un objet juridique, un espace économique et guère comme un objet biologique, science qui se dégageait avec peine de l'histoire naturelle dans cette première moitié du XIXe siècle.[17]

Cette mutation exigeait une transformation du paysage forestier et donc des usages. Or, la forêt préindustrielle était d'une importance vitale pour les communautés paysannes : pacage des troupeaux, ramassage du petit bois pour le feu et des feuilles mortes pour l'engrais, cueillette de baies, de champignons et accès au petit gibier. D'un autre côté, les industries comme les fonderies, les verreries, les salines continentales y puisaient leur charbon de bois ; la marine, son bois d'œuvre, etc. Ce multi-usage (que l'on traduirait aujourd'hui sous le terme de multifonctionnalité) impliquait une imbrication de droits.

Or, en cette fin du XVIIIe siècle, une nouvelle approche économique, en particulier celle des caméralistes en Allemagne, mit l'accent sur la rentabilité, exigeant de privilégier le bois d'œuvre, notamment le résineux, de ne plus aménager la forêt en fonction des servitudes, mais selon son rendement.[18] Ceci était d'autant plus impératif que la forêt pouvait représenter entre 10 et 20 % des revenus pour les grands États allemands. Pour les communautés, ce seuil pouvait atteindre une fourchette oscillant entre 60 et 90 %.[19] La commercialisation du bois passait par la levée des servitudes et par une politique de répression afin d'écarter les paysans de la forêt. Sur ce plan, une nouvelle règlementation forestière fut promue dans de nombreux États : le code forestier fut adopté en France (1827), en Bade (1833), en Bavière (1852). La loi et les actions en justice furent ainsi les garants d'un ordre forestier sur les forêts soumises : de fait, elles

---

17 Foucault, Michel : *Les mots et les choses*. Paris : Gallimard 1966 ; Gusdorf, Georges : *Le savoir romantique de la nature*. Paris : Payot 1985.

18 Hölzl, Richard : *Umkämpfte Wälder : Die Geschichte einer ökologischen Reform in Deutschland 1760–1860*. Frankfurt a.M. : Campus Verlag 2010.
Le caméralisme s'est constitué dans la seconde moitié du XVIIIe siècle en Allemagne. Il visait à accroître la production *via* une utilisation rationnelle du territoire avec l'aide de la science et d'une administration éclairée. Cf. Garner, Guillaume : *État, économie, territoire en Allemagne. L'espace dans le caméralisme et l'économie politique, 1740–1820*. Paris : Éditions de l'École des Hautes Études en Sciences Sociales 2005.

19 Grewe, Bernd-Stefan : *Der versperrte Wald. Ressourcenmangel in der bayerischen Pfalz (1814–1870)*. Köln : Böhlau 2004, p. 66.

fabriquaient les délinquants car les communautés paysannes tentaient de maintenir leurs pratiques anciennes. Ainsi, en 1830, dans le Palatinat, on comptait 90 000 cas de délits forestiers et le double (180 000) en 1842/1843.[20] En France, les années 1831/1835 voient défiler dans les tribunaux 135 000 prévenus par an pour délit forestier.[21] Dans les années 1830/1840 en Bavière, on en compte 180 000 par an pour une population de 4 à 4.5 millions d'habitants.[22] La hausse des prix du bois, liée aux forges, à la pression démographique, à la volonté de consacrer l'espace forestier à la production de bois d'œuvre explique en partie cette augmentation des délits, générant des « bandits sociaux », au sens d'Éric Hobsbawm, à l'image de la guerre des demoiselles dans les Pyrénées ariégeoises.[23]

Cette affirmation d'une administration forestière s'est faite par la promotion de la futaie, par l'introduction de la méthode allemande à Nancy qui consistait à convertir le taillis, la forêt paysanne, en futaie. Promouvoir la futaie, c'était rétablir un ordre naturel. Lorentz et Parade, les fondateurs de l'école forestière de Nancy, définissaient l'aménagement forestier ainsi : « Imiter la nature, hâter son œuvre ».[24] En d'autres termes, encourager la futaie au nom de la nature. Promouvoir la futaie, c'était asseoir également une administration qui seule pouvait gérer l'espace forestier dans la longue durée.

Les forestiers des deux côtés du Rhin ont ainsi fabriqué une image de la forêt naturelle, qui a fini par triompher de nos jours. En Allemagne, toutefois, en raison de l'implantation de forêts monospécifiques sous le couvert de la théorie de la rente foncière (*Bodenreinertragslehre*) formulée au milieu du XIXe siècle

---

20 Situation dénoncée par Karl Marx, cf. Lieber, Hans-Joachim (éd.) : *Werke, Schriften, Briefe/Karl Marx : Frühe Schriften* (vol. 1). Stuttgart : Cotta 1962.

21 Perrot, Michèle : « Délinquance et système pénitentiaire en France au XIXe siècle ». *Annales. Économies, Sociétés, Civilisations* 30, 1975, p. 67–91.

22 Hölzl, Richard : « Contested Forests – Environmental Crimes Between Science and Rural Society : Bavaria 1780–1860 ». In : Herrmann, Bernd/Dahlke, Christine (éd.) : *Elements – Continents. Approaches to Determinants of Environmental History and their Reifications*. Stuttgart : Wissenschaftliche Verlagsgesellschaft 2009, p. 249–257.

23 Woronoff, Denis : « La politique des autorisations d'usine et la question du bois ». In : Woronoff, Denis (éd.) : *Forges et forêts. Recherches sur la consommation proto-industrielle de bois*. Paris : Éditions de l'École des Hautes Études en Sciences Sociales 1990, p. 57–85 ; Hobsbawm, Eric John : *Bandits*. London : Abacus 2001 ; Baby, François : *La Guerre des Demoiselles en Ariège : 1829–1972*. Laroque-d'Olmes : F. Baby 1972.

24 Lorentz/Parade 1837, p. 1.

et reposant sur le système de la plantation et de la coupe rase, une contestation s'est développée autour d'une sylviculture proche de la nature, qui cherchait à promouvoir la diversité des essences et des âges, sans remettre en question la futaie, devenue l'archétype de la forêt naturelle.[25] Or, paradoxe du changement climatique, en raison de l'accélération de ce phénomène anthropique, il est question de rétablir le taillis suite à la canicule de 2003, en raison de sa courte révolution, soit une coupe entre 20 et 30 ans, afin de permettre aux sylviculteurs de s'adapter aux nouvelles conditions climatiques.[26]

2 L'impact de l'homme sur la forêt

Jusqu'au début des années 1980, l'impact de l'homme dans un massif forestier était jugé à l'aune du choix des essences et de leur gestion. Le sol pouvait en subir le contrecoup et le débat sur son acidification, qui a débuté à la fin du XIXe siècle en Allemagne, était là pour le démontrer.[27] Toutefois dans les années 1990 avec la conquête forestière des sols agricoles et la montée en puissance de la biodiversité sous l'impulsion de l'écologie de la conservation, avec l'investissement par l'archéologie des massifs forestiers aidés par la technique du laser aéroporté (LIDAR, *Light Detection and Ranging*), il est apparu que le sol gardait en mémoire les activités humaines depuis plus de 2000 ans, ce qui pouvait avoir un impact sur la flore et la gestion des forêts.[28]

Des travaux ont été menés en France en forêt de Haye près de Nancy par l'INRA avec le LIDAR,[29] mais également par l'Université de Freiburg, dans le cadre du programme « Genèse et développement du paysage actuel » (*Gegenwartsbezogene Landschaftsgenese*) pour le Rhin supérieur et les massifs adjacents Vosges et Forêt Noire en utilisant la palynologie et la datation au radiocarbone

25 Heyder, Joachim C. : *Waldbau im Wandel. Zur Geschichte des Waldbaus von 1870 bis 1950*. Frankfurt a.M. : Sauerländer 1986.

26 Dupuy, Michel : *Réchauffement climatique et forêts dans la France hexagonale : la construction d'un lien 1938–2005*. Rapport IHMC – GHFF – GIP ECOFOR, août 2008.

27 Dupuy 2004.

28 Bernard, Vincent/Favory, François/Fiches, Jean-Luc (éd.) : *Silva et Saltus en Gaule romaine : dynamique et gestion des forêts et des zones rurales marginales*, Actes du VIIe Colloque AGER, Rennes, 27–28.10.2004. Besançon : Presses Universitaires de Franche-Comté 2014.

29 Georges-Leroy, Murielle et al. : « Apport du Lidar à la connaissance de l'histoire de l'occupation du sol en forêt de Haye ». *ArchéoSciences* 35, 2012, p. 117–129 ; Koerner, Waltraud et al. : « Influence of Past Land Use on the Vegetation and Soils of Present Day Forest in the Vosges Mountains, France ». *Journal of Ecology* 85, 1997, p. 351–358.

des sédiments.[30] L'idée était de mettre à jour les temporalités multiples qui traversent les massifs forestiers. Ainsi l'impact des activités agraires peut-il être mesuré sur les sols, en raison des apports nutritifs, qui ont modifié la composition du sol, et ce depuis l'Antiquité. Pour les conquêtes forestières récentes, cela peut jouer également sur la fertilité des sols enrichis par les pratiques agricoles antérieures notamment grâce à l'apport de phosphore et d'azote via l'élevage. Dans le même temps, l'archéologie a commencé à investir l'espace forestier, qu'elle avait négligé, partant du postulat que depuis le néolithique le territoire forestier n'a guère fait l'objet d'occupation humaine. D'ailleurs, les recherches en archéologie aérienne engagées depuis les années 1960 avaient révélé la présence d'un bâti ancien dans des espaces cultivés donc hors des forêts.[31]

En France métropolitaine, différentes études menées sur la forêt domaniale de Tronçais (10 600 ha), caractérisée par ses futaies de chênes et de hêtres, ont démontré la présence d'une centaine de sites gallo-romains, où une activité agraire s'exerçait.[32] De fait, la permanence forestière n'existe pas. Ces travaux qui mobilisent botanistes et archéologues ont débouché sur une distinction entre les forêts anciennes et les forêts récentes. Les premières n'ont pas subi de « modifications d'origine anthropique » depuis un temps qui varie selon les auteurs, 1 600 ans pour George F. Peterken (1996) ou 150 ans pour Carla Grashof-Bokdam (1997).[33] En fait, la frontière se fait sur des critères floristiques qui vont démontrer la naturalité de l'écosystème forestier, mais également sur des critères administratifs. En France, le cadastre napoléonien (1808–1850) permet d'attester ou non la présence d'une forêt. Pour le Schleswig-Holstein, il

30 Mäckel, Rüdiger/Steuer, Heiko/Uhlendahl Thomas : « Gegenwartsbezogene Landschaftsgenese am Oberrhein ». *Berichte der Naturforschenden Gesellschaft zu Freiburg i. Br.* 94, 2004, p. 175–194.

31 Doneus, Mickaël/Doneus, Nives/Cugl, Christian : *Die Canabae von Carnuntum – Eine Modellstudie der Erforschung römischer Lagervorstädte : Von der Luftbildprospektion zur siedlungsarchäologischen Synthese.* Wien : Verlag der Österreichischen Akademie der Wissenschaften 2013.

32 Laüt, Laure et al. : « La forêt domaniale de Tronçais, approches archéologiques et environnementales de l'occupation antique ». In : Bernard/Favory/Fiches, p. 213–226.

33 Peterken, George F. : *Natural Woodland : Ecology and Conservation in Northern Temperate Regions.* Cambridge : Cambridge University Press 1996 ; Grashof-Bokdam, Carla : « Forest Species in an Agricultural Landscape in The Netherlands : Effects of Habitat Fragmentation ». *Journal of Vegetation Science* 8, 1997, p. 21–28.

existe une carte établie par la société des sciences du Danemark vers 1800.[34] En Basse-Saxe, le document de référence est la *Kurhannoversche Landesaufnahme* (1764–1786).[35]

Ces travaux s'inscrivent dans ceux menés également sous les tropiques au sujet de l'impact de l'homme sur la forêt vierge. Des études en archéologie ont révélé la présence de communautés agraires notamment en Amazonie, au Gabon, dans le bassin du Congo, etc., mais également en Guyane.[36] De fait, la forêt amazonienne apparaît davantage culturelle que naturelle à l'époque pré-colombienne. L'arrivée des Européens avec leurs microbes a fortement réduit les populations indiennes et diminué leur impact sur le milieu forestier.[37]

Critères historiques et biologiques se mêlent ainsi pour fixer une distinction entre les forêts anciennes (*historisch alte Wälder*) et les forêts récentes, les premières offrant davantage de naturalité.[38] Par ce biais, c'est bien une historicité qui a été introduite en forêt, historicité liée aux activités humaines et non plus aux dynamiques naturelles post-glaciaires, mais c'est également une vue dynamique, voire transitoire de l'espace forestier. Ainsi les recherches combinées

---

34 Härdtle, Werner : « Zur Veränderung und Schutzfähigkeit historische alter Wälder in Schleswig-Holstein ». *Norddeutsche Naturschutzakademie – Berichte* 73, 1994, p. 88–96.

35 Wulf, Monika : « Plant Species as Indicators of Ancient Woodland in Northwestern Germany ». *Journal of Vegetation Science* 8, 1997, p. 635–642 ; Kolk, Jens/Naaf, Tobias/Wulf, Monika : « Paying the Colonization Credit : Converging Plant Species Richness in Ancient and Post-Agricultural Forests in NE Germany Over Five Decades ». *Biodiversity and Conserververvation* 26, 2017, p. 735–755.

36 Willis, Katherine J./Gillson, Lindsey/Brncic, Terry M. : « How "Virgin" Is Virgin Rainforest ? ». *Science* 304, 2004, p. 402–403 ; Mestre, Mickaël/Hildebrand, Mathieu/Texier, Pierre : « Un exemple d'utilisation du LIDAR sous couvert forestier guyanais ». *Archéopages* 23, 2008, p. 69–75.

37 Rostain, Stéphen : *Islands in the Rainforest. Landscape Management in Pre-Columbian Amazonia*. Walnut Creek : Left Coast 2013.

38 Le concept de « forêt ancienne » provient de l'anglais *ancient woodlands* et de l'américain *old growth forest*. Il a été défini par George F. Peterken et Margareth Game en 1981, repris en allemand et défini en 1993 au cours du *Norddeutsche Naturschutzakademie-Tagung* à Schneverdingen. La même année, en France, Jean-Claude Rameau et Frédéric Mortier proposaient également une définition. Cf. Lathuillière, Laurent/Gironde-Ducher, Maud : *Réseau Habitats – Flore. Sémantique autour des forêts anciennes*. Lempdes : Agence Montagnes d'Auvergne / Office National des Forêts 2014 ; Wulf, Monika : « Überblick zur Bedeutung des Alters von Lebensgemeinschaften, dargestellt am Beispiel "historisch alter Wälder" ». *Norddeutsche Naturschutzakademie-Bericht* 7, 1993, p. 3–14.

mêlant l'écologie et l'archéologie montrent qu'après une occupation humaine, la végétation et les sols ne reviennent pas à leur état naturel.

3 Le rôle des crises forestières

La crise (écologique ou environnementale) est au cœur des *Humanités environnementales*, mais également de l'histoire de l'environnement.[39] Elle forme un postulat. Elle légitime la place nécessaire des *Humanités environnementales* au sein des sciences humaines en raison de sa complexité et de sa globalité. Elle appelle à un travail interdisciplinaire en collaboration avec les sciences naturelles, malgré les écueils d'une telle entreprise.[40] Elle est d'autant plus visible que les périodes de crise laissent de nombreuses traces dans les archives, créant un effet de loupe. La pénurie de bois constatée à la fin du XVIIIe siècle, la déforestation des terrains de montagne, le dépérissement des forêts (*Waldsterben*), les tempêtes de décembre 1999 sont autant d'éléments relevant de catastrophes. Ce mot de crise appliqué à l'environnement est d'un emploi récent qui s'est développé depuis les années 1970.[41] Auparavant, les épisodes étaient décrits par les acteurs avec un vocabulaire qui se voulait performatif : pénurie de bois (*Holznot*), désertification (*Versteppung*), déboisement, etc. Ces crises ont fonctionné comme des actes fondateurs de l'action forestière. Elles ont été érigées en mythe, en une représentation idéalisée. Ces crises forestières qui ont affecté la France et l'Allemagne ont été analysées, contextualisées voire déconstruites par les travaux d'historiens, de sociologues et de scientifiques au point de douter de leur ampleur voire de leur existence.

Cette déconstruction a pu s'opérer grâce à une histoire qui s'est échappée du giron forestier. Que ce soit en France et en Allemagne, il existe une longue tradition d'histoire forestière marquée par des manuels de référence : Kurt Mantel (Freiburg) et Heinrich Rubner (Regensburg) en RFA, Ekkehard Schwartz en RDA et Michel Devèze (Nancy) en France.[42] En dehors de la RDA, cette histoire

39 Dupuy, Michel : « État de l'histoire de l'environnement en Allemagne ». *Bulletin d'Information de la Mission Historique Française en Allemagne* 35, 1999, p. 203–220.

40 Blanc, Guillaume/Demeulenaere, Élise/Feuerhahn, Wolf : « Difficile interdisciplinarité ». In : Id. : *Humanités environnementales : enquêtes et contre-enquêtes*. Paris : Sorbonne 2017, p. 271–275.

41 Dupuy, Michel : « Scientifiques, télévision et écologie : entre vulgarisateur et lanceur d'alerte ». *Le Temps des Médias* 25, 2015, p. 182–199.

42 Cf. Devèze, Michel : *Histoire des forêts*. Paris : Presses Universitaires de France 1965 ; Mantel, Kurt : *Wald und Forst in der Geschichte : ein Lehr- und Handbuch*. Hannover : Schaper 1990 ; Rubner, Heinrich : *Forstgeschichte im Zeitalter der industriellen*

s'est construite grâce aux échanges entre la RFA et la France. Devèze a lu Mantel et Rubner a séjourné en France. En 1982 s'est constitué le *Groupe d'Histoire des Forêts Françaises* (GHFF) autour d'un noyau d'historiens issus du CNRS (Andrée Corvol) ou de l'Université (Anne-Marie Cocula), de géographes (Paul Arnould), de sociologues (Bernard Kalaora) et de forestiers (Roger Blais). Ce groupe a su dégager l'histoire forestière du monde forestier. Il a participé à la structuration d'une histoire environnementale en France, encouragé les publications ainsi que des recherches sur la forêt. Dans cette veine, en 1998, une section *Forstgeschichte* a été formée au sein du *Deutscher Verband Forstlicher Forschungsanstalt.* Malgré tout, l'histoire forestière ne s'est pas affranchie des sciences forestières avec lesquelles le dialogue s'est poursuivi.

Le discours sur la *Holznot* (pénurie de bois), déjà en partie analysé avec la question du taillis, fait partie des représentations véhiculées par le monde des agronomes et forestiers depuis la fin du XVIIIe siècle. La pression démographique, les mauvaises habitudes des communautés rurales (dont l'enlèvement des feuilles mortes pour assurer l'engrais dans les champs et la litière pour les animaux) ont été régulièrement dénoncées pour légitimer l'action forestière. La production de charbon de bois pour l'industrie fut également accusée de mettre en danger la forêt, car c'était une activité itinérante. Elle s'est transformée en une crise de l'énergie qui aurait été résolue par l'adoption du charbon de terre et une rationalisation de l'exploitation des sols en vue des générations futures.[43]

Ce schéma, entériné par Werner Sombart dans *Der moderne Kapitalismus* publié en 1916 et repris en partie par Rolf Peter Sieferle en 1982, a été quelque peu remis en cause.[44] À la fin des années 1980, l'historien Joachim Radkau pense qu'il existait des pénuries d'approvisionnement (*Versorgungsengpässe*), mais ce n'était pas forcément le signe d'une déforestation et le phénomène était

---

Revolution. Berlin : Duncker & Humblot 1967 ; Schwartz, Ekkehard : *Studie zur Entwicklung der sozialen Lage der Waldarbeiter in Deutschland unter dem Kapitalismus von der Mitte des 19. Jahrhunderts bis zur Gegenwart.* (Mémoire d'habilitation. TU Dresden 1992).

43 Hasel, Karl : *Forstgeschichte: ein Grundriss für Studium und Praxis.* Hamburg : Parey 1985.

44 Sieferle, Rolf Peter : *Der unterirdische Wald : Energiekrise und Industrielle Revolution.* München : Beck 1982 ; Sombart, Werner : *Der moderne Kapitalismus : Historisch systematische Darstellung des gesamteuropäischen Wirtschaftslebens von seinen Anfängen bis zur Gegenwart* (vol. 2 : Das europäische Wirtschaftsleben im Zeitalter des Frühkapitalismus). München/Berlin : Duncker & Humblot 1916.

purement local ; en d'autres termes, il n'y avait pas de pénurie généralisée.[45] Bernd-Stefan Grewe, étudiant à Trier, est venu poursuivre ses études à Paris X Nanterre et, fort des méthodes, initiés notamment par le GHFF, a remis en cause dans sa thèse la pénurie de bois (*Holznot*) dans le Palatinat à la fin du XVIIIe et au début du XIXe siècles. Ainsi, la transformation des forêts en futaie a créé une pénurie de bois pour les communautés rurales provoquant alors une hausse des prix du bois de feu. Le passage du charbon de bois au charbon de terre en raison de cette même pénurie a été également remis en question en France par les travaux de Denis Woronoff, qui figurait parmi les fondateurs du GHFF et dont les écrits ont été cités par Radkau. En fait, le processus s'est opéré sur plusieurs décennies et, dans bien des régions, la révolution industrielle s'est amorcée à partir du charbon de bois, comme en France et c'est l'instauration d'un marché du libre-échange en 1860 avec l'Angleterre qui mit à mal la sidérurgie qui reposait sur ce combustible.[46]

Eric Dorn Brose a constaté qu'en Allemagne, le coke a surpassé le charbon de bois dans les années 1850 sachant qu'il était employé dès la fin du XVIIIe siècle (en 1792) dans les fonderies de la région de Mansfeld non pas comme adjuvant, mais pour faire face à la pénurie de charbon de bois ou du moins pour abaisser les coûts. Pour Brose, cette substitution s'explique par des changements intervenus au niveau du marché. Dans le marché préindustriel, les coûts élevés de production ne constituaient pas un désavantage. Or, dans les années 1850–1860, la guerre des prix que se livrent les entreprises et l'élargissement du marché desservent les fonderies qui fonctionnaient au charbon de bois. Elles ne pouvaient gagner la compétition. Celles fonctionnant au coke étaient mieux armées pour répondre aux nouvelles demandes industrielles pour la construction de machines, de rails, etc.[47]

Toutefois, il ne s'agit pas forcément de nier l'existence d'une pénurie de bois. Pour Uwe E. Schmidt, cette pénurie variait selon les localités comme pour Radkau, mais surtout elle a généré un discours sur la pénurie de ressources

---

45 Radkau, Joachim/Schäfer, Ingrid : *Holz : ein Naturstoff in der Technikgeschichte.* Reinbek bei Hamburg : Rohwolt 1987.

46 Gericke, Hans Otto : « Von der Holzkohle zum Koks. Die Auswirkungen der "Holzkreise" auf die Mansfelder Kupferhütten ». *Vierteljahrsschrift für Sozial- und Wirtschaftsgeschichte* 85, 1988, p. 156–195.

47 Brose, Eric Dorn : « Competitiveness and Obsolescence in the German Charcoal Iron Industry ». *Technology and Culture* 26(3), 1985, p. 532–559 ; Pour la France, cf. Benoit, Serge : « La consommation de combustible végétal et l'évolution des systèmes techniques ». In : Woronoff 1990, p. 87–150.

donc une politique pour y faire face.[48] D'autre part, ce discours sur la pénurie a accompagné le changement de mode énergétique, le passage du charbon de bois au charbon de terre, libérant la forêt d'une exploitation.

Autre crise mythique, le déboisement des terrains de montagne et la politique de restauration qui s'en est suivie avaient fait partie des premiers travaux du GHFF. Cette politique a été le fruit d'alertes lancées depuis la Révolution Française mais également des écrits d'un ingénieur des mines, Alexandre Surell, en 1841. Elle a été mise en œuvre à partir de 1860 sous Napoléon III.[49] La croyance est alors forte que les étages supérieurs des montagnes ne sont que des lambeaux de la forêt originelle dégradée par l'action des communautés rurales. Cette dégradation aurait conduit à de graves inondations qui ont affecté la plaine, notamment celle du printemps 1856 pour le Rhône. Le politique se devait d'agir et fit voter en 1860 la première loi sur le reboisement des montagnes. Leur application se heurta à une vive résistance de la part des populations locales.

La forêt était ainsi la protectrice du sol, du climat et de la civilisation. Autant d'idées véhiculées, entre autres, par le statisticien Alexandre Moreau de Jonnès (1778–1870), notamment dans un mémoire paru en français en 1825 et traduit en allemand en 1828.[50] Cette forêt de protection a trouvé sa place dans la loi forestière (*Forstgesetz*) de 1852 en Bavière.

Les *Services de la Restauration des Terrains de Montagne* sont ainsi devenus une institution et une référence dans le monde forestier européen avec les traductions d'ouvrages en allemand - notamment celui de l'administrateur des forêts Prosper Demontzey en 1880 chez un éditeur autrichien.[51] Or, dans les années 1980 les travaux des historiens comme Andrée Corvol, mais également

48 Schmidt, Uwe E. : *Der Wald in Deutschland im 18. und 19. Jahrhundert.* Saarbrücken : Conte Verlag 2002.

49 Surell, Alexandre : *Études sur les torrents des Hautes-Alpes.* Paris : Carillian-Goeury et Dalmont 1841.

50 Moreau de Jonnès, Alexandre : *Premier mémoire en réponse à la question proposée par l'Académie royale de Bruxelles : quels sont les changements que peut occasionner le déboisement de forêts considérables sur les contrées et communes adjacentes… et en général à tout ce qui constitue son état physique actuel ?* Bruxelles : P. J. De Mat 1825 ; Moreau de Jonnès, Alexandre/Windenmann, Wilhelm v. : *Untersuchungen über die Veränderungen, die durch die Ausrottung der Wälder in dem physischen Zustand der Länder entstehen.* Tübingen : Osiander 1828.

51 Demontzey, Prosper : *Étude sur les travaux de reboisement et de gazonnement des montagnes.* Paris : Imprimerie Nationale 1878 ; Demontzey, Prosper : *Studien über die Arbeiten der Wiederbewaldung und Berasung der Gebirge* (trad. Arthur v. Seckendorff-Gudent). Wien : Gerold 1880.

de sociologues comme Bernard Kalaora, ont démontré que l'enjeu n'était pas la protection des vallées inondables, mais le contrôle politique et social d'un territoire qui échappait à l'autorité de l'État et l'administration forestière était son instrument.[52] C'était une colonisation d'un territoire qui s'opérait par la forêt. Cette déconstruction d'une partie du mythe a suscité de vifs débats avec le monde forestier qui, dans les années 1980, refusait d'admettre non seulement l'instrumentation politique mais également le fait que des forestiers aient voulu boiser jusqu'à 3 000 m, soit au-delà de l'étage de végétation forestier dans les Alpes.

Les travaux menés dans les Pyrénées depuis vingt ans en collaboration avec des historiens, des géographes, des météorologues, des paléo-écologues ont démontré que le point culminant du discours de crise à propos de la déforestation s'opère au début du XXe siècle, à une époque où la forêt est en expansion.[53] En fait, la dégradation du manteau forestier s'était produite à la fin du XVIIIe siècle suite à l'intensification de l'activité sidérurgique dans les vallées sans que l'on constate depuis une dégradation du manteau forestier. Enfin, les épisodes pluvieux et de crues se sont également déroulés dans un contexte de fin de petit âge glaciaire. Or, pour les forestiers du XIXe et XXe siècles, le climat est fixiste, les fluctuations ne pouvaient être qu'anthropiques et la végétation originelle était la forêt. Cette mobilisation pluridisciplinaire a mis en avant les différentes dynamiques, sociétales et naturelles ainsi qu'un imaginaire performatif.

Cette déconstruction du mythe s'est poursuivie par des travaux scientifiques menés entre autres dans le cadre du CIFOR (*Center for International Forestry Research*). Ils ont démontré que, si le reboisement permet de limiter l'érosion des sols et la sédimentation des cours d'eau, il ne peut rien contre les inondations qui touchent l'ensemble d'un bassin versant.[54] Malgré tout, la *Restauration des Terrains de Montagne* (RTM) a permis de canaliser les torrents, de rendre la catastrophe invisible. Elle a amené un nouvel acteur dans un espace

---

52 Corvol, Andrée : *L'homme aux bois : histoire des relations de l'homme et de sa forêt. XVIIe-XXe siècle*. Paris : Fayard 1987 ; Kalaora, Bernard/Savoye, Antoine : *Forêt et sociologie : les forestiers de l'école de Le Play, défenseurs des populations de montagne (1860–1913)*. Rungis : Laboratoire des recherches et d'études sur l'économie des industries agricoles et alimentaires 1984.

53 Beck, Corinne : « La "dégradation des montagnes" au XIXe siècle dans les Pyrénées ». In : Beck, Corinne et al. : *Temps et espaces des crises de l'environnement*. Versailles : Éditions Quae 2006, p. 191–210.

54 Cf. Centre for International Forestry Research, retrieved 23.06.2019, from <https://www.cifor.org/>.

montagnard qui se dépeuplait. Aujourd'hui, ce qui est mis en avant, c'est la réussite technique, la végétalisation d'un paysage que les photographies de la RTM mettent en scène.

Ces études en Allemagne sur la pénurie de bois et en France sur le déboisement ont remis en cause les fondements d'une politique forestière et sa légitimité, d'où un accueil sceptique de ces travaux par le monde forestier dans un premier temps.

Enfin, dernière crise, en 1981, dans le cadre du débat sur les pluies acides, des scientifiques alertent l'opinion publique *via* la presse ouest-allemande au sujet du dépérissement des forêts constaté en Bavière, en Forêt Noire, dans le Harz...[55] Les signes sont apparus en Bavière en 1975 et il n'était question au début que du dépérissement du sapin.[56] Cette crise devient politique, européenne et économique avec l'affaire des pots catalytiques. Plusieurs hypothèses furent formulées pour expliquer ce phénomène : rejets de dioxyde de souffre (SO_2), d'ozone (en raison des gaz d'échappement), etc. En France, le débat ne prit guère, même si ce thème fut étudié. À partir de 1987, il perdit son aspect catastrophique, car la forêt n'avait pas dépéri, contrairement aux prévisions. En 1997, une publication d'un rapport européen de l'*European Forestry Institute* sous la direction de Heinrich Spiecker (Freiburg) montra que, depuis les années 1950, la forêt avait crû en volume, que ce soit en Allemagne ou en France, en raison d'une meilleure sylviculture, du réchauffement climatique et de la pollution par l'azote.[57] Dans ce contexte, il était difficile de parler de dépérissement

55 Cf. « Saurer Regen über Deutschland. Der Wald stirbt ». *Der Spiegel* 47, 16.11.1981 ; « Da liegt was in der Luft ». *Der Spiegel* 48, 23.11.1981, p. 188–200.

56 Dupuy, Michel : « Des "dommages par les fumées" au "Waldsterben" en Allemagne de 1880 à nos jours ». *Allemagne d'aujourd'hui* 150, 1999, p. 85–105 ; Ell, Renate/Luhmann, Hans-Jochen : « Von den Schwierigkeiten der Entdeckung des Waldsterbens in Deutschland. Man sieht nur, was man versteht oder : Schäden ohne Ursache und Ursachen ohne Schäden ». *Forstarchiv* 67, 1996, p. 103–107 ; Holzberger, Rudi : *Das sogenannte „Waldsterben". Zur Karriere eines Klischees : Das Thema Wald im journalistischen Diskurs*. Bergatreute : Eppe 1995 ; Kandler, Otto : « Pollution de l'air et déclin des forêts : réfutation de la théorie du "Waldsterben" ». *Unasylva* 44, 1993, p. 39–49 ; Thomas, Joachim : *Die „Neuartigen Waldschäden" und die „Klimakatastrophe". Eine Fallstudie über Struktur und Funktion der Umweltforschung*. Frankfurt a.M. : Wissenschafts-Verlag Maraun 1992 ; Wentzel, Karl-Friedrich : *Was bleibt vom Waldsterben ? Bilanz und Denkanstöße zur Neubewertung der derzeitigen Reaktion der Wälder auf Luftschadstoffe*. Hamburg : Hochschule Verlag 2001.

57 Spiecker, Heinrich (éd.) : *Growth Trends in European Forests : Studies From 12 Countries*. Berlin : Springer 1996.

des forêts. Cette crise s'inscrit dans le cadre d'une « *not regret policy* », une politique menée sur de mauvais fondements mais qui a des effets positifs, car elle a permis d'équiper les voitures de pots catalytiques et d'installer de meilleurs filtres dans les centrales thermiques contre les rejets de SO_2. Elle a ouvert la voie à une vision systémique de la forêt parmi les acteurs forestiers et orienté les recherches sur les fonctionnements des écosystèmes forestiers, peu développées jusqu'à cette date. Elle a aussi mis le doigt sur l'impact des pollutions sur le long terme, rejoignant la polémique sur l'amiante, avec le concept de seuils critiques (*critical loads*) formulé en 1986 qui marque le point où le milieu est impacté par la pollution sans pour autant qu'il y ait une visibilité des dommages. Elle interroge également sur ce qu'est une forêt en bonne santé.[58] Enfin, en France, le débat sur le *Waldsterben*, en se focalisant sur la question des pots catalytiques, a débouché sur l'impact de la circulation sur la pollution urbaine, donc sur la santé humaine.

Cette affaire a fait l'objet d'un programme de recherches interdisciplinaires en sciences humaines mené sous la direction d'Andrée Corvol au sein du GHFF, dont les résultats ont été publiés en 1994.[59] L'idée était de s'interroger sur la notion de « forêt malade » sous un angle historique en l'inscrivant dans le temps long et sur le rôle des médias, en regroupant des géographes, des sociologues et des historiens. En Allemagne, dans ce même ordre d'idée, il y a eu le *DFG-Projekt Waldsterben* initié par Franz-Josef Brüggemeier de 2006 à 2010, qui a analysé le rapport pollution/forêt au XIXe siècle en Allemagne, en RDA ainsi que le *Waldsterben* en RFA et en France, le tout sous un angle historique.[60]

Cette crise, qui, du point de vue des acteurs français, a revêtu des airs d'hystérie, a également été qualifiée de « fausse alarme écologique » notamment dans

---

58 Nilsson, Jan (éd.) : *Critical Loads for Nitrogen and Sulphur.* Miljorapport 1986 : 11. Nordic Council of Ministers. Copenhagen 1986.

59 Corvol, Andrée (éd.) : *La forêt malade : débats anciens et phénomènes nouveaux, XVIIe-XXe siècle.* Paris : L'Harmattan 1994.

60 Bemmann, Martin : *Beschädigte Vegetation und sterbender Wald. Zur Entstehung eines Umweltproblems in Deutschland 1893–1970.* Göttingen : Vandenhoeck & Ruprecht 2012 ; Huff, Tobias : *Natur und Industrie im Sozialismus. Eine Umweltgeschichte der DDR.* Göttingen : Vandenhoeck & Ruprecht 2015 ; Metzger, Birgit : *„Erst stirbt der Wald, dann Du !" Das Waldsterben als westdeutsches Politikum 1978–1986.* Frankfurt a.M. et al. : Campus Verlag 2015 ; Schäfer, Roland : *„Lamettasyndrom" und „Säuresteppe" : Das Waldsterben und die Forstwissenschaften 1979–2007* (Diss. Universität Freiburg im Breisgau). Institut für Forstökonomie 2012.

un ouvrage dirigé par l'historien Franck Uekötter.[61] La notion d'invention n'est pas loin. Or, il faut revenir à l'idée de crise vécue. À la fin des années 1970, la forêt allemande montrait bien des signes de dépérissement, dans l'ex-RDA, dans les monts métallifères, le lien avec la pollution était clair. En Forêt Noire et en Bavière, l'explication par la pollution est parue plausible, elle n'a pas été démontée par des preuves indiscutables, s'inscrivant de fait dans une perspective poppérienne, l'hypothèse du dépérissement formulée par le botaniste Peter Schütt et le pédologue Bernard Ulrich ne pouvant être falsifiée. Surtout, elle correspondait à ce que Bernard Kalaora et Jacques Theys ont démontré, à savoir que les experts pour les questions environnementales avancent des évidences molles, en d'autres termes un faisceau de probabilités émis par les scientifiques et c'est sur ces évidences que le politique se doit d'agir ou non.[62]

Trois crises qui pourraient être qualifiées de crises environnementales, mais qui n'en sont pas au regard du temps long, pourtant elles l'étaient pour les acteurs. Trois crises qui interrogent la place et la fonction de la forêt : fournisseuse de bois et de produits non-ligneux (baies, champignons, feuilles mortes. . .), régulatrice du climat, symbole identitaire, espace de loisir, espace naturel, etc. Trois crises qui ont fait l'objet de travaux interdisciplinaires mêlant l'écologie et les sciences humaines.

4 Conclusion

Ainsi la forêt questionne-t-elle les *Humanités environnementales*. Elle oblige les chercheurs à intégrer le temps long (biologique et historique), de prendre en compte cette « irréversibilité du temps » impliquant une « irréversibilité de l'environnement », selon le géographe Georges Bertrand. De fait, le temps court perd en importance, ce qui interroge l'idée de crise environnementale.[63] Certes, la crise du *Waldsterben* s'inscrit dans le temps court, quelques années pour que le politique agisse en Allemagne (1982), puis réagisse en France, et 1986 pour voir l'instauration de l'essence sans plomb. Mais avec l'introduction du concept

61 Uekötter, Franck/Hohensee, Jens (éd.) : *Wird Kassandra heiser ? Die Geschichte falscher Ökoalarme*. Stuttgart : Franz Steiner Verlag 2004.

62 Theys, Jacques/Kalaora, Bernard (éd.) : *Terre outragée : les experts sont formels !* Paris : Éditions Autrement 1992.

63 Bertrand, Georges : « La discordance des temps ». In : Richard, Hervé/Favory, François/Vignot, Anne (éd.) : *Equilibres et ruptures dans les écosystèmes durant les 20 derniers millénaires : durabilité et mutations*. Besançon : Presses Universitaires de Franche-Comté 2000, p. 15–23.

de *critical loads*, cela oblige à intégrer le temps long de l'action de l'homme sur l'écosystème forêt. Ce temps long est par exemple pris en compte à propos de la forêt de la Dübener Heide à proximité de Bitterfeld, dont le sol a été le réceptacle d'une pollution qui s'est déroulée sur près d'un siècle, dans le cadre d'un programme exécuté au sein de l'Université de Halle.[64] Ce temps long questionne la naturalité de la forêt, interroge sur les relations entre les sociétés humaines et la forêt dans ce qu'elle offre (bois, champignons, faune) ainsi que ses aménités environnementales.

Cette déconstruction n'a pas été seulement l'œuvre des sociologues et des historiens, elle est le fruit d'un travail interdisciplinaire avec une réorientation des travaux des scientifiques (botanistes, climatologues, pédologues, etc.) qui ont mis le facteur humain dans leur approche tout en dévoilant les dynamiques naturelles.

Aujourd'hui, le changement climatique qui se manifeste au niveau de la végétation depuis l'an 2000 pose la question de l'avenir de la forêt et de certaines essences comme le hêtre. Son adaptation passe nécessairement par une modification du régime forestier et par la promotion du taillis en vue de maintenir une couverture boisée et une production ligneuse. Il est question d'introduire des essences exotiques, qui seront mieux adaptées au climat devenu facteur d'instabilité. Ainsi, maintenir la naturalité de la forêt passerait par son artificialisation et remettrait le forestier, le technicien, au cœur de la forêt face à l'écologiste. Le forestier se pose à nouveau comme le protecteur de la forêt face à l'incurie des hommes.

Les *Humanités environnementales* apportent finalement un désenchantement du monde, au sens wébérien du terme, par leur démarche scientifique. Elles démythifient l'espace forestier, déconstruisent notre image de la forêt et, à travers elle, de la nature. Elles interrogent également sur la manière dont nos sociétés française et allemande fabriquent de la naturalité, même à partir d'une composition artificielle – que ce soit la forêt landaise en France ou celle de Grünewald à Berlin, dévastée au lendemain de la Seconde Guerre mondiale.

64 Dupuy, Michel : « La Dübener Heide : un massif forestier entre enjeux scientifiques et politiques, 1957–1989 ». In : Le Roux, Thomas/Letté, Michel (éd.) : *Débordements industriels. Environnement, territoire et conflit XVIIIe-XXIe siècle*. Rennes : Presses Universitaires de Rennes 2013, p. 247–267.

Bibliographie

Baby, François : *La Guerre des Demoiselles en Ariège : 1829–1972*. Laroque-d'Olmes : F. Baby 1972.

Beck, Corinne : « La "dégradation des montagnes" au XIXe siècle dans les Pyrénées ». In : Beck, Corinne/Luginbühl, Yves/Muxart, Tatiana (éd.) : *Temps et espaces des crises de l'environnement*. Versailles : Éditions Quae 2006, p. 191–210.

Bemmann, Martin : *Beschädigte Vegetation und sterbender Wald. Zur Entstehung eines Umweltproblems in Deutschland 1893–1970*. Göttingen : Vandenhoeck & Ruprecht 2012.

Benoit, Serge : « La consommation de combustible végétal et l'évolution des systèmes techniques ». In : Woronoff, Denis (éd.) : *Forges et forêts. Recherches sur la consommation proto-industrielle de bois*. Paris : Éditions de l'École des Hautes Études en Sciences Sociales 1990, p. 87–150.

Bernard, Vincent/Favory, François/Fiches, Jean-Luc (éd.) : *Silva et Saltus en Gaule romaine : dynamique et gestion des forêts et des zones rurales marginales*, Actes du VIIe Colloque AGER, Rennes, 27–28.10.2004. Besançon : Presses Universitaires de Franche-Comté 2014.

Berque, Augustin : « Existe-t-il un mode de pensée forestier ? ». *Cahier du GHFF forêt, environnement et société* 28, 2018, p. 33–41.

Bertrand, Georges : « La discordance des temps ». In : Richard, Hervé/Favory, François/Vignot, Anne (éd.) : *Équilibres et ruptures dans les écosystèmes durant les 20 derniers millénaires : durabilité et mutations*. Besançon : Presses Universitaires de Franche-Comté 2000, p. 15–23.

Blais, Roger : *La conversion. Une grande querelle forestière* (vol. 1). Paris : Presses Universitaires de France 1936.

Blanc, Guillaume/Demeulenaere, Élise/Feuerhahn, Wolf : « Difficile interdisciplinarité ». In : Id. : *Humanités environnementales : enquêtes et contre-enquêtes*. Paris : Publications de la Sorbonne 2017, p. 271–275.

Bouisset, Christine/Degrémont, Isabelle : « Des guides de voyage aux sites Web : 150 ans de communication sur la forêt landaise ». In : Lormant, François/Dereix, Charles/Farcy, Christine (éd.) : *Forêt et communication. Héritages, représentations et défis* (Environnement). Paris : L'Harmattan 2016, p. 227–246.

Brose, Eric Dorn : « Competitiveness and Obsolescence in the German Charcoal Iron Industry ». *Technology and Culture* 26(3), 1985, p. 532–559.

Carlowitz, Hans Carl von : *Sylvicultura oeconomica. Oder Haußwirthliche Nachricht und naturmäßige Anweisung zur wilden Baum-Zucht*. [Leipzig 1713]. Nouveau tirage de Joachim Hamberger (éd.), München : oekom verlag 2013.

Corvol, Andrée : *L'homme aux bois : histoire des relations de l'homme et de sa forêt. XVIIe-XXe siècle.* Paris : Fayard 1987.

Corvol, Andrée (éd.) : *La Nature en révolution, 1760–1800* (Alternatives Paysannes). Paris : L'Harmattan 1993.

Corvol, Andrée (éd.) : *La forêt malade : débats anciens et phénomènes nouveaux, XVIIe-XXe siècle.* Paris : L'Harmattan 1994.

Coutin, Pierre : « La population agricole en France ». *Bulletin de la Société Française d'Économie Rurale*, 1949, p. 18–25.

Demontzey, Prosper : *Étude sur les travaux de reboisement et de gazonnement des montagnes.* Paris : Imprimerie Nationale 1878.

Demontzey, Prosper : *Studien über die Arbeiten der Wiederbewaldung und Berasung der Gebirge* (trad. Arthur v. Seckendorff-Gudent). Wien : Gerold 1880.

Devèze, Michel : *Histoire des forêts.* Paris : Presses Universitaires de France 1965.

Doneus, Mickaël/Doneus, Nives/Cugl, Christian : *Die Canabae von Carnuntum - Eine Modellstudie der Erforschung römischer Lagervorstädte : Von der Luftbildprospektion zur siedlungsarchäologischen Synthese.* Wien : Verlag der Österreichischen Akademie der Wissenschaften 2013.

Dupuy, Michel : « Des "dommages par les fumées" au "Waldsterben" en Allemagne de 1880 à nos jours ». *Allemagne d'aujourd'hui* 150, 1999, p. 85–105.

Dupuy, Michel : « État de l'histoire de l'environnement en Allemagne ». *Bulletin d'Information de la Mission Historique Française en Allemagne* 35, 1999, p. 203–220.

Dupuy, Michel : « Forêts sous influences urbaines en RDA, en RFA et en France ». In : *L'environnement urbain : ressources, perceptions, usages.* Colloque « Urban Resources : Gardens – Parks – Forests ». University of Leicester, 27–30.06.2002. New York et al. : Peter Lang 2002.

Dupuy, Michel : *Les cheminements de l'écologie en Europe.* Paris : L'Harmattan 2004.

Dupuy, Michel : *Réchauffement climatique et forêts dans la France hexagonale : la construction d'un lien 1938–2005.* Rapport IHMC - GHFF - GIP ECOFOR, août 2008.

Dupuy, Michel : « La Dübener Heide : un massif forestier entre enjeux scientifiques et politiques, 1957–1989 ». In : Le Roux, Thomas/Letté, Michel (éd.) : *Débordements industriels. Environnement, territoire et conflit XVIIIe-XXIe siècle.* Rennes : Presses Universitaires de Rennes 2013, p. 247–267.

Dupuy, Michel : « Scientifiques, télévision et écologie : entre vulgarisateur et lanceur d'alerte ». *Le Temps des Médias* 25, 2015, p. 182–199.

Ell, Renate/Luhmann, Hans-Jochen : « Von den Schwierigkeiten der Entdeckung des Waldsterbens in Deutschland. Man sieht nur, was man versteht oder : Schäden ohne Ursache und Ursachen ohne Schäden ». *Forstarchiv* 67, 1996, p. 103–107.

Foucault, Michel : *Les mots et les choses.* Paris : Gallimard 1966.

Garner, Guillaume : *État, économie, territoire en Allemagne. L'espace dans le caméralisme et l'économie politique, 1740–1820.* Paris : Éditions de l'École des Hautes Études en Sciences Sociales 2005.

Georges-Leroy, Murielle et al. : « Apport du Lidar à la connaissance de l'histoire de l'occupation du sol en forêt de Haye ». *ArchéoSciences* 35, 2012, p. 117–129.

Gericke, Hans Otto : « Von der Holzkohle zum Koks. Die Auswirkungen der "Holzkreise" auf die Mansfelder Kupferhütten ». *Vierteljahrsschrift für Sozial- und Wirtschaftsgeschichte* 85, 1988, p. 156–195.

Grashof-Bokdam, Carla : « Forest Species in an Agricultural Landscape in The Netherlands : Effects of Habitat Fragmentation ». *Journal of Vegetation Science* 8, 1997, p. 21–28.

Grewe, Bernd-Stefan : *Der versperrte Wald. Ressourcenmangel in der bayerischen Pfalz (1814–1870).* Köln : Böhlau 2004.

Grober, Ulrich : *Die Entdeckung der Nachhaltigkeit : Kulturgeschichte eines Begriffs.* München : Kunstmann 2010.

Gusdorf, Georges : *Le savoir romantique de la nature.* Paris : Payot 1985.

Hardin, Garett : « The Tragedy of the Commons ». *Science* 162(3859), 1968, p. 1243–1248.

Härdtle, Werner : « Zur Veränderung und Schutzfähigkeit historische alter Wälder in Schleswig-Holstein ». *Norddeutsche Naturschutzakademie-Berichte* 73, 1994, p. 88–96.

Hasel, Karl : *Forstgeschichte : ein Grundriss für Studium und Praxis.* Hamburg : Parey 1985.

Hau, Michel : *Histoire économique de l'Allemagne : XIX*[e]*-XX*[e] *siècles.* Paris : Economica 1994.

Heyder, Joachim C. : *Waldbau im Wandel. Zur Geschichte des Waldbaus von 1870 bis 1950.* Frankfurt a.M. : Sauerländer 1986.

Hobsbawm, Eric John : *Bandits.* London : Abacus 2001.

Holzberger, Rudi : *Das sogenannte „Waldsterben". Zur Karriere eines Klischees: Das Thema Wald im journalistischen Diskurs.* Bergatreute : Eppe 1995.

Hölzl, Richard : « Contested Forests – Environmental Crimes Between Science and Rural Society : Bavaria 1780–1860 ». In : Herrmann, Bernd/Dahlke, Christine (éd.) : *Elements – Continents. Approaches to Determinants of Environmental History and their Reifications*. Stuttgart : Wissenschaftliche Verlagsgesellschaft 2009, p. 249–257.

Hölzl, Richard : *Umkämpfte Wälder : Die Geschichte einer ökologischen Reform in Deutschland 1760–1860*. Frankfurt a.M. : Campus Verlag 2010.

Huff, Tobias : *Natur und Industrie im Sozialismus. Eine Umweltgeschichte der DDR*. Göttingen : Vandenhoeck & Ruprecht 2015.

Kalaora, Bernard/Savoye, Antoine : *Forêt et sociologie : les forestiers de l'école de Le Play, défenseurs des populations de montagne (1860–1913)*. Rungis : Laboratoire des recherches et d'études sur l'économie des industries agricoles et alimentaires 1984.

Kandler, Otto : « Pollution de l'air et déclin des forêts : réfutation de la théorie du "Waldsterben" ». *Unasylva* 44, 1993, p. 39–49.

Koerner, Waltraud et al. : « Influence of Past Land Use on the Vegetation and Soils of Present Day Forest in the Vosges Mountains, France ». *Journal of Ecology* 85, 1997, p. 351–358.

Kolk, Jens/Naaf, Tobias/Wulf, Monika : « Paying the Colonization Credit : Converging Plant Species Richness in Ancient and Post-Agricultural Forests in NE Germany Over Five Decades ». *Biodiversity and Conservervation* 26, 2017, p. 735–755.

Köstlin, Konrad : « Der ethnisierte Wald ». In : Lehmann, Albrecht/Schriewer, Klaus (éd.) : *Der Wald – Ein deutscher Mythos ? Perspektiven eines Kulturthemas*. Berlin : Reimer 2000.

Lathuillière, Laurent/Gironde-Ducher, Maud : *Réseau Habitats – Flore. Sémantique autour des forêts anciennes*. Lempdes : Office National des Forêts/Agence Montagnes d'Auvergne 2014.

Laüt, Laure et al. : « La forêt domaniale de Tronçais, approches archéologiques et environnementales de l'occupation antique ». In : Bernard, Vincent/Favory, François/Fiches, Jean-Luc (éd.) : op. cit., p. 213–226.

Lieber, Hans-Joachim (éd.) : *Werke, Schriften, Briefe/Karl Marx : Frühe Schriften* (vol.1). Stuttgart : Cotta 1962.

Locher, Fabien : « Les pâturages et la Guerre froide : Garett Hardin et la "Tragédie des communs" ». *Revue d'histoire moderne & contemporaine* 60, 2013, p. 7–36.

Lorentz, Bernard/Parade, Adolphe (éd.) : *Cours élémentaire de culture des bois*. Paris : Madame Huzard 1837.

Mäckel, Rüdiger/Steuer, Heiko/Uhlendahl Thomas : « Gegenwartsbezogene Landschaftsgenese am Oberrhein ». *Berichte der Naturforschenden Gesellschaft zu Freiburg i. Br.* 94, 2004, p. 175–194.

Mantel, Kurt : *Forstgeschichtliche Beiträge : Ein Überblick über die Geschichte der Bewaldung, der Wald- und Holznutzung, der Wald- und Forstordnung und der Forstwissenschaft.* Hannover : Schaper 1965.

Mantel, Kurt : *Wald und Forst in der Geschichte : ein Lehr- und Handbuch.* Hannover : Schaper 1990.

Mestre, Mickaël/Hildebrand, Mathieu/Texier, Pierre : « Un exemple d'utilisation du LIDAR sous couvert forestier guyanais ». *Archéopages* 23, 2008, p. 69–75.

Metzger, Birgit : *„Erst stirbt der Wald, dann Du !" Das Waldsterben als westdeutsches Politikum 1978–1986.* Frankfurt a.M. et al. : Campus Verlag 2015.

Mille-Réault, Sara : « Paimpont Brocéliande, entre mythe et réalité ». In : Corvol, Andrée/Arnould, Paul/Hotyat, Micheline (éd.) : *La forêt. Perceptions et représentations.* Paris : L'Harmattan 1997.

Moreau de Jonnès, Alexandre : *Premier mémoire en réponse à la question proposée par l'Académie royale de Bruxelles : quels sont les changements que peut occasionner le déboisement de forêts considérables sur les contrées et communes adjacentes [...] et en général à tout ce qui constitue son état physique actuel ?* Bruxelles : P. J. De Mat 1825.

Moreau de Jonnès, Alexandre/Windenmann, Wilhelm v. : *Untersuchungen über die Veränderungen, die durch die Ausrottung der Wälder in dem physischen Zustand der Länder entstehen.* Tübingen : Osiander 1828.

Nilsson, Jan (éd.) : *Critical Loads for Nitrogen and Sulphur.* Miljorapport 1986 : 11. Nordic Council of Ministers. Copenhagen 1986.

Perrot, Michèle : « Délinquance et système pénitentiaire en France au XIXe siècle ». *Annales. Économies, Sociétés, Civilisations* 30, 1975, p. 67–91.

Peterken, George F. : *Natural woodland : Ecology and Conservation in Northern Temperate Regions.* Cambridge : Cambridge University Press 1996.

Radkau, Joachim : *Nature and Power : A Global History of the Environment.* New York : Cambridge University Press 2008, p. 71–73.

Radkau, Joachim/Schäfer, Ingrid : *Holz : ein Naturstoff in der Technikgeschichte.* Reinbek bei Hamburg : Rohwolt 1987.

Rostain, Stéphen : *Islands in the Rainforest. Landscape Management in Pre-Columbian Amazonia.* Walnut Creek : Left Coast 2013.

Rubner, Heinrich : *Forstgeschichte im Zeitalter der industriellen Revolution.* Berlin : Duncker & Humblot 1967.

Schäfer, Roland : *„Lamettasyndrom" und „Säuresteppe" : Das Waldsterben und die Forstwissenschaften 1979–2007* (Diss. Universität Freiburg 2012). Freiburg im Breisgau : Institut für Forstökonomie 2012.

Schmidt, Uwe E. : *Der Wald in Deutschland im 18. und 19. Jahrhundert.* Saarbrücken : Conte Verlag 2002.

Schwartz, Ekkehard : *Studie zur Entwicklung der sozialen Lage der Waldarbeiter in Deutschland unter dem Kapitalismus von der Mitte des 19. Jahrhunderts bis zur Gegenwart* (Mémoire d'habilitation. TU Dresden 1992).

Sieferle, Rolf Peter : *Der unterirdische Wald : Energiekrise und Industrielle Revolution.* München : Beck 1982.

Sombart, Werner : *Der moderne Kapitalismus : Historisch systematische Darstellung des gesamteuropäischen Wirtschaftslebens von seinen Anfängen bis zur Gegenwart* (vol. 2: Das europäische Wirtschaftsleben im Zeitalter des Frühkapitalismus). München/Berlin : Duncker & Humblot 1916.

Spiecker, Heinrich (éd.) : *Growth Trends in European Forests : Studies From 12 Countries.* Berlin : Springer 1996.

Spiegel : « Saurer Regen über Deutschland. Der Wald stirbt ». *Der Spiegel* 47, 16.11.1981.

Spiegel : « Da liegt was in der Luft ». *Der Spiegel* 48, 23.11.1981.

Surell, Alexandre : *Études sur les torrents des Hautes-Alpes.* Paris : Carillian-Goeury et Dalmont 1841.

Theys, Jacques/Kalaora, Bernard (éd.) : *Terre outragée : les experts sont formels !* Paris : Éditions Autrement 1992.

Thomas, Joachim : *Die „Neuartigen Waldschäden" und die „Klimakatastrophe". Eine Fallstudie über Struktur und Funktion der Umweltforschung.* Frankfurt a.M. : Wissenschafts-Verlag Maraun 1992.

Uekötter, Franck/Hohensee, Jens (éd.) : *Wird Kassandra heiser ? Die Geschichte falscher Ökoalarme.* Stuttgart : Franz Steiner Verlag 2004.

Walter, François : « La montagne alpine : un dispositif esthétique et idéologique à l'échelle de l'Europe ». *Revue d'histoire moderne & contemporaine* 52, 2005, p. 64–87.

Weidenbach, Peter : « Wirtschaftliche, soziale und kulturelle Rahmenbedingungen der Waldentwicklung seit 1800 ». *Der deutsche Wald*, 2001, p. 30–39.

Wentzel, Karl-Friedrich : *Was bleibt vom Waldsterben ? Bilanz und Denkanstöße zur Neubewertung der derzeitigen Reaktion der Wälder auf Luftschadstoffe.* Hamburg : HochschulVerlag 2001.

Willis, Katherine J./Gillson, Lindsey/Brncic, Terry M. : « How "Virgin" Is Virgin Rainforest ? ». *Science* 304, 2004, p. 402–403.

Woronoff, Denis : « La politique des autorisations d'usine et la question du bois ». In : Woronoff, Denis (éd.) : *Forges et forêts. Recherches sur la consommation proto-industrielle de bois*. Paris : Éditions de l'École des Hautes Études en Sciences Sociales 1990, p. 57–85.

Wulf, Monika : « Überblick zur Bedeutung des Alters von Lebensgemeinschaften, dargestellt am Beispiel "historisch alter Wälder" ». *Norddeutsche Naturschutzakademie-Bericht* 7, 1993, p. 3–14.

Wulf, Monika : « Plant Species as Indicators of Ancient Woodland in Northwestern Germany ». *Journal of Vegetation Science* 8, 1997, p. 635–642.

Zürcher, Ulrich : *Die Idee der Nachhaltigkeit unter spezieller Berücksichtigung der Gesichtspunkte der Forsteinrichtung* (Mitteilungen der Schweizerischen Anstalt für das forstliche Versuchswesen, Band 41 Heft 4). (Diss. ETH Zürich 1965). Winterthur : Konkordia 1965.

Paul Averbeck, Florence Rudolf & Julie Gobert

Natürlich natürlich?! Wie natürlich sollten die Wälder des Biosphärenreservats Pfälzerwald-Nordvogesen in Zeiten des Klimawandels sein?

Abstract In this chapter we examine the understanding of naturalness in the doctrines of the "forest actors" and how this understanding influences the working practices of the respective actors in the context of climate change. Methodologically, this article is based on qualitative interviews with private and public forest owners, with foresters, scientists and administrative actors in France and Germany. This allows to clarify the importance of naturalness in forest management doctrines and practices in Germany and France. In addition, we show how the different actors' understandings of naturalness influence the forest management. The analysis of the interviews shows that a number of recurring issues highlight the challenges faced by the different forest actors. The analysis itself endeavours to show how the understanding of naturalness affects these various key issues such as the choice of tree species, the management of forest pests and the question of the nature conservation approach.

Keywords: Naturalness, Forestry, Forest, Climate Change

Die meisten Wälder Deutschlands und Frankreichs sind in ihrem jetzigen Erscheinungsbild sehr stark vom Menschen geprägt. Durch den Klimawandel selbst und die teilweise aktiv vorangetriebene Anpassung der Wälder an den Klimawandel verändern sich unsere Wälder. Dabei ist von herausragender Bedeutung, welche Vorstellungen die verschiedenen Akteure des Waldes davon haben, wie ein Wald aussehen sollte, das heißt auf welchen Modellwald sie sich bei ihrer Arbeit implizit oder explizit berufen. Diese Idealvorstellung ist von außerordentlicher Wichtigkeit, weil ein Großteil der waldbaulichen Maßnahmen und damit die Wälder der Zukunft weitgehend davon abhängen, welche Idealvorstellungen wir heute haben.

In diesem Kapitel untersuchen wir, an welchen Normen und Idealvorstellungen sich die verschiedenen Akteure orientieren und wie diese Normen und Idealvorstellungen den Umgang mit dem Klimawandel beeinflussen. Dabei liegt das Hauptaugenmerk unserer Analyse auf dem Verständnis von Natürlichkeit. Wir betrachten, wie sehr die Natürlichkeit als Argument gegenüber anderen Normen unter dem Einfluss des Klimawandels an Boden gewinnt oder verliert und welche Unterschiede es diesbezüglich zwischen Deutschland und Frankreich gibt.

Als Untersuchungsgebiet dient das grenzüberschreitende Biosphärenreservat Pfälzerwald-Nordvogesen. Als zusammenhängendes, grenzüberschreitendes Waldgebiet, welches auf beiden Seiten der Grenze bezüglich der geologischen Gegebenheiten, des Schutzstatus und des Baumbestandes weitgehend vergleichbar ist, stellt das Biosphärenreservat ein ideales Untersuchungsgebiet dar, um die kulturell geprägten Gemeinsamkeiten und Unterschiede in der Forstwirtschaft in Deutschland und Frankreich zu untersuchen.

Methodisch basiert dieses Kapitel auf 14 qualitativen, semistrukturierten, persönlichen Interviews, die von Januar 2018 bis Juni 2018 mit relevanten Akteuren der Forstwirtschaft geführt wurden. Hinzu kommen 12 Interviews mit holzverarbeitenden Akteuren, die wir zwar nicht direkt hinsichtlich ihres Verständnisses von Natürlichkeit mit in die Analyse einbezogen haben, die uns aber Aufschluss über das Zusammenspiel der verschiedenen Akteure gegeben haben und so indirekt in die Analyse mit einfließen.

1 Zum Verständnis von Natürlichkeit

Die Natürlichkeit ist Gegenstand vieler Überlegungen und neuerer Konzepte, die jedoch für sich allein genommen der Vielseitigkeit und Dynamik der Natur nicht gerecht werden.[1] Ein Beispiel dafür ist das Konzept der *Biodiversität*. Die Natürlichkeit taucht auch als Forschungsobjekt der Naturwissenschaften auf.[2] Dabei ist Natürlichkeit ein Referenzzustand für vom Menschen unberührte Natur, anhand dessen abgestuft werden kann, wie sehr Systeme vom Menschen beeinflusst sind.[3] Im Allgemeinen allerdings beruht die Natürlichkeit nicht auf einem robusten theoretischen Konzept.[4] Der Begriff der Natürlichkeit muss

1 Morin, Edgar: *La méthode. 2. La Vie de la Vie.* Paris: Éditions du Seuil 1980.

2 Six, Diana L. et al.: „Wilderness for Science: Pros and Cons of Using Wilderness Areas for Biological Research“. *USDA Forest Service Proceedings* 3, 2000, S. 271–275; Anderson, Jay E.: „A Conceptual Framework for Evaluating and Quantifying Naturalness“. *Conservation Biology* 5, 1991, S. 347–352.

3 Scholes, Robert J./Biggs, Renette: „A Biodiversity Intactness Index“. *Nature* 434, 2005, S. 45–49; Siipi, Helena: „Naturalness in Biological Conservation“. *Journal of Agricultural and Environmental Ethics* 17, 2014, S. 457–477.

4 Vallauri, Daniel: *Biodiversité, naturalité, humanité. Application à l'évaluation des forêts et de la qualité de la gestion.* Marseille: WWF-France 2007; Vallauri, Daniel/Neyroumande, Emmanuelle: „Les forêts françaises: une biodiversité à la fois riche et menacée“. *Annales des Mines – Responsabilité et environnement.* 53(1), 2009, S. 75–81.

daher der empirischen Forschung vorgelagert untersucht werden. Zu diesem Zweck gehen wir einen philosophischen, genauer gesagt einen erkenntnistheoretischen Umweg, um aufzuzeigen, wie pragmatische Fragen der Forstwirtschaft letzten Endes auf grundlegende philosophische Fragestellungen zurückzuführen sind.

Was genau ist gemeint, wenn wir von der Natur sprechen? Ist es zum Beispiel die Natur im Sinne des *Naturalismus*,[5] dessen unbestritten wichtigster historischer Vertreter Descartes ist und in dem alle Naturwesen – und damit letztlich die Natur an sich – nicht als Selbstzweck, sondern als „Mittel zum Zweck" betrachtet werden?[6] Eine Folge dieses Denkens ist, dass der Mensch mit seinem Drang nach Entwicklung und der Fähigkeit die Naturgesetzte zu begreifen und so die Natur zu beherrschen, sich als Herr und Besitzer der Natur positioniert. Wissenschaft und Technik spielen dabei eine herausragende Rolle, Ethik und Verantwortung bleiben zumeist auf der Strecke. So begründete sich die in den 1980er Jahren immer wieder geäußerte Kritik an einer „Wissenschaft ohne Gewissen".[7]

Paradoxerweise ist es so, dass Gesellschaften, je mehr sie sich von der Natur emanzipieren und, wie es die Moderne tut, die „Entwurzelung von der Natur" zum Prinzip ihres Selbstverständnisses machen,[8] desto mehr mischen sie sich in den Lauf der Dinge und die natürlichen Vorgänge ein. Im Gegensatz zu dem, was die Trennung von Natur und Gesellschaft suggeriert haben mag, beendet diese Trennung nicht den Prozess der Koevolution von Natur und Gesellschaft. Die hochgradig ungewisse Zukunft dieser Koevolution macht sie zu einem perfekten Schauplatz der Risikoforschung.[9] Die ökologische Krise und die vielen damit verbundenen Risiken sind die Folgen dieser Entwicklung, die spätestens

---

5 *Naturalismus* verstehen wir hier im Sinne von Philippe Descola. *Naturalismus* postuliert demnach eine materielle Kontinuität zwischen menschlichen und nichtmenschlichen Wesen, während er die Existenz von Kommunikationsbeziehungen zwischen diesen leugnet. Cf. Descola, Philippe: *Par-delà nature et culture*. Paris: Gallimard 2005.

6 Latour, Bruno: „Arrachement ou attachement à la nature". *Écologie Politique* 5, 1993, S. 15–26.

7 Morin, Edgar: *Science avec conscience*. Paris: Fayard 1982.

8 Ferry, Luc: *Le nouvel ordre écologique*. Paris: Grasset 1992.

9 Rudolf, Florence: *L'environnement, une construction sociale*. Strasbourg: Presses Universitaires de Strasbourg 1998 ; id.: „Société du risque, Société vulnérable". In: Becerra, Sylvia/Peltier, Anne (Hrsg.): *Risques et environnement: recherches interdisciplinaires sur la vulnérabilité des sociétés*. Paris: L'Harmattan 2009, S. 41–51.

mit der Industrialisierung Einzug gehalten hat und seit dem Zweiten Weltkrieg immer mehr an Fahrt aufnimmt.

Bis heute werden in vielen Bereichen grundlegende Zusammenhänge, die Komplexität der Systeme und unsere Abhängigkeit von der Natur missachtet und so die Trennung von Gesellschaft und Natur weitergetrieben. Die Idee der nachhaltigen Entwicklung fordert uns dazu auf, diese *de facto* miteinander verbundenen Realitäten auch in unserem Denken und unserem Handeln wieder miteinander zu verbinden. Denn nur, weil wir uns daran gewöhnt haben, Sozialsysteme als unabhängig oder gar als den Ökosystemen fremd zu betrachten, haben wir nicht weniger dazu beigetragen die globalen Energie-, Material- und Informationsflüsse zu beeinflussen. Das *Anthropozän*, als neue Wortschöpfung zur Beschreibung der Beziehungen zwischen dem Menschen und seiner Umwelt, macht dies deutlich, indem anerkannt wird, dass der Mensch eine treibende Kraft bei der Gestaltung der Erde ist und dabei nunmehr die biologischen, ökologischen und geologischen Prozesse übertrifft.[10] Politische Ökologie und Umweltschutz sind praktische Umsetzungen dieses Wandels, die die Gesellschaften dazu drängen, aus dem mehr oder weniger latenten Kriegszustand, in dem sich die Menschen allmählich eingelebt haben, herauszukommen und die ökologische Frage neben die großen politischen, wirtschaftlichen und sozialen Fragen zu stellen. Denn das Infragestellen dieses Kriegszustands ist Teil der nötigen Relativierung des *Naturalismus* und seines Anspruchs auf Universalität,[11] zugunsten einer gewissen Neugewichtung zwischen der Ontologie der modernen und anderer Gesellschaften. Wir wollen diese Auseinandersetzung mit der Natürlichkeit nicht zu sehr in die Länge ziehen, können aber nicht umhin, noch auf die *Tiefenökologie* (engl. *Deep ecology*) und ihre Bedeutung für die Relativierung der Moderne einzugehen.

Die *Tiefenökologie* ist ein verallgemeinernder Ausdruck, der mehrere Strömungen umfasst. Man kann die *Tiefenökologie* als Gegenentwurf zum *Naturalismus* bezeichnen. Während der *Naturalismus* ein Materialismus ist, ist die *Tiefenökologie* ein Idealismus. Als Antwort auf das Maschinenparadigma, nach dem Pflanzen und Tiere Automaten und damit lediglich Mittel zum Zweck sind, postuliert die *Tiefenökologie*, dass die Natur von Geist und Bedeutung durchdrungen ist und auch Tiere und Pflanzen Rechtssubjekte sein sollten. Als Antwort auf diese beiden Extreme scheint ein neuer *Naturvertrag*,[12] in dem das

10 Bonneuil, Christophe/Fressoz, Jean-Baptiste: *The Shock of the Anthropocene: The Earth, History and Us*. London/New York: Verso 2016.

11 Descola 2005.

12 Serres, Michel: *Le contrat naturel*. Paris: Flammarion 1992.

Zusammenleben von Mensch und Umwelt geregelt wird, unerlässlich. Davon zeugen die oft frontalen Konfrontationen von verschiedenen Akteuren, die mit Ökosystemen arbeiten, wie zum Beispiel zwischen Förstern und Umweltschützern.

Dieser Exkurs zur Natürlichkeit erscheint uns wichtig, weil die Weltanschauung der Akteure deren Meinung und Handeln stark beeinflusst. Dadurch ist die Sicht der relevanten Akteure auf die Natürlichkeit von großer Bedeutung dafür, wie diese mit den Wäldern umgehen. Dies wird zum Beispiel in der geschichtsträchtigen Debatte zwischen John Muir[13] und Gifford Pinchot[14] deutlich. Muir bezog sich darin stärker auf den intrinsischen Wert der Natur und wollte die wilde Natur der USA erhalten, während Pinchot eine utilitaristische Sicht auf die Natur und besonders die Wälder hatte und dementsprechend für eine nachhaltige Nutzung der Wälder eintrat. Der Ansatz und das Engagement von Muir führten dazu, dass große Flächen wie der heutige Yosemite-Nationalpark nicht genutzt, sondern unter Schutz gestellt wurden, während Pinchot die Forstverwaltung der Vereinigten Staaten gründete. Diese Debatte über die Natürlichkeit und den Einfluss des Menschen auf die Umwelt hallt in der wissenschaftlichen Literatur immer noch nach. Zum Beispiel um neue Arten von (Nicht-)Eingriffen zu verteidigen, in denen der Natur mehr Raum für Autonomie und natürliche Spontanität gelassen wird.[15]

Es überrascht daher nicht, dass Fragen wie die nach dem idealen Wald (von natürlichen Urwäldern bis zu produktiven Baumplantagen) oder nach geeigneten Formen politischer Steuerung, um eine nachhaltige Bewirtschaftung der Wälder sicherzustellen, immer wieder von den Akteuren aufgeworfen werden. Dies ist sowohl in Deutschland als auch in Frankreich der Fall, wenn auch mit einigen Unterschieden. Diese Unterschiede rechtfertigen die vergleichende Analyse des Diskurses, welchen die „Akteure des Waldes" auf beiden Seiten der Grenze in Bezug auf den Umgang mit dem Klimawandel halten.

Die Diskussion um die Natürlichkeit der Wälder steht im Kontext des Leitbildes von multifunktionalen Wäldern. Sowohl in Deutschland als auch in

---

13 John Muir (1838–1914) war ein schottisch-US-amerikanischer Naturphilosoph und Naturschützer. Er setzte sich insbesondere für den Erhalt der US-amerikanischen Wildnis ein.

14 Gifford Pinchot (1865–1946) war ein leitender US-amerikanischer Förster und Politiker. Er setze sich für eine nachhaltige Nutzung der Wälder ein.

15 Schnitzler, Annik: „Towards a new European wilderness: Embracing unmanaged forest growth and the decolonisation of nature". *Landscape and Urban Planning* 126, 2014, S. 74–80.

Frankreich hat sich dieses Leitbild als dominierende Doktrin durchgesetzt. Dies war jedoch nicht immer so und auch heute sind noch viele Wälder Zeuge von anderen Wertvorstellungen (siehe im nächsten Kapitel). Obwohl sich die meisten Akteure zum Leitbild der Multifunktionalität bekennen, stellt dieses Leitbild eine große Herausforderung für die Förster dar. Die vielen verschiedenen Akteure, welche den Wald nutzen, stellen eine Vielzahl von verschiedenen, teils gegensätzlichen Anforderungen an den Wald und dessen Bewirtschaftung. Die verschiedenen Akteure haben oft ihre eigenen Denkweisen und Rechtfertigungsprinzipien, die es ihnen schwer machen andere Akteure und deren Argumente anzuerkennen. Dieses Problem wird auch von Boltanski und Thévenot[16] beschrieben.[17] Sie identifizieren mehrere Wertesysteme, welche auf den großen Texten der letzten Jahrhunderte begründet sind. Diese Wertesysteme (die Autoren identifizieren derer sechs, welche sie als *Welten* bezeichnen) lassen sich auch in den verschiedenen Positionen wiederfinden, welche die Akteure zu den großen Streitfragen bezüglich des Umgangs mit den Wäldern beziehen.

So lassen sich zum Beispiel die meisten Passagen in den Interviews, in denen primär die Natürlichkeit der Wälder angesprochen wird, der Welt der Inspiration zuordnen, welche die Weltanschauung von Augustinus von Hippo widerspiegelt.[18] Positionen, welche mit der Produktivität der Wälder und der Wichtigkeit der Absatzmärkte argumentieren, fußen auf der Logik der industriellen Welt (Henri de Saint-Simon[19]) und der des Marktes (Adam

16 Luc Boltanski (*1940) und Laurent Thévenot (*1949) sind französische Soziologen. Ihre Arbeit begründet die „pragmatische Soziologie" welche auf der These beruht, dass Menschen in konfliktträchtigen Situationen auf verschiedene Rechtfertigungsprinzipien zurückgreifen um ihr Handeln zu rechtfertigen. Damit brechen sie mit den beiden wichtigsten dominanten soziologischen Traditionen – der von Durkheim inspirierten Soziologie (die jedes individuelle Verhalten als Zugehörigkeit zu der Gruppe bezeichnet, die dem eigenen Handeln Bedeutung verleiht) und dem methodologischen Individualismus (der alle kollektiven Phänomene als kausale Folgen von individuellen Handlungen, Überzeugungen oder Einstellung erklärt).

17 Boltanski, Luc/Thévenot, Laurent: *De la justification. Les économies de la grandeur.* Paris: Gallimard 1991.

18 Augustinus von Hippo (354–430 n. Chr.) war ein christlicher Philosoph der Spätantike. Er gilt als einer der vier Väter der westlichen Kirche. Er schrieb *La Cité de Dieu*, das von Kopisten im Mittelalter am häufigsten reproduzierte Werk.

19 Claude Henri de Rouvroy, Graf von Saint-Simon (1760–1825) war ein französischer Ökonom, Philosoph und Begründer des *Saint-Simonismus.* Das Ziel der Saint-Simonier war der technische und soziale Fortschritt, um eine ideale Gesellschaft zu schaffen, in der jeder dank seiner Fähigkeiten seinen Platz finden würde.

Smith[20]). Konkrete Positiv- und Negativbeispiele von Wäldern, an denen sich Förster orientieren, entsprechen der Welt der Meinung, welche sich auf Texte von Hobbes stützt. Passagen, in denen es um lokaltypische Arbeitsweisen geht, lassen sich der „häuslichen" Welt (Bossuet[21]) oder teilweise auch der „staatsbürgerlichen" Welt (Rousseau[22]) zuordnen. Diese kommt auch immer dann zum Tragen, wenn es darum geht, dass der Wald an zukünftige Generationen weitergegeben oder für diese gepflegt wird; ein Aspekt, welcher beim Waldbau aufgrund der langen Produktionszeiträume omnipräsent ist. Diese Beobachtung zeigt nicht nur, dass die deutschen und französischen Akteure sich implizit auf die gleichen, althergebrachten Wertesysteme berufen, sondern es wird vor allem auch klar, wieso die Förster vor einer so schwierigen Aufgabe stehen, wenn es darum geht der Multifunktionalität der Wälder gerecht zu werden. Denn dies impliziert zwischen den verschiedenen Akteuren und den damit verbundenen unterschiedlichen Wertesystemen zu vermitteln. Diese Aufgabe wird durch den Klimawandel und die damit verbundenen Unsicherheiten noch komplexer. Denn sowohl hinsichtlich des Ausmaßes des Klimawandels als auch bezüglich der Auswirkungen des Klimawandels auf die Waldökosysteme bleiben viele offene Fragen.

Bevor wir darauf eingehen, wie mit der Frage der Natürlichkeit der Wälder im französischen und im deutschen Teil des Biosphärenreservates Pfälzerwald-Nordvogesen umgegangen wird, werden wir uns noch kurz mit der Frage der jeweiligen gesetzlichen Rahmenbedingungen beschäftigen, denn die gesetzlichen Rahmenbedingungen und auch die historische Entwicklung derselben prägen das Waldmanagement.

---

20 Adam Smith (1723–1790) war ein schottischer Wirtschaftswissenschaftler. Im Gegensatz zu den Merkantilisten, die Reichtum mit der Anhäufung von Edelmetallen gleichsetzten, zeigte Smith, dass der Reichtum der Nationen aus der Arbeitsteilung entsteht. Smith zeigt auch, dass der Wettbewerbsmarkt die Regulierung der wirtschaftlichen Aktivität und damit die Befriedigung kollektiver Bedürfnisse ermöglicht.

21 Jacques Bénigne Bossuet (1627–1704) war Bischof und ein großer Redner. Jede Veränderung war für ihn schlecht, da Gott die Unveränderlichkeit selbst sei.

22 Jean-Jacques Rousseau (1712–1778) war ein bedeutender Philosoph des 18. Jahrhunderts. Sein Denken umfasst verschiedene Bereiche: Sozialkritik, politische Theorie, Moral, Theologie, Autobiographie. Die Reflexion über die Freiheit bildet die Einheit dieses einzigartigen und komplexen Werkes: die ursprüngliche Freiheit des Menschen im Zustand der Natur, die Freiheit des Einzelgängers im Zustand der Träumerei und die politische Freiheit auf Grundlage des Vertrages. In seinem Werk *Der Sozialvertrag* schlägt er einen Pakt zwischen den Bürgern vor mit dem Ziel, die Ungleichheiten der Gesellschaft zu beheben.

2 Geschichte und gesetzliche Rahmenbedingungen des Waldmanagements in Deutschland und Frankreich

Bei der Diskussion über die Natürlichkeit von Wäldern müssen wir uns zunächst klarmachen, wie verhältnismäßig neu diese Diskussion ist. Zwar wurde der Begriff „Nachhaltigkeit", beziehungsweise die „nachhaltende Nutzung von Wäldern", schon im Jahr 1713 von Carlowitz formuliert,[23] doch damals ging es nicht um eine Nachhaltigkeit, bei der um die Natürlichkeit der Wälder gestritten worden wäre. Der Ausgangspunkt für Carlowitz' Gedanken war vielmehr die Unterversorgung des Bergsektors mit Holz, die daher rührte, dass die deutschen Wälder seit dem Mittelalter ständig übernutzt wurden und entsprechend ausgelaugt waren. Folglich war bei Carlowitz und auch noch lange Zeit danach die nachhaltige Bewirtschaftung von Wäldern darauf begrenzt, die Wälder nicht zu übernutzen und so einen stetigen Holzeinschlag zu gewährleisten.[24] Primär ging es damit nicht darum die Wälder als Ökosystem, als Lebensraum für Tiere und Pflanzen oder um ihrer selbst willen zu erhalten, sondern darum die Wirtschaft mit dem Rohstoff Holz zu versorgen, auf den sie damals noch stärker als heute angewiesen war.

In Frankreich ist die Entwicklung zu dieser Zeit recht ähnlich. Zwar entsteht bereits sehr früh ab dem 12. und 13. Jahrhundert ein gewisses Bewusstsein dafür, dass die Existenz von Wald nicht unumstößlich ist und ganze Wälder verschwinden können, wenn sie übernutzt werden. Denn auch in Frankreich waren die Wälder zu dieser Zeit sehr stark übernutzt, zunächst durch die Holzeinschläge der Klöster und dann zunehmend durch den Ausbau der Handels- und Kriegsflotte. Es dauerte jedoch mehrere Jahrhunderte, bis sich diese Erkenntnis in einem konkreten Schutz der Wälder und einem echten Management der Holzressourcen niederschlug. Einer der ersten wegweisenden Texte in der modernen Geschichte der Wälder Frankreichs geht auf die Verordnung von 1669, bekannt als *Verordnung von Colbert*, zurück. Mit dieser Verordnung wurde verboten Wald zu roden und in Agrarland umzuwandeln und die Beweidung der Wälder wurde reglementiert. Außerdem sollte die Bewirtschaftung der Wälder über einen Zeitraum von 100 Jahren geplant werden, um

23 Carlowitz, Hans Carl von: *Sylvicultura oeconomica. Oder Haußwirthliche Nachricht und naturmäßige Anweisung zur wilden Baum-Zucht.* Leipzig: 1713. In der Neuauflage von Hamberger, Joachim (Hrsg.): München: oekom verlag 2013.

24 Hamberger, Joachim: „Von der Syliviculture zur Waldkultur". *LWF Wissen* 72, 2013, S. 15–23.

die Wälder nicht zu erschöpfen.[25] Wie auch in Deutschland war die Zielsetzung bei dieser Suche nach einer forstlichen Nachhaltigkeit nicht der Erhalt der Wälder um ihrer selbst willen, sondern die Tatsache, dass Holz ein langfristig zu sichernder strategischer Rohstoff war.[26]

In Deutschland blieb das von Carlowitz geforderte Prinzip, nicht mehr Holz einzuschlagen als gleichzeitig nachwächst, über lange Zeit nicht mehr als ein hehres Ziel, welches jedoch praktisch kaum umgesetzt wurde, wodurch die deutschen Wälder zunehmend übernutzt wurden. Im Zuge der Liberalisierung der Wirtschaft Mitte des 19. Jahrhunderts halten mit der *Bodenreinertragslehre* neue Ideen Einzug in die Forstwirtschaft. So betrachtet die *Bodenreinertragslehre* den Waldboden als Kapital und sieht den Hauptzweck des Waldes darin eine möglichst hohe Rendite für den Besitzer zu erzielen, anstatt die Versorgung der Gesellschaft in den Mittelpunkt zu stellen. Als Folge entstehen Monokulturen aus gleichaltrigen Fichten und Kiefern, geerntet wird per Kahlschlag.[27] Als Gegenbewegung zu dieser extrem einseitigen Sicht auf die Wälder formuliert Alfred Möller[28] 1922 die Idee des *Dauerwaldes* und legt damit die Grundlage für die naturnahe Waldwirtschaft. Möller stellt die Stetigkeit des Waldwesens in den Mittelpunkt und fordert einen Verzicht auf Kahlschlag, ungleichaltrige Bestände und Mischwald.[29] Trotzdem blieb auch bei Möller eine hohe Holzernte ein wichtiges Ziel. Zeit seines Lebens wurde Möller jedoch für seine Thesen stark angefeindet und die *Bodenreinertragslehre* prägte über viele Jahrzehnte den Diskurs der Forsttheoretiker und der Forstpraxis. Auch die Weltkriege und die anschließenden Reparationszahlungen führten zu großen Kahlschlägen in Deutschlands Wäldern, die anschließend mit schnell wachsenden Fichten und Kiefern aufgeforstet wurden und so die bereits bestehenden Strukturen fortsetzten. Noch heute zeugen viele der Wälder von dieser Zeit.[30]

---

25 Morin, Georges-André: „La forêt française. Mythes et réalité“. *Commentaire* 96, 2001, S. 893–904.

26 Corvol, Andrée: *L'homme au bois: histoire des relations de l'homme et de la forêt.* Paris: Fayard 1987; Boutefeu, Benoît: „L'aménagement forestier en France: à la recherche d'une gestion durable à travers l'histoire“. *VertigO – la revue électronique en sciences de l'environnement* 6(2), 2005, retrieved 01.12.2020, from DOI 10.4000/vertigo.4446.

27 Hamberger 2013.

28 Alfred Möller (1860–1922) war ein deutscher Forstwissenschaftler.

29 Möller, Alfred: *Der Dauerwaldgedanke. Sein Sinn und seine Bedeutung.* Berlin: Springer 1922.

30 Hamberger 2013.

Entgegen der landläufigen Meinung stellte die Französische Revolution keine Abkehr von den Prinzipien der *Verordnung von Colbert* dar, abgesehen davon, dass die Wälder aus kirchlichem Besitz in den öffentlichen Besitz übergingen.[31] Dies wird daran deutlich, dass das Forstgesetzbuch von 1827 Teile der aus der Revolution hervorgegangenen Verfassung aufgreift.[32] Mit diesem Gesetz wird die Position der Förster gestärkt und Nebennutzungen des Waldes beschränkt. Gleichzeitig wird die Forstwirtschaft eine wissenschaftliche Disziplin im Dienste der Bewirtschaftung der Wälder, die sehr technisch ausgelegt ist und keinen Platz für geistes- und sozialwissenschaftliche Ansätze lässt.[33] Es entsteht ein regelrechter Kult der Wiederaufforstung, wobei wenig Raum für alternative Arten der Bewirtschaftung bleibt. Dieser technische Fokus der Forstwirtschaft besteht bis heute fort.

Gleichzeitig werden dem Wald nach und nach neue Funktionen hinzugefügt, wie zum Beispiel der Küstenschutz im 19. Jahrhundert. Diese neuen Funktionen des Waldes bleiben allerdings immer klar im Schatten der wirtschaftlichen Dimension der Wälder.[34] In diesem Sinne wird 1881 die Wasser- und Forstverwaltung dem Landwirtschaftsministerium angegliedert. Unter dem Gesichtspunkt der Anerkennung der Natürlichkeit der Wälder ist diese Eingliederung nicht sehr günstig, da die Forstwirtschaft näher an die Landwirtschaft heranrückt, welche naturgemäß wesentlich stärker in natürliche Prozesse eingreift. Daran wird deutlich, dass der Wald im Sinne einer sich selbst genügenden Einheit (statt lediglich als Mittel zum Zweck) in Frankreich eine untergeordnete Rolle spielte.[35] So hat auch das staatliche Forstamt Frankreichs, welches 1964 gegründet wurde, bis heute eine eindeutig wirtschaftliche Ausrichtung.[36] Da in den 1970er Jahren zunehmend auch Umweltbelange in der Gesellschaft diskutiert wurden, veränderte sich jedoch auch der Beruf des Försters und die entsprechenden Gesetzestexte. So wurde zum Beispiel im Gesetz von 2001 festgelegt, dass auch die soziale Rolle der Wälder berücksichtigt werden muss.[37]

---

31 Morin, Georges-André: „La continuité de la gestion des forêts françaises de l'Ancien Régime à nos jours, ou comment l'État a-t-il pris en compte le long terme". *Revue française d'administration publique* 134(2), 2010, S. 233–248.

32 Cf. la Loi du *28 Ventôse an XI* bzw. *Loi du 19 mars 1803.*

33 Puyo, Jean-Yves: „Enseignement forestier et sciences sociales: le ‚grand nulle part' (1824–1914)". *Les études sociales* 34, 2001, S. 7–22.

34 Morin, Georges-André 2001.

35 Ibid.

36 Boutefeu 2005.

37 Ibid.

Auch in Deutschland rücken Umweltthemen erst in den 1970er Jahren zunehmend in den gesellschaftlichen Fokus. Zu dieser Zeit wird neben der Nutzenfunktion, also dem Holzeinschlag, auch die Schutzfunktion (z. B. Boden, Wasser, Klima...) und die Erholungsfunktion von Wäldern im Deutschen Bundeswaldgesetz verankert.[38] In der Praxis setzt sich aber mit der *Kielwassertheorie* vielerorts erst einmal die Idee durch, dass die Schutz- und Erholungsfunktion im Kielwasser der Nutzenfunktion praktisch automatisch nebenher bedient würden. Erst als 1987 das Saarland eine Bewirtschaftung der Wälder ohne Kahlschlag festschreibt, was deutschlandweit ein großes Medienecho auslöst, beginnt sich der Dauerwaldgedanke wirklich in der forstlichen Praxis durchzusetzen. Heute ist in vielen Ländern der Dauerwaldgedanke auch gesetzlich verankert. So ist im rheinlandpfälzischen Landeswaldgesetz, welches das Bundeswaldgesetz für RLP und damit auch für den Pfälzer Wald konkretisiert, der naturnahe Waldbau als Leitbild festgelegt.[39] In diesem Sinne sind z. B. Kahlschläge von mehr als 0,5 Hektar bis auf wenige Ausnahmen verboten.[40] Neben der Gesetzgebung legt die nationale Biodiversitätsstrategie wichtige Zielvorgaben für Wälder fest. Demnach sollen bis zum Jahr 2025 10 % der Fläche des Staatswaldes im Sinne des Prozessschutzes ganz aus der Nutzung genommen werden.[41]

Mit Blick auf diese Vorgaben wird heute in den deutschen Staats- und Kommunalwäldern ein naturnaher Waldbau angestrebt und in der Narrative der meisten Förster wird diese Form der Bewirtschaftung auch als wünschenswert beschrieben. Naturnaher Waldbau heißt, es wird auf Kahlschlag verzichtet, überwiegend mit Naturverjüngung gearbeitet und so ein Dauerwald angestrebt, in dem unterschiedliche Baumarten und Bäume verschiedenen Alters gemischt sind. Diese Merkmale erzeugen auch im Hinblick auf den Klimawandel einen relativ widerstandsfähigen Wald. Die grundlegende Strategie ist also eher risikoavers, das heißt es wird bewusst auf hochriskante, aber sehr gewinnbringende Bewirtschaftungsformen wie Monokulturen schnell wachsender Baumarten verzichtet. Die Entscheidung für den naturnahen Waldbau ist

38 § 1 BWaldG.

39 § 1 Landeswaldgesetz RLP.

40 § 5 Landeswaldgesetz RLP.

41 Ministerium für Umwelt, Energie, Ernährung und Forsten des Landes Rheinland-Pfalz: *Klare Ziele für den Erhalt der Artenvielfalt*, retrieved 25.4.2020, from <https://mueef.rlp.de/en/themen/naturschutz/aktion-gruen/service/biodiversitaetsstrategie-fuer-rheinland-pfalz>.

jedoch nicht in erster Linie dem Klimawandel geschuldet, sondern wird schon seit längerem unter anderem aus Naturschutzgründen forciert.

Auf französischer Seite wird der Bewirtschaftungsrahmen heute wesentlich durch das Gesetz *Loi d'Avenir pour l'Agriculture, l'Alimentation et la Forêt* (2014) und die daraus resultierenden regionalen Programme festgelegt. Zwar sind darin verschiedene Ziele festgelegt, wie z. B. die nachhaltige und multifunktionale Bewirtschaftung der Wälder, der Schutz der Biodiversität und die Berücksichtigung des Klimawandels. Allerdings ist das Hauptziel die bessere Nutzung der Ressource Holz, welche als ungenügend genutzt und nicht wettbewerbsfähig gilt. Auch bezüglich des Klimawandels steht neben der Anpassung der Wälder vor allem eine größere Nutzung des Holzes im Vordergrund, da Holz Kohlenstoff speichert. Die Rolle der Natürlichkeit der Wälder in den Rahmenvorgaben ist relativ gering.

3 Welchen Platz hat die Natürlichkeit in den multifunktionalen Wäldern?

Auf die Frage, welches die größten Herausforderungen sind, vor die sich die Waldbesitzer und Förster in den nächsten Jahrzehnten gestellt sehen, lassen sich auf beiden Seiten der Grenze ähnliche Tendenzen feststellen. Zwar beziehen sich die Antworten häufig auf aktuelle Geschehnisse, die oft nur eines der Länder betreffen. So wird zum Beispiel auf deutscher Seite oft angesprochen, dass im Zuge eines Kartellverfahrens der Holzverkauf umgestellt werden muss. Aber die zugrundeliegenden Problematiken scheinen auf beiden Seiten ähnlich zu sein. Die wichtigsten Problematiken, welche wir aus den Interviews herauslesen konnten, sind die folgenden:

- Der Klimawandel macht es nötig viele Wälder umzubauen, die voraussichtlich schlecht an das zukünftig vorherrschende Klima angepasst sein werden. Dies wird besonders dadurch zu einer großen Herausforderung, dass mit dem Klimawandel – bezüglich dessen Ausmaßes und Folgen, aber auch bezüglich der Baumarteneignung – große Unsicherheiten verbunden sind.[42]
- Aufgrund des langsamen Wachstums der Bäume sind in der Forstwirtschaft die Produktions- und damit auch die Planungszeiträume komplett anders als in den meisten anderen Branchen. Daher herrscht eine große Diskrepanz

42 Jandl, Robert et al.: „Forest Adaptation to Climate Change – Is Non-Management an Option?" *Annals of Forest Science* 76 (2), 2019, S. 48.

zwischen den schnelllebigen Märkten und der Produktionszeit und damit den Anpassungsmöglichkeiten der Forstwirtschaft. Auch das Tempo des Klimawandels ist für die Wälder sehr hoch, wodurch natürliche Anpassungsmechanismen teilweise außer Kraft gesetzt werden.[43]

- Die gesellschaftlichen Anforderungen an die Wälder ändern sich ständig und werden zunehmend komplexer. Die Ansprüche der verschiedenen Akteure und die teilweise unterschiedlichen Normen machen eine Vermittlung zwischen den Anforderungen oft schwierig.
- Die steigenden Personalkosten zwingen die Forstwirtschaft zu einer Rationalisierung der Arbeitsschritte. Dies bringt wiederum neue Probleme mit sich. So ist zum Beispiel der zunehmende Einsatz von Holzvollerntern (engl. *Harvester*) problematisch für die Waldböden und birgt ein Konfliktpotential mit Erholungssuchenden.

Diese nicht vollständige Liste von Problematiken macht deutlich, wie stark die verschiedenen Herausforderungen miteinander verknüpft sind. So ist auch der Klimawandel, der uns hier besonders interessiert, ein immer wiederkehrendes Thema und Teil von verschiedenen Herausforderungen. Daher wollen wir in diesem Kapitel die Frage der Natürlichkeit von Wäldern anhand von mehreren Themenfeldern beleuchten, welche als Querschnittsthemen bei der Anpassung an den Klimawandel relevant sind und gleichzeitig andere gesellschaftliche Anforderungen widerspiegeln.

3.1 Die Wahl der Baumarten

Die Frage der Baumarten und der Zusammensetzung des Waldes ist bei den Befragten, sowohl in Deutschland als auch in Frankreich, ein omnipräsentes Thema, denn die Baumartenzusammensetzung beeinflusst die meisten anderen Fragestellungen. Sowohl bei der Frage nach der Klimawandelangepasstheit als auch bei der Frage der Natürlichkeit der Wälder nimmt die Diskussion über die Baumarten eine herausragende Stellung ein. Aktuell sind sowohl auf deutscher als auch auf französischer Seite Buche, Kiefer und Eiche die dominierenden Baumarten, wobei auf deutscher Seite Kiefern und auf französischer Seite

---

43 Matthes, Ulrich et al.: „Wie bewerten Akteure der Forst- und Holzwirtschaft den Klimawandel? Eine Untersuchung am Beispiel von Rheinland-Pfalz". *Allgemeine Forst- und Jagdzeitung* 185, 2013, S. 59–70; Kölling, Christian: „Wälder im Klimawandel: Die Forstwirtschaft muss sich anpassen". In: Lozán, José L. et al. (Hrsg.): *Warnsignal Klima: Gefahren für Pflanzen, Tiere und Menschen*. Hamburg: Universität Hamburg 2014, S. 357–361.

Eichen im Vergleich besonders häufig sind. Mit einem Verhältnis von Laub- zu Nadelbäumen von 46/54 auf deutscher Seite und 59/41 auf französischer Seite liegt auf beiden Seiten ein recht ausgeglichenes Verhältnis vor.[44] Im Vergleich zu anderen deutschen oder französischen Wäldern spielt die Fichte im Biosphärenreservat mengenmäßig keine große Rolle, auch wenn sie wirtschaftlich nach wie vor wichtig ist.

Diese Baumartenzusammensetzung ist besonders aufgrund des hohen Buchenanteil aus der Perspektive der meisten Förster, schon relativ nah an einem „Natürlichkeitsoptimum". Ein noch natürlicherer, überwiegend reiner Laubwald wird von den meisten Förstern aufgrund der Wichtigkeit der Nadelbäume für die Holzindustrie abgelehnt. Diese fordert vehement, einen gewissen Prozentsatz an Nadelbäumen beizubehalten, auch wenn dies ein wenig zu Lasten der Klimawandelresilienz oder des Naturschutzes gehen sollte. So sagt zum Beispiel der Leiter eines Sägewerkes in Deutschland:

> Wir wollen jetzt auch nicht, dass überall nur noch Nadelholz wächst, aber eben eine gesunde Mischung an Nadelholz und Laubholz. Aber dazu muss man halt aktiv in die richtigen Baumarten investieren und dafür sorgen, dass der Nadelholzanteil nicht zu gering wird. Ich habe aber manchmal das Gefühl, dass das mit der natürlichen Verjüngung und so ein Vorwand ist Garnichts mehr in den Wäldern zu machen. Aber wenn der Nadelholzanteil unter 40 % geht, dann gibt es ein großes Versorgungsproblem.

Daran zeigt sich, wie die Holzmärkte die Debatte um den idealen Wald und dessen Bewirtschaftung beeinflussen. Aber auch der Klimawandel beeinflusst das Bild des idealen Waldes. Zwar gilt auch hier, zumindest auf deutscher Seite, der heutige Bestand als gute Ausgangssituation für einen an den Klimawandel angepassten Wald, aber sowohl die Kiefernbestände als auch die ohnehin schon seltenen Fichtenbestände werden wohl im Zuge der Anpassung der Wälder an den Klimawandel an Fläche verlieren. So erklärt zum Beispiel ein deutscher Förster: „Wir müssen das nutzen, was uns die Natur zur Verfügung stellt. Deswegen wird die Fichte ja auch weniger werden. Weil wir können sie ja nicht gießen."

Die Douglasie und die Weißtanne gelten als geeignete Baumarten, um eine bessere Angepasstheit an den Klimawandel zu gewährleisten und gleichzeitig

44 Eigene Berechnungen auf Basis von nicht öffentlichen Daten der Landesforsten RLP: *Charte forestière de territoire des Vosges du Nord*, retrieved 25.4.2020, from <https://www.parc-vosges-nord.fr/wp-content/uploads/2019/06/cft-vosges-du-nord-version-courte-2019.pdf>.

die Holzindustrie mit einer nachgefragten Holzart zu versorgen. In der Tat ist besonders die deutsche holzverarbeitende Industrie sehr auf Nadelholz ausgelegt und könnte einen ersatzlosen Wegfall, insbesondere der Fichte, kaum verkraften. Auf französischer Seite sind dagegen die Verarbeitungskapazitäten von Laubholz vergleichsweise gut, sodass eine weitere Verschiebung hin zu mehr Laubholz weniger problematisch erscheint. Paradoxerweise wird auf französischer Seite die Buche als wichtigste Laubbaumart im Zusammenhang mit dem Klimawandel weniger positiv bewertet als in Deutschland, vielleicht wiegt hier der nationale Einfluss (relativ südlichere und damit weniger für Buchen geeignete Lage Frankreichs) in den Einschätzungen jeweils stärker als die natürlichen Gegebenheiten vor Ort. In jedem Fall wird die verhältnismäßig laubholznahe Verarbeitungsstruktur in Frankreich nur selten als besondere Stärke im Hinblick auf die Natürlichkeit der Wälder und ihrer Anpassung an den Klimawandel gesehen. Lediglich einige Forstakteure, die ausdrücklich auf naturnahe Waldwirtschaft setzen, begrüßen die aktuelle Situation mit noch relativ vielen kleinen Laubholzsägewerken. Die meisten anderen Akteure gucken stattdessen etwas neidisch auf die effizienteren nadelholzverarbeitenden Betriebe in Deutschland, die wegen ihrer Ausrichtung auf internationale Massenwaren häufig als Konkurrenz wahrgenommen werden. Dies macht deutlich, welch starken Druck die Märkte und damit indirekt auch die wichtigsten Absatzsektoren, wie insbesondere der nadelholzdominierte Bausektor, auf die Idealvorstellung hinsichtlich der Baumartenzusammensetzung ausüben. Häufig erschweren die Märkte dadurch eine stärkere Ausrichtung der Forstpraktiken in Richtung mehr Natürlichkeit und besserer Angepasstheit an den Klimawandel.

Einschränkend muss angemerkt werden, dass aufgrund der langen Produktionszeiträume der Forstwirtschaft die Idealvorstellungen hinsichtlich der Baumartenzusammensetzung natürlich nicht von heute auf morgen umgesetzt werden können. Kurzzeitige Entwicklungen, zum Beispiel wenn eine Holzart aufgrund einer kurzfristigen Mode stark nachgefragt ist, werden dadurch gewisser Maßen nivelliert. Wie die Geschichte der Wälder zeigt, haben aber die großen wirtschaftlichen Tendenzen durchaus einen sehr starken Einfluss auf die zukünftige Zusammensetzung der Wälder. Problematisch daran ist, dass die Märkte weder den Klimawandel noch die Bedürfnisse der Gesellschaft von morgen antizipieren. An dieser Stelle muss also gegengesteuert werden, damit die Märkte nicht ein zu starkes Gewicht bei der Gestaltung der Baumartenzusammensetzung bekommen.

Keiner der „Waldakteure“ stellt den Klimawandel und dessen Folgen für den Wald in Frage, aber bei der richtigen Herangehensweise im Umgang mit dieser Problematik gibt es auch hinsichtlich der Baumartenzusammensetzung Uneinigkeiten und einige Akteure werfen anderen vor, den Klimawandel für ihre Zwecke zu instrumentalisieren. So ist zum Beispiel von Befürwortern einer naturnahen Waldbewirtschaftung oft der Vorwurf zu hören, dass fremdländische Baumarten unter dem Deckmantel der Anpassung an den Klimawandel angebaut würden, dies aber in Wirklichkeit aus wirtschaftlichen Interessen geschehe. Das Paradebeispiel hierfür ist die Douglasie, die schon seit vielen Jahrzehnten in Europa angepflanzt wird – anfangs wohl in der Tat nicht als Anpassung an den Klimawandel, sondern eher wegen der hohen Wuchsleistung – und die im Zuge des klimawandelbedingten Waldumbaus einen immer wichtigeren Platz einnimmt. Lange lehnten die meisten Naturschützer die Douglasie und andere fremdländische Baumarten strikt ab.[45] Mittlerweile scheinen sich jedoch immer mehr Akteure damit anzufreunden, einige fremdländische Arten zu akzeptieren, von denen man mehr oder weniger weiß, wie sie sich in unseren Ökosystemen verhalten. Zumindest solange diese Baumarten nur mäßig untergemischt werden und nicht die Bestände dominieren. Ob dies daran liegt, dass sich die Akteure tatsächlich mit den Baumarten anfreunden oder in Anbetracht der zunehmenden Verbreitung der Douglasie kapitulieren, sei dahingestellt. So sagt zum Beispiel ein Elsässischer Förster der zu *Pro Silva* gehört und einen naturnahen Waldbau verfolgt:

> Ich bin sehr dafür, ein wenig Douglasie zu pflanzen, wir hatten vor 40 Jahren null Douglasie, jetzt haben wir ein wenig mehr. Es geht also nicht darum, bis zu 50 % zu gehen, aber zwischen 0 und 50 % kann es einen Mittelweg geben. Wenn ich 10; 15 % Douglasie habe, dann halte ich das für einen guten Kompromiss.

Auf der anderen Seite wird von Akteuren, die sich mehr Nadelholz wünschen oder im Allgemeinen eine stärkere Gewichtung von wirtschaftlichen Argumenten befürworten, oft argumentiert, dass „die Naturschützer" den Klimawandel instrumentalisieren, um ihre Wünsche von mehr Misch- oder Dauerwald durchzusetzen. Ohne in diesem Streit Position beziehen zu wollen, sei angemerkt, dass es zweifellos auf beiden Seiten eine gewisse Instrumentalisierung des Klimawandels gibt, um die jeweiligen Ansichten durchzusetzen. Dies heißt aber nicht zwangsläufig, dass die Forderungen oder Argumente nicht trotzdem schlüssig wären.

Im Allgemeinen unterscheidet sich die Kontroverse hinsichtlich der Einführung von fremdländischen Baumarten zwischen Deutschland

45 Nehring, Stefan et al.: „Naturschutzfachliche Invasivitätsbewertungen für in Deutschland wild lebende gebietsfremde Gefäßpflanzen." *BfN-Skripten* 352, 2013.

und Frankreich nicht wesentlich. Allerdings wird bei der Verjüngung der Bestände in Deutschland mehr und expliziter auf die Natürlichkeit der Verjüngung verwiesen.

3.2 Die Struktur und Zusammensetzung der Bestände

Neben den Baumarten ist die Struktur der Bestände von besonders großer Bedeutung, sowohl für die Anpassung an den Klimawandel als auch für die Natürlichkeit der Wälder. Unter Struktur versteht man einerseits die horizontale und andererseits die vertikale Struktur. Die horizontale Struktur beschreibt, wie die Bäume zueinanderstehen, d. h. ob die Abstände eher regelmäßig oder uneinheitlich sind und ob die Stammdurchmesser gleichförmig oder uneinheitlich sind. Die horizontale Struktur hängt außerdem stark mit der Baumartenverteilung zusammen, denn wenn verschiedene Baumarten gemischt werden, ergeben sich durch die verschiedenen Wuchsleistungen und Kronengrößen automatisch unterschiedliche Abstände und unterschiedliche Stammdurchmesser. Anhand dieser Beschreibung wird direkt deutlich, dass die horizontale Struktur einen großen Einfluss auf die Natürlichkeit der Wälder hat. Das Extrembeispiel eines strukturarmen, sehr unnatürlichen Waldes ist eine Pflanzung, in der in Reih und Glied in regelmäßigen Abständen die gleiche Baumart angepflanzt wird. Genau diese Art der Anpflanzung wurde früher oft durchgeführt und prägt noch immer viele Bestände. Augenfällig wurde das Problem dieser Bestände im Biosphärenreservat (und auch in anderen Wäldern) vor allem während der Stürme der 90er Jahre. Besonders seit dem Sturm „Lothar“, welcher vor allem in Frankreich große Flächen an Nadelreinbeständen geworfen hat, werden Nadelholzreinbestände zunehmend kritisch gesehen. Denn Mischbestände sind in der Regel weniger anfällig für die meisten Störereignisse, die im Zuge des Klimawandels voraussichtlich immer häufiger werden. Selbst gegenüber Preisschwankungen für bestimmte Holzsorten sind Mischbestände weniger anfällig, da immer bevorzugt die Arten geerntet werden können, die gerade hoch im Kurs sind. Ein deutscher Förster fast dies wie folgt zusammen:

> Also wir können eben nicht so darauf reagieren, wie ein Landwirt, der sagt: ‚dann baue ich nächstes Jahr halt Bananen an.‘ Sondern wir müssen halt andere Antworten finden und die Antwort muss, kann nur Diversität heißen, Vielfalt, um Stabilität zu haben und ein Ökosystem flexibel zu halten für Reaktionen auf solche Veränderungen.

Neben der horizontalen Struktur und der damit verbundenen Baumartenzusammensetzung ist auch die vertikale Struktur von großer Bedeutung für die Natürlichkeit und die Angepasstheit der Bestände an den Klimawandel. Unter vertikaler Struktur versteht man die Schichtung der verschiedenen Altersklassen. In einem Wald mit geringer vertikaler Struktur haben alle Bäume etwa das gleiche Alter und die gleiche Höhe, während in einem Wald mit hoher ausgeprägter Struktur mehrere Generationen von Bäumen neben und vor allem unter beziehungsweise übereinander wachsen. Auch die vertikale Struktur verbessert die Stabilität des Bestandes und erhöht darüber hinaus die Resilienz des Bestandes. Denn wenn z. B. in einem Sturm die höchsten Bäume umgeworfen werden, steht die nächste Generation schon bereit, um die Lücke schnell wieder zu schließen. Die vertikale Struktur der Wälder ist zudem ein Kennzeichen der Art der Bewirtschaftung. Denn bei einer klassischen zyklischen Bewirtschaftung, in der gepflanzt, gepflegt und letzten Endes der gesamte Bestand per Kahlschlag geerntet wird, entsteht automatisch ein Bestand mit schwach ausgeprägter vertikaler Struktur. Es ist selbstredend, dass eine solche Bewirtschaftungsweise nicht den natürlichen Prozessen eines Waldes entspricht. Auf der anderen Seite versucht der naturnahe Waldbau durch einzel- oder gruppenweise Entnahme von Bäumen die natürliche Verjüngung der Bäume zu fördern und den Wald dadurch so zu steuern, dass sich ein vielschichtiger Bestand ergibt. Auf der deutschen Seite gibt das Leitbild des naturnahen Waldbaus auch hinsichtlich dieses Kriteriums die Zielrichtung vor. Auf französischer Seite ist das Bild differenzierter. So wird nach wie vor mit Kahlschlägen gearbeitet, auch wenn das nationale Forstamt (*ONF*) seit 1995 eine größere Naturnähe in der Art der Bewirtschaftung sieht und insbesondere zunehmend mit Naturverjüngung arbeitet, wodurch sich die Strukturgüte erhöht. Andere Akteure, insbesondere in den Privatwäldern, setzen nach wie vor auf strukturarme Wälder, da diese kosteneffizienter bewirtschaftet werden können (zumindest solange es nicht zu Schadereignissen kommt).

3.3 Segregation vs. Integration von Naturschutz

Wie kann das Nebeneinander von Forstwirtschaft und Naturschutz aussehen? Diese Fragestellung an der Schnittstelle zwischen Natürlichkeit, Produktivität und Klimawandel ist Teil des in Deutschland viel diskutierten Themas *Prozessschutz*. Mit *Prozessschutz* sind Schutzgebiete gemeint, in denen komplett auf eine wirtschaftliche Nutzung des Waldes verzichtet wird und in denen nur die Natur „entscheidet“, welche Baumartern sich durchsetzen und welche Art von Wald sich etabliert. Solche Flächen, auf denen natürliche Abläufe beobachtet werden können, werden im Zuge des Klimawandels als Referenzflächen immer wichtiger.[46] Auch aus Naturschutzgründen fordern verschiedene Akteure größere Prozessschutzflächen und diese Forderung spiegelt sich auf deutscher Seite in der offiziellen Biodiversitätsstrategie wider. Andererseits, und so argumentieren zahlreiche Förster und auch die meisten Akteure des Holzsektors, geht durch die Prozessschutzflächen naturgemäß Holz „verloren" und kann nicht mehr genutzt werden, um zum Beispiel andere, umweltschädlichere Baumaterialien zu substituieren. So argumentiert zum Beispiel ein Förster:

> Ich glaube, dass die Forderung des Naturschutzes noch mehr Flächen stillzulegen, dass die Oberkante erreicht ist aus einer globalen Betrachtung heraus. [...] Wie wollt ihr als Betrieb operieren, wenn sozusagen die Grundlagen fehlen? Und dann ist nicht zu verkennen, wir werden mittelfristig eine Verknappung des Rohstoffes Holz haben europaweit. Wie gehen wir damit um? Also ich glaube unsere Volkswirtschaft wird sich gar nicht leisten können, den Einschlag zurückzunehmen.

Einige Akteure gehen in dieser Argumentation soweit zu sagen, dass diese Art des Naturschutzes kontraproduktiv sei, weil dadurch mehr Holz aus anderen Ländern importiert würde, welches unter Umständen aus Raubbau z. B. in den Tropen stamme.[47] Daher sehen die meisten dieser holznutzungsnahen Akteure einen rein integrativen Naturschutz, also ein Nebeneinander von Naturschutz und Forstwirtschaft auf der gleichen Fläche, als ausreichend an. Die meisten Naturschützer weisen dieses Argument von sich und geben zu bedenken, dass es in bewirtschafteten Wäldern naturgemäß wesentlich weniger alte Bäume und Bäume in der Zerfallsphase gibt, weil ja ständig große Mengen Holz entnommen werden. Buchen zum Beispiel werden in der Regel mit 120–160 Jahren geerntet obwohl sie bis zu 300 Jahre alt und 150 cm dick werden können. So machen Bäume mit über 70 cm Durchmesser nur etwa 4 % des Holzvorrates in RLP aus.[48] Auf französischer Seite stellen im Département Bas-Rhin dicke Bäume mit einem Durchmesser von über 67,5 cm immerhin knapp 7 % des Holzvorrates.[49] Sowohl auf französischer als auch auf deutscher Seite ist der Anteil von dicken, alten Bäumen aber weit von einem natürlichen Zustand

---

46 Brosinger, Franz: „Naturwaldreservate und naturnahe Forstwirtschaft". *LWF aktuell* 63, 2008 S. 4–5.

47 Schulze, Ernst Detlef/Frör, Oliver/Hessenmöller, Dominik: „Externe ökologische Folgen von Flächenstilllegungen im Wald". *AFZ-DerWald* 15, 2016, S. 24–26.

48 Eigene Berechnung auf Basis der Daten der *Dritten Bundeswaldinventur von 2012*, retrieved 5.5.2020, from <https://bwi.info>.

49 Eigene Berechnung auf Basis von Daten des *IGN* (Institut national de l'information géographique et forestière): *Résultats d'inventaire forestier*, retrieved 5.5.2020, from <https://inventaire-forestier.ign.fr/IMG/pdf/RES-DEP-2013/RS_0913_DEP_67.pdf>.

entfernt. Gerade diese Biotopstrukturen sind aber für eine Vielzahl an Arten notwendig, warum auch Flächen ohne Bewirtschaftung nötig seien.[50]

Ein anderes Thema, welches häufig im Zusammenhang mit Prozessschutz und mit naturnahem Waldbau angesprochen wird, ist die Eiche. Um sich verjüngen zu können, braucht die Eiche als Lichtbaumart größere Öffnungen im Kronendach. Die Öffnungen, die bei der Einzelbaumentnahme im naturnahen Waldbau geschaffen werden, sind in der Regel unzureichend. Daher hat die Eiche auf den meisten Standorten in Deutschland im naturnahen Waldbau ohne spezielle Förderungsmaßnahmen keine Chance gegen die schnellwüchsigere Buche. Da die Eiche relativ trockenresistent ist, gilt sie im Zuge des Klimawandels als förderungswürdig und gleichzeitig ist sie sowohl aus wirtschaftlicher Sicht als auch aus Naturschutzsicht wertvoll. Während es im naturnahen Waldbau mit gezielter Förderung möglich ist die Eiche zu erhalten, scheint es wahrscheinlich, dass diese auf den meisten Prozessschutzflächen langfristig verschwinden wird. In diesem Sinne wird die Eiche teilweise als Argument gegen Prozessschutz verwendet.

Insgesamt ist dieses Thema in den Interviews mit den deutschen Akteuren wesentlich stärker präsent als auf französischer Seite. Dies liegt wohl in erster Linie an der deutschen Biodiversitätsstrategie, die nach wie vor in der Umsetzungsphase ist und aufgrund derer es in Deutschland wesentlich mehr (noch auszuweisende) Prozessschutzflächen gibt als dies auf französischer Seite der Fall ist.

3.4 Management von Schädlingen

Die Ausbreitung von Schädlingen und Krankheiten ist eine Problematik, welche in den Interviews oft angesprochen wird und die sehr stark mit dem Klimawandel zusammenhängt. Zum einen werden bereits existierende Schädlinge vom Klimawandel begünstigt. So kann sich zum Beispiel der Buchdrucker schneller vermehren, was die sowieso schon schlecht an Trockenheit angepassten Fichten vor große Problemen stellt. Außerdem können sich Bäume, die aufgrund von Auswirkungen des Klimawandels (z. B. bei Wasserstress) nur eine geringe Vitalität aufweisen, nur schlecht gegen Schädlinge zur Wehr setzen. Darüber hinaus können sich in einem neuen Klima auch neue Arten etablieren

50 Harthun, Mark: „Teilzeiturwald oder Ewigkeitsprojekte? Entwicklung natürlicher Wälder in Hessen (II) – die Bedeutung großer Gebiete für die Artenvielfalt". *Naturschutz und Landschaftsplanung* 49, 2017, S. 156–163; Maráz, László: „Wir brauchen mehr Schutzgebiete im Wald". *Kritischer Agrarbericht*, 2009, S. 204–206.

und komplett neue bis dato nicht bekannte Krankheiten hervorrufen. Dieses Problem wird durch die globalen Holzmärkte, die nicht nur Holz, sondern auch darin lebende Tiere und Krankheitserreger über die Welt verteilen, noch verstärkt.

Die verschiedenen Akteure haben unterschiedliche Strategien, um diese Probleme zu verhindern, beziehungsweise darauf zu reagieren. Diese verschiedenen Strategien lassen wiederum verschiedene Vorstellungen bezüglich der Natürlichkeit von Wäldern erkennen. So ist es zum Beispiel ein oft hervorgehobener Vorteil der fremdländischen Douglasie, dass bis jetzt bei uns kaum Schädlinge an diese Baumart angepasst sind. Die hinter diesem Argument liegende Strategie ist es also neue Baumarten einzuführen, an die die heimischen Schädlinge nicht angepasst sind. Was gut für die Forstwirtschaft ist, wird von Naturschützern hinterfragt, bedeutet es doch gleichzeitig, dass diese Baumarten für die heimische Tierwelt relativ uninteressant sind und daher wenig Lebensraum bieten. Allerdings ist ein Problem dieser Strategie, dass über kurz oder lang meistens auch die Gegenspieler einer Art, also die Schädlinge, den Weg zu uns finden und diesen Vorteil zunichtemachen. Da die Förster dies natürlich auch wissen, wird in Deutschland überwiegend der naturnahe Waldbau als Strategie auch gegen Schädlinge genannt. Denn der naturnahe Waldbau mit seiner starken Durchmischung verschiedener Baumarten macht es Krankheiten und Schädlingen schwerer sich auszubreiten als dies in Monokulturen der Fall ist. Gleichzeitig wird eine Risikostreuung erreicht, denn wenn eine Baumart aufgrund einer gravierenden Krankheit ausfällt, ist nicht der ganze Bestand verloren. Diese Strategie imitiert die natürlichen Funktionsweisen eines Waldes, um sich vor Krankheiten und Schädlingen zu schützen.

Auch in Frankreich wird diese Strategie von einigen Akteuren verfolgt. So argumentiert zum Beispiel der Verein *Pro Silva*, welcher sich die Förderung von naturnahem Waldbau zum Hauptziel gesetzt hat, dass die einheimischen Arten sich bei uns schon so lange unter Beweis gestellt haben, dass wir ihnen auch für die Zukunft vertrauen sollten. Natürlichkeit wird hier also anhand der Zeitspanne definiert, während der sich die Arten bei uns behaupten konnten. Dieses Argument wird von anderen Akteuren in Frage gestellt, die darauf verweisen, dass auch die heute bei uns vorherrschenden Baumarten einmal, zumeist nach großen Klimaänderungen, bei uns eingewandert sind. Hier ist das Argument, dass sich auch auf natürliche Weise die Territorien von Baumarten verschieben und besonders in Zeiten des Klimawandels der Mensch diese natürlichen Mechanismen auch vorwegnehmen oder nachahmen kann.

Letzten Endes sind also eingeführte und hier etablierte Baumarten wie die Douglasie nach dieser Vorstellung nicht weniger natürlich als die nach der letzten Eiszeit (zurück)eingewanderte Buche. Gleichzeitig gibt es aber auch Akteure, die sich anscheinend weniger auf diese natürlichen Mechanismen verlassen wollen und die aufgrund der hohen Anforderungen, welche durch den Klimawandel an den sanitären Zustand der Wälder gestellt werden, einen stärkeren Einsatz von Pflanzenschutzmitteln fordern. Der Einsatz von Pflanzenschutzmitteln ist eigentlich sowohl in Frankreich als auch in Deutschland im Wald auf absolute Ausnahmen beschränkt. Dies ist wohl auch ein Ausdruck der – tatsächlichen oder gewünschten – Naturnähe dieser Ökosysteme z. B. im Vergleich mit Agrarflächen.

3.5 Kohlenstoffsenke

Die Wälder haben auch im Kampf gegen den globalen Klimawandel eine wichtige Funktion. Erstens dienen die Wälder selbst als Kohlenstoffsenke, weil Kohlenstoff aus der Luft in der Biomasse der Bäume und als Humus im Boden festgelegt wird. Dies gilt solange, wie die Waldfläche größer wird oder die Biomasse in den Wäldern steigt. Sobald mehr Holz aus den Wäldern genutzt wird als neu hinzukommt, werden auch die Wälder zu Kohlenstoffquellen. Außerdem wird auch in den Holzprodukten Kohlenstoff gespeichert und darüber hinaus ersetzt Holz oft andere Materialien mit einer schlechteren Klimabilanz. Auch hier gilt einschränkend, dass die „Senkefunktion" der Holzprodukte nur so lange funktioniert, wie die Produkte benutzt werden. Werden die Holzprodukte am Ende ihres Lebenszyklus entsorgt und verbrannt, wird der Kohlenstoff wieder freigesetzt. Dadurch wird die Senkefunktion der Wälder - besonders unter Berücksichtigung der Holznutzung - sehr kompliziert, was Raum für unterschiedliche Meinungen und Diskussionen offenlässt. Auch hier lässt sich eine gewisse Opposition zwischen Naturschützern und den wirtschaftlichen Akteuren feststellen (wozu bei dieser Diskussion auch die Mehrheit der Förster zu zählen ist). Die Naturschützer sehen das größte Potential der Kohlenstoffsenke in den Wäldern selbst, denn Forste – auch die naturnahen – speichern wesentlich weniger Kohlenstoff als es natürliche Wälder tun würden.[51] So sagt zum Beispiel ein französischer Vertreter des Naturparks Nordvogesen zu den Veränderungen der letzten Jahrhunderte:

> Dadurch, dass wir unsere alten Laubwälder in Nadelwälder umgewandelt haben, erzeugen wir bei der derzeitigen Produktion viel mehr Treibhausgase, da Nadelbäume kürzere Umtriebszeiten haben, bei denen wir alle 30–40 Jahre eingreifen. Wir haben

---

51 Lewis, Simon L. et al.: „Restoring Natural Forests is the Best Way to Remove Atmospheric Carbon". *Nature* 568, 2019, S. 25–28.

erkannt, dass wir fällen und fällen. Und Fällen bedeutet zwangsläufig nicht nur, dass wir Treibhausgase freisetzen, sondern auch, dass wir Kohlenstoff und alles, was im Boden steckt abbauen.

Daher plädieren die meisten Naturschützer auch aus Klimaschutzgründen für natürlichere Wälder. Dem halten die meisten Förster und die holzverarbeitenden Betriebe entgegen, dass mehr Kohlenstoff festgelegt werden könne, wenn viel Holz aus nachhaltiger Bewirtschaftung geerntet werde, welches dann in langlebigen Produkten den Kohlenstoff länger festlegen würde, als dies im Wald der Fall wäre. So erklärt zum Beispiel ein Förster: „[. . .] und im Prinzip – davon bin ich überzeugt – sollte man alles Holz, was hier wächst, auch nutzen! Denn nur so können wir auch gegen die Veränderung des Klimas wirken." Insbesondere in Zeiten des Klimawandels ist es laut dieser Argumentation kontraproduktiv, wenn die Bestände zu alt und anfälliger für Störereignisse, wie zum Beispiel Stürme, werden. Also sollte ein Baum lieber gefällt und zum Beispiel in ein Haus als Dachbalken eingebaut werden, als dass der nächste Sturm den Baum umwirft und die Mikroorganismen ihn unter Freigabe eines Großteiles des Kohlenstoffes zersetzen. Andererseits werden viele Bäume zu nur kurzfristig genutzten Produkten wie insbesondere Papierprodukten verarbeitet oder direkt als Brennholz verwertet. Dadurch, so das Argument der Gegenseite, hätte der Baum selbst den Kohlenstoff länger gespeichert als das Produkt.

Ohne tiefer in diese Diskussion einzusteigen, wird deutlich, dass es auch hier letzten Endes darum geht, wie stark unsere Wälder genutzt werden und wie viel Natürlichkeit wir ihnen zugestehen.

4 Schlussfolgerung: Vermittlung zwischen den Welten

Insgesamt ist die Natürlichkeit in Deutschland aufgrund des Leitmotivs von naturnahem Waldbau stärker anerkannt und mehr im Selbstverständnis der Förster verwurzelt als in Frankreich, wo Kahlschlag nach wie vor gängige Praxis ist. Trotzdem wird auch von den französischen Akteuren immer wieder explizit oder implizit auf die Natürlichkeit der Wälder Bezug genommen. Jedoch ist – und das trifft sowohl auf Deutschland als auch auf Frankreich zu – die Multifunktionalität der Wälder ein noch stärkeres, übergeordnetes Leitbild, in das die Natürlichkeit integriert wird. Diese Integration passiert nicht automatisch, sondern es bedarf eines aktiven Handelns seitens der verschiedenen Akteure. Jedoch zeigt die Erfahrung, dass ein isoliertes Vorgehen, welches nicht auf die Bedürfnisse und Wertesysteme der anderen Akteure eingeht, nicht lange Bestand hat. So machen sich einige Akteure zu Verbündeten des Prinzips der Natürlichkeit und versuchen dieses soweit wie möglich in den Vordergrund zu stellen. Doch dies wird nicht gelingen, ohne auf die Multifunktionalität der Wälder und auf die damit verbundene Komplexität einzugehen. Wie die verschiedenen Fallbeispiele gezeigt haben, können diese Akteure auch nicht auf den Klimawandel als einen zuverlässigen Verbündeten zur Durchsetzung des Prinzips der Natürlichkeit setzen. Denn ob es um die Einführung von fremdländischen Arten, den Umgang mit Schädlingen, die Kohlenstoffspeicherkapazität oder die Form der Bewirtschaftung geht, lassen sich zwar oft gute Gründe für mehr Natürlichkeit, aber auch für das Gegenteil finden. Denn auch der Klimawandel und dessen Folgen sind komplex und im Speziellen oft unvorhersehbar. Daher scheinen nur Koalitionen von Akteuren, die auf die verschiedenen Wertesysteme Bezug nehmen, in der Lage zu sein, das Argument der Natürlichkeit durchzusetzen. Diese Beobachtung stützt die Hypothese, dass die Durchsetzung des Prinzips der Natürlichkeit von der Fähigkeit abhängt, Kompromisse mit anderen Akteuren einzugehen und mit einer Pluralität von Wertesystemen umzugehen. Letzten Endes ist die Natürlichkeit somit von der Politik abhängig und kann nicht ohne politischen Willen durchgesetzt werden.

Der regionale Naturpark Vosges du Nord, also die französische Seite des Biosphärenreservates, ist in dieser Hinsicht recht beispielhaft. Als Antwort auf die Zersiedelung der Landschaft in den 1970er Jahren entstanden, hat er sich nach und nach zur wichtigsten vermittelnden Institution durchgesetzt, welche die unterschiedlichen Standpunkte bezüglich Waldbewirtschaftung und Ressourcennutzung miteinander verbindet. Die dazu gewählte Strategie besteht in der Förderung der lokalen Wertschöpfung. Nach der Lesart von Boltanski und Thévenot argumentiert der Naturpark also primär im Sinne der industriellen Welt und der des Marktes, jedoch nicht, ohne gleichzeitig auch der Natürlichkeit der Wälder und damit der Vorstellung von der Erde als lebendigem Organismus Beachtung zu schenken. Denn die Natürlichkeit wird als Grundlage für eine regionale Kreislaufwirtschaft gesehen. Durch diese Bezugnahme auf die verschiedenen Welten fördert der Park einen Dialog, in dem alle Akteure ihre Ansichten einbringen können. Dadurch wird ein Diskussionsprozess über die Grenzen der einzelnen Akteure hinaus angestoßen und belebt.

Die deutschen Akteure beschäftigen sich zwar prinzipiell mit den gleichen Themen wie die Akteure auf französischer Seite, sind aber bisher nicht institutionell organisiert. Eine auf der regionalen Wertschöpfung basierende Strategie wie in Frankreich wird durch die Trägheit der Wirtschaftsakteure erschwert, die aufgrund ihrer modernen und teuren Maschinenparks in der eigenen Logik gefangen sind. Statt sich auf jene lokale Holzarten einstellen zu können, welche im Zuge des Klimawandels an Bedeutung gewinnen, bleibt ihnen nicht viel mehr übrig, als weiter an althergebrachtem Handeln festzuhalten und

Nadelholz für den globalen Markt zu sägen. Die Vermittlung zwischen den Positionen bleibt also einzig der Politik überlassen, die jeder versucht im Sinne seiner Wertesysteme zu beeinflussen.

Literaturverzeichnis

Anderson, Jay E.: „A Conceptual Framework for Evaluating and Quantifying Naturalness". *Conservation Biology* 5, 1991, S. 347–352.

Boltanski, Luc/Thévenot, Laurent: *De la justification. Les économies de la grandeur.* Paris: Gallimard 1991.

Bonneuil, Christophe/Fressoz, Jean-Baptiste: *The Shock of the Anthropocene: The Earth, History and Us.* London/New York: Verso 2016.

Boutefeu, Benoît: „L'aménagement forestier en France: à la recherche d'une gestion durable à travers l'histoire". *VertigO – la revue électronique en sciences de l'environnement* 6(2), 2005, retrieved 01.12.2020, from DOI 10.4000/vertigo.4446.

Brosinger, Franz: „Naturwaldreservate und naturnahe Forstwirtschaft". *LWF aktuell* 63, 2008 S. 4–5.

BWI: *Dritte Bundeswaldinventur von 2012*, retrieved 5.5.2020, from <https://bwi.info>.

Carlowitz, Hans Carl von: *Sylvicultura oeconomica. Oder Haußwirthliche Nachricht und naturmäßige Anweisung zur wilden Baum-Zucht.* Leipzig: 1713. In der Neuauflage von Joachim Hamberger (Hrsg.): München: oekom verlag 2013.

Corvol, Andrée: *L'homme au bois: histoire des relations de l'homme et de la forêt.* Paris: Fayard 1987.

Descola, Philippe: *Par-delà nature et culture.* Paris: Gallimard 2005.

Ferry, Luc: *Le nouvel ordre écologique.* Paris: Grasset 1992.

Hamberger, Joachim: „Von der Syliviculture zur Waldkultur". *LWF Wissen* 72, 2013, S. 15–23.

Harthun, Mark: „Teilzeiturwald oder Ewigkeitsprojekte? Entwicklung natürlicher Wälder in Hessen (II) – die Bedeutung großer Gebiete für die Artenvielfalt." *Naturschutz und Landschaftsplanung* 49, 2017, S. 156–163.

IGN (Institut national de l'information géographique et forestière): *Résultats d'inventaire forestier*, retrieved 5.5.2020, from <https://inventaire-forestier.ign.fr/IMG/pdf/RES-DEP-2013/RS_0913_DEP_67.pdf>.

Jandl, Robert et al.: „Forest Adaptation to Climate Change – Is Non-Management an Option?". *Annals of Forest Science* 76(2), 2019, S. 48.

Kölling, Christian: „Wälder im Klimawandel: Die Forstwirtschaft muss sich anpassen". In: Lozán, José L. et al. (Hrsg.): *Warnsignal Klima: Gefahren für Pflanzen, Tiere und Menschen.* Hamburg: Universität Hamburg 2014, S. 357–361.

Latour, Bruno: „Arrachement ou attachement à la nature". *Écologie politique* 5, 1993, S. 15–26.

Lewis, Simon L. et al.: „Restoring Natural Forests is the Best Way to Remove Atmospheric Carbon". *Nature* 568, 2019, S. 25–28.

Maráz, László: „Wir brauchen mehr Schutzgebiete im Wald". *Kritischer Agrarbericht*, 2009, S. 204–206.

Matthes, Ulrich et al.: „Wie bewerten Akteure der Forst- und Holzwirtschaft den Klimawandel? Eine Untersuchung am Beispiel von Rheinland-Pfalz". *Allgemeine Forst- und Jagdzeitung* 185, 2013, S. 59–70.

Ministerium für Umwelt, Energie, Ernährung und Forsten des Landes Rheinland-Pfalz: „Klare Ziele für den Erhalt der Artenvielfalt", retrieved 25.4.2020, from <https://mueef.rlp.de/en/themen/naturschutz/aktion-gruen/service/biodiversitaetsstrategie-fuer-rheinland-pfalz>.

Möller, Alfred: *Der Dauerwaldgedanke. Sein Sinn und seine Bedeutung.* Berlin: Springer 1922.

Morin, Edgar: *La méthode. 2. La Vie de la Vie.* Paris: Éditions du Seuil 1980.

Morin, Edgar: *Science avec conscience.* Paris: Fayard 1982.

Morin, Georges-André: „La forêt française. Mythes et réalité". *Commentaire* 96, 2001, S. 893–904.

Morin, Georges-André: „La continuité de la gestion des forêts françaises de l'Ancien Régime à nos jours, ou comment l'État a-t-il pris en compte le long terme". *Revue française d'administration publique* 134(2), 2010, S. 233–248.

Nehring, Stefan et al.: „Naturschutzfachliche Invasivitätsbewertungen für in Deutschland wild lebende gebietsfremde Gefäßpflanzen". *BfN-Skripten* 352, 2013.

Parc Naturel Régional des Vosges du Nord: *Charte forestière de Territoire des Vosges du Nord*, retrieved 25.4.2020, from <https://www.parc-vosges-nord.fr/wp-content/uploads/2019/06/cft-vosges-du-nord-version-courte-2019.pdf>.

Puyo, Jean-Yves: „Enseignement forestier et sciences sociales: le ‚grand nulle part' (1824–1914)". *Les études sociales*, 34, 2001, S. 7–22.

Rudolf, Florence: *L'environnement, une construction sociale.* Strasbourg: Presses Universitaires de Strasbourg 1998.

Rudolf, Florence: „Société du risque, Société vulnérable“. In: Becerra, Sylvia/ Peltier, Anne (Hrsg.): *Risques et environnement: recherches interdisciplinaires sur la vulnérabilité des sociétés*. Paris : L'Harmattan 2009, S. 41–51.

Schnitzler, Annik: „Towards a New European Wilderness: Embracing Unmanaged Forest Growth and the Decolonisation of Nature“. *Landscape and Urban Planning* 126, 2014, S. 74–80.

Scholes, Robert J./ Biggs, Renette: „A Biodiversity Intactness Index“. *Nature* 434, 2005, S. 45–49.

Schulze, Ernst Detlef/Frör, Oliver/Hessenmöller, Dominik: „Externe ökologische Folgen von Flächenstilllegungen im Wald“. *AFZ-DerWald* 15, 2016, S. 24–26.

Serres, Michel *Le contrat naturel*. Paris: Flammarion 1992.

Siipi, Helena: „Naturalness in Biological Conservation“. *Journal of Agricultural and Environmental Ethics* 17, 2014, S. 457–477.

Six, Diana L. et al.: „Wilderness for Science: Pros and Cons of Using Wilderness Areas for Biological Research“. *USDA Forest Service Proceedings* 3, 2000, S. 271–275.

Vallauri, Daniel: *Biodiversité, naturalité, humanité. Application à l'évaluation des forêts et de la qualité de la gestion*. Marseille: WWF-France 2007.

Vallauri, Daniel/Neyroumande, Emmanuelle: „Les forêts françaises: une biodiversité à la fois riche et menacée“. *Annales des Mines - Responsabilité et environnement* 53(1), 2009, S. 75–81.

Anhang / Annexes

Zusammenfassungen / Résumés

1. Die *Environmental Humanities* : Ein neues Naturverständnis / Repenser la nature à la lumière des *Humanités environnementales*

(Aurélie Choné / Philippe Hamman)

Dieses Kapitel hinterfragt den Status der *Environmental Humanities* aus deutsch-französischer Perspektive: Handelt es sich um ein neues Schlagwort oder um einen tiefgreifenden Paradigmenwechsel in den Geistes- und Sozialwissenschaften? Unsere Überlegungen gehen von der Idee aus, dass disziplinäre Grenzen nicht „selbstverständlich" sind, noch weniger, wenn wir eine vergleichende Perspektive zwischen nationalen Traditionen einnehmen. Wir beziehen uns auf eine Reihe neuerer Veröffentlichungen sowie auf die Ergebnisse unserer grenzüberschreitenden Zusammenarbeit der letzten Jahre. Nach einem ersten Teil, in dem wir uns der Herausforderung stellen, eine Definition der *Environmental Humanities* zu formulieren, welche sich sowohl auf konzeptueller Ebene als auch auf praktischer Ebene anwenden lässt, fragt der zweite Teil, wie man im Zeitalter des Anthropozäns und der globalen Umweltprobleme die Natur neu denken soll. Wir befassen uns mit der Produktion von Wissen über die Natur, dem Transfer und der Zirkulation von Wissen zwischen den Disziplinen, zwischen nationalen und kulturellen Räumen. Dies erlaubt uns, uns in einem dritten Schritt von den „klassischen" Dichotomien zwischen Subjekt und Objekt oder Natur und Kultur bzw. von anthropo- und eurozentrischen Denkformen zu distanzieren. Denn der Übergang von der Krise der Idee Natur zur Anerkennung ihrer Notwendigkeit setzt nicht nur (inter)disziplinäre Rekonfigurationen oder Neuaufteilungen voraus, sondern auch die Überwindung der Kluft zwischen Reflexion und Aktion. Mit anderen Worten: Wie können wir mit der Natur leben, sowohl in Bezug auf imaginäre Vorstellungen als auch in Bezug auf praktische Interaktionen? In diesem dritten Teil zeigen wir die Verflechtung von reflexiven Ansätzen bzw. Handlungskategorien und Denkformen der sozialen Welt.

À partir d'une mise en parallèle franco-allemande, ce chapitre interroge le statut des *Humanités environnementales* : s'agit-il d'un nouveau terme à la mode ou d'un changement profond de paradigme dans les sciences humaines et sociales ? Notre réflexion part de l'idée selon laquelle les frontières disciplinaires ne sont pas des « évidences », encore moins lorsqu'on adopte une perspective comparée entre plusieurs traditions nationales. Nous nous appuyons sur un certain nombre de publications récentes ainsi que sur des travaux collectifs que nous avons animés ces dernières années. Après une première section qui place le défi des *Humanités environnementales* au carrefour des deux dimensions conceptuelle et pratique, une deuxième section se demande comment penser la nature à l'heure de l'anthropocène et des défis environnementaux globaux. Elle s'intéresse à la production des savoirs sur la nature, aux transferts et à la circulation des savoirs entre les disciplines, entre les espaces nationaux et culturels. Ceci permet, dans un troisième temps, de mettre à distance des formes de pensée anthropo- et européocentrées. En effet, passer de la crise de l'idée de nature à la reconnaissance de sa nécessité en tant que concept, implique non seulement des reconfigurations ou redécoupages (inter)disciplinaires, mais également un dépassement du clivage réflexion/action. Autrement dit, comment vivre avec la nature, en termes d'imaginaires comme d'usages et de pratiques ? Cette troisième section met en évidence l'imbrication de démarches réflexives et de catégories de l'action et du monde social.

2. Die Antike und die *Environmental Humanities* : Vier Fragen / Antiquité et *Humanités environnementales* : quatre questionnements

(Christopher Schliephake)

Der Aufsatz stellt einen Dialog zwischen den *Environmental Humanities* und dem Studium der Antike her. Obwohl die antike Welt in den zentralen Debatten des Forschungsfeldes nur eine Nebenrolle spielt, zeigt meine Argumentation, dass eine neue Hinwendung zur antiken Kultur zahlreiche Perspektiven für zukünftige Forschungen bereithalten kann. Diese wechselseitigen Verbindungen werden mithilfe zusammenhängender Fragen diskutiert, die etwa (1) den Platz des antiken *anthropos* im Anthropozän betreffen; (2) die Beziehung zwischen Natur und Kultur in der Antike beleuchten; (3) die Rolle antiker Mythologie in gegenwärtiger Umwelttheorie diskutieren; und (4) die Art des ökologischen Wissens vorstellen, das antike Texte bereithalten.

Le chapitre propose un dialogue entre les *Humanités environnementales* et l'étude de l'Antiquité. Alors que l'Antiquité ne joue habituellement pas un rôle majeur dans les débats essentiels qui traversent ce champ de recherche, l'auteur montre qu'une discussion nouvelle ouvre plusieurs perspectives heuristiques. Ces relations entre *HE* et les relectures de l'Antiquité sont discutées à partir de connexions qui concernent (1) la place de l'*anthropos* antique dans l'Anthropocène ; (2) la relation entre nature et culture dans l'Antiquité ; (3) le rôle de la mythologie antique dans la théorie environnementale contemporaine ; et (4) le mode de savoir écologique présent dans les textes antiques.

3. Die *Environmental Humanities* im deutschsprachigen Raum : Erste Forschungszentren, Ansätze und Perspektiven / Les *Humanités environnementales* dans l'espace germanophone : premiers centres de recherche, approches et perspectives

(Hubert Zapf / Evi Zemanek)

Der vorliegende Beitrag ist im Rahmen eines transnationalen Dialogs zwischen den *Environmental Humanities* in Frankreich und in Deutschland entstanden. Komplementär zu anderen Beiträgen in diesem Band über entsprechende Entwicklungen in der Frankophonie gibt er einen ersten Überblick über die neu etablierten oder im Aufbau befindlichen Forschungszentren und Lehrprogramme der *Environmental Humanities* im deutschsprachigen Raum. Der Aufsatz skizziert zunächst einige der charakteristischen Themenfelder, Entwicklungsperspektiven und Herausforderungen der *Environmental Humanities* als ein neues interdisziplinäres Forschungsfeld der Geistes- und Sozialwissenschaften. Anschließend stellt er exemplarisch die ersten solchen Zentren in Augsburg, München und Freiburg vor, erläutert deren jeweilige Forschungs- und Lehrprofile und nennt einige ihrer wichtigsten Publikationen. Im abschließenden Teil verweist er auf andere solcher im Entstehen begriffenen Zentren und Schwerpunktbereiche an Universitäten in Deutschland, Österreich und der Schweiz. Aufgrund der rasanten Dynamik des Feldes kann der Aufsatz naturgemäß nur einen ersten vorläufigen und schlaglichtartigen Überblick geben, der keineswegs Vollständigkeit beansprucht.

La présente contribution a été élaborée dans le cadre d'un dialogue transnational entre les *Humanités environnementales* en France et en Allemagne. Complétant les autres contributions de ce volume sur les développements correspondants dans le monde francophone, elle donne un premier aperçu des centres de recherche et des programmes d'enseignement en *Humanités environnementales* nouvellement établis ou émergents dans le monde germanophone. Le chapitre décrit d'abord un certain nombre de thématiques caractéristiques, de perspectives de développement et de défis des *Humanités environnementales* en tant que nouveau domaine interdisciplinaire de recherche en sciences humaines. Il donne ensuite des exemples de premiers centres de ce type à Augsbourg, Munich et Fribourg en Brisgau, explique leurs profils respectifs de recherche et d'enseignement et indique quelques-unes de leurs publications les plus importantes. La dernière partie mentionne d'autres centres et domaines de recherche émergents dans des Universités en Allemagne, en Autriche et en Suisse. En raison de la vitesse impressionnante à laquelle se développe ce champ de recherche, le chapitre ne peut naturellement que fournir un premier aperçu provisoire qui met en avant quelques points saillants, sans prétendre à l'exhaustivité.

4. *Plant Studies* in Deutschland. Pflanzen als Mit-Wesen in Thomas Hettches *Pfaueninsel* / Les études végétales en Allemagne. Les plantes comme co-créatures dans le roman de Thomas Hettche *Pfaueninsel*

(Urte Stobbe)

Eine literatur- und kulturwissenschaftliche Pflanzenforschung (*Plant Studies*) wird erst seit wenigen Jahren in der Germanistik diskutiert. Dieser noch recht junge Forschungsansatz hat sich in enger Verbindung mit den Animal Studies und dem Ecocriticism bzw. den *Environmental Humanities* entwickelt. Seine aktuell diskutierten Grundannahmen werden im ersten Teil des Aufsatzes kurz erläutert, wie auch die bisherigen Unterströmungen vorgestellt werden (*Cultural Botany, Critical Plant Studies, Human-Plant Studies* und *Literary (Cultural) Plant Studies*). Im zweiten Teil wird Thomas Hettches „Pfaueninsel" exemplarisch aus der Perspektive der Plant Studies analysiert, wobei der Fokus zunächst auf der Frage liegt, auf welche Weise Pflanzen im Verhältnis zu anderen Lebewesen in der erzählten Welt des Romans vorkommen. Darüber hinaus interessieren die Zuschreibungen als pflanzenhaft seitens der Figuren untereinander wie auch die Strategien seitens der Hauptfigur Marie Strakon, sich diesen fortwährenden Bewertungen und den häufig damit verbundenen Abwertungen zu entziehen. Der Roman entwirft tentativ als Gegenbild die Vorstellung eines von Empathie getragenen *Mit-Seins* und *Mit-Fühlens* nicht nur zwischen Menschen und Tieren, sondern auch mit Pflanzen.

Les études végétales littéraires et culturelles (*plant studies*) sont apparues en germanistique seulement depuis quelques années. Cette approche de recherche récente s'est développée en lien étroit avec les études animales (*animal studies)* et l'écocritique, et plus précisément avec les *Humanités environnementales*. Le chapitre expose dans un premier temps les différentes thèses des études végétales actuellement discutées dans la recherche et présente ses différents courants (*Cultural Botany, Critical Plant Studies, Human-Plant Studies* et *Literary (Cultural) Plant Studies*). Il analyse, dans un deuxième temps, les procédés que Thomas Hettche utilise dans son roman *Pfaueninsel* (« Île des paons ») pour décrire la relation des plantes avec les autres êtres vivants de l'île. En outre, l'auteure s'intéresse aux attributs végétaux des personnages entre eux ainsi qu'aux stratégies de la protagoniste principale Marie Strakon pour échapper à ces jugements continuels et aux dévaluations qui leur sont fréquemment associées. Le roman de Hettche rompt avec l'idée selon laquelle le partage et la compassion ne sont réservés qu'aux relations humain-animal et met en avant les relations entre humains et végétaux.

5. Die Geschichte der Wälder im Fokus der Globalgeschichte : Forschungsperspektiven aus Frankreich und Deutschland / L'histoire des forêts au défi de l'histoire globale : perspectives de recherche depuis la France et l'Allemagne

(Jawad Daheur)

In Frankreich, wie auch in Deutschland, steht die Vernetzung von globaler Geschichte und der Geschichte des Waldes im Anfangsstadium. Regionale oder landesweite Studien sind immer noch weitgehend die Norm und Phänomene der Zirkulation, des Austauschs und der Verbindungen auf globaler, kontinentaler, transnationaler oder sogar grenzüberschreitender Ebene finden selten große Beachtung. Fortschritte in dieser Richtung könnten nicht nur zu einem besseren Verständnis der Entwicklung von Waldlandschaften und ihrer Nutzung im Laufe der Geschichte führen, sondern auch eine ganze Reihe von vorgefassten Meinungen in Frage stellen. Das Kapitel verfolgt daher ein dreifaches Ziel: (1) einen Überblick zu verschaffen über die in der bisherigen Literatur vorhandenen empirischen Elemente, auf welche sich neue globale Narrative stützen könnten; (2) weitere Forschungsrichtungen vorzuschlagen und mögliche methodische Lücken oder Verzerrungen aufzuzeigen, die noch gefüllt werden müssen; (3) das Potenzial des deutsch-französischen Vergleichs als Element zur Strukturierung globaler Narrative in der Geschichte des Waldes zu erörtern. Ohne den Anspruch auf Vollständigkeit zu erheben, konzentriert sich diese Übersicht auf drei bereits identifizierbare Fragestellungen: die nach der Zirkulation von Wissen über Wälder, die nach dem Handel und Warenverkehr; und die nach den Arbeits- und Siedlungsmigrationen.

En France comme en Allemagne, l'intégration entre histoire globale et histoire des forêts n'en est qu'à ses débuts. La recherche à l'échelle de la région ou de l'État-nation reste encore largement la norme et la sensibilité aux phénomènes de circulations, d'échanges et de connexions au niveau global, continental, transnational ou même transfrontalier, est encore peu courante. Pourtant, des avancées dans cette direction pourraient permettre de mieux comprendre l'évolution des milieux forestiers et de leurs usages à travers l'histoire, voire de remettre en cause un certain nombre d'idées reçues. Le chapitre suit donc un objectif triple : (1) proposer un panorama des éléments empiriques attestés dans la littérature existante et sur la base desquels de nouveaux récits globaux pourraient s'appuyer ; (2) suggérer des directions de recherche complémentaires et souligner les éventuelles lacunes ou biais méthodologiques qui resteraient à combler ; (3) discuter de la fécondité de la comparaison franco-allemande comme un élément de structuration de récits globaux en histoire des forêts. Sans prétendre à l'exhaustivité, cet état des lieux se concentre sur trois pistes déjà identifiables : la question de la circulation des savoirs forestiers ; celle des échanges commerciaux ; celle enfin des vagues de migrations de travail et de peuplement.

6. Zurück in den Garten : Mythos, Idee, literarischer Raum (Valerie Fritsch und Pascal Quignard) / Retour au jardin : mythe, idée, espace littéraire (Valerie Fritsch et Pascal Quignard)

(Hildegard Haberl)

Im Spiegel der Garteneuphorie der Sattelzeit soll die aktuelle Gartenmanie näher beleuchtet werden, also ein Bogen gespannt werden von der Romantik zur gegenwärtigen Ökokritik. Dabei soll in drei Schritten vorgegangen werden, denen drei „Wendepunkte" oder „turns" zugeordnet werden. Der erste Teil geht von einem *environmental turn* aus und betrachtet den Garten als Schutz- und Rückzugsraum im Zeitalter des Anthropozäns. Im zweiten Teil wird der Garten als Heterotopie im Kontext des *spatial turn* betrachtet. Abschließend geht es um den Garten und die Wiederentdeckung des Sinnlichen vor dem Hintergrund eines *emotional turn*. Meine theoretischen Überlegungen werden auf zwei Textbeispiele der zeitgenössischen Literatur angewendet, auf Valerie Fritschs Dystopie *Winters Garten* aus dem Jahr 2015 und Pascal Quignards Text *Dans ce jardin qu'on aimait* aus dem Jahr 2017.

Ce chapitre propose un éclairage sur la passion actuelle pour les jardins à partir d'un rapprochement avec l'euphorie que celui-ci a suscitée autour de 1800. Il cherche ainsi à établir un lien entre la réflexion romantique sur la nature et l'écocritique contemporaine, en procédant en trois temps qui se rattachent de façon heuristique à trois « tournants » théoriques. La première partie est basée sur les idées développées dans le cadre du *tournant environnemental* et considère le jardin comme un refuge et une retraite à l'époque de l'Anthropocène. La deuxième partie, inspirée du *tournant spatial*, examine le jardin comme une hétérotopie. Enfin, la troisième partie aborde le jardin en l'inscrivant dans la redécouverte du sensuel dans le cadre d'un *tournant émotionnel*. Ces considérations sont appliquées à deux exemples de textes littéraires contemporains, le roman dystopique *Le jardin de Winter* (2015) de la jeune écrivaine autrichienne Valerie Fritsch et le texte *Dans ce jardin qu'on aimait* (2017) de Pascal Quignard.

7. Vorläufer der Ökogärten bei Jean-Jacques Rousseau, Johann Wolfgang von Goethe, George Sand und Hermann Hesse ? Eine Lektüre auf Grundlage der Theorien von Gilles Clément / Jardins écologiques avant la lettre ? Lectures de Jean-Jacques Rousseau, Johann Wolfgang von Goethe, George Sand et Hermann Hesse à la lumière de Gilles Clément

(Corinne Fournier Kiss)

Unter dem Deckmantel einer gerechten Zusammenarbeit zwischen Kultur und Natur entsteht die Gartenkunst meist aus rein anthropozentrischen Haltungen: Der Mensch beugt die Natur nach seinem Willen, um seine ästhetischen oder emotionalen Bedürfnisse zu befriedigen, und nimmt kaum Rücksicht auf den Rhythmus, das Verhalten und die Vielfalt der Vegetation selbst. Doch schon lange vor der „ökologischen Wende" der 1970er Jahre gibt es literarische Werke, die sich in ihren Darstellungen von Gärten nicht damit begnügen, auf gärtnerische Moden zurückzugreifen, sondern ein ihrer Zeit weit voraus denkendes ökologisches Bewusstsein an den Tag legen: Dies zeigt eine sorgfältige Untersuchung einiger Texte von Rousseau, Goethe, Sand und Hesse. Je nach Textstelle manifestiert sich die Solidarität des Schriftstellers oder der Schriftstellerin mit dem „Genie der Natur" (Gilles Clément) mal durch diskrete, auf den ersten Blick völlig beiläufige Bemerkungen eines Protagonisten; mal durch eine indirekte Kritik der Denaturierung der Natur (mittels narrativer Ironie); mal durch den konkreten Vorschlag einer neuen Lebenskunst *in den* Gärten, und vielleicht sogar einer neuen Lebenskunst *der* Gärten.

L'art des jardins, sous couvert d'une collaboration équitable entre culture et nature, relève le plus souvent de préoccupations uniquement anthropocentriques : l'être humain plie la nature à sa volonté afin de satisfaire ses besoins esthétiques ou émotionnels, et ne tient que très peu compte du rythme, du comportement et de la diversité des végétaux eux-mêmes. Pourtant, bien avant le « tournant écologique » des années 1970, il est des œuvres littéraires qui, dans leurs représentations des jardins, ne se contentent pas d'appliquer les modes horticoles du moment, mais trahissent une conscience écologique sans commune mesure avec les préoccupations de leur époque : c'est ce que révèle un parcours attentif à travers des textes de Rousseau, Goethe, Sand et Hesse. Dans ces textes, la solidarisation de l'écrivain ou de l'écrivaine avec le « génie de la nature » (Gilles Clément) se manifeste tantôt par le truchement de commentaires discrets, *a priori* complètement accessoires, de la part d'un protagoniste ; tantôt par une critique, le plus souvent en creux (par le biais de l'ironie narrative), de la dénaturation de la nature ; tantôt encore par la proposition concrète d'un nouvel art de vivre *dans* les jardins, et peut-être aussi, d'un nouvel art de vivre *des* jardins.

8. Der Club 99 : Ein radikales Öko-Experiment in der Gemeinschaft *Sieben Linden* (1999–2010) / Le Club 99 : une expérience d'écologie radicale au sein de la communauté rurale de *Sieben Linden* (1999–2010)

(Anne-Marie Pailhès)

Zwischen 1999 und 2010 führten radikale Umweltaktivisten in der Gemeinschaft *Sieben Linden* (Sachsen-Anhalt) ein Selbstversorgungsexperiment durch, um ihren ökologischen Fußabdruck drastisch zu reduzieren. Da *Sieben Linden* mit Rückblick auf die Protestbewegung der Atomkraftgegner von Gorleben („Freie Republik Wendland") entstanden war, brachte der Club 99 viele Ideen aus der Studie „Zukunftsfähiges Deutschland" mit in den Osten. Dieser Beitrag beschreibt die Ziele dieses Experiments im Sinne der *Degrowth*-Bewegung und dessen Umsetzung, insbesondere durch den Bau eines ökologischen Wohnraums mit Naturmaterialien wie Holz, Erde und Stroh, sowie die Einführung einer vegetarischen und dann veganen Lebensweise, unterstützt durch ökologische Erzeugung vor Ort. Schließlich müssen wir die Gründe für das Scheitern des Club 99 hinterfragen, die religiöse Komponente im weitesten Sinne des missionarischen („Pionier"-)Geistes, der diesem Experiment voranging. Diese Arbeit basiert unter anderem auf biographischen Interviews mit den Akteuren, die zu der Zeit geführt wurden, als der Club noch existierte.

Entre 1999 et 2010, des écologistes radicaux ont mené au sein de la communauté de *Sieben Linden* (Saxe-Anhalt) une expérience d'autosuffisance visant à réduire drastiquement leur empreinte écologique. Alors que Sieben Linden était héritier par ses fondateurs du village antinucléaire de Gorleben (« République libre du Wendland », *Freie Republik Wendland*), le Club 99 a transposé en Allemagne de l'Est des idées dorénavant inspirées du rapport *Zukunftfähiges Deutschland* (*L'Allemagne durable*) de 1996. Cette contribution décrit ses objectifs de décroissance et leur mise en œuvre – en particulier à travers la construction d'un habitat écologique à base de bois, terre et paille – et l'adoption d'un mode de vie végétarien puis végan, soutenu par la production biologique locale. Il faut finalement s'interroger sur les raisons de l'échec du Club 99, sur la composante religieuse au sens large de l'esprit missionnaire (« pionnier ») qui a présidé à cette expérience. Ce travail s'appuie entre autres sur des entretiens biographiques avec les acteurs menés à l'époque où le Club existait encore.

9. Frankreich und Deutschland zur „Waldfrage“ im 19. Jahrhundert. Ansichten französischer Förster / La France et l'Allemagne face à la « question forestière » au XIXe siècle. Le point de vue des forestiers français

(Philippe Alexandre)

Im Jahre 1713 forderte der sächsische Kameralist Hans Carl von Carlowitz seine Zeitgenossen auf, den Entwaldungsprozess umzukehren, unter dem ganz Europa zu leiden hatte. Dazu sollten die noch existierenden Wälder erhalten und die verwüsteten wieder aufgeforstet werden. Was aber nur möglich war, wenn solche waldbaulichen Methoden angewandt werden würden, die für eine nachhaltige Entwicklung der forstlichen Ressourcen sorgten. Die vorliegende Studie möchte versuchen, aus einer vergleichenden deutsch-französischen Perspektive die Fragen und Theorien zu umreißen, die damals mit einer zukunftsgewandten Forstpolitik verbunden waren. Dann soll dargestellt werden, wie französische Förster deutsche forsttechnische Methoden in Frankreich einführten mit dem Ziel, die französischen Wälder so zu bewirtschaften, dass ihr Land später über genügende Holzressourcen verfügen würde. Sie stießen aber auf Widerstand bei Volkswirten, die im Staatsforst nur die Quelle eines schnellen Ertrags für die Staatskasse sahen, bei privaten Waldbesitzern, die aus ihrem Waldkapital so bald wie möglich einen Geldertrag ziehen wollten, und bei Förstern, die in den einzelnen Gegenden nicht auf altbewährte Methoden verzichten wollten. Zum Schluss wird gezeigt, warum die französischen Regierungen, anders die der deutschen Staaten, nicht in der Lage waren, eine Gesetzgebung durchzusetzen, mit der sie die Wiederaufforstung in Frankreich gefördert hätten. Anlässlich internationaler Forstkongresse stellte sich heraus, dass vor 1914 Carlowitz' Erwartungen nicht erfüllt wurden.

En 1713, le caméraliste saxon Hans Carl von Carlowitz appelait ses contemporains à inverser le processus de déforestation qui touchait l'Europe, en conservant les forêts existantes et en repeuplant les forêts dévastées ; ce qui n'était possible qu'en utilisant des méthodes sylvicoles qui assureraient un développement durable des ressources forestières. L'étude se propose d'abord de formuler les enjeux de cette question et d'analyser, dans une approche comparative franco-allemande, les doctrines auxquelles elle a donné naissance. Elle montre ensuite comment des forestiers français ont voulu faire valoir en France des méthodes allemandes avec lesquelles ils espéraient pouvoir développer des forêts qui assureraient dans l'avenir les bois dont le pays avait besoin. Ils se sont heurtés à des résistances pour trois raisons : ces méthodes entraient en conflit avec des conceptions fiscalistes de la gestion des forêts domaniales, elles ne correspondaient pas aux intérêts des particuliers, elles ne pouvaient être généralisées. Enfin, cette étude s'efforce de comprendre pourquoi les gouvernements français, contrairement à ceux des États allemands, n'ont pas pu élaborer et mettre en œuvre une législation qui aurait permis de réaliser en France l'« œuvre du reboisement ». Les congrès forestiers internationaux montrent que, finalement, le XIXe siècle n'a pas su répondre aux attentes de Carlowitz.

10. Geschichte der Wälder und *Environmental Humanities* in Frankreich und Deutschland. Eine ernüchternde Diagnose / Histoire des forêts et *Humanités environnementales* en France et en Allemagne. Vers un désenchantement

(Michel Dupuy)

Französische und deutsche Organisationen haben unterschiedliche Vorstellungen von Wald. Diese wurden durch Forschungsarbeiten im Bereich der *Environmental Humanities* wieder in Frage gestellt. So wurde durch archäologische Untersuchungen und den Einsatz von Fernerkundung nachgewiesen, dass sich die unterschiedlichen Betrachtungsweisen von Wäldern an verschiedenen Zeitleisten orientieren. Das heutige Bild vom Wald ist das Ergebnis einer wirtschaftlich nachhaltigen Sicht, die den ländlichen Gemeinden zum Ende des 18. Jahrhunderts abverlangt wurde. Seit damals sieht sich die Forstwirtschaft und hinter ihr der Staat in der Rolle des Beschützers, indem er die Fahrlässigkeit des Menschen dem Wald gegenüber, die Holzknappheit, das Waldsterben und die Abholzung von Bergwäldern, also die Krisenlage der Wälder zur Sprache bringt. Die Forschungen zur Umweltgeschichte haben jedoch gezeigt, dass diese Postulate nicht immer der Realität entsprachen, wodurch der Begriff Krise an sich in Frage gestellt wird. Auch müssen Akteure, die eine Krise zwar nur über einen kurzen Zeitraum miterleben, vorausschauend handeln, um der Eigendynamik von Wald und Gesellschaft gerecht zu werden.

Les sociétés françaises et allemandes ont généré des mythes sur la forêt qui ont été remis en cause par les travaux effectués dans le cadre des *Humanités environnementales.* Ainsi, l'archéologie et la télédétection ont démontré que la forêt est traversée par des temporalités multiples. La physionomie de la forêt est le résultat d'une vision économique durable qui s'est imposée aux communautés rurales à la fin du XVIIIe siècle. Depuis lors, l'État forestier s'est posé en protecteur de la forêt face à l'incurie des hommes en tenant un discours de crise sur la pénurie de bois, du déboisement des montagnes et du dépérissement des forêts. Les recherches en histoire environnementale ont démontré que ces discours ne correspondaient pas à la réalité, remettant en question la notion de crise. Aussi, au temps court vécu par les acteurs et caractéristique des crises, il est nécessaire d'intégrer le temps long propre aux dynamiques forestières et humaines.

11. Natürlich natürlich?! Wie natürlich sollten die Wälder des Biosphärenreservats Pfälzerwald-Nordvogesen in Zeiten des Klimawandels sein? / Naturellement naturelle ?! Quel degré de naturalité pour les forêts de la réserve transfrontalière Pfälzerwald-Vosges du Nord à l'heure du changement climatique ?

(Paul Averbeck / Florence Rudolf / Julie Gobert)

In diesem Kapitel untersuchen wir das Verständnis von Natürlichkeit in den Doktrinen der „Akteure des Waldes" und wie dieses Verständnis die Arbeitspraxis der jeweiligen Akteure im Kontext des Klimawandels beeinflusst. Methodisch fußt dieses Kapitel auf qualitativen Interviews mit privaten und öffentlichen Waldbesitzern, mit Förstern, Wissenschaftlern und Verwaltungsakteuren aus Frankreich und Deutschland. Dies ermöglicht die Klärung des Stellenwerts der Natürlichkeit in den Doktrinen und Praktiken der Waldbewirtschaftung in Deutschland und Frankreich. Zudem zeigen wir auf, wie das Verständnis von Natürlichkeit der verschiedenen Akteure die Waldbewirtschaftung beeinflusst. Die Auswertung der Interviews zeigt, dass einige immer wiederkehrende Themen die Herausforderungen deutlich machen, vor die sich die Akteure des Wald-, Forst- und Holzsektors gestellt sehen. In der eigentlichen Analyse versuchen wir daher aufzuzeigen, wie das Verständnis von Natürlichkeit sich auf diese verschiedenen Schwerpunktthemen wie die Baumartenwahl, den Umgang mit Forstschädlingen sowie die Frage nach der Art des Naturschutzes auswirkt.

Dans ce chapitre, nous examinons la place de la naturalité dans les doctrines qui inspirent les « acteurs de la forêt » dans leurs pratiques en contexte de changement climatique. Nous procédons à partir d'entretiens qualitatifs auprès de propriétaires privés et publics, de forestiers, de scientifiques et d'acteurs administratifs. Ce matériel nous permet de préciser quelle place occupe la naturalité dans la gestion forestière en Allemagne et en France. L'analyse des entretiens met en exergue des questions récurrentes qui structurent les enjeux de la filière forêt-bois, cette dernière incluant la gestion forestière et la valorisation économique des ressources forestières. L'analyse proprement dite s'attache à tracer la manière dont la naturalité s'invite dans ces diverses questions clés telles que le choix des espèces d'arbres, la gestion des parasites forestiers et la protection de la nature.

Autorenverzeichnis / Présentation des auteurs

Der emeritierte Professor **Philippe Alexandre** war zunächst für den Fachbereich „Information und Kommunikation" an der Université de Lorraine verantwortlich. Zudem übernahm er die Leitung des Instituts für Germanistik, für die Forschungseinheit LIRA (Literatur, Religion, Anthropologie) und die Einrichtung für interkulturelle Germanistik CEGIL in Nancy. Sein Hauptinteresse gilt dem Vergleich von deutsch-französischer Kulturgeschichte.

Er veröffentlichte diverse Essays und Bücher zu Presse- und Ideengeschichte (Patriotismus, Pazifismus, Nation und Religion) in Frankreich und Deutschland, zu den deutsch-französischen Beziehungen und den Beziehungen Deutschlands zum Orient. Kürzlich veröffentlichte er „Marc Sangnier, le Sillon et la Jeune République dans l'Est de la France, 1902–1939". In: El Gammal, Jean/Pozzi, Jérôme (Hrsg.): *Le Grand Est – 1870–2019 – Forces et cultures politiques*. Nancy: PUN – Éditions Universitaires de Lorraine 2019, p. 173–197; und „Usines et poissons. Ou l'industrialisation et la pollution des cours d'eau. Le cas de la Meurthe et de la Moselle (1850–1937)". *Mémoire des Vosges* 38, 2019, S. 3–21.

Philippe Alexandre, professeur émérite de l'Université de Lorraine, a été responsable du département Information-Communication, puis du département d'Études germaniques de l'Université de Lorraine (site de Nancy), de l'équipe d'accueil LIRA (Littérature, Religion, Anthropologie), puis du groupe de Nancy du CEGIL (Centre d'études germaniques interculturelles de Lorraine). Ses travaux portent sur l'histoire culturelle, dans une perspective comparatiste, franco-allemande notamment.

Il est l'auteur d'ouvrages et d'articles consacrés à l'histoire de la presse périodique, l'histoire des idées (patriotisme, pacifisme, nation et religion) en France et en Allemagne, aux relations franco-allemandes et aux relations de l'Allemagne avec l'Orient. Récemment, il a publié « Marc Sangnier, le Sillon et la Jeune République dans l'Est de la France, 1902–1939 ». In : El Gammal, Jean/ Pozzi, Jérôme (éd.) : *Le Grand Est – 1870–2019 – Forces et cultures politiques*. Nancy : PUN – Éditions Universitaires de Lorraine 2019, p. 173–197 ; et « Usines et poissons. Ou l'industrialisation et la pollution des cours d'eau. Le cas de la Meurthe et de la Moselle (1850–1937) ». *Mémoire des Vosges* 38, 2019, p. 3–21.

Paul Averbeck ist Wissenschaftlicher Mitarbeiter in der Arbeitsgruppe Umweltökonomie des IES Landau, Institut für Umweltwissenschaften. Er lehrt in den Bereichen Umweltmanagement und Umweltökonomie. Seine Forschung konzentriert sich auf die gesellschaftlichen Folgen des Klimawandels und Anpassungsmaßnahmen, insbesondere im Hinblick auf Wälder.

Kürzlich veröffentlichte er: Averbeck, Paul et al: „Climate Change Preparedness of Enterprises in the Upper Rhine Region from a Business Perspective - A Multidisciplinary, Transboundary Analysis". *NachhaltigkeitsManagement-Forum – Sustainability Management Forum* 27(2), 2019.

Paul Averbeck est chercheur associé au groupe d'étude d'économie de l'environnement à l'IES Landau (Institut des sciences de l'environnement). Il enseigne dans le domaine de la gestion et de l'économie de l'environnement. Ses recherches interrogent les conséquences du changement climatique sur la société et les mesures d'adaptation, en particulier concernant les forêts.

Récemment, il a publié : Averbeck, Paul et al : « Climate Change Preparedness of Enterprises in the Upper Rhine Region from a Business Perspective - A Multidisciplinary, Transboundary Analysis ». *NachhaltigkeitsManagement-Forum – Sustainability Management Forum* 27(2), 2019.

Aurélie Choné ist Professorin für Neuere Deutsche Literatur und Ideengeschichte am Institut für Germanistik der Universität Strasbourg, wo sie für den Masterstudiengang „Les mondes germanophones dans l'espace européen" verantwortlich ist. Sie ist Co-Direktorin des Instituts und Herausgeberin der Zeitschrift *Recherches germaniques.* Außerdem ist sie Mitglied und stellvertretende Direktorin der Forschungsgruppe „Mondes germaniques et nord-européens". Zu ihren Forschungsschwerpunkten zählen die Verhältnisse von Natur und Kultur in der deutschsprachigen Literatur- und Kulturgeschichte seit dem 18. Jahrhundert.

Sie hat kürzlich folgende Publikationen mitherausgegeben: „Les Humanités environnementales: circulations et renouvellement des savoirs en France et en Allemagne / Environmental Humanities: Wissenstransfer und Wissenserneuerung in Frankreich und Deutschland". *Revue d'Allemagne et des Pays de langue allemande* 51(2), 2019; sowie *Rethinking Nature. Challenging Disciplinary Boundaries.* London: Routledge 2017.

Aurélie Choné est Professeure de littérature et d'histoire des idées au département d'études allemandes de l'Université de Strasbourg. Co-directrice de ce département, responsable du Master « Les mondes germanophones dans l'espace européen » et directrice de la revue *Recherches germaniques*, elle coanime l'axe « Configurations et reconfigurations du partage entre nature et culture depuis le XVIIIe siècle » de l'unité de recherche « Mondes germaniques et nord-européens » (UR 1341), dont elle est directrice adjointe.

Elle a codirigé récemment « Les Humanités environnementales : circulations et renouvellement des savoirs en France et en Allemagne / Environmental Humanities : Wissenstransfer und Wissenserneuerung in Frankreich und Deutschland ». *Revue d'Allemagne et des Pays de langue allemande* 51(2), 2019 ; et *Rethinking Nature. Challenging Disciplinary Boundaries.* London : Routledge 2017.

Jawad Daheur ist Historiker, Forscher am CNRS und Mitglied des CERCEC (Centre for Russian, Caucasian and Central European Studies). Sein Forschungsinteresse liegt auf den Beziehungen zwischen Gesellschaft und Umwelt in Zentraleuropa von der Moderne bis zur Gegenwart mit einem Schwerpunkt auf Polen und dem deutschsprachigen Raum. Derzeit beschäftigt er sich mit der Nutzung natürlicher Ressourcen und dem sozialökologischen Einfluss des internationalen Handels.

Kürzlich veröffentlichte er „Le flottage du bois sur la Vistule au XIXe siècle. Contraintes sur les pratiques et aléas du milieu". *Cahiers du monde russe* 60(1), 2019, S. 175–210.

Jawad Daheur, historien, est chargé de recherches au CNRS et membre du Centre d'Études des Mondes Russe, Caucasien et Centre-Européen (UMR 8083). Il travaille sur les relations entre les sociétés humaines et leur environnement en Europe centrale aux époques moderne et contemporaine, avec un focus sur les régions de langue allemande et la Pologne. Ses recherches actuelles portent plus particulièrement sur l'exploitation des ressources naturelles et les impacts socio-écologiques du commerce international.

Il a récemment publié « Le flottage du bois sur la Vistule au XIXe siècle. Contraintes sur les pratiques et aléas du milieu ». *Cahiers du monde russe* 60(1), 2019, p. 175–210.

Michel Dupuy ist Gastforscher am Institut für Moderne und Zeitgenössische Geschichte in Paris und seit 1987 Mitglied der Gruppe „Histoire des Forêts Françaises" (Geschichte der französischen Wälder). Sein Forschungsgebiet umfasst die Geschichte der Luftverschmutzung (insbesondere in der ehemaligen DDR) sowie die Berichterstattung von Umweltfragen in den Medien.

Kürzlich veröffentlichte er „The Western European Public Sphere and the Environment in Eastern Europe during the Cold War: Between Model, Utilisation and Denunciation". In: Wenkel, Christian et al. (Hrsg.): *The Environment and the European Public Sphere: Perceptions, Actors, Policies.* Winwick: White Horse Press 2020.

Michel Dupuy est chercheur associé à l'Institut d'Histoire Moderne et Contemporaine à Paris et membre du Groupe d'Histoire des Forêts Françaises depuis 1987. Son domaine de recherche couvre l'histoire de la pollution atmosphérique, notamment dans l'ancienne RDA, ainsi que le traitement médiatique des questions environnementales, notamment la forêt.

Il a publié récemment : « The Western European Public Sphere and the Environment in Eastern Europe During the Cold War : Between Model, Utilisation and Denunciation ». In : Wenkel, Christian et al. (éd.) : *The Environment and the European Public Sphere : Perceptions, Actors, Policies.* Winwick : White Horse Press 2020.

Corinne Fournier Kiss ist Privatdozentin an der Universität Bern (Schweiz) und habilitiert für Vergleichende Literaturwissenschaften, Französische und Slawische Literatur. Sie forscht in folgenden Bereichen: Literatur und Interkulturalität, Phantastische Literatur, Literatur und Musik, Frauenliteratur, Raumdarstellungen (Städte, Landschaften, Grenzen) und Ecocriticism.

Kürzlich hat sie *Germaine de Staël et George Sand en dialogue avec leurs consoeurs polonaises* (Clermont-Ferrand: Presses Universitaires Blaise Pascal 2020) veröffentlicht. Außerdem war sie Herausgeberin der 48. Ausgabe über „Musique et émotions dans la littérature" der Schweizer Zeitschrift *Colloquium Helveticum* (2019), sowie der Sonderausgabe „Fernando Pessoa: Originality and Cosmopolitanism" der Zeitschrift *Pessoa Plural – A Journal of Fernando Pessoa Studies* 18, 2020.

Corinne Fournier Kiss est *Privatdozentin* à l'Université de Berne (Suisse), habilitée à diriger des recherches en littérature comparée, littérature française et littératures slaves. Ses domaines de recherche sont les suivants : littérature et interculturalité, littérature fantastique, littérature et musique, écriture féminine, représentations de l'espace (villes, paysages, frontières), écocritique.

Récemment, elle a publié *Germaine de Staël et George Sand en dialogue avec leurs consœurs polonaises* (Presses Universitaires Blaise Pascal 2020) et dirigé le numéro 48 de la revue de littérature comparée suisse, *Colloquium Helveticum*, portant sur « Musique et émotions dans la littérature » (2019), ainsi que le numéro spécial 18 de la revue *Pessoa Plural – A Journal of Fernando Pessoa Studies*, intitulé « Fernando Pessoa : Originality and Cosmopolitanism » (Brown University 2020).

Julie Gobert ist Wissenschaftliche Mitarbeiterin am LEESU – Laboratoire Eau, Environnement et Systèmes Urbains (Labor Wasser Umwelt und Stadtsysteme) der École des Ponts ParisTech. Ihre sozialwissenschaftlichen Forschungen beziehen sich auf ökologische Ungleichheiten und Kreislaufwirtschaft, indem sie die Initiativen und Projekte der örtlichen Behörden, Bauunternehmen und Betriebe unter sozialen und ökologischen Gesichtspunkten in Frage stellt.

Hierzu hat sie kürzlich die zwei folgenden Artikel veröffentlicht: „Biorefineries as Models of Sustainable Transition?". *Tecnoscienza, Italian Journal of Science and Technology Studies* 9(2), 2019, S. 61–88, und „Usage des compensations socio-environnementales dans les projets d'infrastructure". In: Zembri-Mary, Geneviève (Hrsg.): *Évaluer, planifier, négocier et réaliser les projets d'aménagement dans un contexte incertain*. Paris: Éditions Le Manuscrit 2020, S. 117–149.

Julie Gobert est chercheure au sein du Laboratoire Eau Environnement et Systèmes Urbains à l'École des Ponts ParisTech. Elle mène des recherches en sciences sociales sur les questions d'économie circulaire et d'inégalités environnementales, questionnant ainsi les projets portés par les collectivités locales, les aménageurs ou les entreprises sur les territoires sous un prisme social et environnemental.

Elle a récemment publié « Biorefineries as Models of Sustainable Transition ? ». *Tecnoscienza, Italian Journal of Science and Technology Studies* 9(2), 2019, p. 61–88 ; et « Usage des compensations socio-environnementales dans les projets d'infrastructure ». In : Zembri-Mary, Geneviève (éd.) : *Évaluer, planifier, négocier et réaliser les projets d'aménagement dans un contexte incertain*. Paris : Éditions Le Manuscrit 2020, p. 117–149.

Hildegard Haberl ist Assistenzprofessorin am Institut für Germanistik der Universität Caen Normandie. Seit 2020 ist sie Direktorin dieses Instituts. Außerdem betreut sie das Forschungsseminar „Imaginäre Räume – zu schützende Räume: Natur/Ästhetik/Ökologie" der Forschungseinheit ERLIS – Équipe de Recherche sur les Littératures, les Imaginaires et les Sociétés (UR 4254).

Kürzlich veröffentlichte sie mit Annette Lensing und Corona Schmiele „Jardin et mélancolie en Europe entre le XVIe siècle et l'époque contemporaine". *Histoire culturelle de l'Europe* 3, 2018.

Hildegard Haberl est Maîtresse de conférences au département d'études germaniques de l'Université de Caen Normandie. Directrice de ce département depuis 2020, elle coanime le séminaire de recherche « Espaces imaginés – espaces à protéger : nature/esthétique/écologie » au sein du laboratoire de recherche ERLIS – Équipe de Recherche sur les Littératures, les Imaginaires et les Sociétés (Literatur, Imaginäre Welten, Gesellschaft / UR 4254).

Elle a publié récemment, avec Annette Lensing et Corona Schmiele, « Jardin et mélancolie en Europe entre le XVIe siècle et l'époque contemporaine ». *Histoire culturelle de l'Europe* 3, 2018.

Philippe Hamman ist Professor für Soziologie am Institut für Stadt- und Regionalplanung der Fakultät für Sozialwissenschaften an der Universität Strasbourg, wo er für den Masterstudiengang „Stadt, Umwelt und Gesellschaft" verantwortlich ist. Außerdem ist er Co-Leiter der Arbeitsgruppe „Territoriale Entwicklungen, Städte und Mobilität" der Straßburger Forschungseinrichtung SAGE (Societies, Actors and Government in Europe / UMR 7363). Seine Arbeit hinterfragt das Verhältnis von Städten, Regionen und Umwelt im nationalen, deutsch-französischen und europäischen Vergleich. Sie wurde durch einen europäischen Jean-Monnet-Lehrstuhl ausgezeichnet: „Governance of Integrated Urban Sustainability in Europe".

Kürzlich hat er *Gouvernance et développement durable* (Paris/Bruxelles: De Boeck 2019) und als Herausgeber *Sustainability Governance and Hierarchy* (London/New York: Routledge 2019) veröffentlicht.

Philippe Hamman est professeur de sociologie à l'Institut d'Urbanisme et d'Aménagement Régional de la Faculté des Sciences sociales, Université de Strasbourg, où il est responsable du master Ville, environnement et sociétés. Il coanime également l'axe Dynamiques territoriales, villes et mobilités du laboratoire Sociétés, Acteurs, Gouvernement en Europe (UMR 7363). Ses recherches interrogent les interactions entre ville, territoire et environnement, suivant des comparaisons nationales, franco-allemandes et européennes. Elles ont été reconnues par une chaire européenne Jean Monnet « Governance of Integrated Urban Sustainability in Europe ».

Il a publié récemment *Gouvernance et développement durable*. Paris/Bruxelles : De Boeck 2019 ; et *Sustainability Governance and Hierarchy* (éd.). London/New York : Routledge 2019.

Dr. phil. habil. **Anne-Marie Pailhès** ist Assistenzprofessorin am Institut für Angewandte Fremdsprachen der Universität Paris-Nanterre. Seit 2017 gibt sie den Forschungsblog „Regards sur la RDA et l'Allemagne de l'Est" (Hypothèses, OpenEdition) heraus. Bei ihren Forschungen konzentriert sie sich auf Umweltthemen sowie Gegenkulturen und insbesondere auf die kulturelle und politische Identität Ostdeutschlands und der ehemaligen DDR.

Vor Kurzem veröffentlichte sie *Communautés rurales en Allemagne de l'Est: vers une réunification des contre-cultures?* Paris: Presses de la Sorbonne nouvelle 2019.

Anne-Marie Pailhès est Maîtresse de conférences habilitée à diriger des recherches au département de langues étrangères appliquées de l'Université Paris Nanterre. Elle édite le carnet de recherches en ligne *Regards sur la RDA et l'Allemagne de l'Est* (Hypothèses, Open Edition) depuis 2017. Ses recherches portent sur l'identité culturelle et politique de la RDA et de l'Allemagne de l'Est, et plus généralement sur les questions d'écologie et de contre-culture.

Elle a publié récemment *Communautés rurales en Allemagne de l'Est : vers une réunification des contre-cultures ?* Paris : Presses de la Sorbonne nouvelle 2019.

Florence Rudolf ist seit 2009 Professorin für Soziologie und Stadtplanung am Institut für Angewandte Wissenschaften Straßburg (Insa) im Bereich Architektur. Sie ist Direktorin der Forschungseinrichtung AMUP – Architecture, Morphologie/Morphogenèse Urbaine et projets (Architektur, Stadtmorphologie/-entwicklung und Projekte, UR 7309). Als Umweltsoziologin interessiert sie sich hauptsächlich für eine sozialkulturelle Betrachtung wissenschaftlicher und technischer Innovationen sowie die soziale Dimension des Klimawandels.

Hierzu veröffentlichte sie u. a. *Les villes à la croisée des stratégies globales et locales des changements climatiques.* Québec: Presses Universitaires Laval 2016; und „Les enjeux de la territorialisation des changements climatiques : les épreuves de la montée en compétence des entreprises à travers l'exemple alsacien". *Pollution atmosphérique* 225, 2015.

Florence Rudolf est professeure des universités en sociologie et urbanisme depuis 2009 au département d'architecture de l'Institut des sciences appliquées de Strasbourg (Insa). Elle est directrice de l'équipe AMUP (Architecture, Morphologie/Morphogenèse Urbaine et projets, UR 7309). Spécialisée en sociologie de l'environnement, elle s'intéresse aux innovations scientifiques et techniques d'un point de vue socio-culturel et étudie la réception sociale du changement climatique.

Elle a notamment publié *Les villes à la croisée des stratégies globales et locales des changements climatiques*. Québec : Presses Universitaires Laval 2016 ; et « Les enjeux de la territorialisation des changements climatiques : les épreuves de la montée en compétence des entreprises à travers l'exemple alsacien ». *Pollution atmosphérique* 225, 2015.

Christopher Schliephake ist Wissenschaftlicher Mitarbeiter am Lehrstuhl für Alte Geschichte, Universität Augsburg. Seine Forschungsschwerpunkte sind Ecocriticism, Kulturökologie sowie antike Religionsgeschichte und antike Rezeptionsgeschichte. In den letzten Jahren hat er dazu beigetragen, theoretische und methodische Ansätze der *Environmental Humanities* auf die Vormoderne auszuweiten.

Seine jüngste Publikation ist *The Environmental Humanities and the Ancient World: Questions and Perspectives*. Cambridge: Cambridge University Press 2020.

Christopher Schliephake est chercheur rattaché au département d'histoire ancienne de l'Université d'Augsburg. Ses recherches portent sur l'écocritique, l'écologie culturelle, l'histoire ancienne des religions, l'histoire des savoirs et la réception de l'Antiquité. Ces dernières années, il a contribué à élargir le champ de recherche des *Humanités environnementales* à la période prémoderne.

Il a publié récemment *The Environmental Humanities and the Ancient World : Questions and Perspectives*. Cambridge : Cambridge University Press 2020.

Urte Stobbe ist seit 2017 habilitiert und vertritt seit 2019 die Professur für Neuere deutsche Literatur an der Universität Stuttgart. Zu ihren Forschungsschwerpunkten zählen Mensch-Natur-Verhältnisse in der literatur- und kulturwissenschaftlichen Pflanzenforschung (*Plant Studies*).

Gemeinsam mit Gabriele Dürbeck hat sie 2015 den Einführungsband *Ecocriticism* (Böhlau Verlag) herausgegeben und 2019 den Artikel „Plant Studies: Pflanzen kulturwissenschaftlich erforschen – Grundlagen, Tendenzen, Perspektiven" in der *Kulturwissenschaftlichen Zeitschrift* veröffentlicht.

Habilitée à diriger des recherches depuis 2017, **Urte Stobbe** est professeure par intérim en littérature allemande moderne à l'Université de Stuttgart depuis 2019. Ses recherches portent sur les relations homme-nature dans les études végétales littéraires et culturelles (*plant studies*).

En 2015, elle a édité le volume collectif *Ecocriticism* avec Gabriele Dürbeck (Böhlau Verlag), et plus récemment elle a publié l'article « Plant Studies : Pflanzen kulturwissenschaftlich erforschen – Grundlagen, Tendenzen, Perspektiven » dans la revue *Kulturwissenschaftlichen Zeitschrift* 1, 2019.

Hubert Zapf ist Amerikanist und leitet den Forschungsbereich „Environmental Humanities" des WZU (Wissenschaftszentrum Umwelt) an der Universität Augsburg. Seine Forschungsschwerpunkte sind Kulturökologie, anglo-amerikanische Literatur und Literaturtheorie sowie die *Environmental Humanities*.

Er hat u. a. die folgenden Publikationen herausgegeben: *Handbook of Ecocriticism and Cultural Ecology* (Hrsg.). Berlin/Boston: De Gruyter 2016; *Ecological Thought in German Literature and Culture* (Mit-Hrsg.). Lanham: Lexington Books 2017.

Hubert Zapf est professeur de littérature américaine et co-porte le domaine des *Humanités environnementales* à l'Université d'Augsburg. Ses recherches portent sur l'écologie culturelle, la littérature anglo-américaine, ainsi que les Humanités environnementales.

Il a notamment édité : *Handbook of Ecocriticism and Cultural Ecology* (éd.). Berlin/Boston : De Gruyter 2016 ; et *Ecological Thought in German Literature and Culture* (co-éd.). Lanham : Lexington Books 2017.

Evi Zemanek lehrt auf einer Professur für Medienökologie und -Komparatistik am Institut für Medienkulturwissenschaft der Universität Freiburg. Zu ihren Forschungsschwerpunkten im Bereich der *Environmental Humanities* gehört die inter- und multimediale künstlerische, literarische, journalistische und dokumentarische Kommunikation über die ökologische Krise, Mensch und Natur im Anthropozän, kulturelle Nachhaltigkeit und Resilienz.

Zu ihren jüngsten Publikationen zählen Dürbeck, Gabriele/Stobbe, Urte/Zapf, Hubert/Zemanek, Evi (Hrsg.): *Ecological Thought in German Literature and Culture*. Lanham: Lexington Books 2017; sowie Choné, Aurélie/Freytag, Tim/Hamman, Philippe/Zemanek, Evi (Hrsg.): „Les Humanités environnementales: circulations et renouvellement des savoirs en France et en Allemagne / Environmental Humanities: Wissenstransfer und Wissenserneuerung in Frankreich und Deutschland". *Revue d'Allemagne et des Pays de langue allemande* 51(2), 2019.

Evi Zemanek est professeure de littérature et histoire culturelle des médias au département d'études culturelles et des médias de l'Université de Fribourg-en-Brisgau. Ses recherches dans le domaine des Humanités environnementales portent sur le dialogue entre médias, arts et littérature ainsi que la communication journalistique et documentaire traitant de la crise écologique, l'homme et la nature dans l'anthropocène, la résilience et la gestion durable des cultures.

Elle a codirigé récemment : Dürbeck, Gabriele/Stobbe, Urte/Zapf, Hubert/Zemanek, Evi (éd.) : *Ecological Thought in German Literature and Culture*. Lanham : Lexington Books 2017 ; ainsi que Choné, Aurélie/Freytag, Tim/Hamman, Philippe/Zemanek, Evi (éd.) : « Les Humanités environnementales : circulations et renouvellement des savoirs en France et en Allemagne / Environmental Humanities : Wissenstransfer und Wissenserneuerung in Frankreich und Deutschland ». *Revue d'Allemagne et des Pays de langue allemande* 51(2), 2019.

Studies in Literature, Culture, and the Environment
Studien zu Literatur, Kultur und Umwelt

Edited by / Herausgegeben von
Hannes Bergthaller, Gabriele Dürbeck, Robert Emmett, Serenella Iovino, Ulrike Plath

Vol. / Bd. 1 Daniel A. Finch-Race/Stephanie Posthumus (eds): French Ecocriticism. From the Early Modern Period to the Twenty-First Century. 2017.

Vol. / Bd. 2 Alessandro Macilenti: Characterising the Anthropocene. Ecological Degradation in Italian Twenty-First Century Literary Writing. 2017.

Vol. / Bd. 3 Gabriele Dürbeck/Christine Kanz/Ralf Zschachlitz (Hrsg.): Ökologischer Wandel in der deutschsprachigen Literatur des 20. und 21. Jahrhunderts - neue Ansätze und Perspektiven. 2018.

Vol. / Bd. 4 Yi-Peng Lai: EcoUlysses. Nature, Nation, Consumption. 2018.

Vol. / Bd. 5 Gabriele Dürbeck/Jonas Nesselhauf (Hrsg.): Repräsentationsweisen des Anthropozän in Literatur und Medien / Representations of the Anthropocene in Literature and Media. 2019.

Vol. / Bd. 6 José Manuel Marrero Henríquez (ed.): Hispanic Ecocriticism. 2019.

Vol. / Bd. 7 Tina-Karen Pusse/Heike Schwarz/Rebecca Downes (eds.): Madness in the Woods: Representations of the Ecological Uncanny. 2020.

Vol. / Bd. 8 Sébastian Thiltges/Christiane Solte-Gresser (Hrsg./éds): Kulturökologie und ökologische Kulturen in der Großregion / Écologie culturelle et cultures écologiques dans la Grande Région. 2020.

Vol. / Bd. 9 Aurélie Choné/Philippe Hamman (Hrsg./éd.): Die Pflanzenwelt im Fokus der Environmental Humanities / Le végétal au défi des Humanités environnementales. Deutsch-französische Perspektiven / Perspectives franco-allemandes. 2021.

www.peterlang.com